발생장치

제5판

특수차량공학

구본영, 김태일, 신언호, 김철규 공저

B.C.Info

차 례

Chapter 1

Chapter 3

Chapter 4

Chapter 5

Chapter 6

Chapter 1

군용차량개요

제 1 절 차량 개요

1.1.1 개요

차량 부대정비 및 직접, 일반지원정비를 이해하기 위해서는 차량구조 및 원리를 이해하여야 한다.

군에서 사용하는 차량은 구조가 민간에서 사용하는 민수차량 과는 달리 특이한 사항도 있으나 점차 군 차량과 민수차량은 호환성 있게 변화하는 추세이나 본장에서는 군표준차량과 특수차량에 대한 정비를 위해 차량구조 및 원리에 대하여 기술하였다.

1.1.2 차량정비 목적

차량의 각부기능을 충분히 발휘하여 안전하게 주행 할 수 있도록 하기위한 보수, 유지, 분해, 점검, 조정, 수리 등을 작업을 정비라 한다.

차량정비의 목적은 차량의 고장이나 성능의 저하를 방지하고 배출가스 및 소음에 의한 환경공해를 방지함과 동시에 안전하고 경제적인 운행을 할 수 있도록 하는 데 있다.

가. 안전도유지

차량에 의한 사고는 운전병, 차량, 도로 여건, 주위환경에 의해 사고가 발생

(1) 사고의 주요원인

- 운전병 부주의에 의한 사고(事故)
- 차량정비 불량에 의한 사고

※ 차량정비가 불량할 경우는 운전병이 아무리 주의를 기울여 운전을 하여도 차량 주요부품 및 장치의 기능이 불량하므로 큰 사고를 유발한다. 특히 차량은 2만여 개

의 부품과 연동하여 작동하므로 점검과 정비를 소홀히 하면 고장으로 인한 사고발생으로 이어진다.

- 도로 및 안전시설 등의 부적절한 주위환경

(2) 정비목적은 안전운행을 할 수 있도록 안전도 유지가 매우 중요.

나. 환경오염방지

차량으로부터 배출되는 각종 유해가스에 의해 대기오염, 소음, 진동 등 심각한 환경 문제가 대두되고 있다.

(1) 차량 배출 유해가스

- CO, HC, NOx
- 유해가스가 인체에 미치는 영향은 인체의 눈, 목을 자극, 호흡기 장애를 유발한다.

(2) 차량으로부터 배출되는 각종 유해 가스를 저감시키기 위해 정비를 철저히 하여 환경오염을 방지하는데 목적이 있다.

다. 경제적인 운행

(1) 사용차량 운행 시간 증가에 따른 각 운동부분 마멸, 손상에 따른 성능 저하

(2) 연료, 윤활유 소비량이 증가, 출력저하에 따른 차량수명 단축 초래

※ 차량정비를 잘하면 교통사고를 미연에 방지 및 연료, 윤활유 소비가 절약되어 차량의 경제적인 운행을 보장

1.1.3 군용차량 정비지원 간 참고 정비교범

교 범 명	교 범 번 호	비 고
사용자 교범	K9(3)-2320-501-10	사용자(운전병)교범
주유 명령서	K9(3)-2320-501-12	주유명령서
부대정비 교범	K9(3)-2320-501-20	편성부대정비교범
수리부속 교범	K9(3)-2320-501-23P	부대정비/ 직접지원수리교범
직접지원정비 교범	K9(3)-2320-501-30	직접지원정비교범
일반지원 / 창 / 정비 교범	K9-2320-366-35 K9-2320-366-35P	직접 / 일반 / 창정비 / 수리부속교범

제 2 절 군용차량 소개

군에서 전술적 목적으로 특별히 제작되었고 군에서만 사용되는 차량을 군용차량이라 하지만 평시(平時) 행정적 목적으로 일반차량으로 사용 될 수 있으며 전시(戰時)에는 일반차량을 동원하여 군용차량(軍用車輛)으로 사용 할 수 있다.

1.2.1 군용차량 구비조건(具備條件)

군용차량은 정비 및 운용이 용이하고 부품상호 교환성이 편리하고 전 차축구동이 가능하며 일반차량에 비해 견고성이 좋아야 한다.

1.2.2 군용차량의 특징(特徵)

가. 군용차량은 야지운행용 제작
나. 견인력 향상을 위해 전륜구동 장치로 구성
다. 방열기와 전조등을 보호하기위해 전면보호대 장착
라. 견고한 전, 후 범퍼설치
마. 견인하기위한 견인 고리 설치
바. 등판능력이 60%이상으로 경사 및 등판능력 우수
사. 도수능력 향상
아. 야간 전술 상황 하에서 운행을 위한 등화(燈火)관제등 설치

1.2.3 군용차량의 분류(分類)

가. 용도에 의한 분류

(1) 행정용(行政用) 차량

민수(民需)차량을 개조 또는 그대로 사용하고 평시 양호한 도로에서 사용하기 적합하도록 제작한 차량

종 별	명 칭(차 종)
승용 자동차	경차, 소형, 중형, 대형
승용겸 화물형	봉고계열차량
승합자동차	7인승, 9인승 승합차, 24인승, 45인승버스
화물자동차	특수용도형(냉동차, 위생처리차, 소방차)

(2) 전술용(戰術用) 차량

전/평시(戰/平時) 전술적 특성을 고려하여 제작한 차량(호환성 고려제작)

(가) 일반용 차량(General Purpos Vehicle)

- 인원, 보급품, 탄약 및 장비의 수송과 야포 및 트레일러를 견인토록 제작
- 차체를 수정치 않고 일반적인 임무수행

(나) 특수 장비 차량 (Special Equipment Vehicle)

- 새시 부분은 일반차량과 같으나 일부사용목적에 따라 개조
- 특수한 차체 및 독특한 임무를 수행하기 위해 제작
- 각 병과(兵科)의 임무를 위해 제작
- 일반차량으로 수행할 수 없는 기능 구비 임무수행
- 구조상 일반차량과 새시/차체가 상이한 차량

(다) 전투용 차량

- 장갑 또는 무장에 관계없이 특수한 전투기능 발휘
- 특 징

장갑판으로 엄호	최대 견인력은 총중량의 80% 이상
-55℃에서 50℃까지 운행가능	고속 견인력은 총중량의 8% 이상
악조건에서도 운행가능	최저속도는 5Km/h
60% 이상의 등판능력	

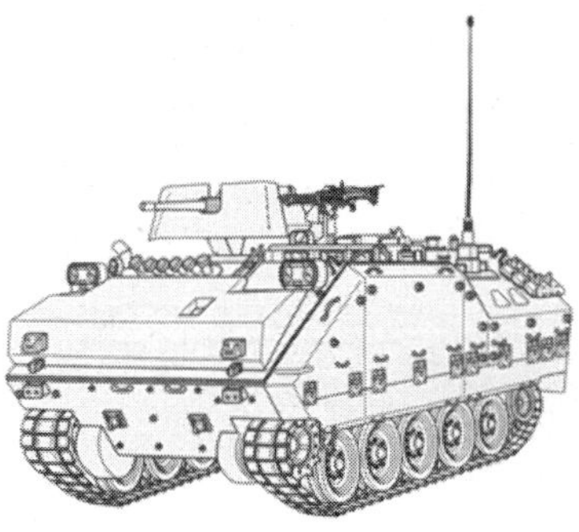

(라) 트렉터 및 트레일러

나. 엔진위치에 따른 분류

(1) 앞 엔진 자동차(Front Engine Car)

앞부분에 엔진을 두고 긴 추진축으로 뒷바퀴를 구동하거나 짧은 추진축으로 앞바퀴를 구동(주로 뒷바퀴 구동)

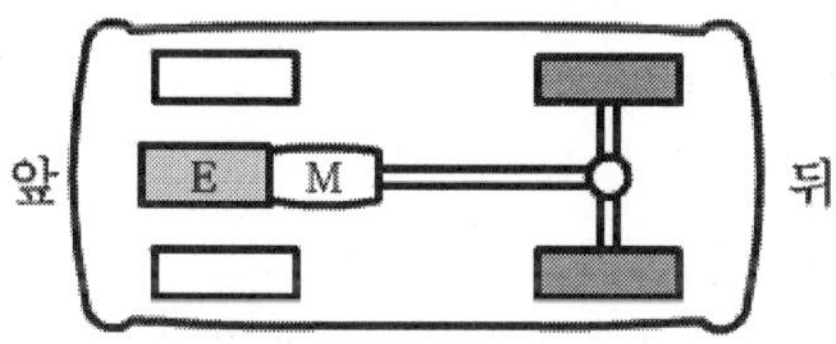

• 앞 엔진 자동차(뒷바퀴 구동)

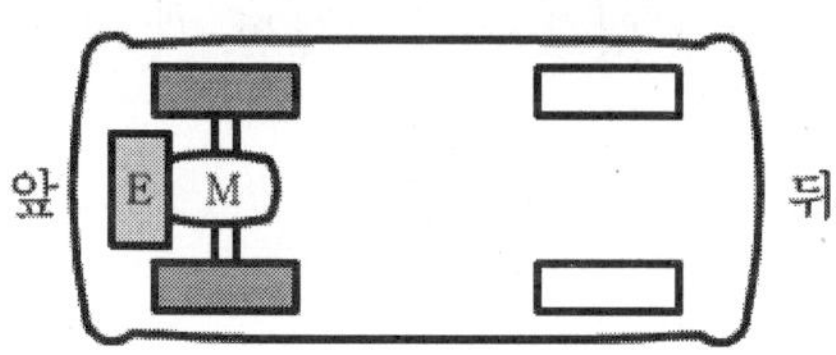

• 앞 엔진 자동차(앞바퀴 구동)

(2) 뒤 엔진 자동차(Rear Engine Car)

대부분 뒤 엔진으로 뒷바퀴를 구동하고 긴 추진축 불필요하며 중량이 가볍고 운전자의 전방시계가 양호하다.

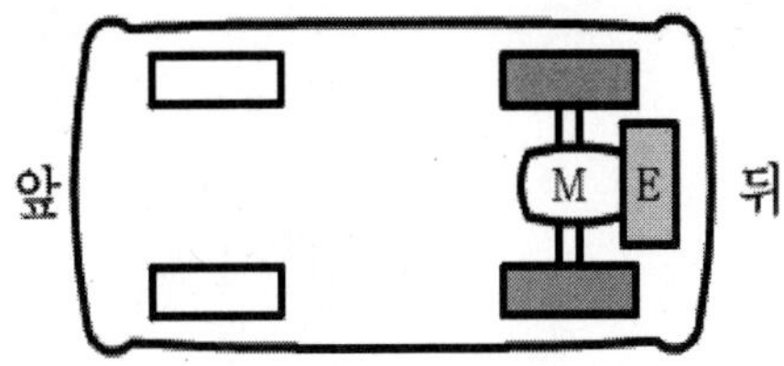

뒤 엔진 자동차(뒷바퀴 구동)

(3) 바닥 밑 엔진 자동차(Under-Hdor Engine Car)

- 바닥 이용 면적 증가
- 수평형 엔진사용
- 중심이 낮아 안전성 양호
- 엔진 수리 곤란
- 버스, 선박 등에 이용

다. 구동 방식에 의한 분류

(1) 앞바퀴 구동 자동차(Front-Wheel-Drive Car)

선회성능은 우수하나 경사지 등판능력 부족하고, 주로 엔진이 앞쪽에 위치

(2) 뒷바퀴 구동 자동차(Real-Wheel-Drive Car)

군용 차량에 주로 사용되며, 경사지 등판능력 양호

(3) 전륜 구동 자동차(All-Wheel-Drive Car))

군용차량에 대부분 사용되며. 미끄러운 노면이나 모랫길 등을 주행할 때 양호

1.2.4 자동차의 기본구조

구 분	내 용
동력발생장치	•엔진 주요부 •급유장치 •냉각장치 •연료장치
전기 장치	•시 동 장 치 •점등장치 •점화장치 •충전장치
동력전달장치	•섀 시 •제동장치 •환향장치 •현수장치
차 체	•차 대

가. 동력발생장치

엔진, 연료장치, 냉각 및 급유장치로 구성

나. 전기장치

점화장치를 포함한 충전, 시동, 점등 및 부수장치로 구성

다. 동력전달장치

엔진의 출력을 차륜까지 전달하고 클러치, 변속기, 중간변속기, 추진축, 종감속 장치, 차동기, 차축으로 구성

라. 환향장치

주행방향을 바꾸기 위한 장치로 핸들, 환향주 및 환향기어, 핏트먼암, 드라그링크 타이로드 등으로 구성

마. 제동장치

주행중인 차량의 속도를 낮추거나 정차 또는 정차중인 차량의 자유이동을 방지하는 장치로 발 브레이크(Foot Break)와 주차 브레이크로 구분

바. 현수장치

차량의 중량을 지지하고 운행간 노면과의 충격을 완충하여 차체나 엔진을 보호하는 장치로 스프링과 완충기로 구성

사. 차 대(Frame)

자동차의 뼈대로서 엔진, 섀시장치 등을 설치

아. 차 체(Body)

적재함, 운전석, 인원수용 부분을 포함

1.2.5 군용차량 종류 및 제원

가. 군용차량의 종류

(1) 1/4톤 표준차량 소개 및 제원

명 칭	1/4톤 K-111 일반차
탑승인원	4명
공차중량(kg)	1,180
최대속도	96Km/H
사용연료	가솔린

(도 태 차 량)

명 칭	1/4톤 K-131 일반차
탑승인원	6명
공차중량(kg)	1,540
최대속도	110Km/H
사용연료	가솔린

명 칭	1/4톤 K-113 토우 무기차
탑승인원	4명
공차중량(kg)	1,293
최대속도	96Km/H
사용연료	가솔린

(운 용 제 한 차 량)

명 칭	1/4톤 K-116 106mm포차
탑승인원	4명
공차중량(kg)	1,320
최대속도	96Km/H
사용연료	가솔린

(운 용 제 한 차 량)

(2) 1 1/4톤 표준차량 소개 및 제원

명 칭	1 1/4톤 K-311 일반차
탑승인원	8명
적재화물량	1.25톤
최대속도	96Km/H
사용연료	디젤

명 칭	1 1/4톤 K-311A1 일반차
탑승인원	8명
적재화물량	1.53톤
최대속도	104Km/H
사용연료	디젤

명 칭	1 1/4톤 K-313 정비삽차
탑승인원	5명
적재화물량	0.8톤
최대속도	96Km/H
사용연료	디젤

(3) 2 1/2톤 표준차량 소개 및 제원

명　　칭	2 1/2톤 K-511 일반차
탑승인원	무장병력 24명
적재화물량	야지 2.2톤 / 평지 4.5톤
최대속도	89Km/H
사용연료	디젤

명　　칭	2 1/2톤 K-511A1일반차
탑승인원	무장병력 24명
적재화물량	야지 1.7톤 / 평지 4톤
최대속도	95.4Km/H
사용연료	디젤

명　　칭	2 1/2톤 K-512 정비용 샾
탑승인원	160/2,500 HP/RPM
적재화물량	야지 2.3톤 / 평지 3.4톤
최대속도	85Km/H
사용연료	디젤

(4) 5 톤 표준차량 소개 및 제원

명 칭	5톤 K-711 일반차
탑승인원	무장병력 24명
적재화물량	야지 4.5톤 / 평지 9톤
최대속도	85Km/H
사용연료	디젤

명 칭	5톤 K-711A1 일반차
탑승인원	무장병력 24명
적재화물량	야지 4.5톤 / 평지 9톤
최대속도	85Km/H
사용연료	디젤

명 칭	5톤 K-713 덤프차량
담프용량	3.8㎥
적재화물량	야지 4.5톤 / 평지 9톤
최대속도	85Km/H
사용연료	디젤

명 칭	5톤 K-712 구난차량
인양능력	930-9,070kg
견인능력	야지 9,070/ 포장 13,600kg
최대속도	85Km/H
사용연료	디젤

(5) 10 톤 표준차량 소개 및 제원

명　　칭	10톤 K-912 구난차량
인양능력	10,000kg
견인능력	20,000kg
최대속도	120Km/H
사용연료	디젤

명　　칭	10톤 K-915 중장비 수송차량
견인능력	60,000kg
최대속도	120Km/H
사용연료	디젤

나. 군용차량제원

구 분	단 위	1/4 톤 (K-131)	4/5 톤 (K-311)	2.1/2 톤 (K-511)	5 톤 (K-711)	10 톤 (K-912)
탑승인원/ 적재함	명	6	2/8	3/24	3/24	2
최대속도	Km/h	110	96	89	85	90
사용연료	–	가솔린	디이젤유	디이젤유	디이젤유	디이젤유
적재량 (톤)	야지/ 평지	0.5톤	1.25톤	2.5톤/ 7.5톤	5톤/ 7.5톤	기중능력 (10톤)
전고	M	1.7	2.4	2.85	2.7	3.5
전장	M	4	5.69	7.1	8	9.8
공차중량	KG	1.540	4.125	10.230	18.820	36.000
축거	M	2.360	3.2	3.9	4.55	1.73.2/1.35
윤거 (전/후)	M	1.47	1.7	1.7/1.778	1.88/1.83	2/1.9
최소 회전반경	M	5.9	8.5	10.9	12.9	12
등판능력	%	60	60	60	60	60
배기량	CC	1.998	4.052	7.255	10.350	12.920
연료량	ℓ	53	106	200	295	400
최대출력	HP/rpm	130/6.000	115/3.600	160/2.500	236/2.200	450/1.900
엔진 연료장치		전자제어 연료분사	분배식 분사펌프	독립식 분사펌프	독립식 분사펌프	전자제어 분사방식
밸브장치		캠축구동	푸시로드구동	푸시로드구동	푸시로드구동	캠축구동
밸브간극	흡/배기 (㎜)	자동	0.3/0.3	0.2/0.25	0.2/0.25	0.37/0.5
점화순서		1-3-4-2	1-5-3-6-2-4	1-5-3-6-2-4	1-5-3-6-2-4	1-5-3-6-2-4

구 분	단 위	1/4 톤 (K-131)	4/5 톤 (K-311)	2.1/2 톤 (K-511)	5 톤 (K-711)	10 톤 (K-912)
점화 / 연료분사시기	도	BTDC4±6	BTDC0	BTDC28	BTDC28	BTDC18 ~ATDC1
시동전동기		24/1.9kW.	24v/ 4.5kW	24v/5kW	24v/ 5kW	24v/ 7kW
축전지		12V48AH	12V80AH	12V80AH	12V80AH	12V80AH
발전기		24V45A	24V45A	28V60A	28V60A	24V100A
클러치		유압식 막스프링식	유압식 막스프링식	기계식 레버조정식	기계식 레버조정식	공기클러치 무조정식
클러치 페달유격	mm	8~18	25~35	38~50	38~50	자동변속기
릴리스레버 높이	mm	자동	자동	35~36	52.25	.
변속단		전5단. 후1단	전5단 후1단	전5단 후1단	전5단 후1단	전16단 후2단
중간변속기		체인식	기어식	기어식	기어식	차동장치내장 원격제어식
차축	개	2	2	3	3	4
제동장치		유압 진공배력식	유압 진공배력식	공기유압식	공기유압식	공기식 (ABS)
조향장치		동력조향	동력조향/ 기계식	동력조향/ 기계식	동력조향	동력조향
현수장치	전/후	더블위시본/ 4링크지지	일체차축	일체차축	일체차축	일체차축
타이어규격		LT235/ 75R15	9.00×16	9.00×20	11.00×20	13R22.5-18

다. 군용차량 주요 주유제원

구 분	단 위	1/4 톤 (K-131)	4/5 톤 (K-311)	2.1/2 톤 (K-511)	5 톤 (K-711)	10 톤 (K-912)
냉각수	*l*	7.5.	19	23	32	42
엔진오일	*l*	4	11.3	15.5	17	34
변속기	*l*	1.25	3	8	16	12
중간변속기	*l*	1.3	1.7	4	6.6	6.5
차동기 (전/후)	*l*	1.2/1.5	3.2/3.2	5.7/5.7	5.7/5.7	1축8,2축12 3축12,4축10.5
환향기어유	*l*	0.7	0.6	1.2	5	4.3.

제 3 절 공구와 정비기기

1.3.1 개요

차량정비에 사용되는 공구와 정비기기에는 일반적인 작업용 공구와 특수한 공구, 손 다듬질 공구, 정비용 기기, 시험기가 있다.

1.3.2 공구분류

공구는 일반적으로 방법상, 보급상, 계정상, 용도상으로 분류 한다.

가. 방법상 분류

(1) 수공구(Hand Tool)

사람의 손으로 조작하거나, 손에 의해서 일을 하는 연장을 말하며, 장비를 정비하는데 사용되는 공구가 대부분이다.

(예) 렌치, 플라이어, 함마, 드라이버 등

(2) 기계공구(Machine Tool)

사람의 손으로 직접 조정하거나 간접조작에 의거 작업능률을 향상시켜 주는 공구를 말하며, 이는 대부분 고정식 장비로서, 동력에 의거 가동되는 공구를 말한다.

나. 보급상 분류

(1) 장비부수 공구

- 장비의 부수품으로서 모든 장비에는 부수공구가 반드시 포함되어 있고, 이는 장비의 운영자(운전병이나 조작병)가 장비를 1계단 정비할 때 사용하는 공구이다.
- 장비가 운행 할 때에는 반드시 휴대하고, 운행 중 고장이 발생했을 때 사용
- 장비 보급시 장비와 함께 보급되고 있으며, 보충소요는 해당부대에서 청구 획득
- 장비부수공구 분류

(가) O.V.M(On-Vehicles Material) 공구

차량을 1계단 정비시 사용하는 공구

(나) O.E.M(On-Equipment Material) 공구

차량을 제외한 모든 장비의 1계단 정비시 사용하는 공구

(2) 정비용 공구

- 장비를 2계단 이상 정비할 때 사용되는 공구로서 수송부나 정비 공장에서 정비병에 의해서 사용되는 공구
- 정비용 공구는 부대정비, 야전정비, 창정비 공구셋으로 구분된다.

(3) 항공 선박 공구

항공기 및 선박장비에 사용되는 4920계열 공구

(4) 특수 공구

장비를 2계단 이상 정비 및 작업시 사용되는 공구

(5) 축성공구

일반 작업용 공구 (D형삽, 도끼, 낫, 톱 등)

다. 계정상 분류

(1) 낱개 공구

개인 작업용 공구 및 정비용 공구로서 획득 시나 부대 재산관리 시 재산대장에 낱개 단위로 기록 계정되는 공구를 말한다.

(2) 결합체 공구 (Set)

여러 가지 공구를 1개조로 구성하여 사용되는 공구

라. 용도상 분류

(1) 장비성능시험 공구

장비의 주요기관 성능을 시험하는 공구(엔진시험기, 회전속도시험기, 노즐시험기 등)

(2) 연마 및 절삭 공구

물체를 가공하고 다듬고 절단하는 공구(그라이더, 밀링, 선반 등)

(3) 유류 취급용 공구

장비에 유류를 주입하는 공구(연료 펌프, 구리스 펌프, 오일 펌프 등)

(4) 무기정비용 공구

총기를 정비 및 조작시 사용하는 공구(두격 게이지, 신관렌치, 탄피축출기 등)

(5) 축성 공구

일반 작업용 공구(D형삽, 도끼, 낫, 톱 등)

(6) 측정용 공구

길이, 두께, 중량, 내경, 외경 측정하는 공구(시그니스 게이지, 마이크로미터, 버어니어 캘리퍼스)

(7) 목공 공구

목공작업 시 사용되는 공구(톱, 대패, 끌 등)

(8) 일반 공구

정비 작업 시 사용되는 공구(렌치, 플라이어, 드라이버 등)

1.3.3 공구분류

가. 일반 공구

(1) 렌 치

볼트나 너트 또는 그와 같은 조임쇠를 돌려 조여 주는 공구를 말한다.

▶ **오픈렌치**

•인치용 : 3/8-7/16", 7/16-1/2", 1/2-9/16", 5/8-13/16"등

•미리용 : 10㎜, 12㎜, 14㎜, 17㎜, 19㎜, 21㎜, 23㎜, 26㎜, 29㎜, 32㎜ 등

▶ **양구렌치**

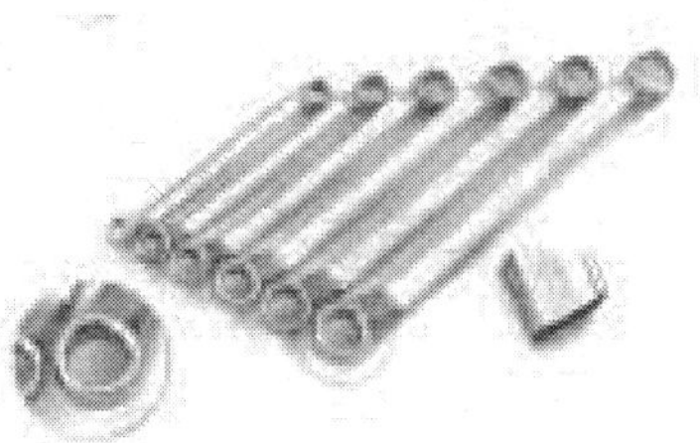

•인치용 : 1/2-9/16", 5/8-3/4", 3/8-7/16" 등

•미리용 : 8×9㎜, 10×12㎜, 12×14㎜, 14×17㎜, 17×19㎜, 21×23㎜, 23×26㎜ 등

▶ **소켓렌치**

•인치용 : 7/16", 1/2", 9/32", 5/8", 11/16", 3/4", 25/32", 13/16", 7/8", 15/16", 1" 등

•미리용 : 10㎜, 12㎜, 14㎜, 17㎜, 19㎜, 21㎜, 23㎜, 26㎜, 29㎜ 등

(2) 렌치 핸들

소켓렌치를 사용할 때 손잡이가 되는 부분이며 종류는 3가지가 있다.
(소켓렌치핸들 /스피드핸들/ 라첫 핸들)

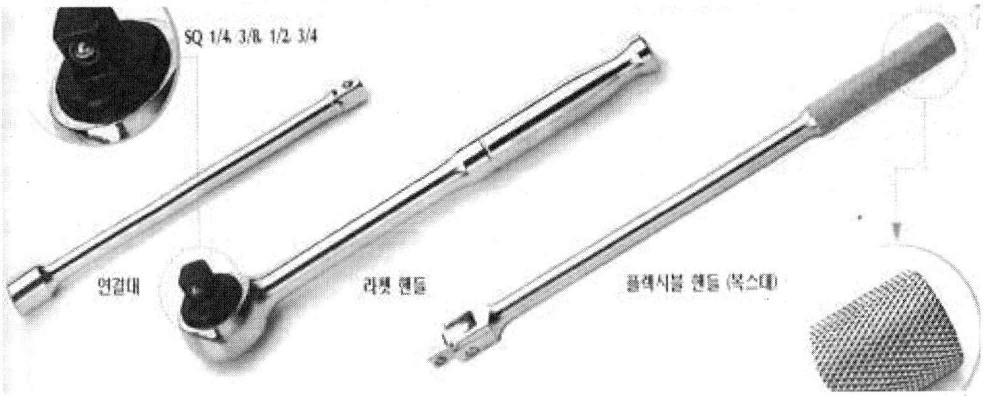

(3) 펀 치

펀치는 금속, 가죽, 종이 및 기타의 물질에 구멍을 뚫거나 금속면에 표시를 할 때, 핀이나 리벳을 빼어 내거나, 구멍을 맞출 때 등에 사용된다.

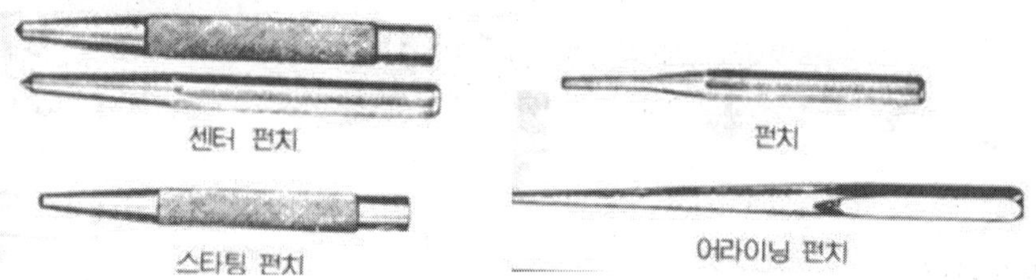

- ▶ **센터 펀치 : 길이는 75~150㎜ 또는 3~6in**
- ▶ **핀 펀치 : 포인트 치수는 약 0.7~12㎜**
- ▶ **철공 펀치 : 팁의 지름 6~25㎜**
- ▶ **금속 펀치 : 팁의 지름이 1/4~1in**

(4) 드라이버

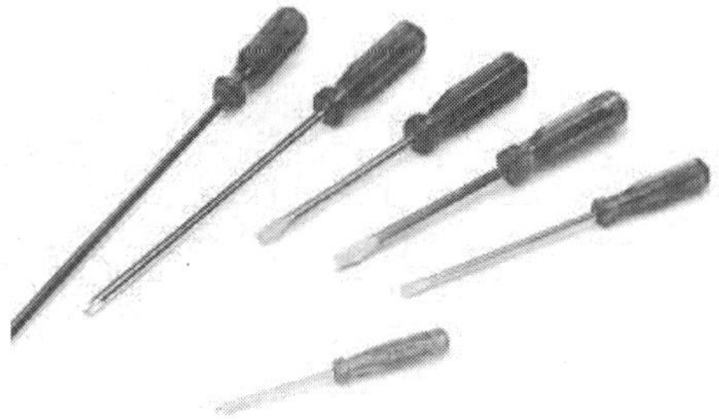

- ▶ **평 드라이버 : 4", 6"**
- ▶ **십자형 드라이버 : 3", 4", 6"**
- ▶ **"S" 자형 드라이버**

(5) 줄

줄칼은 금속을 조금 깎거나 표면을 매끈하게 다듬질 할 때에 사용된다.

(6) 플라이어

플라이어는 작은 부품이나 금속편을 잡고 구부리고 잡아당기며 절단 등을 할 때에 사용되며 용도가 다양한 공구이다.

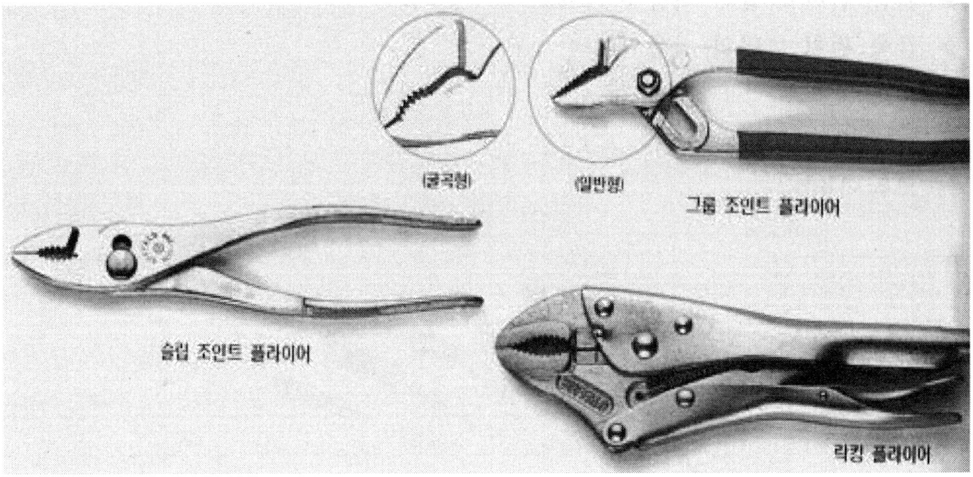

(7) 해 머

해머는 못, 스파이크, 드리프트 핀, 볼트 및 쐐기를 박거나 뺄 때 사용되며 끌, 펀치의 타격과 금속 가공에도 사용된다.

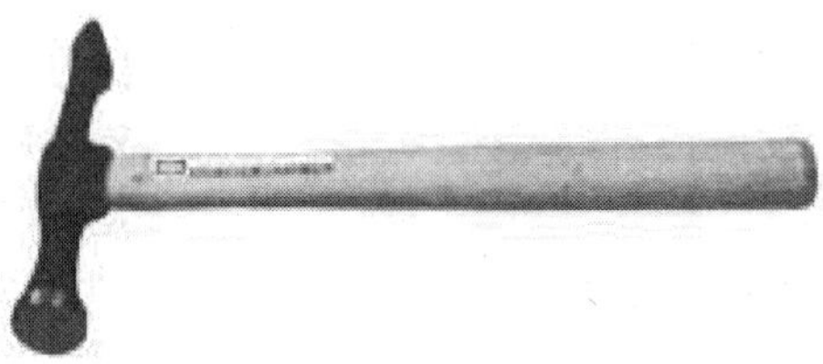

나. 특수 공구

(1) 밸브 스프링 압축기

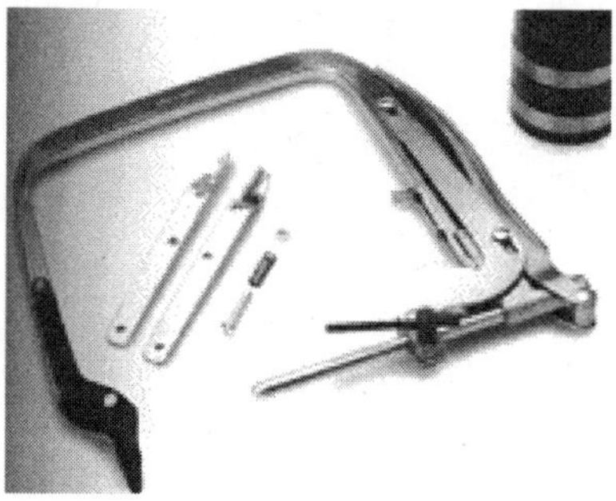

(2) 밸브 키이 리플레이서

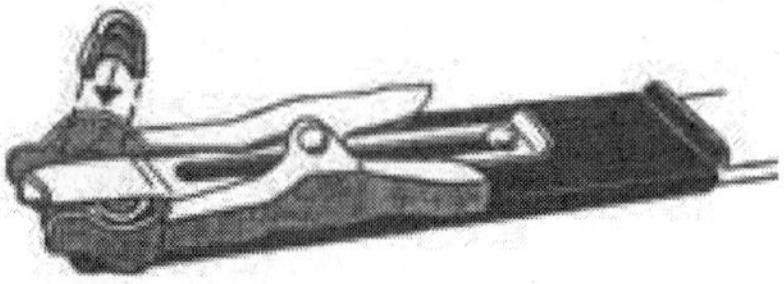

(3) 밸브간극조정 렌치

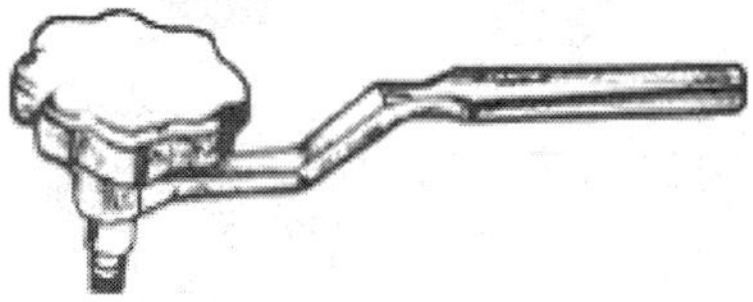

(4) 피스톤링 압축기

(5) 피스톤링 익스팬더

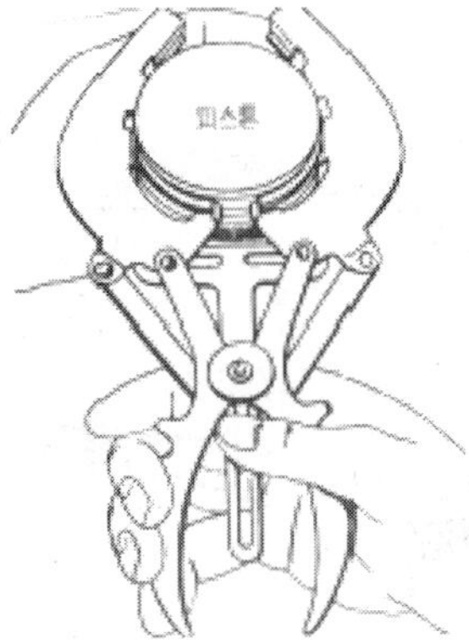

(6) 오일러

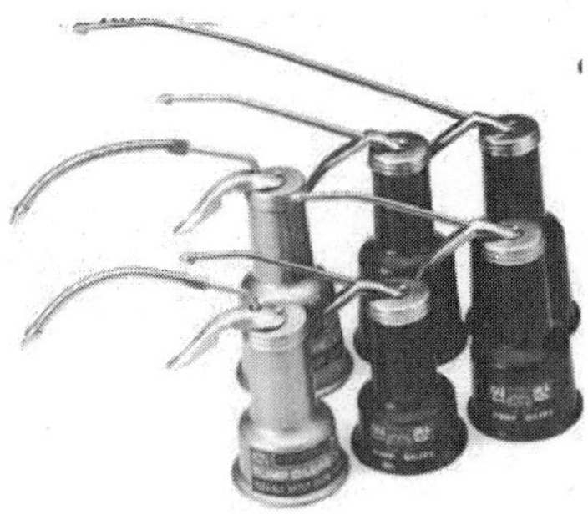

(7) 크랭크축 풀리 풀러

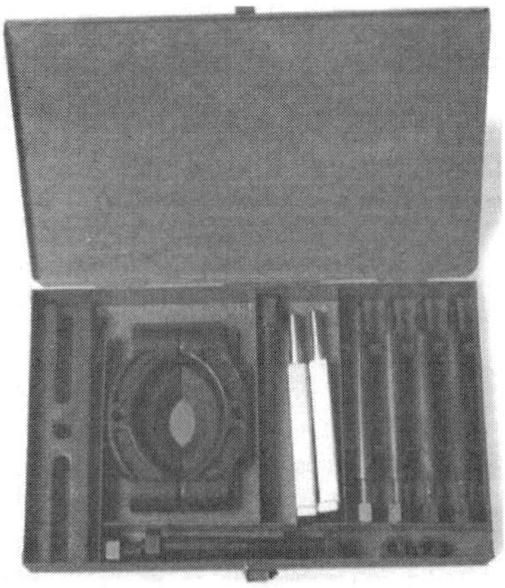

베어링 풀러(K.W.T 140 SET)

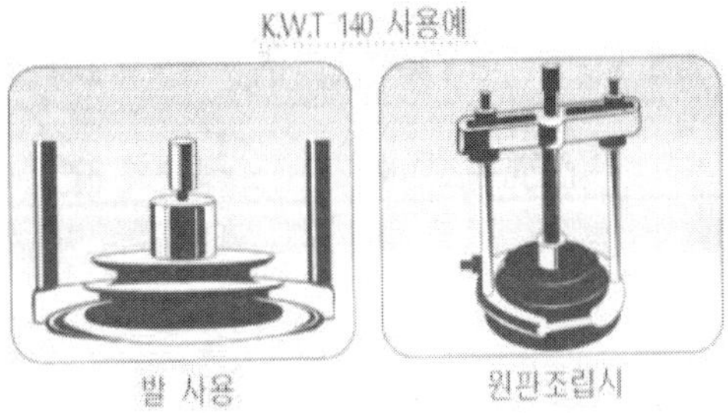

- V 벨트 플러 탈착작업
- 베어링 플러 탈착작업
- 플러, 귀의 파손없이 안전하고 견고하게 작업
- 철케이스 보관용이

(8) 록링 플라이어

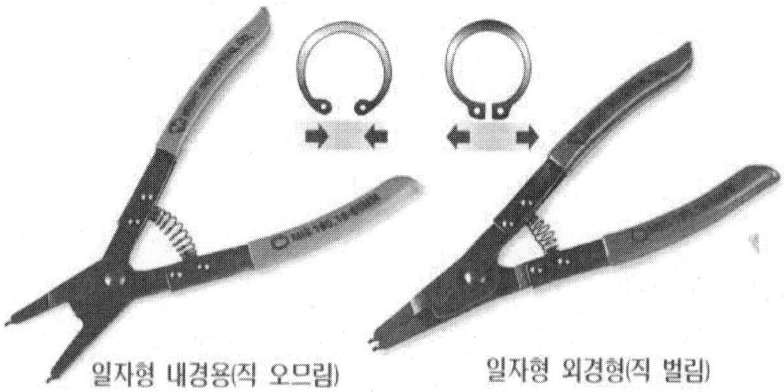

(9) 클러치 얼라이닝 공구

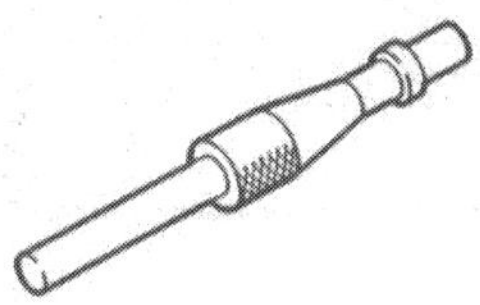

(10) 풀 러(핏트먼암/베어링/풀리)

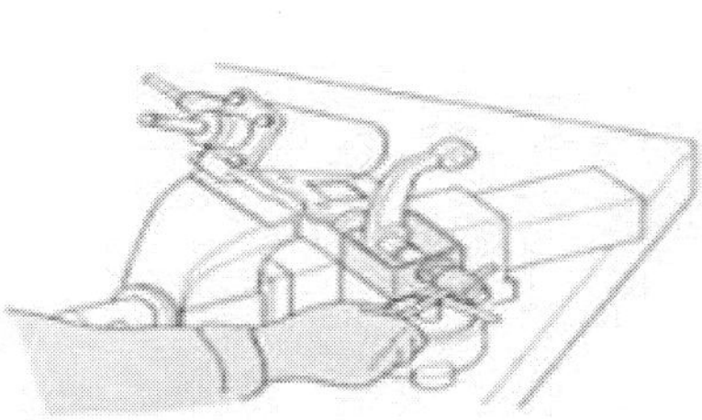

(11) 제동기드럼 풀러

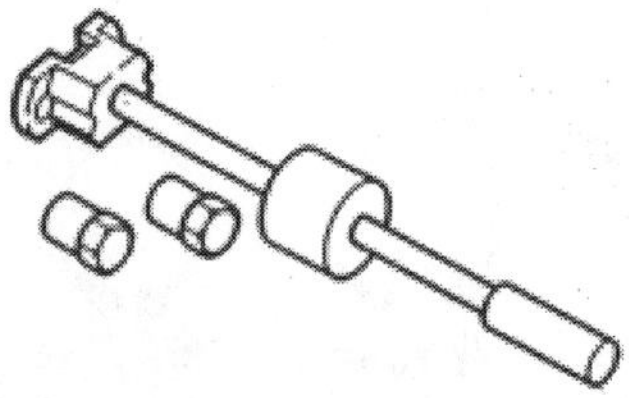

(12)분사펌프 툴 세트

분사펌프, 가버너, 노즐 등 대부분의 분사장치를 분해결합, 수리하는 공구를 말하며 총 22개 품목으로 상자 안에 들어 있다.

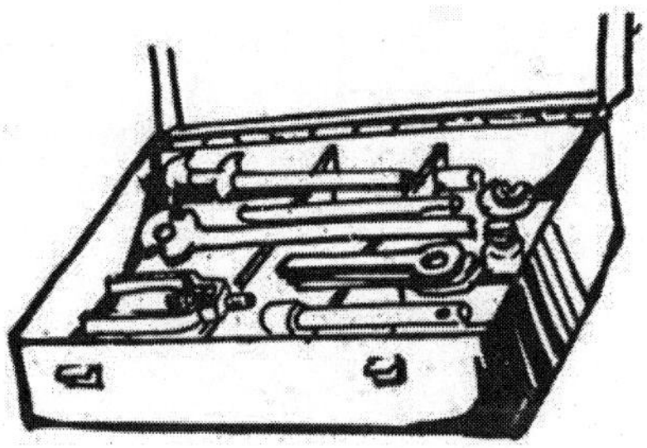

(13) 엔진 슬링

엔진을 제거할 때 실린더 헤드에 설치하는 공구이다.

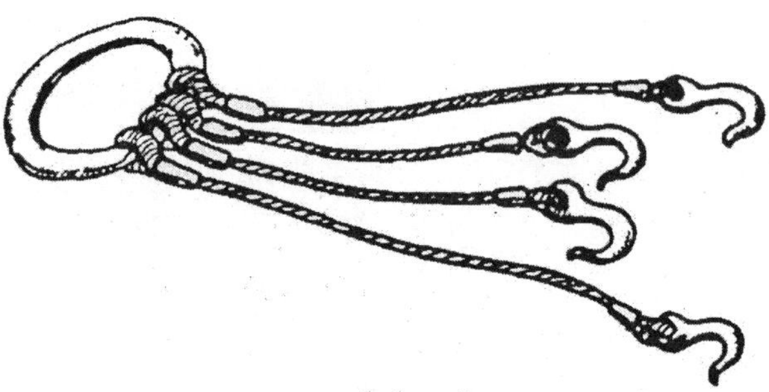

엔진스링

다. 측정용 공구

(1) 자

(2) 시그니스 게이지

(3) 압축 압력계(가솔린/ 디젤용)

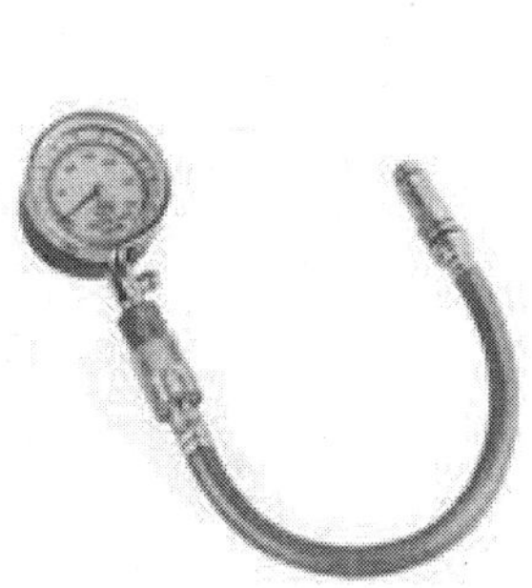

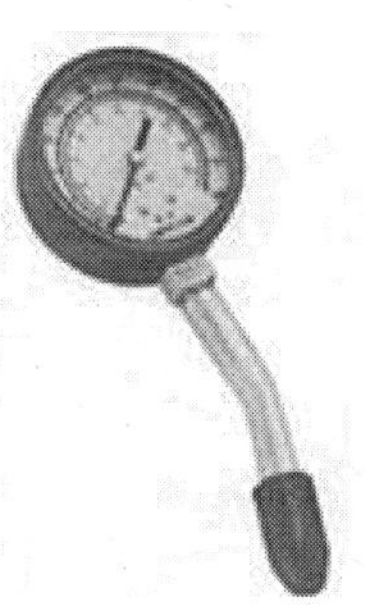

(4) 진공계

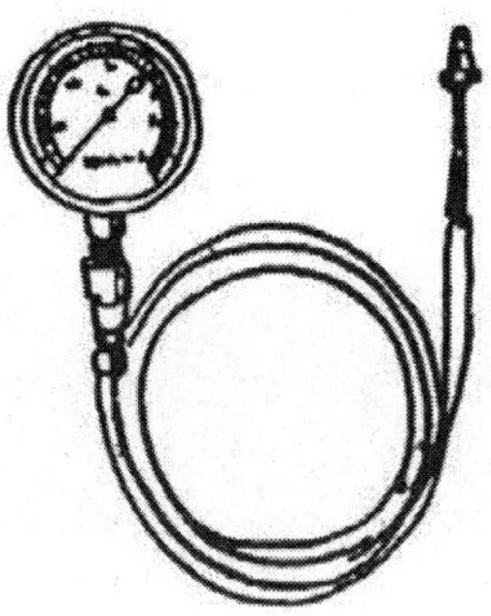

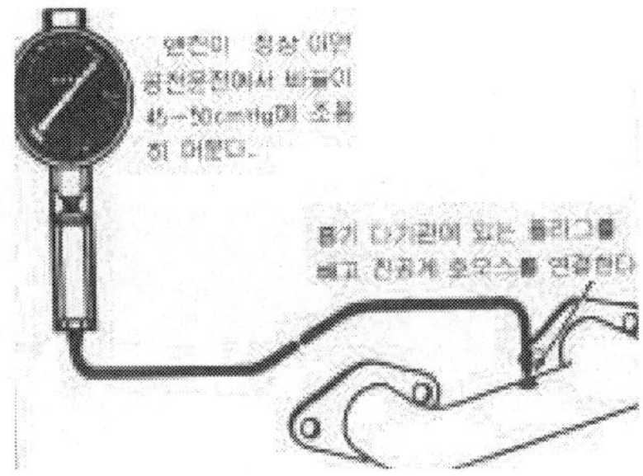

(5) 부동액 전해액 비중계

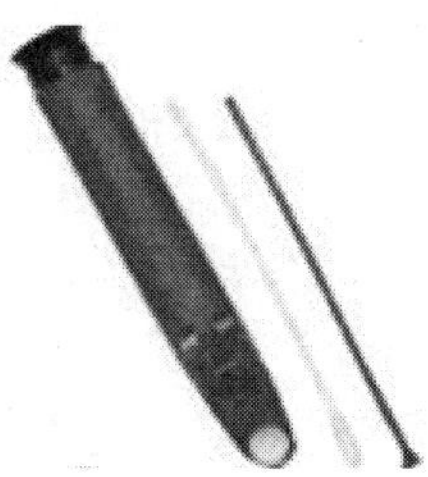

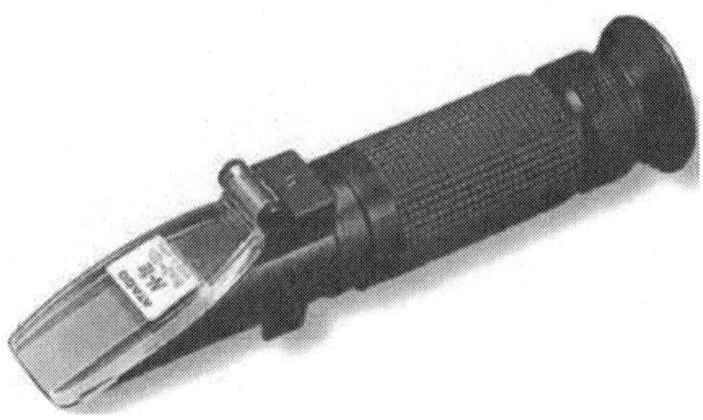

(6) 연료분사 노즐 시험기

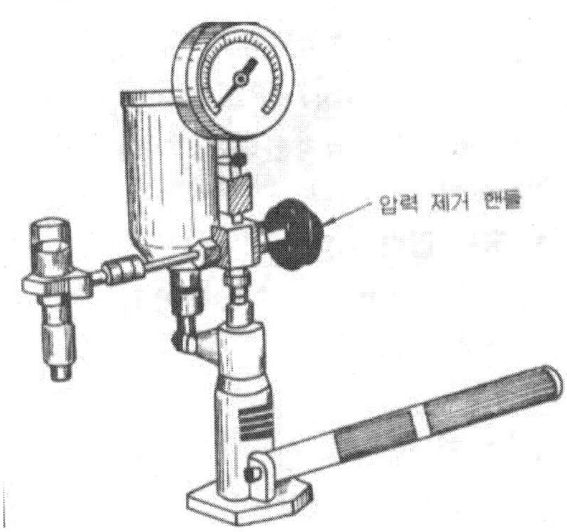

(7) 섀시장치 측정용 공구(토인/ 캠버 카아스터 게이지)

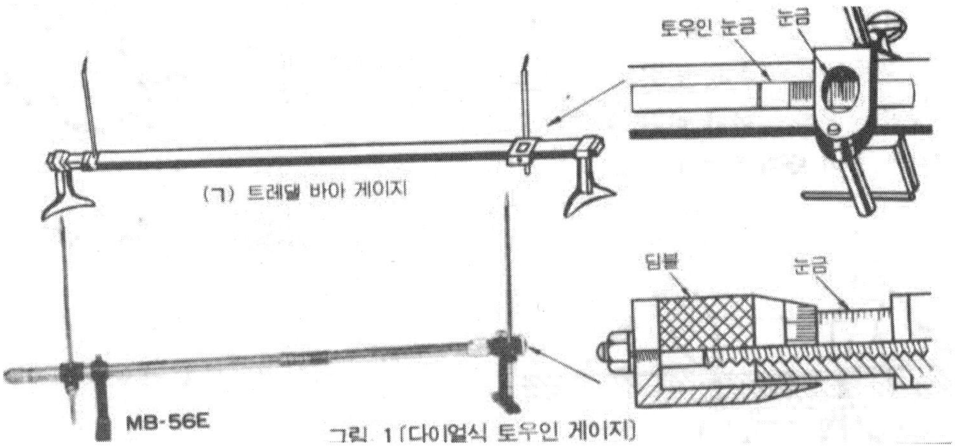

그림. 1 [다이얼식 토우인 게이지]

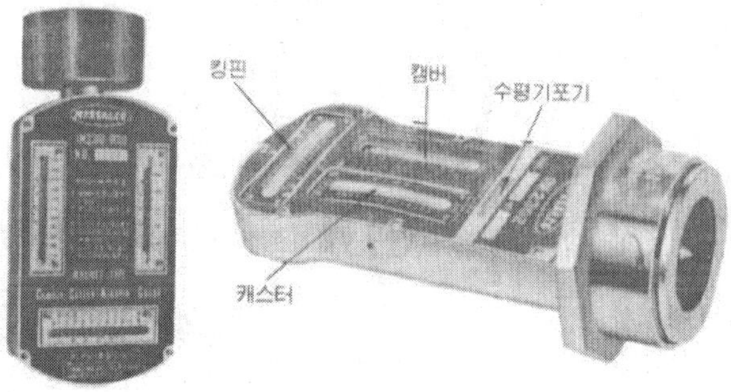

(8) 타이어 압력 게이지

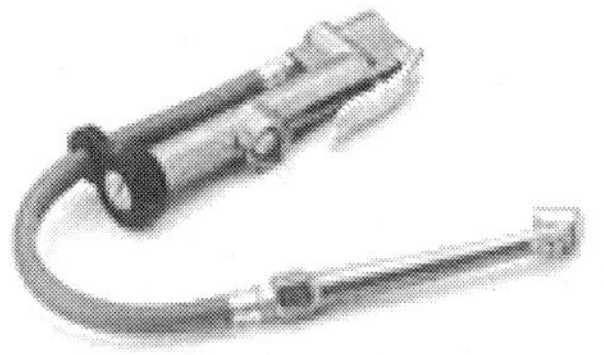

(9) 버니어 켈리퍼스

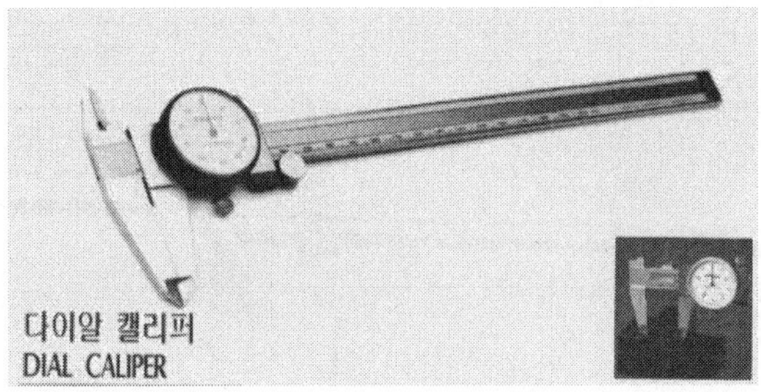

(10) 다이얼 게이지

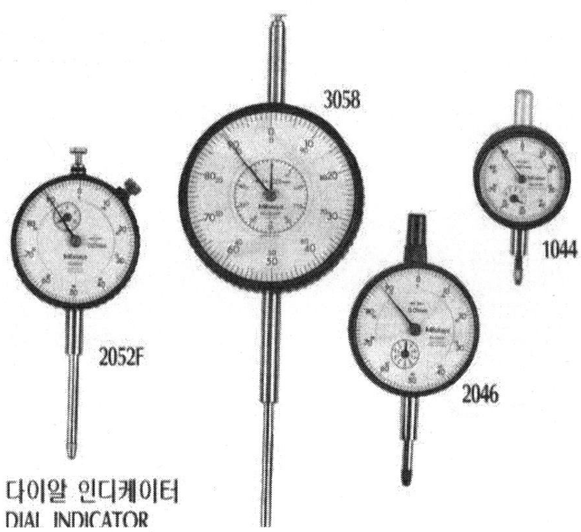

(11) 마이크로 메타

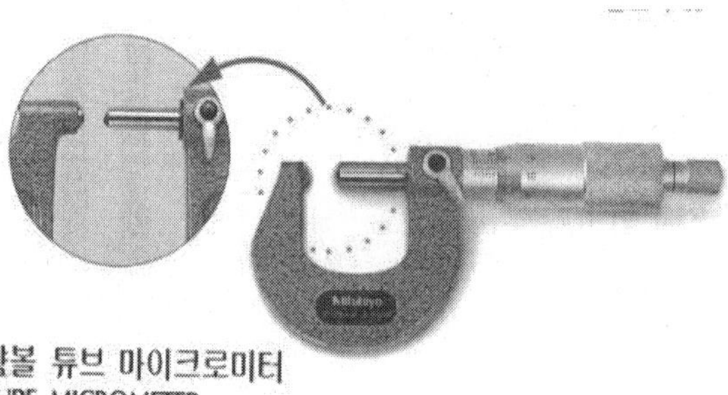

(12) 그리스펌프/오일 드레인

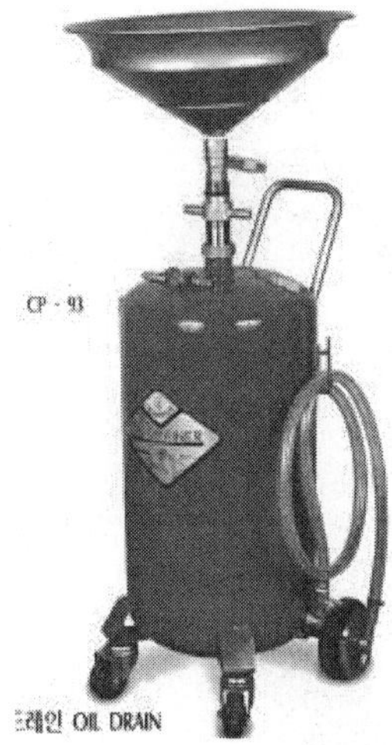

(13) 에어 스프레이건

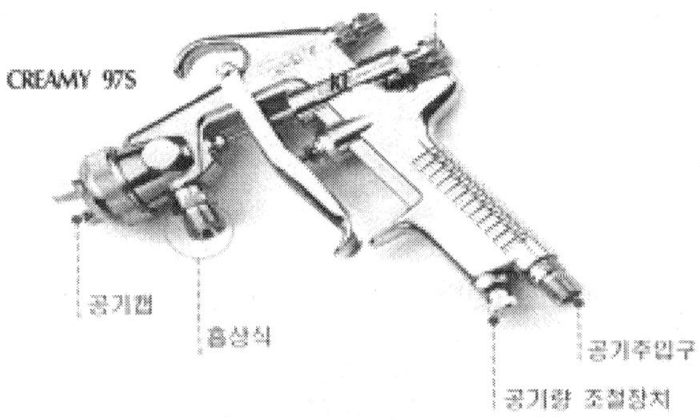

(14) 디지털 테스터기

HC- 930R　　HC - 81　　ADM - 406

(15) 타이밍라이트

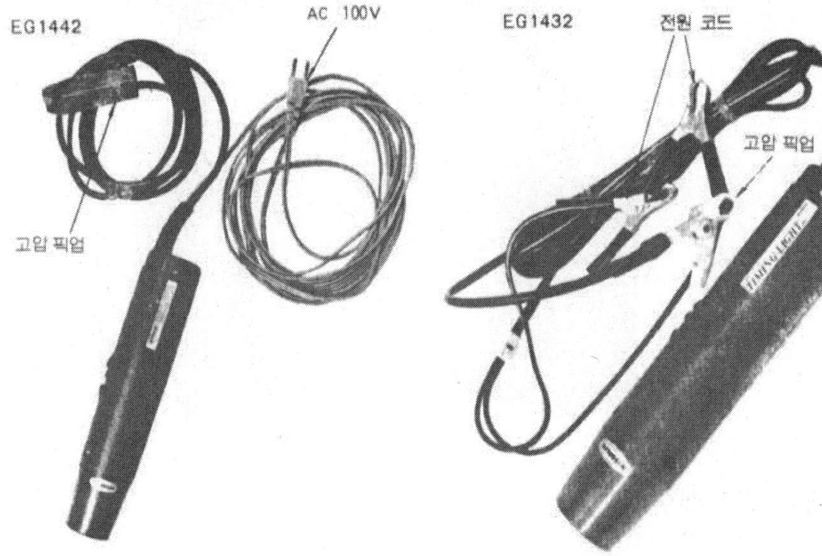

(ㄱ) 전원을 AC 100V하는 타이밍 라이트　　(ㄴ) 전원을 축전지로 하는 것

(16) 임펙렌치

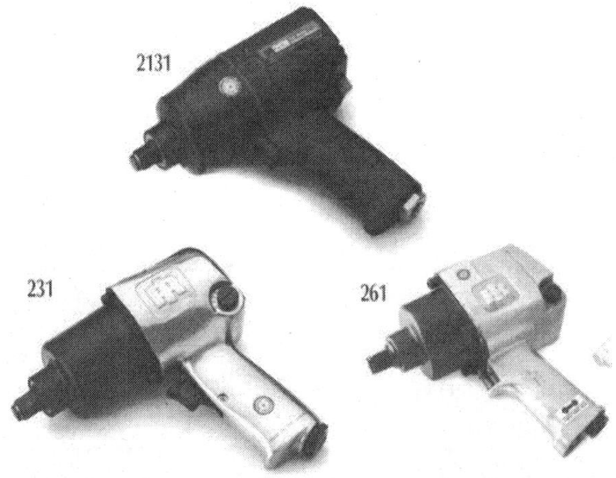

(17) 배터리 비중 테스터기

(18) 충전기

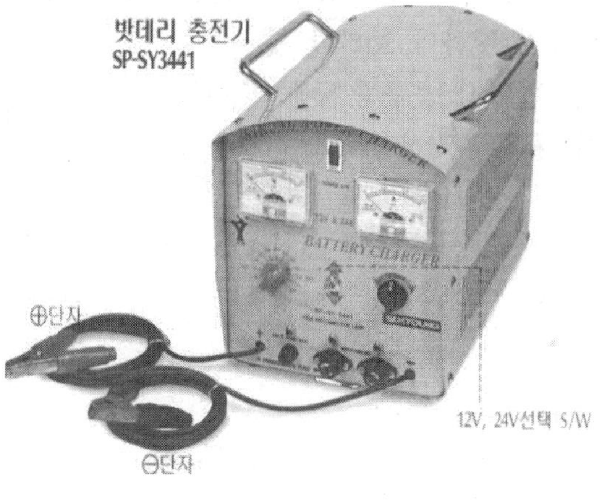

(19) 전기 용접기

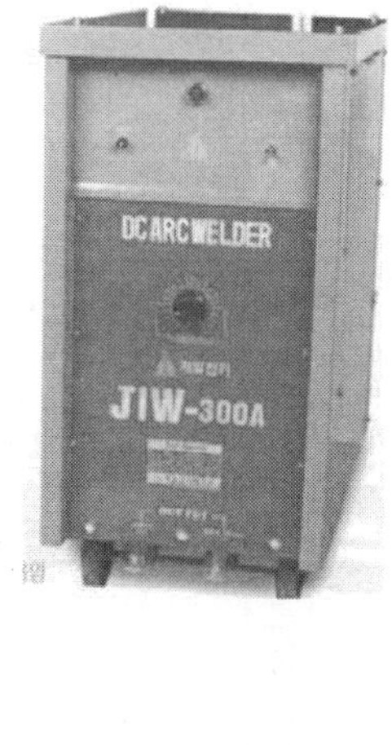

(20) 토크렌치

라. 공구 취급 시 주의사항

(1) 모든 공구는 사용목적에만 사용할 것.

(2) 동력 공구는 사용 전 안전검사를 하고 인가된 정비병에 한하여 사용토록 할 것.

(3) 공구 저장 시는 가벼운 공구부터 위에서 밑으로 저장할 것.

(4) 작업 수행 중에는 사용하지 않는 공구는 안전하게 공구박스에 넣어 관리할 것.

(5) 공구 사용 후는 잘 손질하여 보관할 것.

(6) 날이 있는 공구는 반드시 공구박스에 저장관리 할 것.

(7) 작키류는 반드시 규정된 적하능력에만 사용할 것.

제 4 절 정비안전 수칙

1.4.1 일반수칙

가. 작업 전에는 반드시 작업계획 수립.
나. 해당 착신구 착용.
다. 잘 모르는 일은 물어서 한다.
라. 혼자하기 힘든 일은 조력을 받는다.
마. 남의 시설이나 기계는 함부로 운전 조작 금지.
바. 공구나 장구는 규정된 것을 사용하고 항상 정리정돈.
사. 작업 중 잡담이나 장난금지.
아. 작업 중 흡연이나 음주금지.
자. 인화물질 격리 사용.
차. 모든 일은 철저히 확인.

1.4.2 제거 설치 작업 시 안전사항

가. 차륜에 고임목 설치.
나. 작업에 알맞은 공구 사용.
다. 순서에 의한 작업.
라. 무리한 힘을 가하지 말 것.

1.4.3 엔진 시동작업 시 안전사항

가. 화기엄금.
나. 유류누출 확인.
다. 공장 내 유류 보관금지.
라. 소화기 배치 및 사용요령 숙지.

마. 회전부분에 주의.
바. 배기가스에 주의.
사. 청결 유지.
아. 기타 중량물에 주의.

1.4.4 축전지 취급 시 안전사항

가. 취급자 외 취급 엄금.
나. 전해액에 주의.
다. 보호 장구 착용.
라. 증류수와 황산 혼합 시 주의.
마. 전기배선 연결부에 주의.

1.4.5 시험기 취급 시 안전사항

가. 사용자외 취급 엄금.
나. 사용전 상태 점검.
다. 배선작업에 유의.
라. 시험기 조작요령 준수.

1.4.6 자동차 운전 시 안전사항

가. 지정된 사람만 운전.
나. 제한속도 준수.
다. 커브, 출입구 등에서 일단정지.
라. 후진 시 인도 신호를 받을 것.
마. 뛰어서 타거나 내리지 말 것.
바. 정차 시 제동기에 유의.
사. 후진 시 유도병 배치.

제 5 절 자동차의 기본 구조

1.5.1 자동차의 기본구조

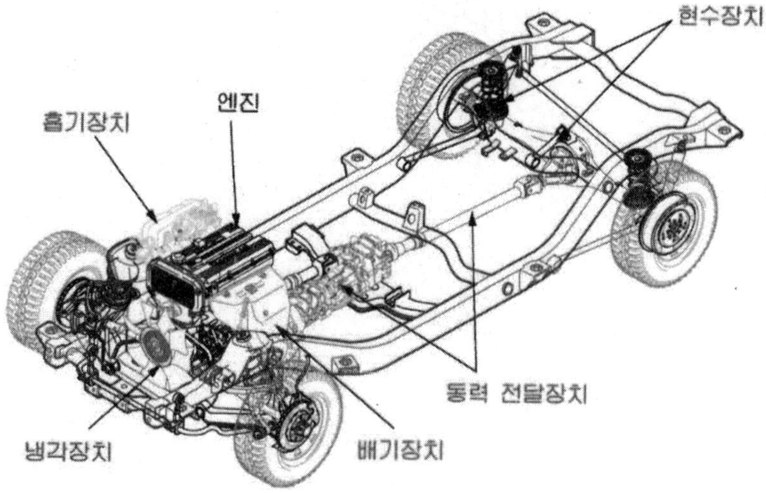

구 분	내 용
동력발생장치	•엔진 주요부 •급유장치 •냉각장치 •연료장치
전 기 장 치	•시 동 장 치 •점등장치 •점화장치 •충전장치
동력전달장치	•새 시 •제동장치 •환향장치 •현수장치
차 체	•차 대

1.5.2 동력발생장치

엔진, 연료장치, 냉각 장치, 급유장치로 구성되어 있으며 자동차 구동에 필요한 동력을 발생시킴.

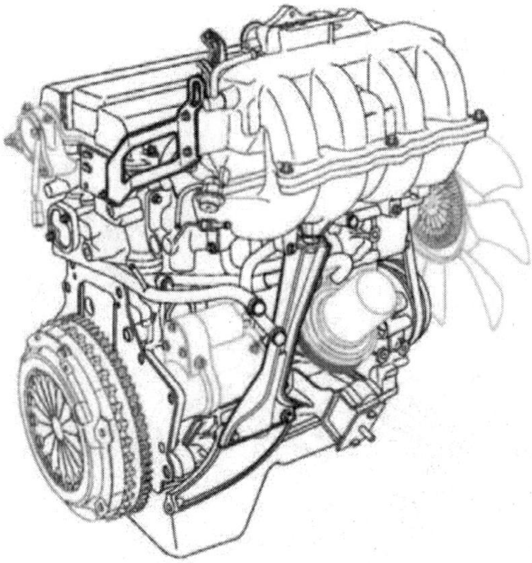

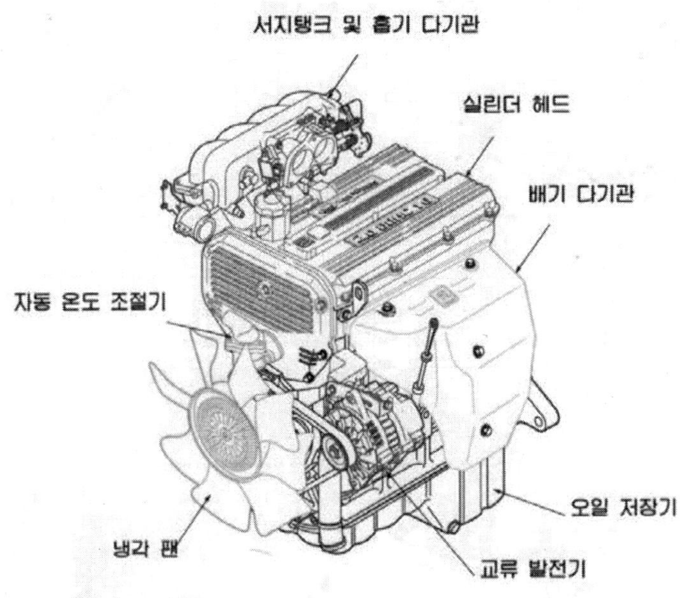

1.5.3 전기장치

점화장치, 충전장치, 시동장치, 점등 및 부수장치로 구성되어 있으며 동력발생에 필요한 전기 공급 및 점등장치 작동 시 필요한 전기 공급.

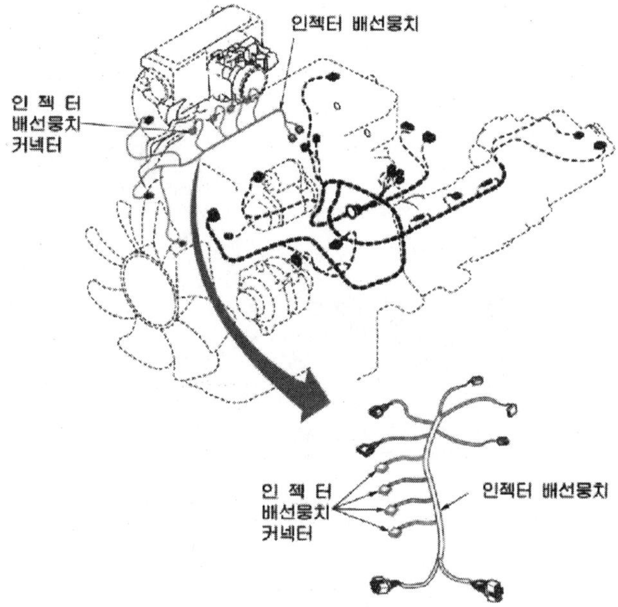

1.5.4 동력 전달장치

파워 트레인 이라고도 부르며 엔진의 출력을 구동륜에 전달하는 장치로서 클러치, 변속기,추진축,종감속장치,구동축,등으로 구성되어 있음.

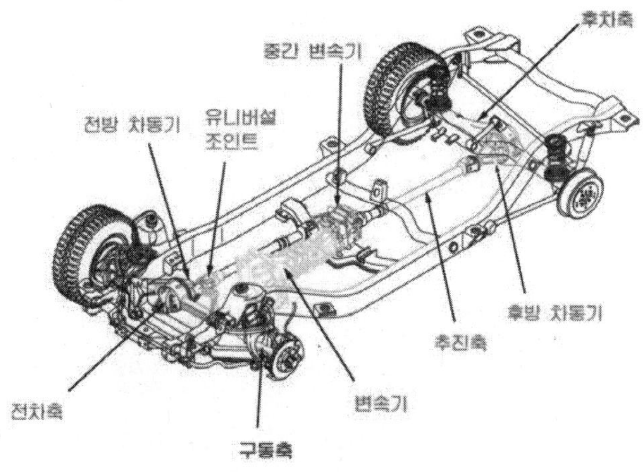

1.5.5 환향장치

주행방향을 바꾸기 위한 장치이며 핸들, 환향주 및 환향기어, 핏트먼암, 드래그링크, 타이로드 등으로 구성

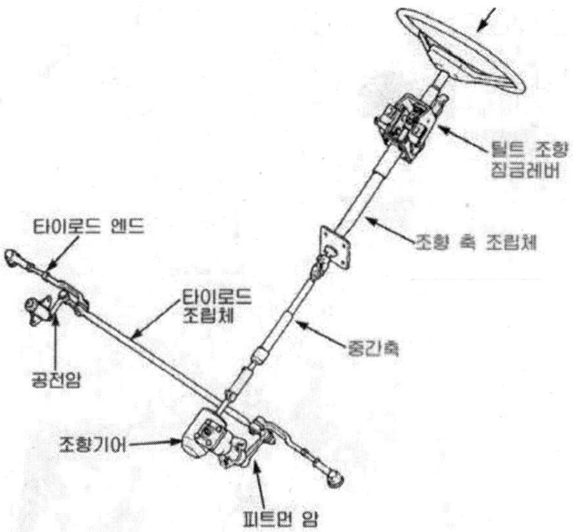

1.5.6 제동장치

주행 중인 차량의 속도를 낮추거나 정차 또는 정차중인 차량의 자유이동을 방지하는 풋 브레이크와 주차 브레이크로 구분.

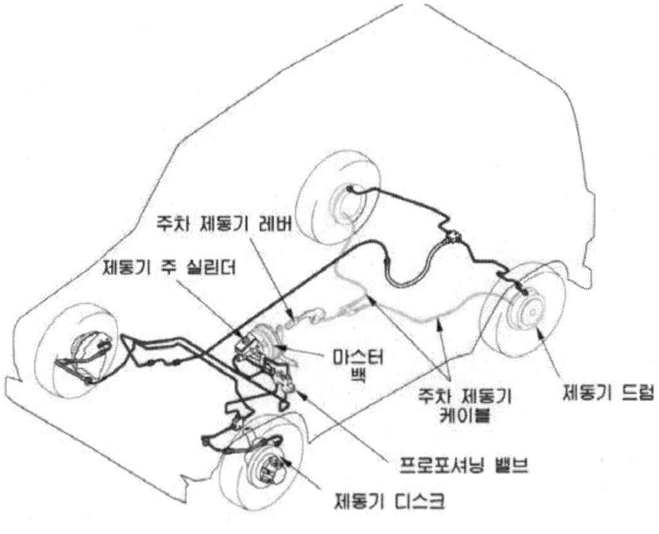

1.5.7 현수장치

노면의 충격을 완충하여 차체나 엔진을 보호하며, 스프링과 완충기로 구성.

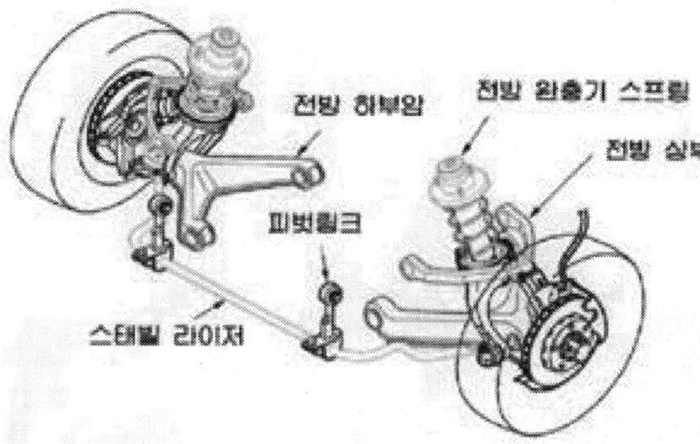

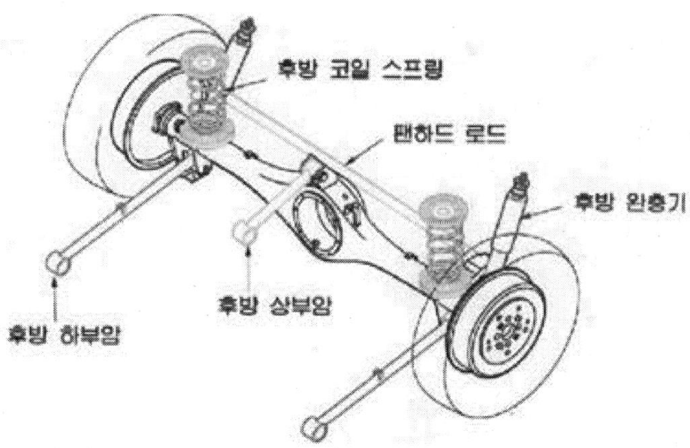

1.5.8 차대

자동차의 뼈대로서 엔진, 섀시장치 등을 설치.

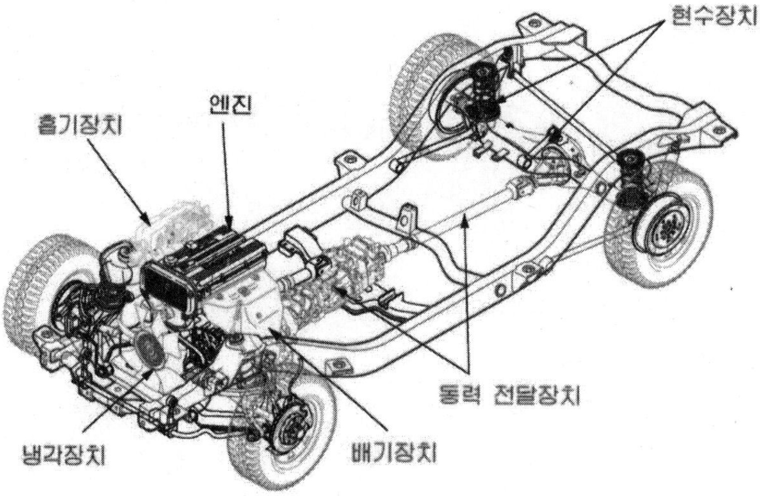

1.5.9 차체

적재함, 운전석, 인원수용 부분을 포함.

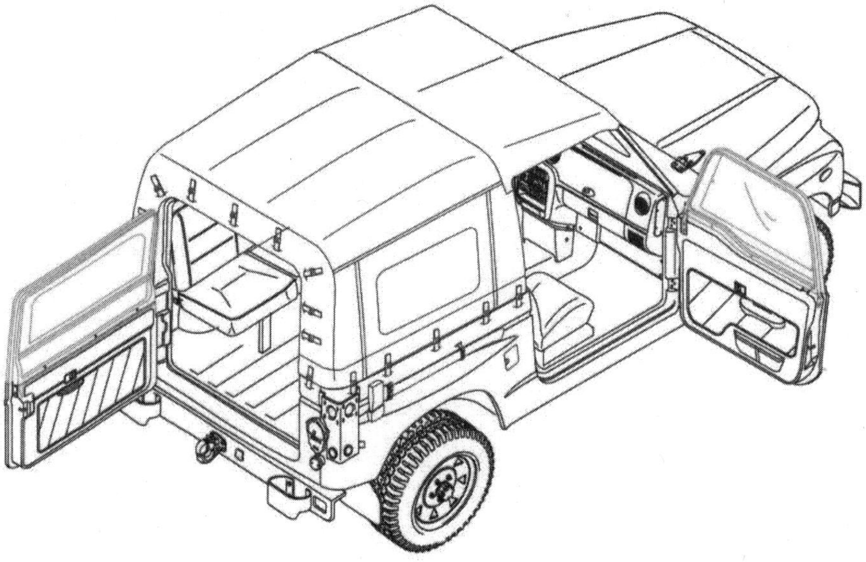

Chapter 2
동력발생장치

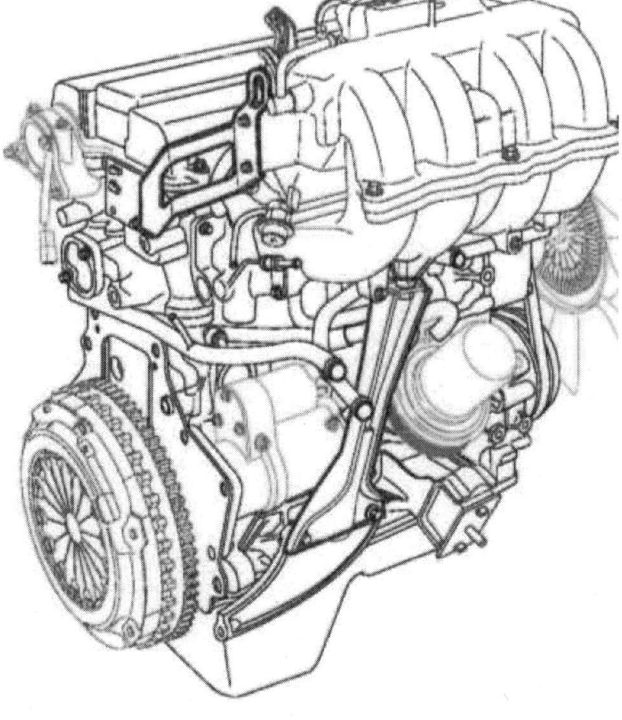

제 1 절 엔진 개론

2.1.1 개 요

엔진이란 연료와 공기가 혼합·연소하여 발생된 열에너지(화학에너지)를 피스톤의 왕복운동(기계적 에너지)으로 전환시켜 차량구동에 필요한 동력을 발생토록 설계된 열기관이다.

※ 열기관이란 ?

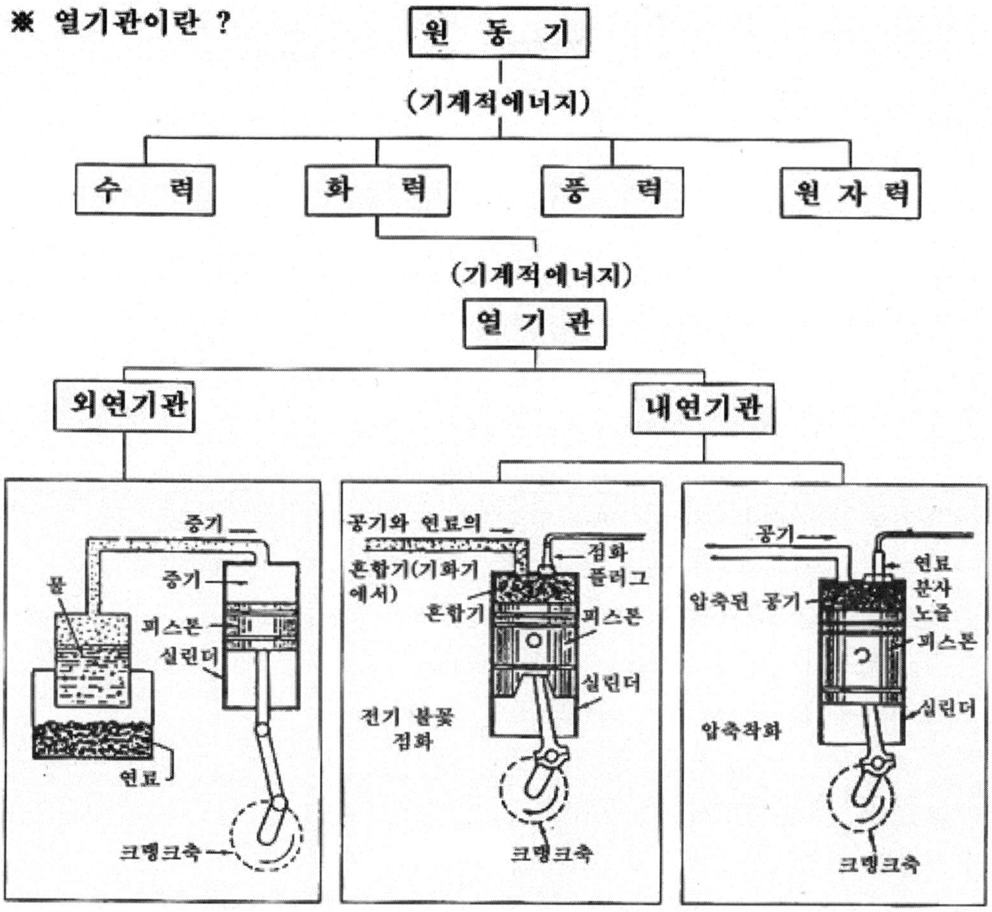

2.1.2 엔진의 분류

가. 사용연료에 따른 분류

(1) 가솔린 기관(Gasoline Engine)

가솔린 연료를 사용하여 공기와 혼합한 혼합기를 실린더로 흡입한 후 압축하여 점화플러그에 의하여 점화시켜 동력을 얻는 기관이다.

($\frac{1}{4}$톤 K-111 ~ 117, K-131 신형짚)

(2) 디젤 기관(Diesel Engine)

경유를 연료로 사용하며 공기만을 실린더 내로 흡입하여 고온·고압으로 압축한 다음 고압의 연료를 분사시켜 동력을 얻는 기관이며, 압축착화 기관(Compression Ignition Engine) 또는 자연 착화 기관이라 한다.

($1\frac{1}{4}$톤 계열, $2\frac{1}{2}$톤 계열, 5톤 계열 차량)

나. 냉각방식에 따른 분류

냉각장치는 실린더내의 혼합기 폭발에 따라 기관의 과열을 방지하고, 알맞은 작동온도를 유지하기 위하여 필요하다.

(1) 공랭식 기관(Air Cooling Engine)

실린더 주위에 여러개의 냉각 핀(Cooling fin)을 두고 열전달 면적을 크게하여 여기에 공기를 직접 접촉시켜 냉각하는 방식이다.

(2) 수냉식 기관(Water Cooling Engine)

실린더 헤드 및 실린더 블록에 설치한 물 재킷에 냉각수를 보내어 기관을 냉각 시키는 방식이며 방열기, 냉각팬, 물펌프 등이 필요하다.

다. 실린더 배열에 따른 분류

(1) 직렬형 기관(In-Line Engine)

가장 일반적인 기관의 배열 형식중의 하나다, 즉 실린더를 크랭크축 방향으로 일렬로 배치한 것이다.

(2) V형 기관(V-type Engine)

크랭크축 위에 실린더를 2열로 배열하고, 1개의 크랭크 핀에 피스톤 커넥팅로드 어셈블리를 연결한 것이다.

(3) 수평 대향형 기관(Horizontal Opposed Engine)

크랭크축을 중심으로 하여 실린더를 수평으로 서로 대향(對向)시켜 배열한 것이다.

(4) 성형(Radial Engine)

1개의 크랭크축을 중심으로 하여 실린더를 방사형으로 배열한 것이다.

직렬 형	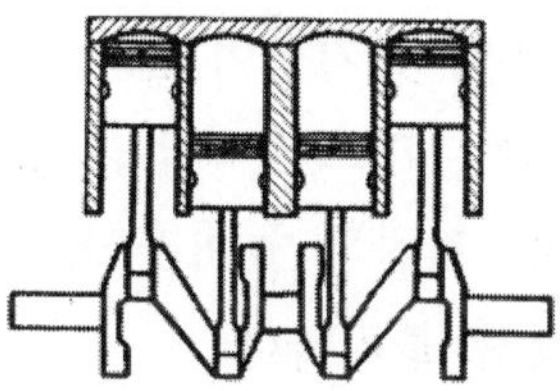	일반차량 경장갑차
V 형	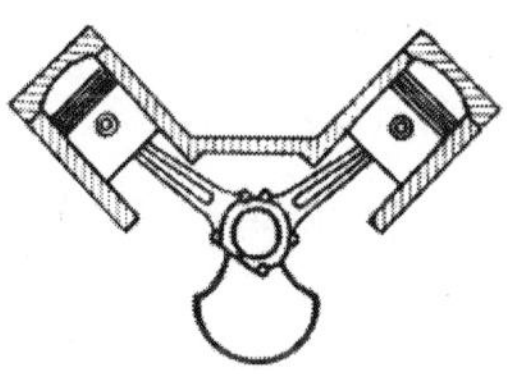	전차 장갑차 자주포
수평대향 형	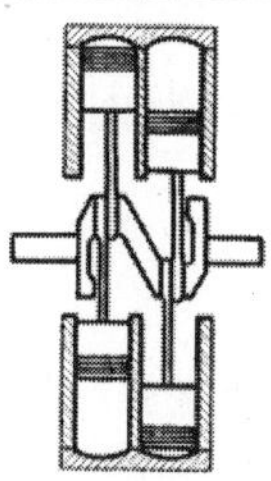	선박 경주용차
성 형	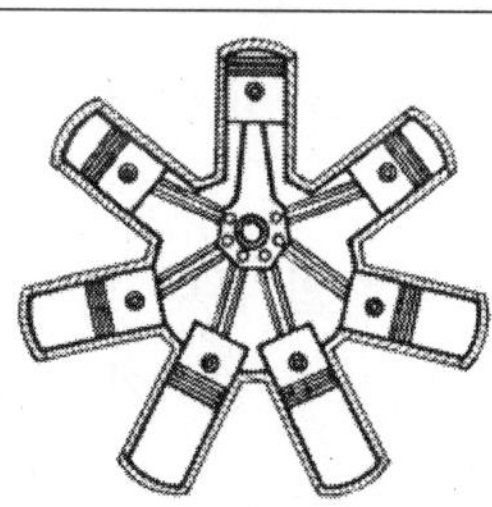	항공기

실린더 배열에 의한 분류

라. 실린더 수에 따른 분류

(1) 소형용, 오토바이용 : 1, 2 실린더

(2) 자동차용 : 4, 6, 8, 12 실린더

(3) 항공기용 : 4, 6, 7, 9, 12, 14, 18, 24, 28 실린더

마. 실린더 안지름과 행정비율에 따른 분류

(1) 장행정 기관(Under Square Engine) : K-111, K-311, 신형차

실린더 안지름(D)보다 피스톤 행정(L)이 긴 형식이다. 즉 L/D 〉 1.0이며 다음과 같은 특징이 있다.

(가) 피스토의 행정이 길므로 흡입 공기량이 많아 폭발력이 크다

(나) 큰 회전력을 얻을 수 있으며, 피스톤 측압을 감소시킬 수 있다

(다) 회전속도가 비교적 낮으며, 기관의 높이가 높아진다.

(라) 기관의 강도 및 무게 면에서 불리하다

(2) 장방형 기관(Square Engine) : K-131

실린더 안지름과 피스톤 행정이 크기가 똑같은 형식이다.

(3) 단행정 기관(Over Square Engine) : K-711

실린더 안지름이 피스톤 행정보다 큰 형식이다. 즉, L/D 〈 1.0이며 다음과 같은 특징이 있다.

(가) 피스톤의 평균속도를 올리지 않고도 회전속도를 높일 수 있어 단위 실린더 체적 당 출력을 크게 할 수 있다.

(나) 흡·배기 밸브의 지름을 크게 할 수 있어 체적 효율을 높일 수 있다.

(다) 피스톤이 과열되기 쉽다.

(라) 폭발 압력이 커 크랭크축 베어링의 폭이 넓어야 한다.

(마) 실린더의 안지름이 커 기관의 전체 길이가 길어진다.

바. 밸브설치 위치에 따른 분류

I 두 형 (over head type)	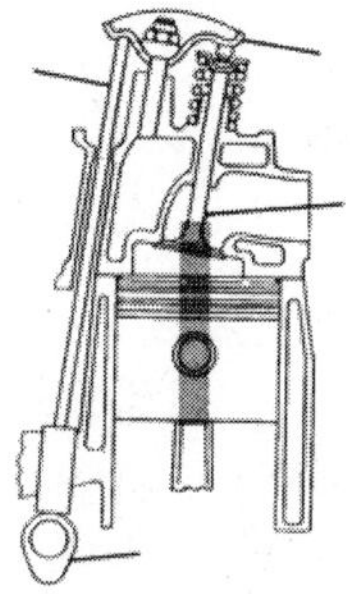	밸브가 실린더 헤드에 설치된 엔진 (거의 모든 차량)
L 두 형 (side valve type)	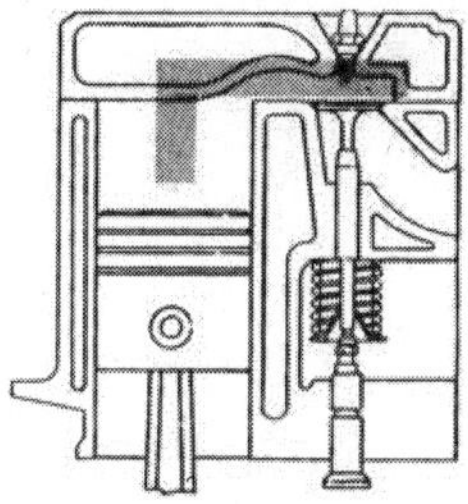	밸브가 실린더 블록에 설치된 엔진
T 두 형	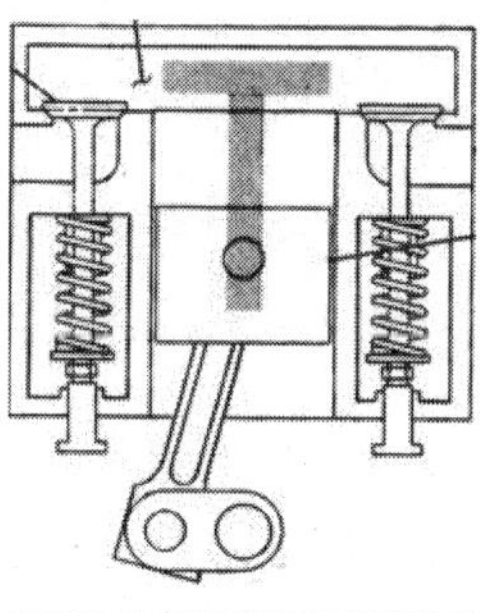	밸브가 실린더 양쪽에 설치되어 있는 형식으로 현재는 사용되지 않는 형식
F 두 형	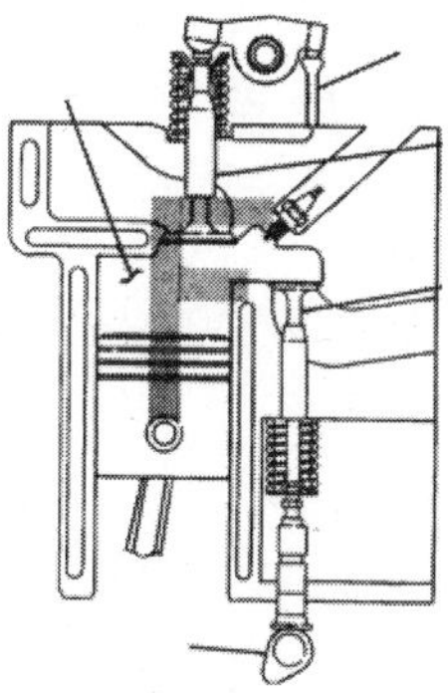	I형과 L두형을 복합한 형식으로 한쪽 밸브는 실린더 헤드에 한쪽 밸브는 실린더 블록에 설치된 형식

밸브 설치 위치에 따른 분류

※ O.H.C형(Over Head Camshaft) 엔진

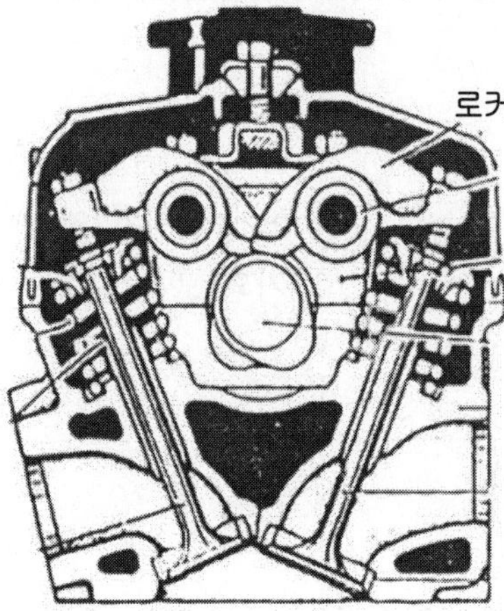

캠축이 실린더 헤드에 설치되어 있는 것으로 밸브 배열은 I두형과 같다.

이 형식은 밸브 구동기구의 경로가 짧으므로 열팽창이나 운동의 지연에 의한 밸브기구의 진동이 적다.

사. 점화방식에 따른 분류

(1) 전기점화 기관

압축된 공기와 연료의 혼합기를 전기적 불꽃으로 점화·연소시키는 가솔린 기관이 여기에 속한다.

(2) 압축착화 기관

공기만을 압축하여 고온(500~550℃)으로 한 후 그 속에 연료를 안개모양으로 분사하여 착화시키는 것이며 디젤기관이 여기에 속한다.

아. 열역학적 사이클에 의한 분류

(1) 정적 사이클(오토 사이클)

혼합기의 연소가 일정한 체적 하에서 일어나는 경우며, 일반적으로 가솔린기관 등이 이 사이클을 기준으로 하여 작동한다.

(2) 정압 사이클(디젤 사이클)

연소가 일정한 압력 하에서 일어나는 경우며, 공기 분사식인 저속·중속 디젤기관이 기관 등이 이 사이클을 기준으로 하여 작동한다.

(3) 복합 사이클(사바테 사이클)

고속 디젤 기관이 기관 등이 이 사이클을 기준으로 하여 작동한다.

자. 기계학적 사이클에 의한 분류

(1) 2행정 사이클 기관

피스톤의 1왕복(2개의 행정)으로 1사이클을 완성한다.

(2) 4행정 사이클 기관

피스톤의 2왕복(4개의 행정)으로 1사이클을 완성한다.

2.1.3 엔진작용원리

가. 용어해설

(1) 상사점(T. D. C)

피스톤이 실린더 내에서 왕복운동중 도달한 상단극한 위치

(2) 하사점(B. D. C)

피스톤이 실린더 내에서 왕복운동중 도달한 하단극한 위치

(3) 행 정(Stroke)

피스톤이 상사점에서 하사점까지 움직인 거리

(4) 실린더 안지름(D)

실린더 최대 내경

(5) 행정체적(Vs)

피스톤이 1행정시의 실린더 체적

(6) 간극용적(Vc)

연소실 용적이라고도 하며 피스톤이 상사점 이후의 잔여 실린더 용적

(7) 압축비

피스톤이 압축 전 실린더 용적에 대한 압축후의 실린더 용적비

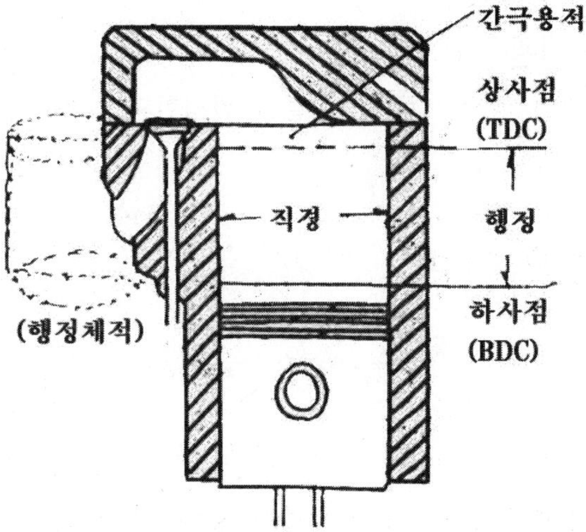

엔진 용어

나. 엔진의 작동원리

차량기관은 실린더 내부에서 연료를 연소시켜 발생한 에너지를 실린더 내에 피스톤 헤드를 작동동력을 얻게 된다. 실린더에서 발생한 에너지를 기계적 에너지로 변환시키는 기본구조로 실린더내로 흡입된 공기와 가솔린 혼합기를 피스톤으로 압축하고 전기불꽃 또는 압축착화 시키면 열에너지가 발생 연소가스를 순간적으로 고온, 고압이 된다.

실린더 내를 왕복운동 하는 피스톤 헤드부에 이 높은 압력이 걸리면서 피스톤은 아래로 이동하면서 기계적 에너지로 변환되며 이와 같은 피스톤의 직선왕복운동을 커넥팅로드를 통하여 크랭크축으로 전달, 회전운동으로 바뀌면서 동력을 얻게 된다.

(1) 가솔린 기관

실린더 내에 공기와 혼합기를 흡입하고, 피스톤으로 압축한 다음 점화시키면 열에너지가 발생하는데 이때 발생된 열에너지가 피스톤을 움직이게 되므로 기계적 에너지로 바뀌게 된다.

이때 피스톤은 직선 왕복운동을 하고, 이 운동이 커넥팅 로드에 의해 크랭크축을 회전운동으로 전환시킨다.

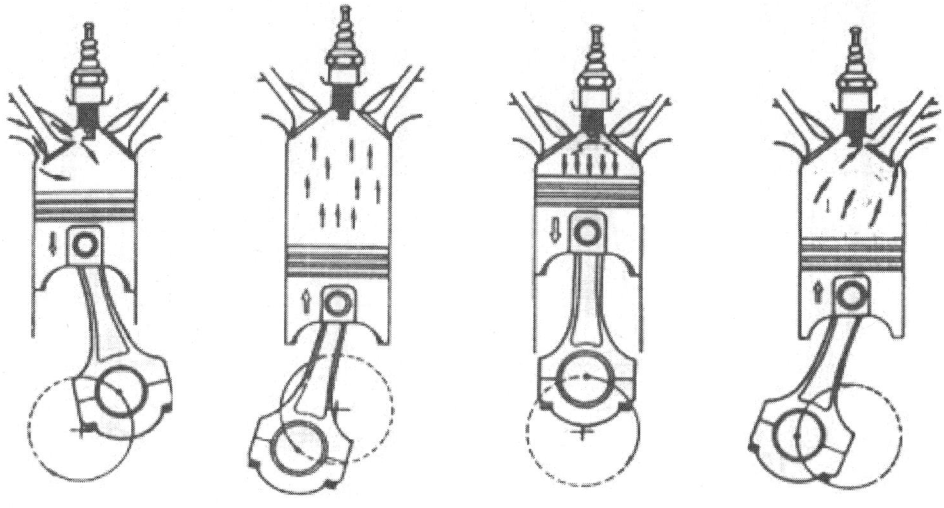

(가) 흡입행정(Intake Stroke)

공기와 가솔린 혼합기 흡입(혼합비 = 1:5~1:20)

(나) 압축행정(Compression Stroke)

혼합기를 단열압축(압축압력 = 8~11kg/cm^2, 압축비 = 6~12:1)

(다) 폭발행정(Power Stroke)

혼합기 연소 및 연소가스 단열팽창(팽창압력 = 35~45kg/cm^2)

(라) 배기행정(Exhaust Stroke)

연소가스의 정적방열

(2) 디젤 기관

실린더 내에 공기를 흡입하고 피스톤으로 압축하면 흡입공기의 온도가 상승하게 된다. 이때 분사노즐에서 연료를 분사하여 압축공기와 혼합과 동시에 착화온도에 이르러 자연 착화함으로써 연소한다.

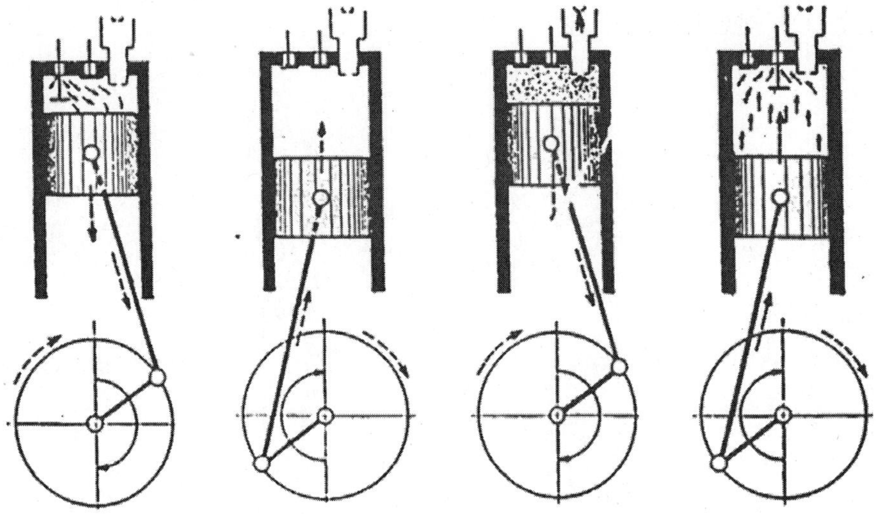

흡입　　압축　　폭발　　배기

(가) 흡입행정(Intake Stroke)

공기 흡입(상온유지)

(나) 압축행정(Compression Stroke)

흡입공기 단축(압축압력 = 30~35kg/cm^2, 압축공기온도 = 500℃~550℃, 압축비 = 15~22:7)

(다) 폭발행정(Power Stroke)

연료분사 및 착화(연료분사압력 = 100~200kg/cm^2, 가스팽창압력 = 55~65kg/cm^2)

(라) 배기행정(Exhaust Stroke)

연소가스의 배출

다. 가솔린과 디젤엔진의 비교

가솔린 엔진은 승용차 K-131차량의 엔진에 사용되며, 디젤엔진은 버스, 트럭 등 대형차량에 많이 사용되나 최근에는 승용 차량에도 일부 사용된다. K-311계열, K-511계열 , K-711계열 차량의 엔진은 디젤엔진에 속한다.

가솔린 엔진과 디젤 엔진의 특성을 비교하면 다음과 같다.

비 교 사 항	가솔린 엔진	디 젤 엔 진
•연소 사이클	오토 사이클	사바테 사이클
•압축비	6 ~ 12 : 1	15 ~ 22 : 1
•열효율	25 ~ 32%	32 ~ 38%
•연료 소비율	200 ~ 280g/ps-h	160 ~ 225g/ps-h
•폭발압력	35 ~ 45kg/cm^2	55 ~ 65kg/cm^2
•제작비	비교적 싸다	비교적 비싸다
•엔진출력	작다	크다
•중량/마력당	3.5 ~ 4kg/ps	5 ~ 8kg/ps
•사용연료	가 솔 린	디젤
•연소실 형상	간단	복잡
•혼합기 생성	압축 전 연료 공기 혼합	공기압축과 동시 연료혼합
•점화방식	전기 불꽃 점화	공기 압축열에 의한 자기 착화
•핵심연료 공급장치	기화기	분사 펌프 및 노즐
•작동 중 진동소음	비교적 적다	비교적 크다

라. 밸브개폐시기 선도

밸브는 정확한 상사점이나 하사점에서 개폐하지 않고 상사점 전후 또는 하사점 전후에서 개폐하는데 그 이유는 공기나 혼합기가 관성(무게)을 가지고 있기 때문에 가스 흐름의 관성을 유효하게 이용하기 위해서이다.

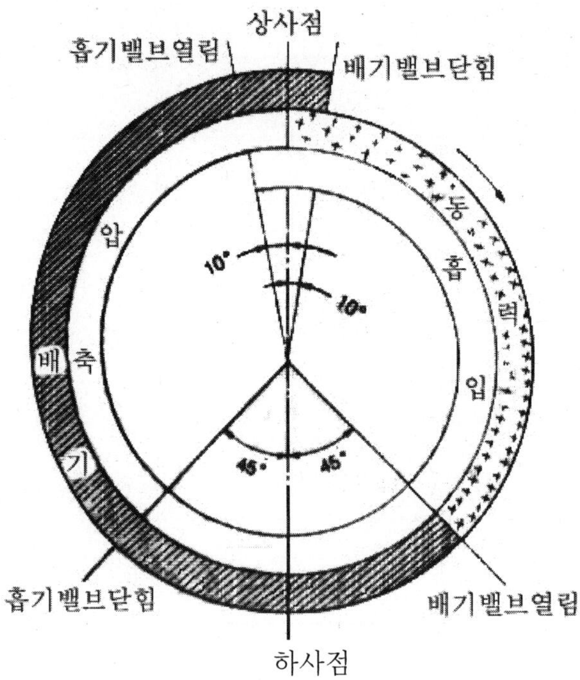

밸브 개폐시기 선도

(1) 앞세우기(Lead)

흡기 밸브 열림 = B. T. D. C 15° (10° - 25°)

배기 밸브 열림 = B. B. D. C 65° (45° - 70°)

(2) 늦추기(Lag)

흡기 밸브 닫힘 = A. B. D. C 55° (45° - 80°)

배기 밸브 열림 = A. T. D. C 15° (10° - 30°)

(3) 밸브 겹치기(Over lap)

흡기밸브 열림각 + 배기밸브 닫힘각(15° + 15° = 30°가 Over lap 각임)

제 2 절 엔진구조 및 원리

2.2.1 개 요

엔진은 주요부와 엔진 부속 장치로 구분된다. 엔진 주요부는 동력을 발생시키는 부분이며 실린더, 실린더 헤드, 크랭크케이스, 피스톤 커넥팅 로드 어셈블리, 크랭크 축, 플라이 휠, 엔진 베어링, 밸브 및 밸브 기구 등으로 구성되어 있다.

엔진의 각 실린더 안에는 피스톤과 커넥팅 로드가 연결된 피스톤 커넥팅 로드 어셈블리가 들어있고, 커넥팅 로드의 다른 한쪽 끝은 크랭크축에 연결되어 있어 피스톤이 왕복 운동을 하면, 크랭크축은 회전 운동을 한다.

실린더 위쪽에는 실린더 헤드가 있다. 이 실린더 헤드의 안쪽은 연소실의 일부가 되고 그 부분에 흡기 밸브와 배기 밸브가 설치되어 있다. 밸브는 캠축에 의해 구동되며, 흡기 구멍과 배기 구멍을 개폐하여 실린더 내에 혼합기를 흡입하고, 연소가스를 배출한다.

엔진 베어링은 이들 기구의 섭동 면이나 회전 부분에 설치되어 있다.

또한 엔진 부속장치로는 흡입 및 배기장치, 윤활장치, 냉각장치, 연료공급 장치, 전기장치 등으로 구성된다.

구 분	구 성 품
엔진 주요부	• 실린더 헤드 • 실린더 블록 • 크랭크 케이스
엔진 부속장치	• 흡입 및 배기장치 • 윤활 장치 • 냉각 장치 • 연료공급장치 • 전기 장치

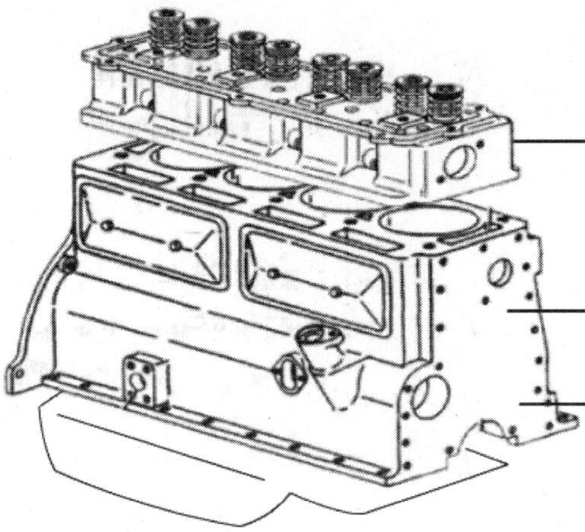

엔진의 구성

2.2.2 실린더 헤드(Cylinder head)

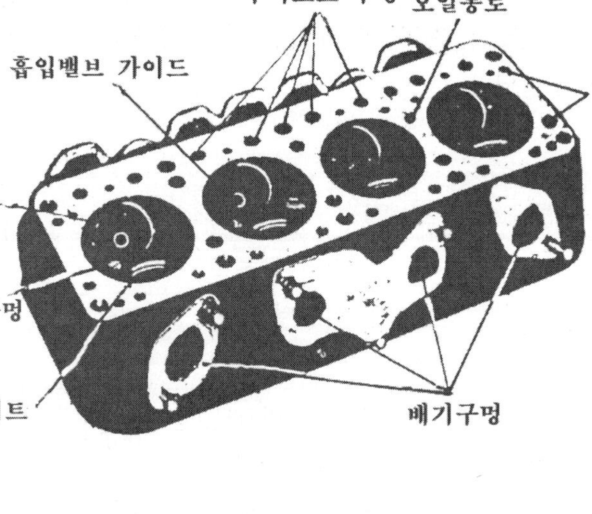

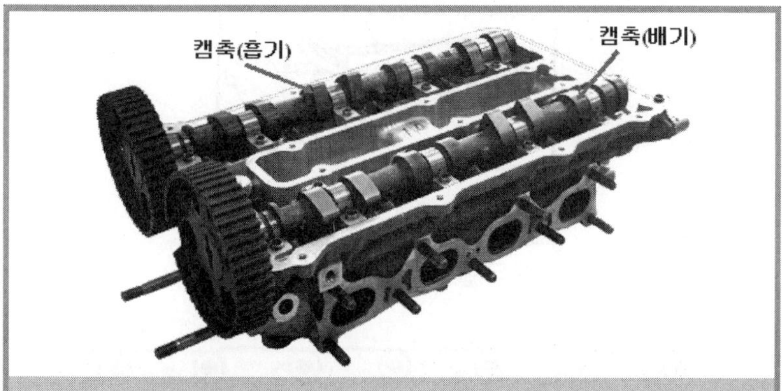

- 재　　질 : 알루미늄 합금(열전도성 및 내열성 우수)
- 연 소 실 : 팬트 루프식(PENTROOP TYPE)
- 밸브장치 : DOHC방식(캠축 2개), 유압식 밸브장치

실린더 헤드

실린더 헤드는 피스톤 및 실린더와 함께 연소실을 형성, 기밀을 유지하고 공기 및 혼합가스를 흡입, 이를 연소시켜 열에너지를 발생시키는 기능을 한다. 따라서 고온 고압의 연소가스에 노출되므로 고온에서의 강도가 크고 열팽창이 적으며, 열전도의 특성이 좋은 주철이나 경합금이 주로 사용된다. 주요 구성은 연소실, 냉각수 및 오일통로, 점화플러그 및 분사노즐 체결구와 밸브 가이드 및 푸시로드 구멍 등이 있다.

실린더 헤드의 주요기능은 연소실을 형성, 압축공기 또는 혼합가스의 누출방지를 위한 연소실 기밀유지에 있다. 따라서 연소실의 기밀을 정상적으로 유지하기 위해서는 실린더헤드 볼트를 규정토크로 체결해야 한다.

이때에 헤드볼트 체결 순서를 준수해야 함은 물론, 규정공구에 표시되어지는 토크(회전력 : torque)의 단위를 이해해야 한다.

토크란 밀거나 잡아당기는 단순한 힘이 아니라 핸들을 돌리거나 나사를 조이는 것처럼 회전 시키려고 하는 힘을 말한다.

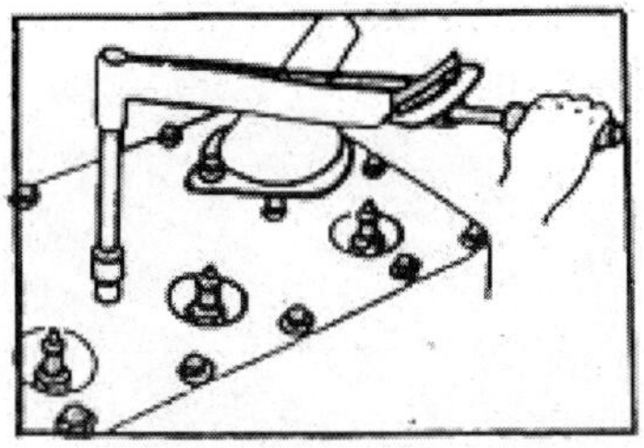

토크렌치를 사용한 체결

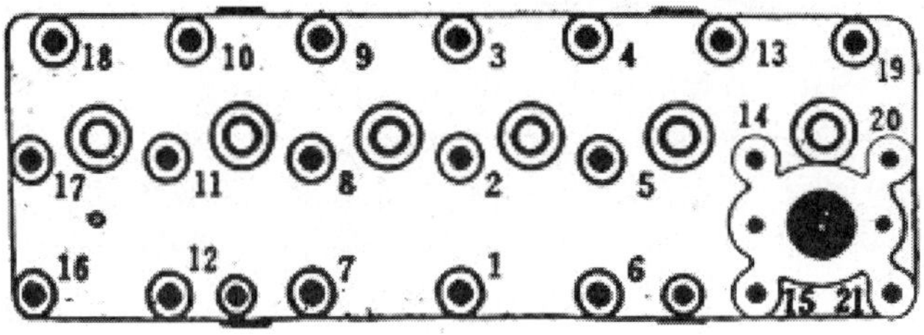

헤드볼트를 조이는 순서

※ 군용차량의 헤드재질 : K-131:알루미늄합금, 기타차량 : 특수주철

※ 차종별 헤드 볼트 조임 토크

단위 : kg·m

차 종	K131	K311	K511, 711
조임 토크	8.2~8.8	11.0~11.7	18

※ 헤드 볼트 조이고 푸는 순서

헤드볼트를 조일 때에는 중앙에서 밖으로 나가면서 대각선 방향으로 조이며, 풀 때는 그 역순으로 실시한다.

※ 헤드볼트 재조임 시기

단위 : km

차 종	K131	K311	K511, 711
1 차	8.4 ~ 9.0	1,000	500
2 차	9.8 ~ 10.5	5,000	3,000

※ 기타 엔진 주요부 조임 토크

단위 : kg·m

부 위	K131	K311	K511, 711
콘로드 캡 볼트	-	7.6~8.3	17.0
메인베어링 캡 볼트	8.4~9.0	11.0~11.7	22.0
플라이휠 설치 볼트	9.8~10.5	13.0~14.0	14.0
크랭크축 설치 볼트	-	38.0~44.0	-

가. 연소실(Combustion camber)

(1) 가솔린기관 연소실

연소실은 실린더, 실린더헤드, 피스톤에 의해 형성되며 혼합가스를 연소하여 동력을 발생하며 흡, 배기밸브, 플러그, 또는 노즐이 설치된다.

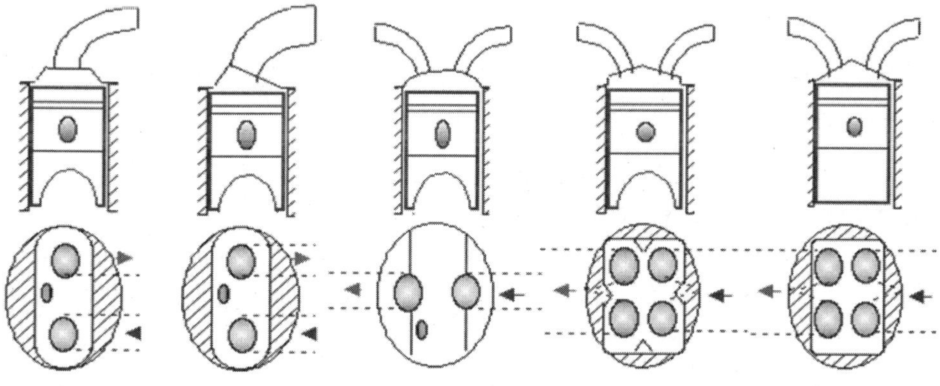

가솔린 기관 연소실의 종류

(가) 연소실의 종류

1) 반구형 연소실

▶ 연소실의 특징

① 연소실이 콤팩트하여 연소실 체적당의 표면적(표면적/체적비)이 손실이 적다.

② 점화 플러그의 위치가 알맞아 화염 전파 거리가 최소가 된다.
③ 지름이 큰 밸브를 설치할 수 있고, 또 밸브 구멍의 배열을 알맞게 할 수 있어 체적효율을 높일 수 있다.

2) 쐐기형 연소실(장비 도태 이전에 사용된 K-111차량적용)

이 연소실은 밸브를 실린더 헤드에 일렬로 배열 할 수 있어 밸브 기구가 비교적 간단하게 된다. 연소실의 한쪽은 리카아도형과 비슷한 원형이며, 여기에 밸브가 수선에 대해 20° 정도의 각도를 두고 설치된다. 그 반대쪽은 직선상을 이루고 있으므로 혼합기의 와류 상태가 대단히 좋게 된다.

▶ 쐐기형 연소실의 특징
① 고 압축비를 얻을 수 있어 열효율이 높다.
② 혼합기의 와류 작용이 좋아 혼합기가 완전연소가 된다.
③ 혼합기의 연소 속도가 낮아 압력 상승이 급격하지 않으므로 연소에 의한 운전의 거칠음이 없다.
④ 연소실의 스퀴시부에 혼합기가 냉각되기 때문에 노킹이 억제되어 저 옥탄가의 연료를 사용할 수 있다.
⑤ 점화 플러그가 연소실의 중앙부에 설치되므로 화염 전파 시간이 짧게 된다.
⑥ 카본 퇴적물에 대해 둔감하다.

3) 지붕형 연소실(K-131차량에 적용)

이 형식의 이점은 연소실의 꼭대기 각도를 90° 정도로 하면 반구형과 비슷하게 되므로 거의 그것과 동일한 특징을 가질 수 있다. 또 밸브가 크랭크축 방향으로 배열되므로 밸브 기구가 간단하게 된다. 그러나 압축비를 높이기 위해 피스톤에 산 모양의 돔(DOME)을 두면 피스톤의 중량이 증대되어 관성력이 커지는 결점이 있다.

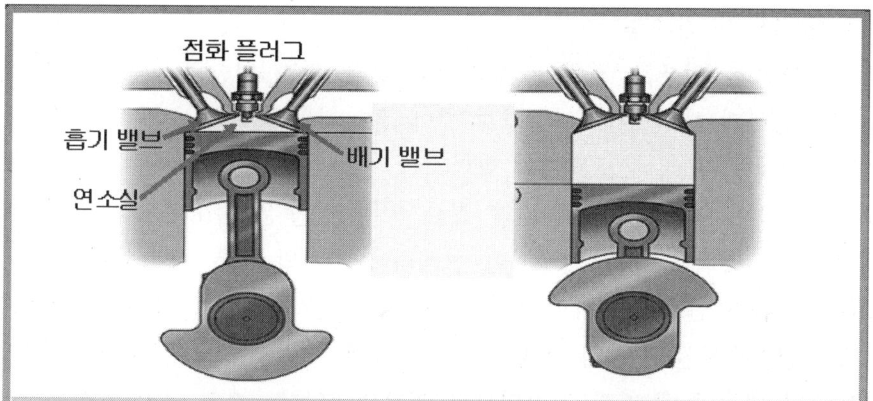

- 연소실 형식 : 펜트 루프식(PENTROOP TYPE, 지붕형)
- 특　성
  - 흡입 및 배기행정의 가스흐름이 원활
  - 압축비(9.2 : 1)를 높일 수 있어 고출력 엔진에 적합
  - 밸브 기구 설치가 용이

4) 욕조형 연소실

반구형과 쐐기형의 중간형이라 생각할 수 있으며, 모양이 간단하므로 정밀한 치수로 주조할 수 있고 필요에 따라서는 기계 가공도 할 수 있다. 엔진의 실린더 직경이 큰 경우(일반적으로 실린더 직경을 크게 하는 추세에 있다) 큰 직경의 밸브를 설치할 수도 있고 스퀴시 부를 적당히 선정하여 와류의 정도를 알맞게 할 수 있다.

(나) 연소실의 구비조건

1) 화염전파에 요하는 시간을 최소로 짧게 할 것
2) 가열되기 쉬운 돌출부를 두지 말 것
3) 압축행정 끝에 와류를 일으키게 할 것
4) 연소실 내의 표면적은 최소가 될 것
5) 밸브면적을 크게 하여 흡배기 작용을 원활히 할 것

(2) 디젤기관의 연소실

완전한 연소를 이루고, 충분한 힘과 열효율을 얻기 위함과 아울러 배기가스 배출기준에 적합하게 하기 위해 연소과정 중에 흡입되는 공기의 최대량은 반드시 분사되는 연료와 접촉되도록 유도되어야 한다.

이러한 목적에 부합되도록 공기와 연료사이에는 높은 속도가 요구된다. 따라서 이와 같은 조건 충족을 위해 연소실이 설계되어 공기의 흐름, 속도, 방향 등을 조종하게 된다. 아울러 연소 시작시의 압력이 공기의 흐름과 속도를 조종하는데 이용된다.

연료의 분사속도는 노즐의 개방 압력, 노즐에 있는 분사구멍의 크기, 분사각도 및 연료노즐의 위치 등에 따라 조종되므로 연료의 분무는 전체 공기 흐름면적을 커버한다. 어떠한 형식의 연소실을 이용하든 대부분의 디젤엔진은 연료가 분사되는 피스톤 헤드의 밑면에 직접 윤활오일을 뿌려주는 분무튜브가 설치되어 있다.

이 오일 분무튜브에 의해 피스톤 헤드부에 오일이 분무됨으로서, 피스톤을 냉각시킬 뿐 만 아니라 연소실의 온도를 항상 일정하게 유지하는 역할도 한다.

(가) 디젤기관의 연소실 분류

1) 직접분사식(K-511, K-711, K-912차량에 적용)

주 연소실이 피스톤헤드 윗부분에서 형성되며, 인젝터 노즐 팁은 피스톤의 중심부에 위치됨으로서 다공노즐에서 분무되는 연료가 고르게 분배된다. 다음은 군용차량에 적용되는 직접분사식의 작동원리를 나타낸 것이다

흡입 와류

압축 난류

폭발 시
난류 연소

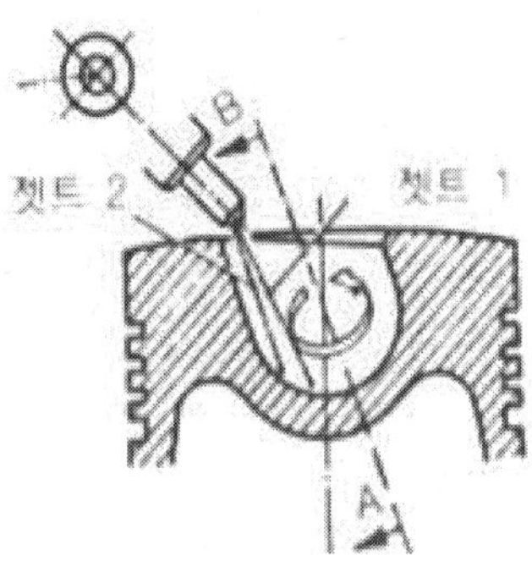

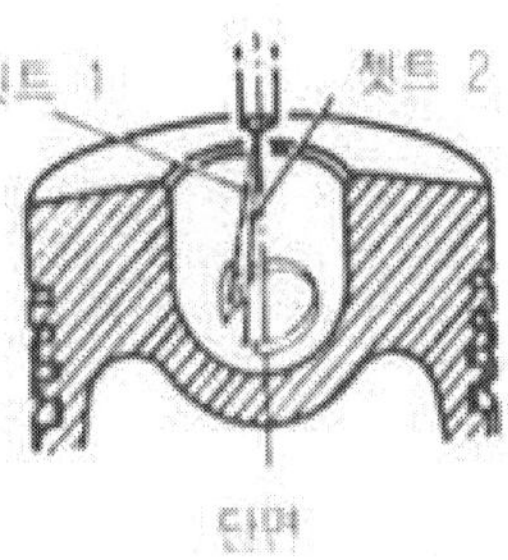

위의 그림은 피스톤이 하향운동을 할 때 대기 압력이 흡입통로를 통해 공기에 힘을 가함으로서 공기의 순환운동이 촉진된다. 이러한 순환공기의 흐름이 흡입밸브 구멍을 통해 실린더내로 들어가서 실린더 내에 공기를 완전히 채우는데 이용된다. 압축행정에서 피스톤이 상향운동을 함으로서 공기가 회전(순환)하는 면적이 감소됨으로 인하여 공기의 운동이 가속화 된다.

피스톤이 압축행정의 끝에 완전히 도달하면, 제한된 공기의 와류가 피스톤 헤드의 더 감소된 면적에 힘을 가하게 된다.

이러한 면적 부분은 그림에서와 같이 멕시코 모자의 형태를 이루기도 하는데, 이러한 형상의 기능은 공기의 회전(순환)운동을 더 가속화시키기 위함이다. 현재 사용중인 디젤엔진의 직접분사식 연소실은 다음과 같은 유사점이 있다.

- 흡입행정 중에 실린더 내에서의 공기운동을 좋게 하기위해 흡입유도장치를 사용하고 있으며 각각의 구면 연소실이 피스톤에 형성된다.
- 연료분사 중에 노즐 팁이 피스톤 끝에 놓이게 되어 연소실이 연장.
- 단공 또는 다공의 인젝터 노즐은 구면연소실 벽에 연료분무.
- 연료가 기화되기 가장 좋은 조건을 형성하기 위해 뜨거운 연소벽에 얇게 뿌려진다.
- 연소실 벽에 뿌려진 연료가 기화되어 완전연소 되도록 격렬한 와류를 형성시킨다.

2) 예연소실 및 와류실

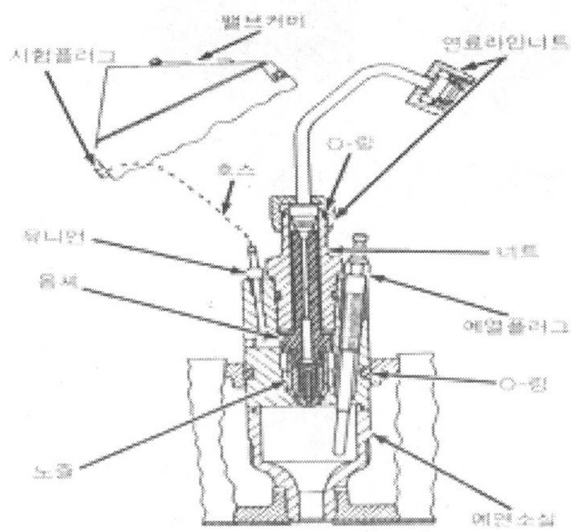

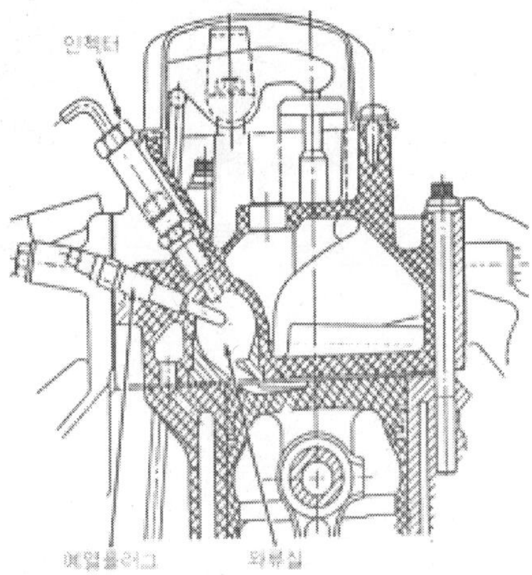

K-311 적용

예연소실과 와류실 식에서의 작용은 압축 행정에서,공기는 제한된 통로를 통해 고속으로 송출됨으로서, 와류실과 예연소실 내에서 높은 와류가 형성된다. 피스톤이 상사점에 도달 할 때, 인젝터는 비교적 낮은 압력으로 예연소실/와류실에 연료를 분무하여 연소를 발생 한다. 그런 다음 이연소가 압력을 상승시켜 고속으로 연료, 공기 및 연소가스에 격렬한 힘을 가해 주 연소실내로 보낸다. 이러한 작용이 주 연소실내에서 높은 와류를 발생시킨다 하더라도 연소는 분사된 연소상태에 의해 조종되어 진다.

나. 실린더 헤드 개스킷(Cylinder head gasket)

실린더 헤드 개스킷은 실린더 블록과 실린더 헤드 사이의 접합면에 끼워져 그 면을 밀착시켜 기밀을 유지하고, 냉각수나 엔진 오일 등이 새는 것을 방지 한다. 실린더 헤드 개스킷의 재료는 그 사용 조건으로 보아 내열성과 내압성이 동시에 만족되어야 한다.

헤드 개스킷을 설치하는 요령은 개스킷의 양면 중 문자나 기호가 표시되어 있거나 구멍이 난 부분의 가장자리에 돌출부가 있는 쪽이 실린더 헤드 쪽으로 가도록 설치한다.

(1) 보통 개스킷

일반적으로 많이 사용되는 것이며, 동판이나 강판으로 석면을 싸서 만든 것이다

(2) 스틸 베스토 개스킷(K-311,K-511,K-532)

최근에 고 회전 고 출력의 엔진에서는 실린더 헤드 개스킷의 두께에 대해 심한 제한이 가해지고 있으며, 이에 따라 고안된 것이다. 이 개스킷은 강판의 양쪽 면에 돌출물을 만들고 여기에 흑연을 섞은 석면을 압착하고, 표면에 흑연을 발라 완성한 것이다. 이 개스킷은 동판이나 강판과 석면으로 만든 것보다 얇으며, 고열, 고 부하, 고압축 등에 견딜 수 있는 우수한 성질을 가지고 있다.

(3) 스틸 개스킷(K-912, 915적용)

강판만으로 얇게 만든 것이며, 주로 고급 엔진에 사용된다. 또 엔진에 따라서는 실린더 헤드와 블록의 접합면을 높은 정도로 다듬고, 개스킷을 사용하지 않는 것도 있다.

(4) 헤드 개스킷의 구비조건

(가) 고온, 고압에 잘 견딜 수 있는 내열성과 내압성을 가져야 한다.

(나) 기밀 유지성이 있어야하고 냉각수 및 기관오일이 누출되지 말아야 한다.

(다) 적당한 강도와 복원성이 있어야 한다.

(5) 헤드 개스킷 설치 시 주의사항

(가) 기관을 분해 수리하였을 때에는 반드시 새 개스킷을 사용할 것.

(나) 오일 구멍 및 냉각수 구멍 등 을 정확히 맞출 것.

(다) 접힌 부분, 마크, 표식, 석면이 있는 부분을 실린더 헤드쪽으로 가게 하여 설치할 것.

(라) 개스킷 양면에 접착제를 발라 설치하여 밀착을 양호하게 하고 기밀유지를 향상 시킬 것.

(6) 헤드 개스킷 파손 점검 방법

(가) 압축 압력계로 측정을 한다.

(나) 압축 압력계로 측정 시 서로 인접한 실린더가 압축압력이 낮은 상태로 비슷하다(습식 시험에서도 압력 변화가 없다).

(다) 흡입다기관의 진공시험을 한다.

(라) 흡입다기관의 진공도 측정값이 진공계의 지침이 13~45mmHg에서 지침이 일정.

(마) 라디에이터 캡을 열었을 때 냉각수에 기관오일이 떠있거나 시동 후에는 냉각수에 기포가 발생 되는 가로 점검.

2.2.3 실린더 블록(Cylinder block)

● 기 능 : 피스톤, 실린더를 포함하는 엔진의 기본 구조물
● 구 조 : 주철 일체식 라이너 구조, 리브폭을 넓혀 강성 보강
다섯개의 메인 베어링으로 크랭크축 지지

실린더 블록은 엔진의 기초 구조물이며, 여기에 여러 가지 부품이 설치되어 있다. 자동차용 엔진의 실린더 블록은 보통 주조로 되어 있으며, 이 구조물에 실린더와 실린더를 둘러싼 물 재킷이 설치되어 있다. 또 밸브기구를 설치하기 위한 부분이 마련되어 있으며, L헤드 엔진에서는 흡배기용의 구멍이 뚫려 있다.

실린더 블록의 윗면에 실린더 헤드가 설치되고, 아래쪽 중앙부에는 베어링을 사이에 두고 크랭크축이 설치된다.

크랭크축 메인 베어링의 상반부는 실린더 블록의 반원부에 설치되고 하반부는 실린더 블록에 볼트로 설치되는 베어링 캡 속에 들어 있다.

실린더 블록 일부에 가공된 구멍에 베어링을 통해 캠축이 지지되어 있고, 블록 아래 끝에는 오일 팬이 설치되어 하부 크랭크케이스를 이루고 있다.

직렬형 사이드 밸브 엔진에서는 흡배기 다기관이 실린더 블록 옆면에 설치되고 앞끝에는 물 펌프와 타이밍 기어 커버가 설치된다.

실린더 블록 뒷면에는 플라이휠에 설치된 클러치 어셈블리를 씌우는 클러치 하우징이나 변속기 케이스(클러치 하우징이 변속기 케이스의 일부로 되어 있는 경우)가 설치되며, 점화 배전기등 기타 부품이 설치된다.

▶ 실린더 블록에 설치되는 모든 부품은 양면 사이에 개스킷을 두고 있다.

실린더 블록은 엔진의 기초가 되는 부분이므로, 그 수명이 엔진 전체 수명을 좌우하게 된다. 따라서 설계, 재질, 제조 등에 있어서 충분히 고려되며, 재료로는 내마멸성이나 내식성이 좋고, 주조와 기계 가공이 쉬운 주철이 주로 사용된다. 최근에는 경합금제의 실린더 블록도 생산되고 있다.

(1) 실린더 블록의 구비조건

(가) 충분한 강도와 강성이 있어야한다

(나) 구조가 복잡하므로 내마멸성 및 내부식성이 있어야한다.

(다) 주조와 기계가공이 쉬워야 한다.

(라) 소형이며 가벼워야 한다.

※ 군용차량의 실린더 블록의 재질은 셀 몰드 법으로 주조된 가단합금주철이다.

가. 실린더(Cylinder)

실린더는 피스톤 행정의 약 2배의 길이가 되는 진원통형의 것이며, 그 내부를 피스톤이 기밀을 유지하면서 왕복 운동하여 열에너지를 기계적 에너지로 바꾸어 동력을 발생시키는 일을 한다.

실린더 내에서 발생된 열에너지로부터 가능한 한 큰 동력을 얻으려면 실린더와 피스톤에 의해 압축된 공기 연료의 혼합기나 연소된 팽창 가스가 새지 못하게 하고 동시에 피스톤의 섭동에 의한 마찰과 마멸을 적게 하여야 한다. 이를 위해 실린더 벽은 정밀하게 연마 다듬질되어 있다. 또 실린더 벽의 마멸을 적게 하기 위하여 실린더 벽에 크롬 도금을 한 것도 있다.

▶ 크롬 도금의 두께는 약 0.1㎜ 정도이다. 크롬 도금한 실린더에는 크롬 도금한 피스톤링을 사용하지 않는 것이 좋다. 최근에는 경합금 실린더에 크롬 도금한 것도 생산한다.

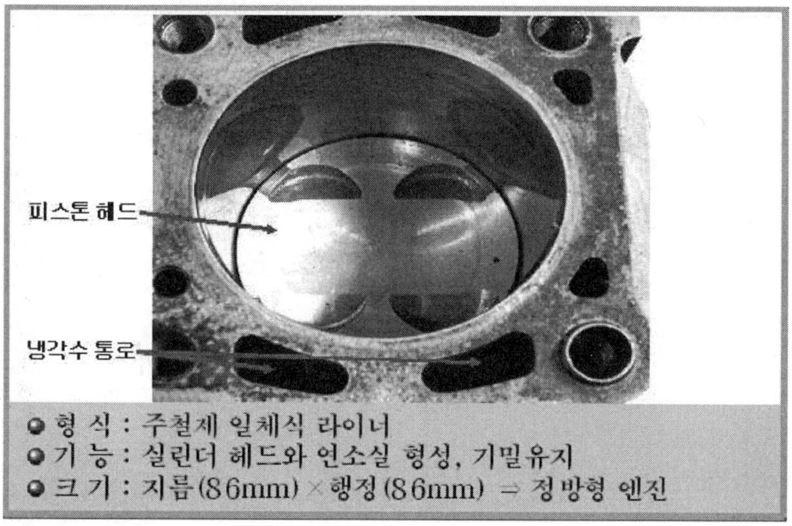

실린더는 엔진이 작동할 때 약 2,000℃(평균 1,000℃정도)의 연소 가스에 노출된다.

따라서 고온으로 인해 그 기능이 저해되므로 냉각하여 일정한 온도 이상이 되지 않게 하여야 하며, 이를 위해 실린더 주위에는 냉각 장치가 마련되어 있다.

실린더의 냉각 방식에는 실린더 바깥 둘레에 각 핀을 두고 공기로 냉각시키는 공랭식과 실린더 주위에 물 재킷을 두고, 이곳에 물을 순환시켜 냉각하는 수냉식이 있다.

실린더에는 실린더 블록과 동일 재료로 만든 일체식 실린더와 실린더 블록과 별개의 재료로 만든 실린더 라이너를 끼운 실린더 라이너 식이 있다.

나. 실린더 라이너(Cylinder liner)

실린더 라이너는 실린더와 실린더 블록을 별개로 만드는 경우에 사용되며, 일반적으로 보통 주철의 실린더 블록에 특수 주철의 실린더 라이너를 삽입하는 경우와 경합금 실린더 블록에 주철로 만든 실린더 라이너를 끼우는 경우 등이 있다.

실린더 라이너에는 건식과 습식이 있다. 건식은 라이너가 냉각수와 직접 접촉하지 않고 실린더 블록을 거쳐 냉각되게 되어 있고, 습식 라이너의 바깥 둘레가 물 재킷의 한 쪽이 되어 냉각수와 직접 접촉하게 되어 있다. 습식 라이너는 그 위 끝 부분에 플랜지가 있어 실린더 블록의 홈에 끼워져 설치 위치가 정해지게 되어 있고, 또 실린더 헤드와의 기밀과 수밀을 유지하기 위해 라이너의 윗면이 실린더 블록의 윗면보다 약간 높게 되도록 되어 있다. 실린더 라이너 아랫부분에는 2~3개의 시일 링이 끼워져 있으며, 이것은 열팽창에 의한 변형을 방지하고, 냉각수가 크랭크케이스 안으로 새는 것을 방지한다.

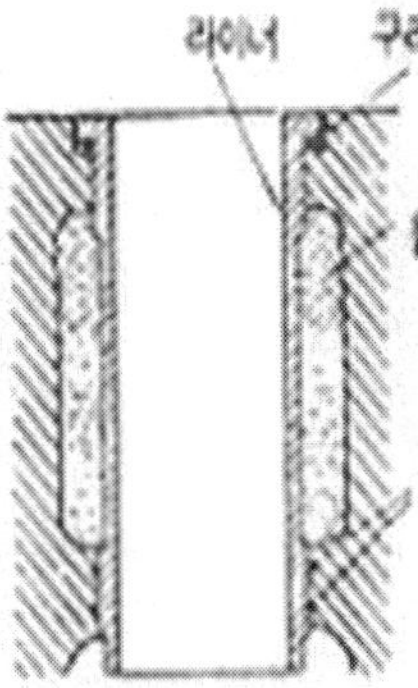

습식라이너
(K-111)

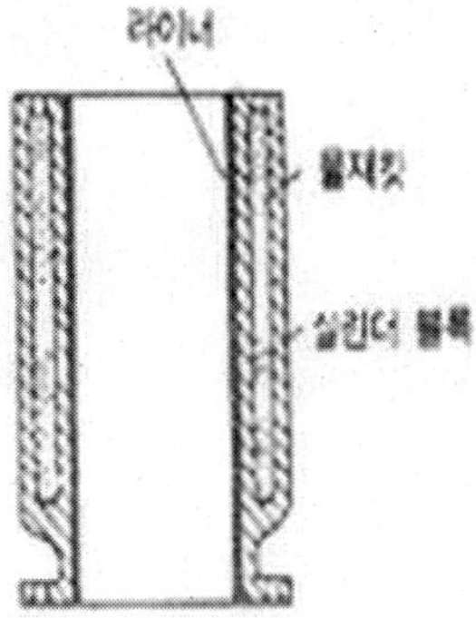

건식라이너
(디젤차량/기타군용)

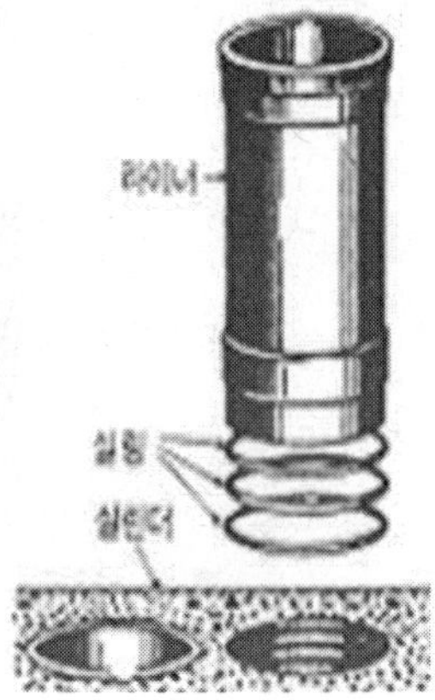

라이너

건식 라이너에서 경합금제의 실린더 블록에 끼워지는 것은 그 바깥 둘레에 홈이 있으며, 실린더 블록에 넣고 함께 주조된다.

※ 습 식 : 두께 5-8mm, 라이너와 와 냉각수 직접 접촉, 시일링을 사용하여 기밀 유지, 손으로 삽입
※ 건 식 : 두께2-3mm,내경100mm당 2-3ton의 힘으로 삽입

(1) 실린더 라이너 형식의 이점

(가) 특수 주철을 사용하여 원심 주조로 제작한다. 이 원심 주조에 의하면 실린더에 가장 좋은 재료를 선정할 수 있고 실린더에 알맞은 금속 조직으로 할 수 있다.
(나) 일체식에서는 실린더 면에 도금하기가 어려우나 라이너 식에서는 도금하기가 쉽다.
(다) 실린더가 마멸되었을 경우 일체식에서는 보링 작업을 하여야 하나, 특히 습식인 경우에는 라이너만 교환하면 된다.

실린더 라이너의 두께는 건식은 2~4㎜이며 주로 가솔린 엔진에 사용 되며, 습식인 경우 5~8㎜이며 하부에 2-3개의 고무 실링을 설치하여 냉각수의 누출을 방지하며 디젤엔진에 주로 사용된다.

(2) 실린더 행정 내경비

실린더의 크기는 실린더 내경과 피스톤 행정에 따라 정해진다. 실린더 행정과 내경과의 비를 실린더 행정 내경비라 부르며, 행정/내경의 값이 1.0 이상인 엔진을 장행정 엔진, 1.0의 엔진을 정방 엔진, 1.0 이하의 것을 오버 스퀘어 엔진 또는 단 행정 엔진이라고 한다.

최근의 자동차용 가솔린 엔진에는 행정/내경이 1.0 또는 그 이하의 것이 많이 사용되고 있다.

(가) 장 행정 기관 : 행정이 내경보다 큰 엔진(D<L)

(측압이 적다, 회전속도가 늦은 반면 회전력이 높다)

(나) 정방 행정 기관 : 행정과 내경이 같은 엔진

(다) 단 행정 기관 : 행정이 내경보다 적은 엔진(D>L)

(3) 단행정기관의 장단점

장 점	단 점
• 피스톤 평균 속도를 올리지 않고, 회전 속도를 높일 수 있어 단위 실린더 체석낭의 출력을 크게 하기에 좋다. • 흡배기의 지름을 크게 할 수 있어 흡입 효율을 높일 수 있다. • 직렬형인 경우 엔진의 높이를 낮게 할 수 있고, V형 및 수평 대향형인 경우 엔진의 폭을 작게 할 수 있다.	• 피스톤이 과열되기 쉽다. 또 전압력이 크기 때문에 베어링을 크게 해야 한다. • 엔진의 길이가 길게 된다. • 회전수가 커지면 그 관성력의 불 평형 때문에 회전 부분의 진동이 커진다.

(4) 실린더 마멸의 원인

(가) 실린더와 피스톤 및 피스톤 링의 접촉에 의해서 마멸된다.

(나) 연소 생성물에 의해 마멸.

(다) 흡입가스 중 먼지와 이물질에 의해 마멸.

(라) 하중변동에 의해 마멸.

(마) 농후한 혼합기에 의해 마멸.

(5) 실린더 마멸 시 영향

(가) 블로바이에 의한 출력감소 및 기관오일이 희석된다.

(나) 연료 및 윤활유 소비량이 증대된다.

(다) 정상운전이 불가능해진다.

다. 크랭크 케이스 및 오일 팬

크랭크 케이스는 크랭크축이 설치되는 실린더 블록의 아랫부분과 오일 팬으로 되어 있으며 실린더 블록 부분을 위 크랭크케이스, 오일 팬 부분을 아래 크랭크 케이스라고 부른다.

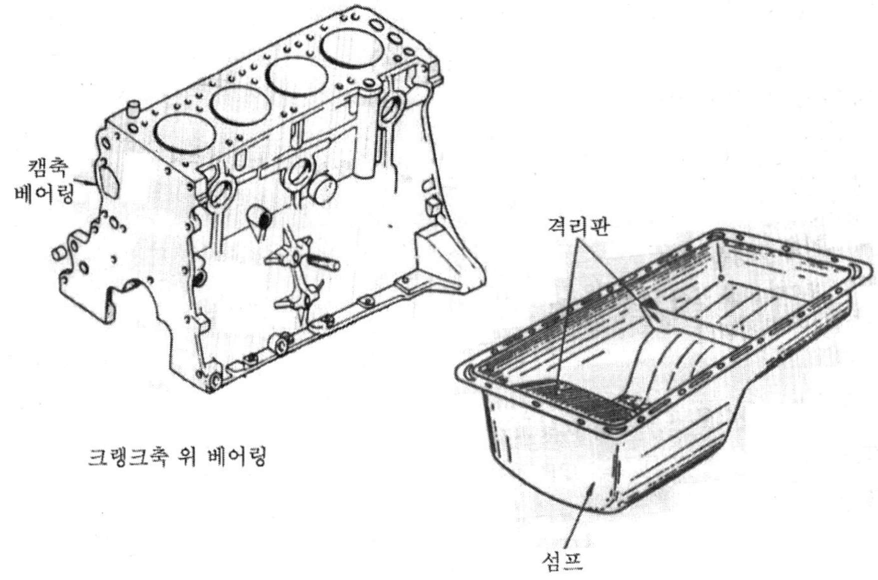

크랭크 케이스

위 크랭크 케이스에는 크랭크축과 캠축 베어링이 케이스의 양끝과 칸막이에 설치되어 있고, 벽에는 실린더 블록의 강성을 높이기 위한 리브가 설치되어 있다. 아랫부분에는 강판이나 경합금판으로 만든 오일 팬이 개스킷을 사이에 두고 설치되어 아래 크랭크 케이스를 이루고 있고, 여기에 엔진 윤활용의 오일이 담겨진다.

(1) 위 크랭크 케이스

(가) 크랭크축을 지지하는 새들 부 가 있다.

(나) 크랭크축에 오일을 공급하기위한 오일통로.

(다) 강도를 크게 하기위해 리브가 있다.

(2) 아래 크랭크 케이스

(가) 오일팬 이라고 한다.

(나) 엔진 오일을 저장하는 오일 탱크.

(다) 오일의 냉각을 위하여 얇은 강판으로 제작.

(라) 섬프와 배플이 있다.

※ 섬프 : 엔진이 기울어져도 오일이 고여 있도록 파여진 부분.

※ 배플 : 작동중 진동에 의한 오일의 유동을 방지한 칸막이.

2.2.4 피스톤 및 커넥팅 로드 결합체 (Pistion & Connecting Road)

가. 피스톤(Pistion)

(1) 피스톤의 기능

피스톤은 실린더 내를 왕복 운동하여 동력 행정에서 고온, 고압의 가스로부터 받은 압력으로 커넥팅 로드를 거쳐 크랭크축에 회전력을 발생시키고, 흡입, 압축 및 배기 행정에서는 크랭크축으로부터 동력을 받아 각각의 작용을 한다.

(2) 피스톤의 구조

피스톤은 피스톤 헤드, 링 지대, 스커트 부 및 보스 등의 주요부로 되어 있으며, 헤드는 연소실의 일부를 형성한다. 피스톤의 위쪽 링지대에는 피스톤 링을 끼우기 위한 홈이 파져 있다. 링이 끼워지는 홈을 링 홈이라 하고, 홈과 홈 사이를 랜드라 부른다. 오일 링이 끼워지는 홈에는 과잉의 오일을 피스톤 안쪽으로 보내기 위한 오일 구멍이 전 둘레에 걸쳐 똑같은 간격으로 뚫려 있다. 피스톤 헤드의 뒷면에는 리브가 만들어져 있으며, 이 리브는 피스톤 헤드의 열을 피스톤 링이나 스커트 부 에

속히 전달하고 동시에 피스톤 보강의 일도 한다.

피스톤 보스 부는 비교적 두껍게 되어 있으며 이곳에서 피스톤 핀을 사이에 두고 커넥팅 로드의 작은 쪽과 연결된다.

스커트 부는 피스톤이 왕복운동 할 때의 측압을 받는 일을 한다. 일부 피스톤에서는 이곳에 오일 링을 끼우게 된 것도 있다. 연소실의 일부가 되는 피스톤은 고온 하에 작동하면서도 실린더와 같이 냉각수에 의한 냉각 작용을 받지 못한다. 때문에 그 팽창 정도가 실린더에 비해 훨씬 크다. 따라서 피스톤의 치수는 온도가 서로 다른 것에 의하는 팽창을 고려하여 헤드부의 직경을 스커트부의 직경보다 조금 작게 하고 있다.

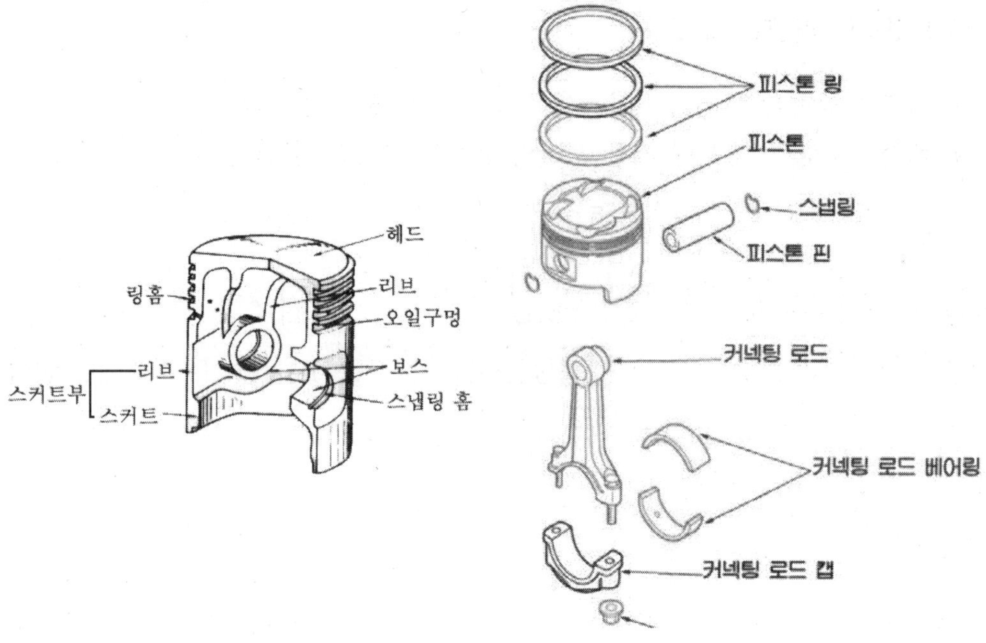

피스톤의 구조

(3) 피스톤 간극

피스톤 간극은 피스톤이 실린더 내에서 섭동할 때에 실린더 벽과 피스톤 외측면 사이에 틈새를 말한다. 즉 실린더의 측압방향 내경과 피스톤의 최대외경과의 차이이다. 이 간극은 보통 실린더 직경의 0.05%를 둔다.

피스톤 간극이 너무 작을 때에는 피스톤과 실린더의 마찰열로 인하여 서로 녹아 붙는 현상이 초래하며 간극이 너무 클 때에는 엔진의 압축압력이 저하되고 연소가스가 누설 되어 엔진오일을 희석시키며, 연소실내로 오일이 유입되어 연소되거나 피스톤 슬랩(Slap)과 피스톤 링 조기 마모현상을 초래하게 된다.

(4) 피스톤의 구비 조건

(가) 혼합기가 새지 않을 것.

(피스톤 헤드 : 1,500℃~2,000℃의 연소가스에 노출)

(나) 적당한 간극이 있을 것.

(다) 연소실에 오일의 유입을 방지할 것.

(라) 충분한 기계적 강도 구비할 것.(폭발압력 : 40~50kg/cm^2)

(마) 가벼울 것.(각 피스톤의 중량 동일)

나. 피스톤 링(Pistion ring)

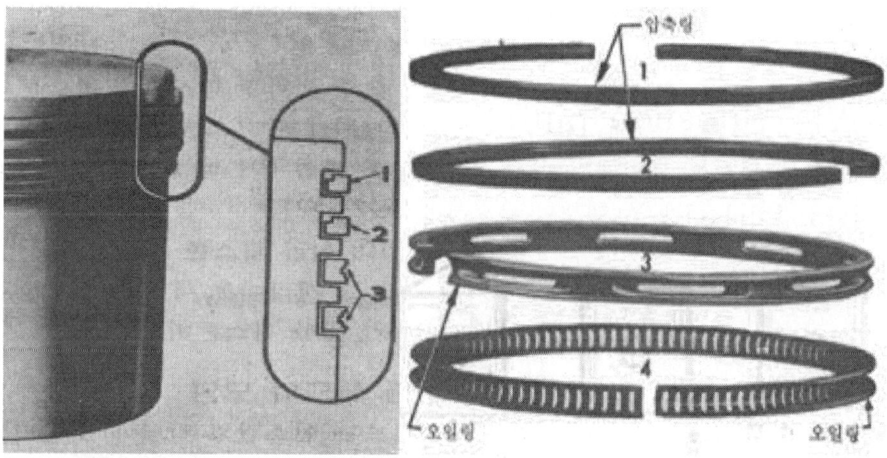

피스톤 링은 적당한 탄성을 주기 위해 그 일부를 잘라서 개방시킨 금속제의 링이며, 피스톤 링 홈에 3~5개가 한조로 끼워진다. 그 기능은 압축과 팽창 가스 압력에 대한 기밀을 유지하는 기밀 작용, 실린더 벽에 뿌려진 오일을 긁어내려 여분의 오일이 연소실에 들어가지 못하게 하는 오일제거작용, 피스톤 헤드가 받는 열의 대부분을 실린더 벽에 전달하는 열전도 작용등 3대 작용을 하며, 압축 링과 오일 링으로 구분한다.

자동차용 엔진에서는 보통 2~3개의 압축 링과 1~2개의 오일 링을 사용하고 2개의 오일 링을 사용할 경우에는 하나는 피스톤 스커트 부에 설치한다.

(1) 피스톤 링의 기능

(가) 기밀 유지 작용(실린더내의 가스 누출방지, 밀봉 작용)

(나) 오일 제어 작용(실린더 벽의 오일을 긁어내리는 작용)

(다) 열전도 작용(냉각 작용)

(2) 피스톤 링의 구비조건

(가) 내마멸성과 내열서이 커야 한다.

(나) 적절한 장력이 있어야 한다.

(다) 실린더 면에 일정한 면압이 있어야 한다.

(라) 열전도가 양호하고 고온에서 장력의 변화가 적어야 한다.

(마) 실린더 벽의 재질보다 다소 경도가 낮아야 한다.

다. 피스톤 핀(Pistion pin)

피스톤 핀은 피스톤 보스에 꽂혀서 피스톤과 커넥팅로드의 소단부를 연결한다. 재질은 저탄소강이나 니켈-크롬강을 사용한다.

고정식 반부동식 전부동식

피스톤 핀을 보스에 설치하는 방법은 고정식(Lock Type), 반부동식(Semi- Float Type), 전부동식(Full-Float Type)이 있다.

※ OFF-SET PISTON

피스톤 핀 홈을 측압측에서 반대편에 가깝게 설치하여 측압을 감소시키고, 기계적 노크를 방지하여 피스톤 슬랩을 방지하도록 한 피스톤.

라. 커넥팅 로드(Connecting road)

커넥팅 로드는 피스톤과 크랭크축을 연결하여 피스톤 왕복운동을 크랭크축의 회전운동으로 전환시킨다. 커넥팅 로드의 길이는 피스톤 행정의 1.5~2.3배 정도이다.

피스톤에 가해지는 하향 힘을 크랭크축에서 회전력 토크로 변환 시키는 링크의 역할을 한다.

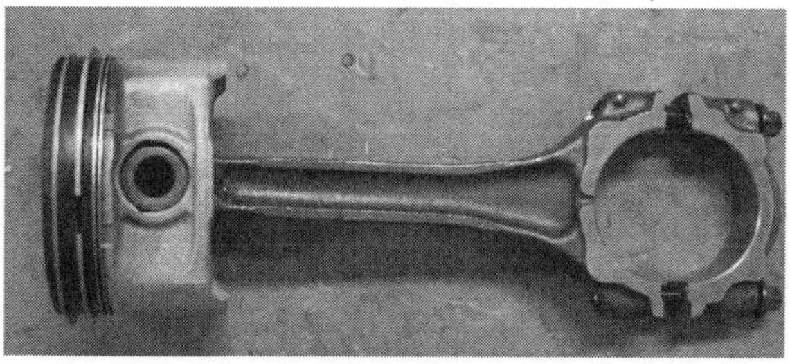

커넥팅 로드

2.2.5 크랭크 축(Crank shaft)

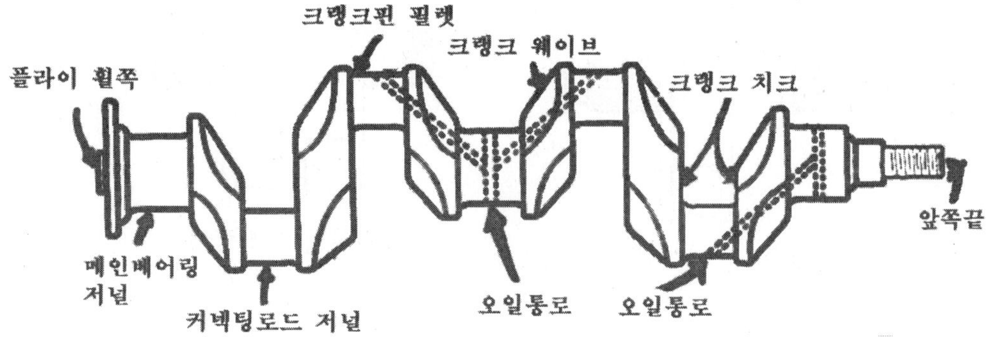

크랭크축의 구조

크랭크축은 실린더 폭발행정에서 얻은 피스톤 왕복직선운동을 커넥팅로드의 운동을 통하여 회전운동으로 바꾸어 주는 중심축이다.

크랭크축은 메인베어링 저널, 커넥팅로드 저널, 크랭크 웨이브와 치크, 그리고 크랭크핀 필렛과 오일통로 등으로 구성되어 있다.

가. 크랭크축의 구비조건

(1) 고속회전을 하므로 정적 및 동적 평형이 잡혀 있어야 한다.

(2) 강성과 강도가 충분하여야 한다.

(3) 내마멸성 있어야 한다.

나. 크랭크 축의 형식과 점화순서

(1) 개 요

크랭크 축 형식은 2기통형과 4기통형이 있으며, 4기통형은 2메인 베어링식, 3베어링식, 5베어링식이 있고, 6기통형은 1번과 6번, 2번과 5번, 3번과 4번이 같은 평면에 있고 각각 120°의 위상차를 갖는다.

이때 1번 크랭크 핀을 위로했을 때 3번과 4번이 우측으로 기울어 있는 것을 우수식, 좌측으로 기울어 진 것을 좌수식 이라한다.

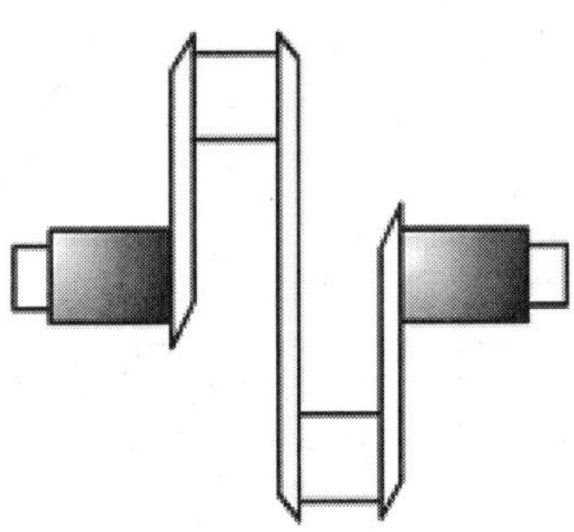

2기통형 : 수평대향형

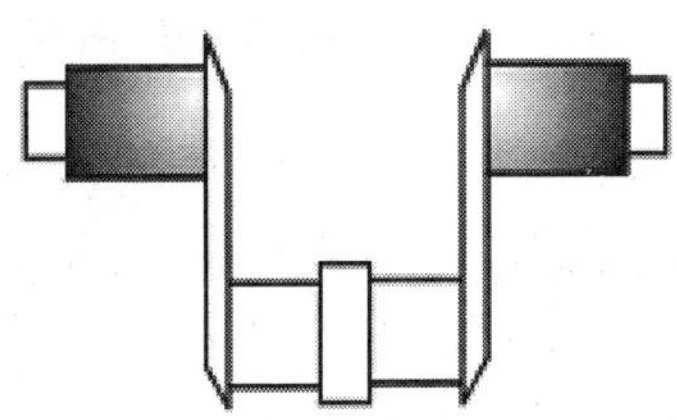

2기통형 : 직렬형

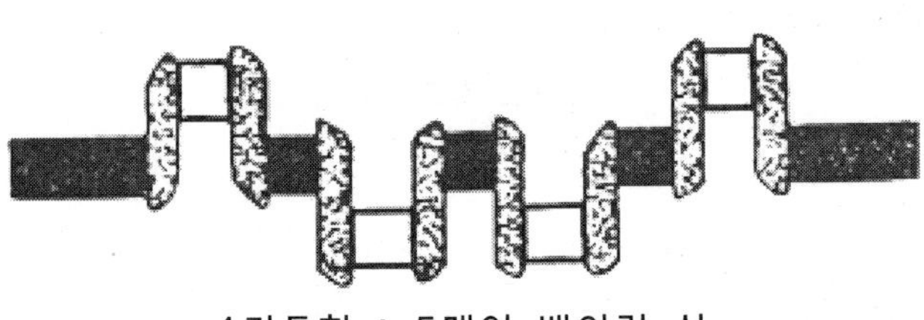

4기통형 : 5메인 베어링 식

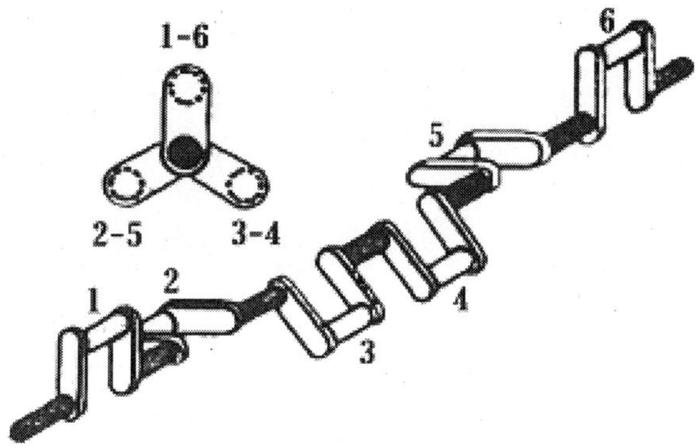

6 기 통 형

(2) 4기통의 점화순서는 1-3-4-2이고, 6기통의 점화순서는(우수식) 1-5-3-6-2-4이다.

이때 각 실린더별 크랭크 축핀 저널의 회전 각도는 다음과 같다.

(가) 4기통

크랭크축각도 / 실린더 번호	1 회 전		2 회 전	
	0° ~ 180°	180° ~ 360°	360° ~ 540°	540° ~ 720°
1번 실린더	**폭 발**	배 기	흡 입	압 축
2번 실린더	배 기	흡 입	압 축	**폭 발**
3번 실린더	압 축	**폭 발**	배 기	흡 입
4번 실린더	흡 입	압 축	**폭 발**	배 기

(나) 6기통

<table>
<tr><td rowspan="2">크랭크축각도 / 실린더 번호</td><td colspan="6">1 회 전</td><td colspan="6">2 회 전</td></tr>
<tr><td colspan="3">0° ~180°
60° 120°</td><td colspan="3">180° ~ 360°
240° 300°</td><td colspan="3">360° ~ 540°
420° 480°</td><td colspan="3">540° ~ 720°
600° 660°</td></tr>
<tr><td>1번 실린더</td><td colspan="3">폭 발</td><td colspan="3">배 기</td><td colspan="3">흡 입</td><td colspan="3">압 축</td></tr>
<tr><td>2번 실린더</td><td colspan="2">배</td><td colspan="3">흡 입</td><td colspan="3">압 축</td><td colspan="3">폭 발</td><td>기</td></tr>
<tr><td>3번 실린더</td><td colspan="3">압 축</td><td colspan="3">폭 발</td><td colspan="3">배 기</td><td colspan="3">흡 입</td></tr>
<tr><td>4번 실린더</td><td>폭</td><td colspan="3">배 기</td><td colspan="3">흡 입</td><td colspan="3">압 축</td><td colspan="2">발</td></tr>
<tr><td>5번 실린더</td><td>압</td><td colspan="3">폭 발</td><td colspan="3">배 기</td><td colspan="3">흡 입</td><td colspan="2">축</td></tr>
<tr><td>6번 실린더</td><td colspan="3">흡 입</td><td colspan="3">압 축</td><td colspan="3">폭 발</td><td colspan="3">배 기</td></tr>
</table>

1-2-4-3
1번 실린더 압축

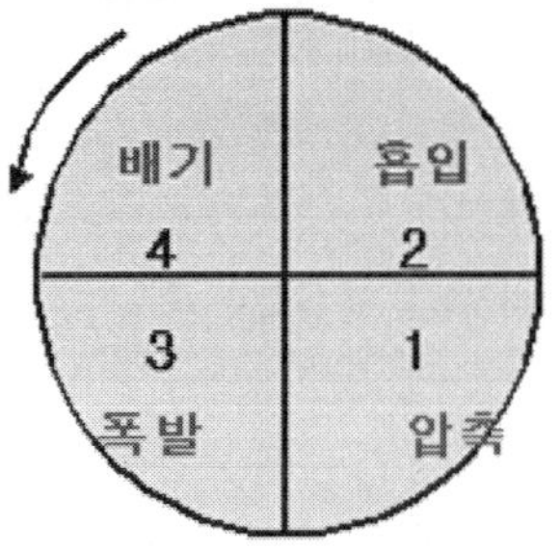

1-5-3-6-2-4
1번 실린더 흡입

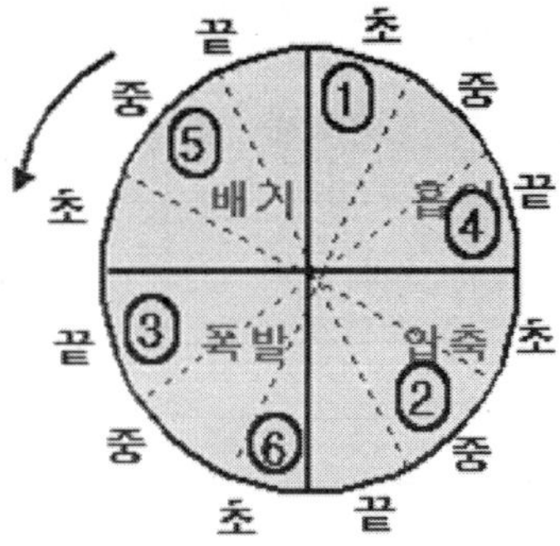

※ 예제

우수식 크랭크축을 사용하는 6기통 디젤엔진의 제3번 실린더가 동력행정을 시작하려는 순간 나머지 실린더는 어떤 행정을 하는가?

※ 해답

1번 실린더 = 배기행정(TDC전 120°)
2번 실린더 = 흡입행정(TDC후 120°)
4번 실린더 = 흡입행정 초
5번 실린더 = 동력행정(TDC후 120°)
6번 실린더 = 압축행정(TDC전 120°

2.2.6 엔진 베어링(Engine bering)

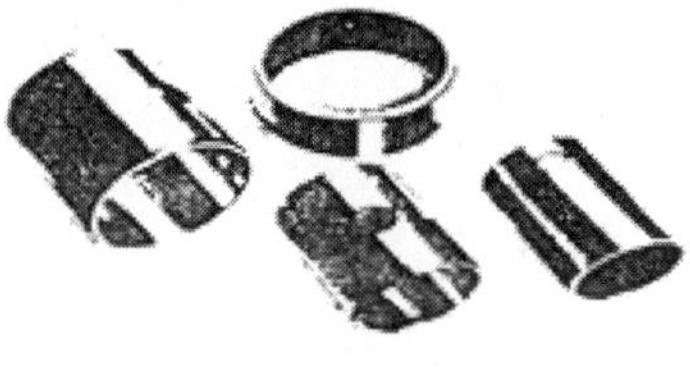

붓싯형 베어링

분활형 베어링

엔진 베어링은 커넥팅 로드의 직선운동과 크랭크축의 회전운동을 원활하게 한다. 커넥팅 로드의 소단부 베어링은 붓싱형 평면 베어링이며 크랭크축 저널 베어링과 메인저널 베어링은 분할형 평면 베어링이다.

가. 엔진 베어링의 재질

베어링의 재질은 강철에 배빗 또는 켈밋 등 여러 금속 층으로 도금하여 마찰에 의한 마모를 보완하고 오일 중에 혼입되어 있는 이물질이나 금속분말을 매입· 매몰할 수 있도록 만들어진다.

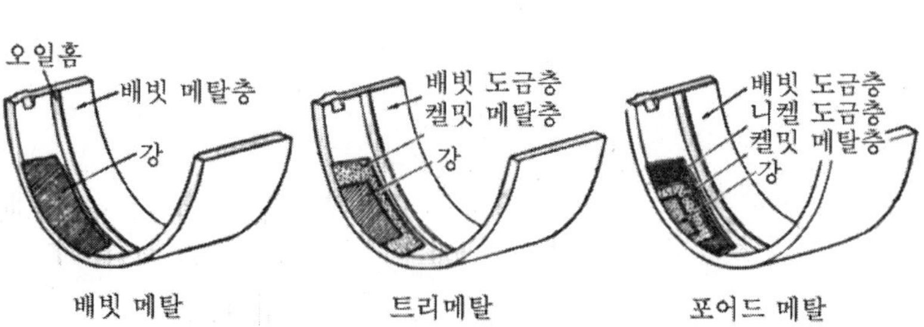

베어링의 재질

나. 엔진 베어링의 돌기

베어링의 돌기는 베어링이 베어링 하우징에서 축 방향이나 회전 방향으로 움직이지 않도록 하는 것이며 하우징에 파져 있는 홈(Slof)에 끼워진다.

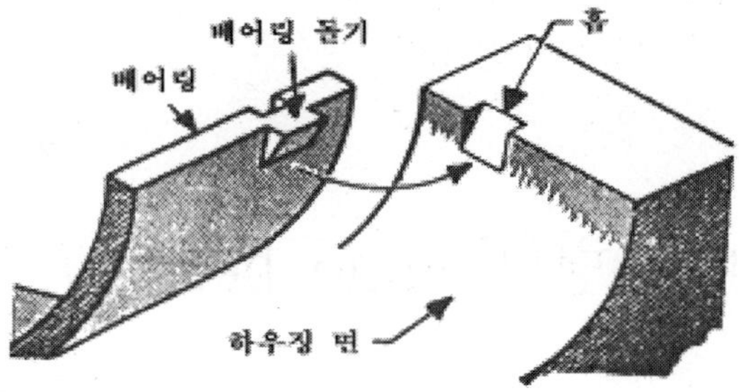

베어링의 돌기

다. 오일홈과 오일구멍

오일구멍은 베어링 하우징 또는 베어링 저널(크랭크 핀 저널 또는 메인저널)의 오일구멍과 일치하고, 오일홈은 베어링 전 둘레에 오일을 순환하게 된다.

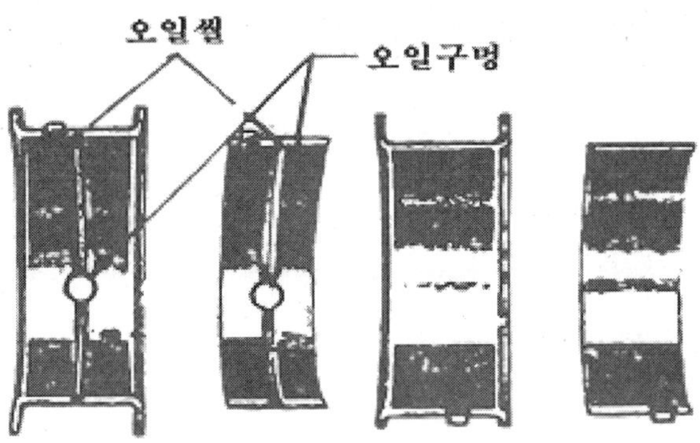

오일홈과 오일구멍

라. 베어링 스프레드(Bearing Spread)

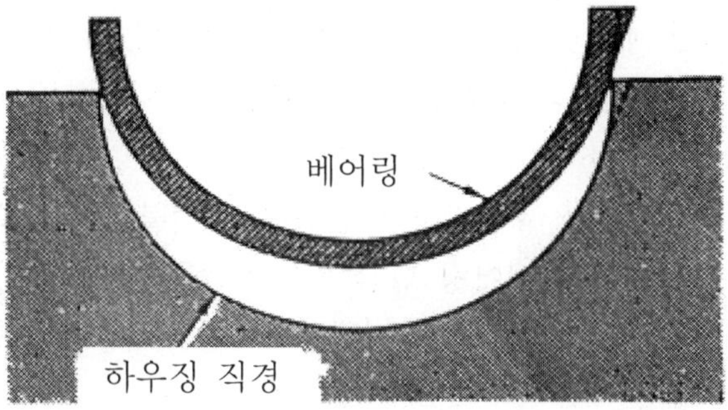

베어링 스프레드

베어링 스프레드란 베어링 하우징 직경과 끼우지 않는 베어링의 바깥쪽 지름과의 차이를 말한다. 베어링 스프레드를 두는 이유는 베어링을 하우징에 작은 힘으로 눌러 끼워서 제자리에 밀착시킴으로써 베어링 조립시 작업에 편리하게 하고 크러시 압축에 의한 안쪽으로의 찌그러짐을 방지하기 위해서이다. 스프레드는 보통 0.125~0.5mm이다.

마. 베어링 크러시(Bearing Crush)

베이링이 하우징 안에서 움직이지 않게 하기 위해서 베이링의 바깥둘레를 하우징의 둘레보다 조금 크게 하고 볼트로 압착하도록 해야 하는데 이때 베어링의 바깥둘레와 하우징 둘레와의 차이를 크러시(Crush)라고 한다. 베어링 크러시는 보통 0.025~0.075mm 정도이다.

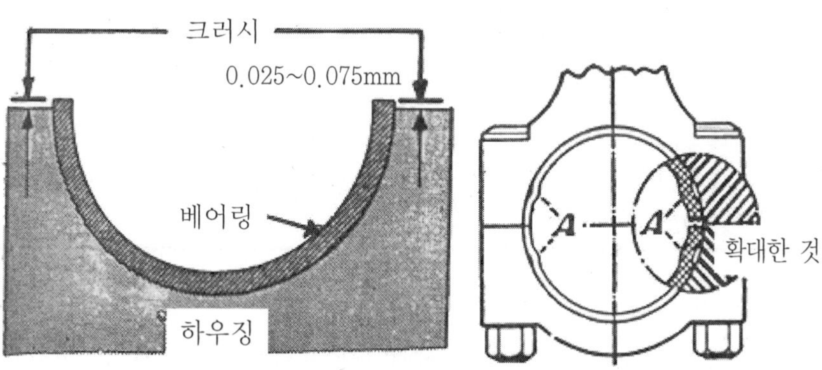

베어링 크러시

바. 엔진 베어링의 윤활

엔진 각부의 베어링은 윤활장치에서 공급되는 오일에 의해 윤활 된다. 베어링이 그 기능을 발휘하려면 베어링 주위에 오일이 흘러야 되는데 이를 위해 축 저널의 지름을 베어링 지름보다 조금 작게 하는데 그 차이를 오일간극(Oil Clearance)이라 한다. 보통 오일간극은 0.038~0.10㎜이며, 오일간극이 마멸 등으로 커지면 오일 유출량이 증가되어 윤활장치내의 유압저하와 윤활유 소비를 증가시킨다. 엔진 베어링은 강이나 동합금의 셀(Shell)에 베어링 합금을 녹여 붙인다. 이때 전체 두께는 1~3㎜ 정도이다.

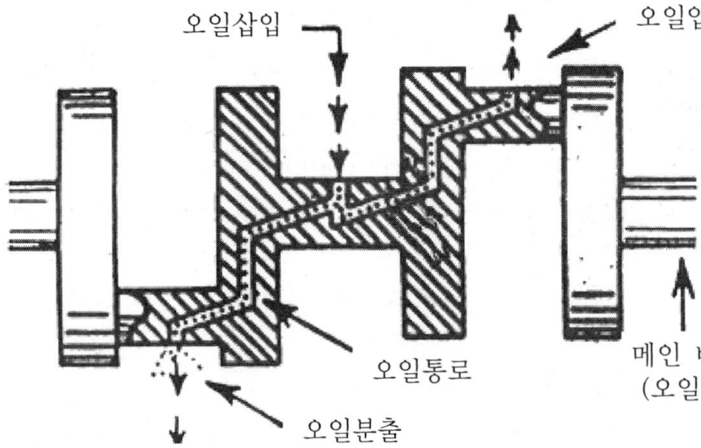

베어링 오일 순환

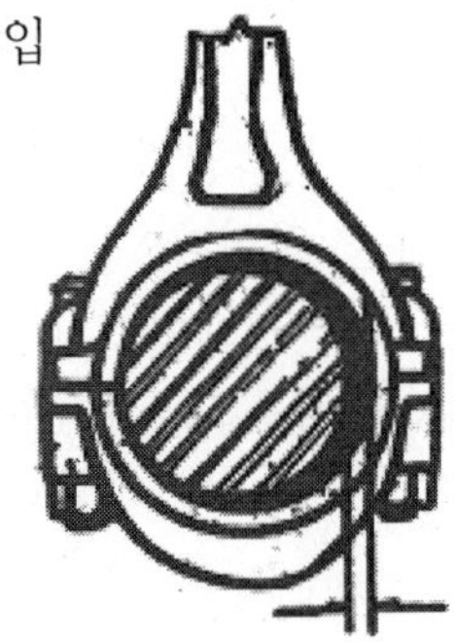

오일간극

※ 오일간극(Oil Clearance) : 베어링 지름 - 축 저널 지름

기준 간극	0.038~0.10mm
표준 간극	0.038×2=0.076mm
비 정 상	0.076×2=0.152(윤활장치 유압저하, 윤활유 소비증대) 0.38㎜ 미만 시(베어링 융착)

2.2.7 플라이 휠(Fly wheel)

플라이휠은 크랭크축 뒤편에 설치하는 무거운 주철제 원판형 바퀴로서 볼트로 플렌지에 고정되어 있다.

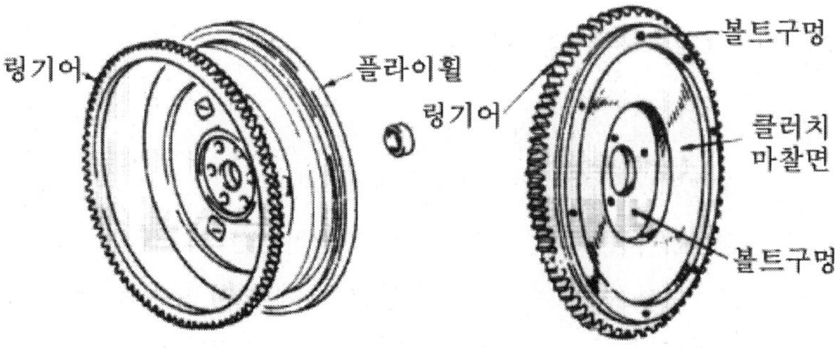

플라이 휠

엔진의 회전력은 크랭크축의 크랭크 각도에 따라 파동 되며, 4행정 사이클 엔진에서 720° , 2행정 사이클 엔진에서는 360° 의 주기로 변동을 반복하기 때문에 회전속도도 이에 따라 변동한다. 실린더 수가 적은 엔진에서는 이 변동 때문에 운전 불능이 될 우려도 있다.

플라이휠은 이것을 막고 회전 속도를 고르게 하여 엔진의 작동을 원활하게 하기 위하여 설치하는 것이며 크랭크축의 뒤 끝에 볼트로 설치된다. 따라서 플라이휠은 회전중의 관성이 크고, 또한 그 자체의 중량은 가능한 한 가벼워야 하기 때문에 중심에 가까운 부분은 두께를 얇게 하고, 주위는 두껍게 한 원판으로 되어 있다. 재질은 주철 또는 강이며 그 뒷면에는 클러치 기구가 설치되어서 클러치의 마찰 면으로 이용되고 있다.

또 플라이휠의 뒷면에는 기관의 동력을 단속하는 클러치가 설치되며, 바깥 둘레에는 기관 시동시 기동전동기의 피니언과 맞물려 회전력을 전달하는 링기어가 열 박음 또는 볼트로 고정되어 있다.

링 기어는 4실린더 기관에서는 2곳, 6실린더 기관은 3곳이 현저하게 마모된다. 마모 이유는 압축말 행정에서 기관이 정지하기 때문이다.

가. 군용차량의 링기어 설치방법

(1) K-131차량 : 열 박음

(2) K-311,511,711 차량 : 볼트로 고정

2.2.8 밸브 및 밸브기구

4행정 싸이클 기관은 폭발행정에 필요한 혼합기를 연소실 안으로 흡입하고 또 연소가스를 외부로 배출하기 위해 연소실에 밸브를 두고 있다. 흡입 밸브는 실린더내로 혼합기 또는 공기를 유입하는 작용을 하고 배기밸브는 실린더 내의 연소 가스를 바깥쪽으로 배출하는 작용을 하며, 이들의 밸브 개폐하는 장치를 밸브기구라 한다.

밸브는 연소실에 마련된 흡기와 배기 구멍을 각각 개폐하여 공기 또는 공기와 연료의 혼합기를 들여보내고 연소 가스를 내보내는 역할을 한다. 동시에 압축 행정과 동력 행정에서는 밸브 시이트에 밀착되어 기밀을 유지한다. 자동차용 엔진에는 보통 포핏 밸브가 사용되며, 캠축 등으로 구성된 기구에 의해 구동된다.

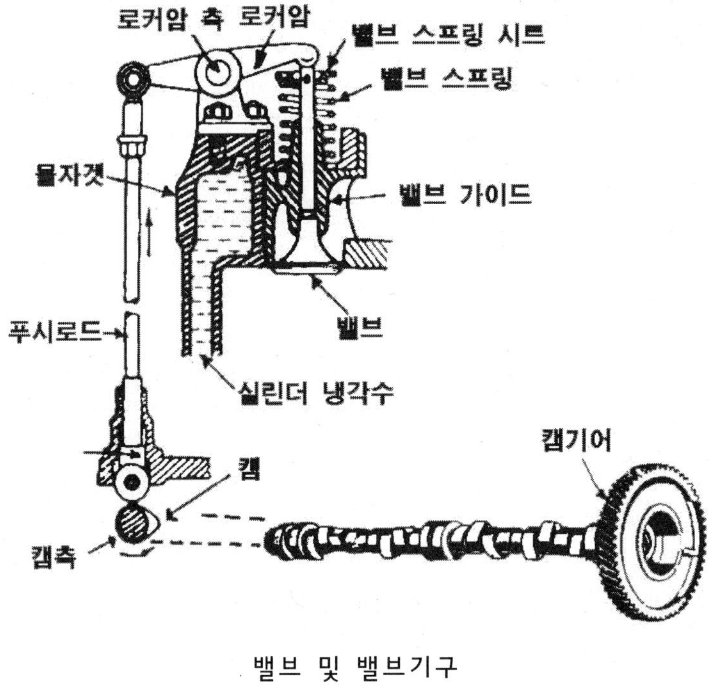

밸브 및 밸브기구

가. 밸브(Valve)

밸브는 그 종류에 따라 제원에 차이가 있다. 흡입밸브는 보통 밸브헤드 직경이 크고 얇으며 배기밸브는 그 반대이다. 밸브의 구조는 밸브헤드, 마아진(Margin), 면(Valve Face), 스템(Stem), 밸브스프링 리테이너 록 홈으로 되어 있다.

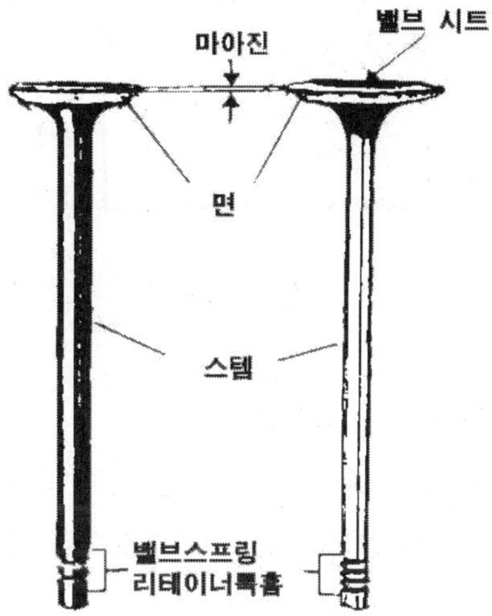

밸브

마진은 밸브헤드의 두께를 말하며, 밸브 면이 마모되면 점점 얇아진다.

보통 마진은 0.8㎜이하 시 밸브를 교환한다. 밸브 면은 밸브시트에 밀착하여 연소실의 기밀을 유지하고 열전도 작용을 한다. 스템은 밸브의 기둥을 말하며, 밸브가이드에 삽입되어 밸브의 수직운동을 유지하며 열전도 작용을 한다. 또한 밸브스프링을 결합 시 스프링 리테이너 록을 끼우도록 록 홈이 스템 끝 부분에 파져 있다.

밸브의 재질은 열팽창에 민감하지 않는 금속으로 합금되어 있으며, 보통 니켈-크롬강, 코발트-크롬강, 크롬강-크롬-실리콘강 등의 재질로 되어있다.

나. 밸브 시트(Valve seat)

밸브 시트는 밸브면과 밀착되어 연소실의 기밀을 보존하는 작용을 하는데 폭이 넓으면 밸브의 냉각효과가 크고, 좁으면 밀착압력이 커서 블로바이(Blow-by)가 일어나지 않으며, 두께는 1.4~2.0㎜ 정도이다. 밸브 시트의 종류는 삽입식과 일체식이 있다.

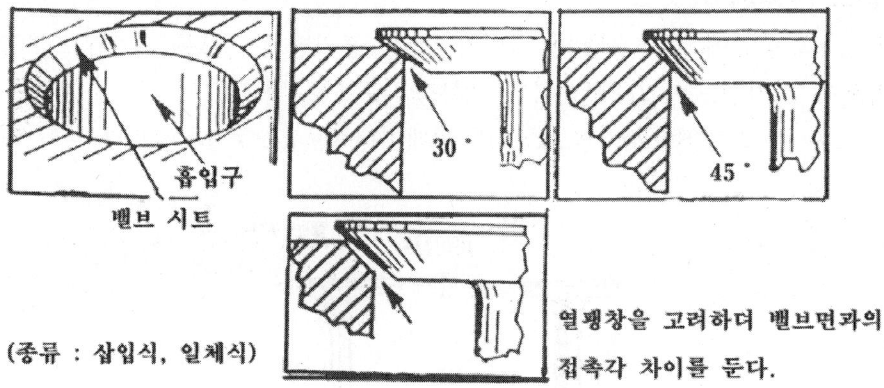

밸브시트

다. 밸브 가이드(Valve guide)

밸브 가이드는 밸브와 시트면이 완전하게 밀착하도록 밸브 스템을 안내하는 것이다. 밸브 가이드는 일체식과 교환식이 있으며, 군용 표준차량은 대부분이 교환식이다.

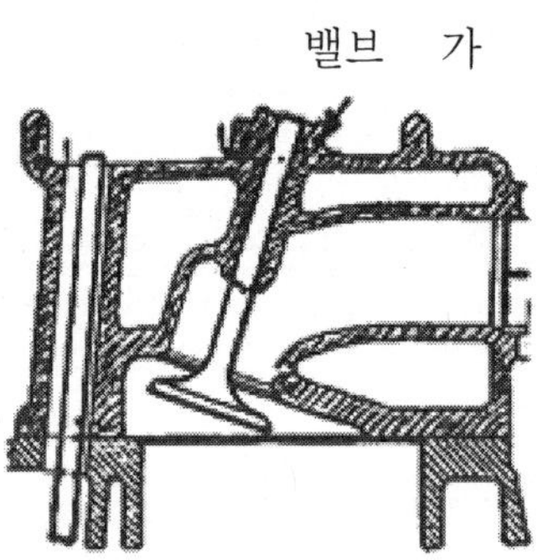

일체식 밸브 가이드

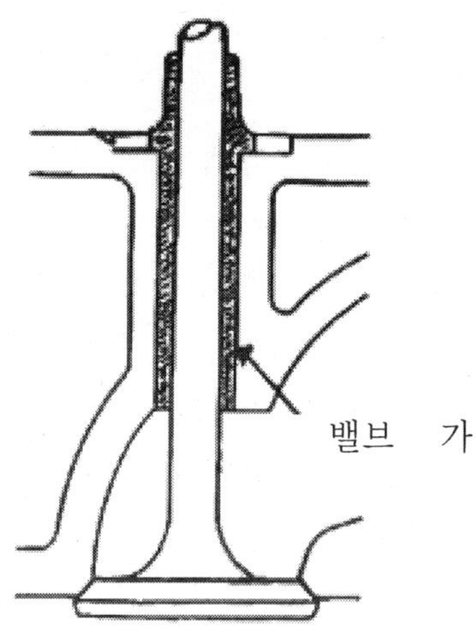

교환식 밸브 가이드

※ 밸브 가이드 간극이란?

밸브 스템과 밸브가이드간의 간극을 말하며 정상 가이드 간극을 보통 0.015~0.070㎜이고, 0.1㎜ 이상 시 교환한다.

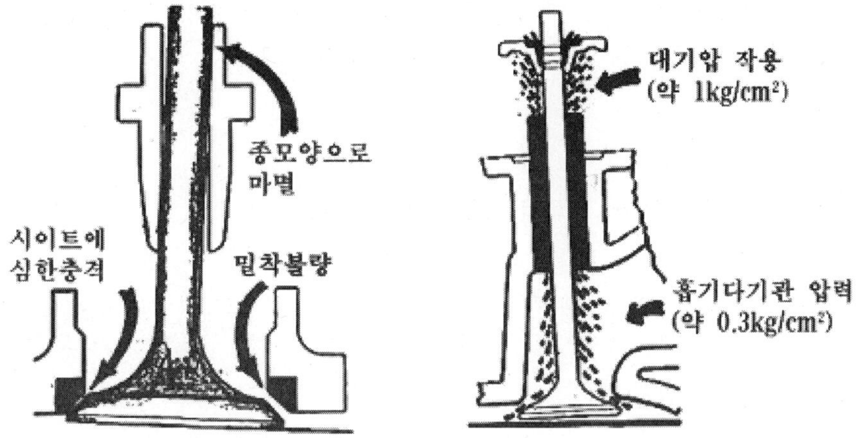

밸브 가이드 간극 부적절시 일어나는 현상

라. 밸브 스프링(Valve spring) 및 리테이너 및 록(Valve spring retainer and Lock)

밸브 스프링은 밸브가 닫혀있는 동안 시트와 밀착하여 기밀을 보존케 하고 밸브가 운동 할 때에는 캠의 회전에 따라 밸브의 개폐를 확실하게 한다.

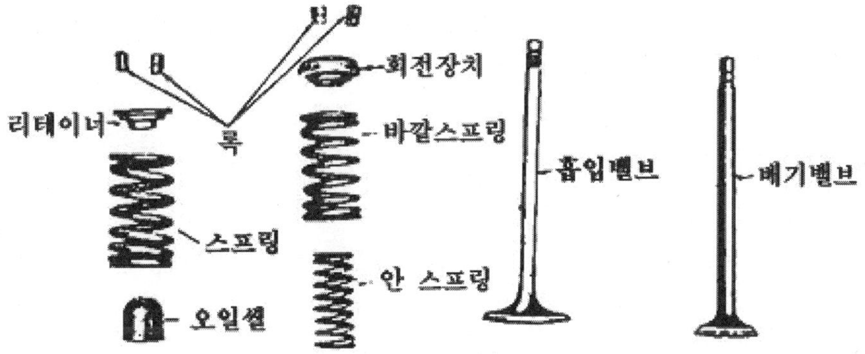

밸브 스프링

록은 스프링 리테이너를 밸브스템에 고정시키며 보통 원뿔모양의 것이 많이 사용된다. 스프링은 니켈이나 실리콘-크롬 강재를 사용하고, 밸브 개폐시 밸브면이 고르게 마모되고 탄매를 제거하기 위해 회전 장치를 둔 것도 있다.

스프링 장력이 클 때에는 출력손실과 밸브 및 밸브기구 부품의 마멸을 촉진시키고, 스프링 장력이 작을 때는 엔진출력 저하 및 밸브스프링 서징(Surging) 현상이 발생하므로 스프링을 2중으로 설치하여 서징을 방지한다.

마. 밸브기구(Valve Trian)의 종류

밸브기구는 캠축, 밸브 리프트(캠축), 푸시로드, 로커암축, 밸브 등으로 구성되어 있으며 밸브 개폐방식에 따라 기어구동형식, OHC, DOHC 형식으로 구분된다.

(1) 캠축(Cam Shaft)

크랭크축과 평행하게 크랭크 게이스의 옆부분이나 위쪽에 베어링으로 지지되어 있다.

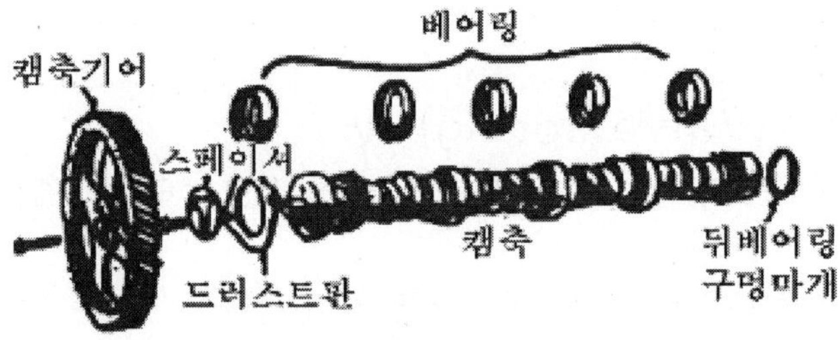

캠축

캠축은 기관의 밸브 수와 같은 캠이 배열된 축이다. 캠축의 주 기능은 흡, 배기 밸브를 개폐하며 부수적으로 배전기 및 연료펌프를 구동시키기도 한다.

(가) 구동방식

1) 직접 구동방식 : 기어구동 (K-311.K-511,K-711,K-912)
2) 원격 구동방식 : 체인구동 (K-532), 벨트구동 (K-131)

(나) 구성 및 역할

1) 타이밍 기어 : 캠축 구동기어
2) 캠축 저널 : 캠축을 지지
3) 캠 축 : 밸브를 개폐
4) 배전기 구동기어 : 배전기와 오일펌프를 구동
5) 연료펌프 작동캠 : 포막식 연료펌프 구동

(다) 구동방식

1) 직접구동(타이밍 기어)

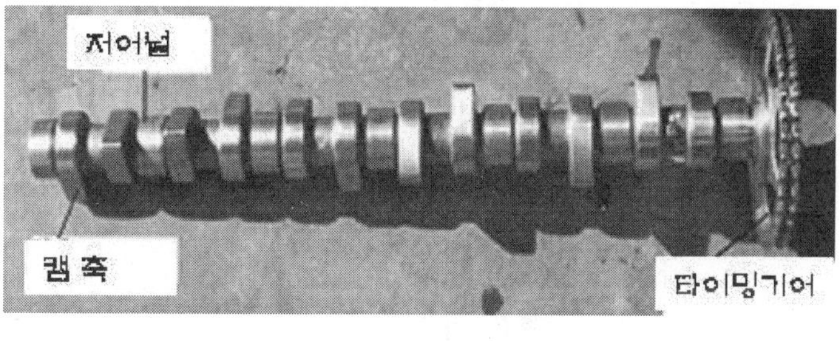

크랭크 축 기어와 캠축 기어의 총칭을 말한다.

헬리컬 기어를 사용하며 서로 다른 재질을 이용하여 소음을 줄이고 마멸을 감소시킨다.

크랭크축과 캠축 기어의 잇수비는 1:2 이며 캠축기어와 캠축 스러스트 판을 설치한다.

2) 타이밍 벨트(K-131차종에 적용)

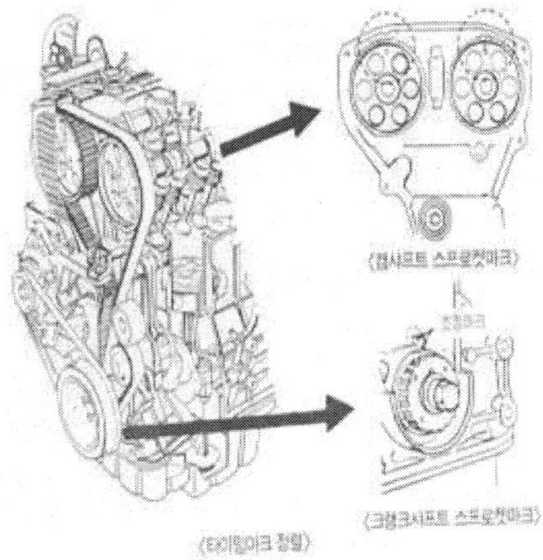

(2) 리프터(Lifter)

리프터는 캠의 회전운동을 상하운동으로 바꾸어 밸브 또는 푸시로드에 구동력을 전달한다. 리프터는 편마모를 방지하기 위하여 회전하면서 상하운동을 하는데 이는 캠의 상면과 리프터의 하단부가 서로 옵셀(Off Set, 편심)되어 있기 때문이다.

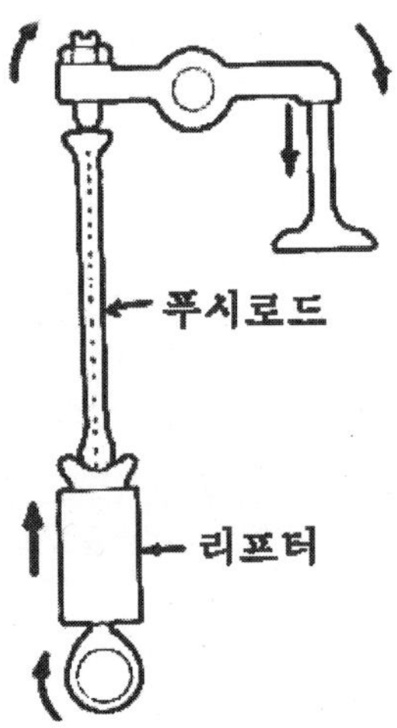

(가) 기능

캠의 회전운동을 상하 직선운동으로 변환, 캠의 양정을 푸시로드에 전달하거나, 밸브를 직접 개폐

(나) 종류 : 기계식 태핏 / 유압식 태핏(K-131, 512)

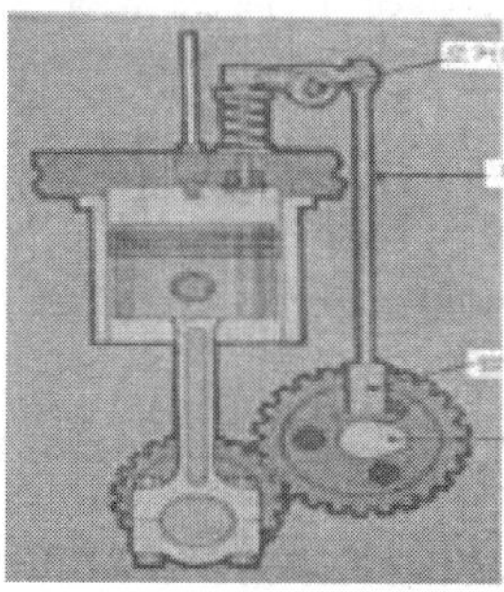

기계식 태핏

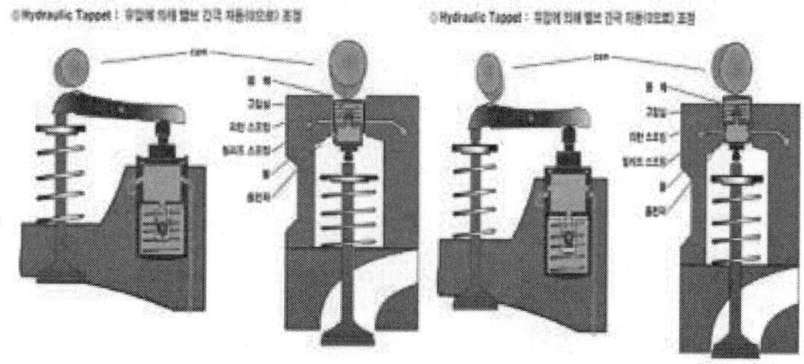

유압식 태핏

(3) 푸시로드(Push Rod)

푸시로드는 오우버 헤드 밸브기구의 리프터와 로커암의 한끝을 연결하는 강재의 긴 막대기이다. 따라서 리프터의 상하운동을 로커암에 전달해야 하므로 밸브 스프링의 장력과 리프트의 압축력에 대한 충분한 강성을 유지해야 한다.

푸시로드의 중앙에는 엔진오일을 압송하는 통로가 설치되어 있다.

(4) 로커암 축 결합체(Rocker arm shaft Assembly)

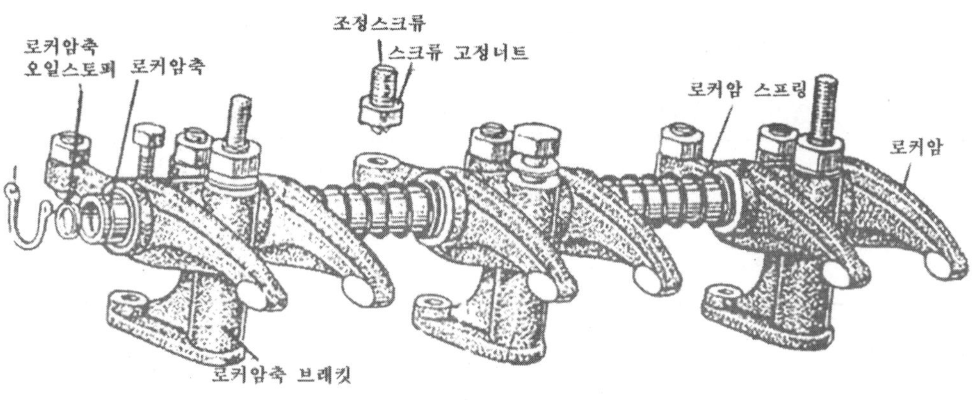

로커암 축 결합체

로커암축 결합체는 로커암이 그 설치축을 중심으로 하여 요동하면서 로커암의 밸브쪽 끝이 밸브를 눌러 열리게 하고, 또 밸브스프링의 장력으로 닫히게 된다.

이때 밸브간극은 밸브스템 끝과 로커암 사이에 두어지며 로커암의 다른 한쪽에 설치되어 있는 조정 스크류로 조정한다.

밸브간극을 두는 이유는 밸브기구의 각 부품이 엔진의 온도상승에 따라 팽창하기 때문이다. 만약 간극을 두지 않으면 밸브가 닫힐 때 밸브면과 밸브시트의 밀착이 불완전하여 출력저하의 원인이 되므로 로커암과 밸브사이에 적당한 간극을 두며 이 간극을 밸브간극이라고 한다. 만약 밸브간극이 크면 밸브에 소음이 발생하고 밸브기구에 충격이 가해진다.

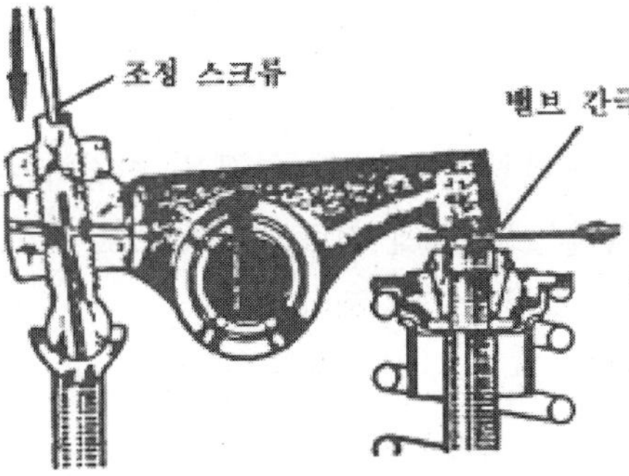

밸브간극 측정요령

시그니스 게이지

※ 차종별 밸브간극

차 종	흡입밸브 간극	배기밸브 간극	비 고
K 311 차량	0.3mm	0.3mm	냉 간 시
K 511 차량	0.2mm	0.25mm	냉 간 시
K 711 차량	0.2mm	0.25mm	냉 간 시

(5) 밸브기구의 분류

(가) 기어 구동형식(I-헤드형,OHV) 밸브기구

이 형식은 캠축, 푸시로드, 로커암축, 밸브로 구성되어 있으며 흡/배기 밸브가 모두 실린더 헤드에 설치되어 있으므로 밸브리프트와 밸브사이에 푸시로드와 로커암축의 두 부품이 더 설치되어 있다.

※ 군용 차량에는 K-311,511,711에 적용되어 사용 된다.

(나) O, H, C형식(SOHC 로커암 형)

캠축을 실린더 헤드위에 설치하고 캠이 직접 로커암을 직접 로커암을 움직여 밸브를 열게 한 형식이다. 캠축구동방식이 복잡하고 밸브기구의 왕복부분 관성력이 작아지기 때문에 밸브의 가속도를 크게 할 수 있다. 또한 고속에서도 밸브 개폐가 안정되어 고속성능이 향상된다.

※ 군용차량 중에 SOHC **형식은** K-532, K-912 **차량이 있고,** DOHC **형식은** K-131**차량에 적용.**

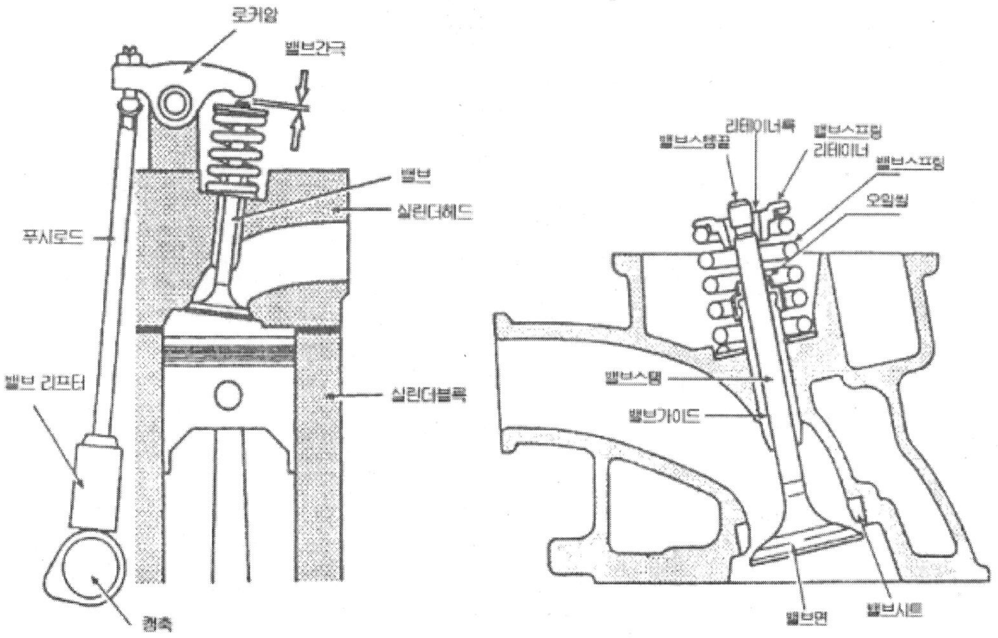

밸브작동

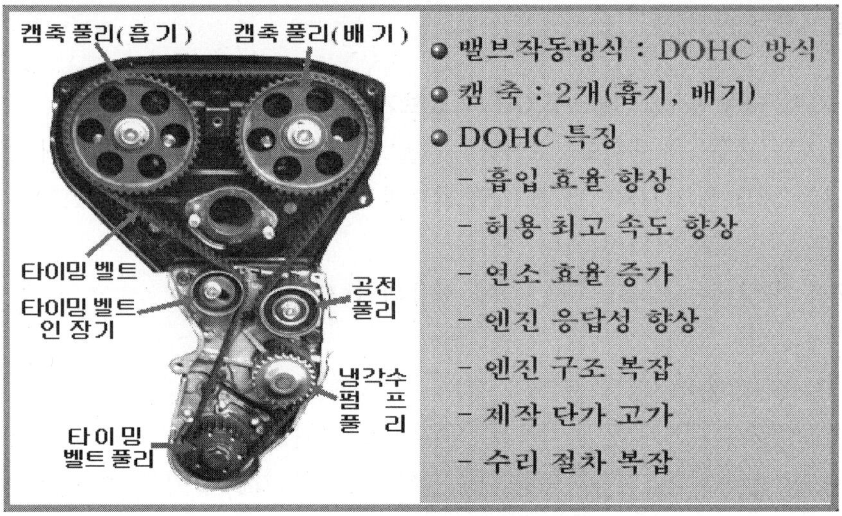

K-131 신형 짚

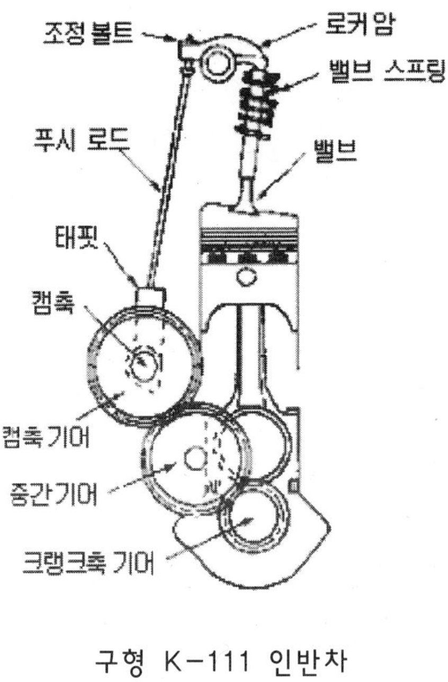

구형 K-111 인반차

제 3 절 연료공급 장치

2.3.1 개 요

연료 장치는 연소에 필요한 혼합가스를 만들기 위한 기관의 주요 부속장치로서, 기관의 출력이나 연소 효율, 유해 배기가스 생성등 기관의 성능에 직접적으로 영향을 준다.

연료 장치는 연료를 저장하는 탱크 연료 속에 들어있는 불순물을 제거하는 연료 여과기, 연료를 공급하는 연료펌프, 혼합기를 만들어 공급하는 기화기, 또는 전자제어 연료분사 노즐, 이 연료장치를 연결하는 파이프 등으로 구성되어 있다.

(가) 가솔린 엔진은 실린더에 공기와 연료의 혼합기를 흡입해 8:1정도로 압축한 후 15,000~20,000V의 고압의 전기에 의해 불꽃을 발생시켜 점화하며, 연소시킴으로써 동력을 발생시킨다. (압축압력 = 9.5~11kg/㎠, 연소압력 = 35kg/㎠)
(나) 디젤 연료 공급 장치는 연료탱크 연료를 분사 펌프로 보내어 고압으로 한다음 분사 노즐을 거쳐 보다 높은 고압으로 실린더에 분사하는 일련의 장치이다.

(다) 전자제어 연료 분사장치는 각종 센서의 신호에 의해 운전 상태에 따라 연료 분사량이 E. C. U에 의해 자동으로 제어됨으로써 연비, 엔진효율 및 주행 성능이 향상되며 유해 배출가스가 감소된다.

2.3.2 가솔린 연료공급장치

가. 연료 공급 계통(기화기 방식)

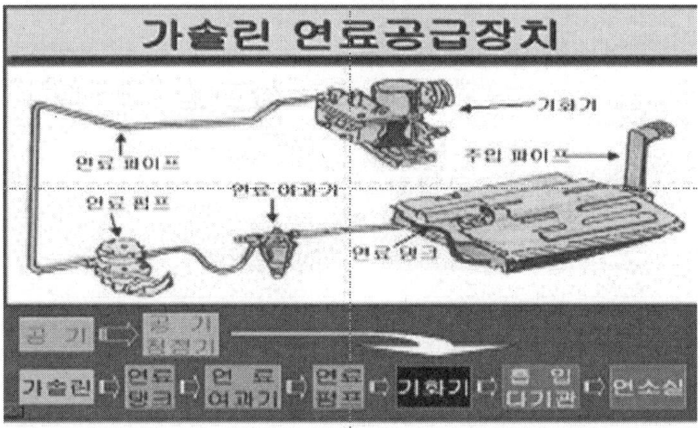

나. 연료공급장치의 구성품과 작동

(1) 연료탱크(Fuel tank)

연료탱크는 차량이 주행 중에 필요한 연료를 저장하는 곳으로 차체의 일부에 1~2개가 설치되어 있다.

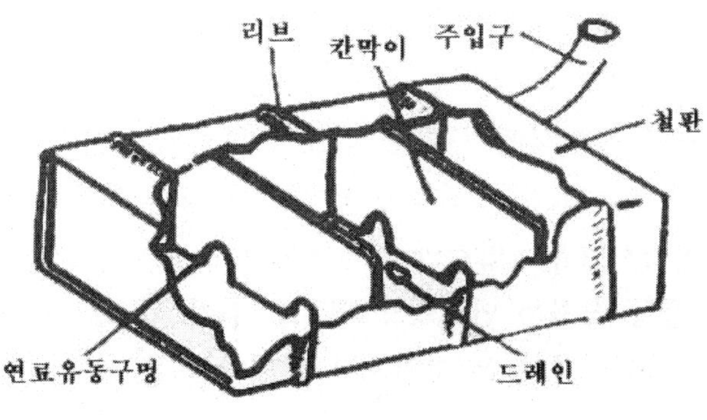

연료탱크

(2) 연료여과기(Fuel filter)

연료 여과기는 탱크와 연료펌프 사이에 설치되어서 연료 가운데 포함된 먼지나 수분 등의 불순물을 여과하여 준다.

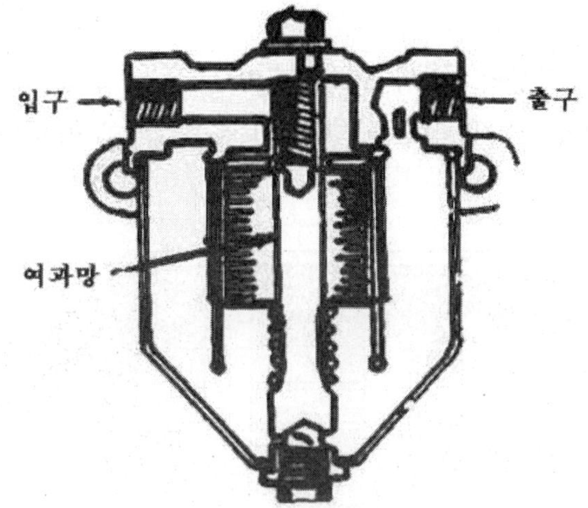

연료 여과기

(3) 연료펌프(Fuel pump)

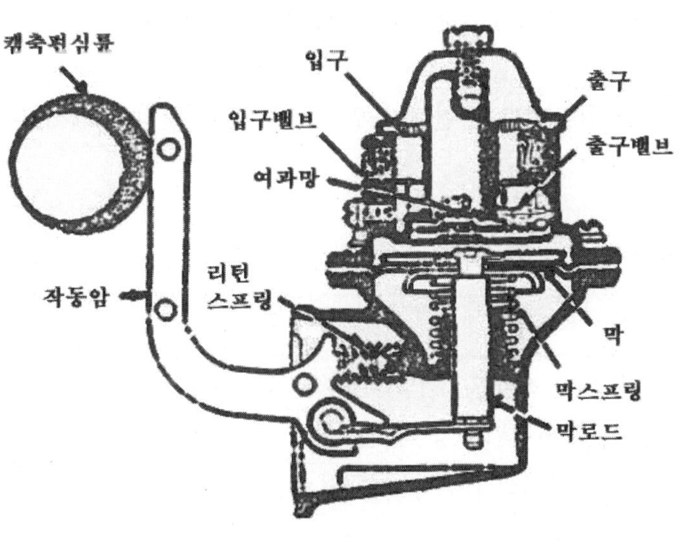

기계식 연료 펌프

연료펌프는 연료탱크의 연료를 빨아올려 기화기의 부자실까지 압송시켜 주는 구성품으로 기계식과 전기식 2가지가 있다.

기계식 연료펌프는 보통 엔진의 캠축에 의해 구동되며 펌프내 막의 상하 운동에 의해 가솔린을 흡입하여 배출작용을 하도록 구성되어 있다.

- **흡입 : 캠축 → 작동암 → 막 로드 → 막**
- **배출 : 막 스프링 → 막 상승 → 기화기(송유압력 : 0.35~0.56kg/㎠)**

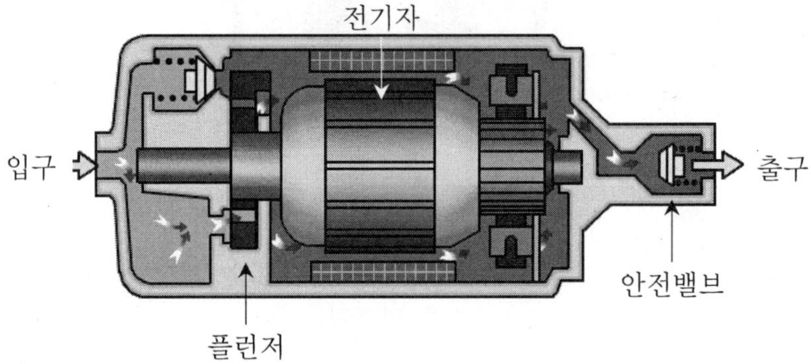

전기식 연료펌프

전기식 연료펌프는 연료탱크에 내장되어 있고, 전류가 공급되면 전기자에 결합된 플런저가 회전하게 되고 플런저의 작동으로 연료를 흡입하여 출구로 배출한다. 이때 출구에 설치된 안전밸브는 연료가 일정한 압력이 형성이 되어야 작동하는 체크밸브이다.

※ 기계식과 전기식의 장·단점 비교

구 분	장 점	단 점
기 계 식	•펌프 작용을 위한 별도의 부수장치(전기장치) 불필요	•설치 위치 고정 •베이퍼록 현상 발생
전 기 식	•엔진 시동시 연료공급 원활 •설치위치가 광범위하다. •베이퍼록 발생우려 없음	•별도의 전원설비 필요 •누전에 의한 화재우려 •고장시 정비 곤란

(4) 기화기(Carburetor)

기화기는 K111 차량 엔진 흡기다기관 중앙에 설치되어 있으며, 엔진의 각종 운전 상태(시동, 공회전, 가속, 고속 등)에 따라 연료와 공기를 적합한 비율로 혼합하고 미립화하여 실린더에 공급함으로써 원활한 운전을 도모하는 장치이다.

(가) 혼 합 비

기화기에 의하여 혼합되어지는 공기와 연료와의 혼합비율은 다음과 같으며, 보통 중량비로 표시된다.

- 이론 혼합비 - 1 : 15
- 출력 혼합비 - 1 : 13
- 저온 시동시 혼합비 - 1 : 5
- 가속시 혼합비 - 1 : 8
- 가연 혼합비 - 1 : 8 ~ 1 : 20

1) 이론 혼합비

가솔린 1g을 완전 연소시키려면 이론적으로 공기 15g이 소요된다. 즉 공기와 연료와의 중량비는 1 : 15가 되면 이를 이론 혼합비라 한다.

2) 출력 혼합비

엔진의 회전력은 1 : 13 부근에서 최대가 되며 이를 출력 혼합비라고 한다.

3) 저온 시동시의 혼합비

엔진 시동 시에는 엔진온도가 낮으므로 연료가 공기 중에서 완전 기화 되지 못하고 액체 상태로 다기관이나 기화기벽 등에 붙게 되므로 가연범위 내에서의 혼합기를 형성시키기 위해서는 더 많은 양의 연료를 공급해야 한다. 일반적으로 저온 기동할 때는 1:5 정도의 혼합비가 필요하다.

4) 가속시의 혼합비

엔진의 저속에서 고속으로 가속시 갑작스런 드로틀 밸브의 개방에 따라 공기는 증가 하지만 연료는 무게 때문에 증가속도가 늦다. 이로 인해 혼합비가 일시적으로 엷어져 점화불능이 되어 엔진이 정지된다. 이 현상을 방지하기 위해 가속순간 다량의 연료를 공급해줘야하며 혼합비는 통상 1:8 정도이다.

5) 가연 혼합비

1:8 ~ 1:20의 범위를 넘어서면 연소가 되지 않으며, 이 범위 내를 가연 혼합비라고 한다.

(나) 기화기의 종료

기화기는 기류의 방향에 따라, 하향 통풍식, 상향 통풍식, 수평 통풍식이 있고, 구조에 따라 단동식과 복동식이 있다.

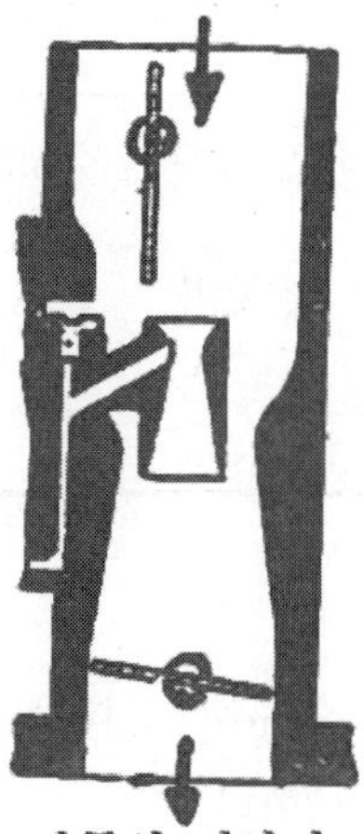

단동식 기화기

단동식

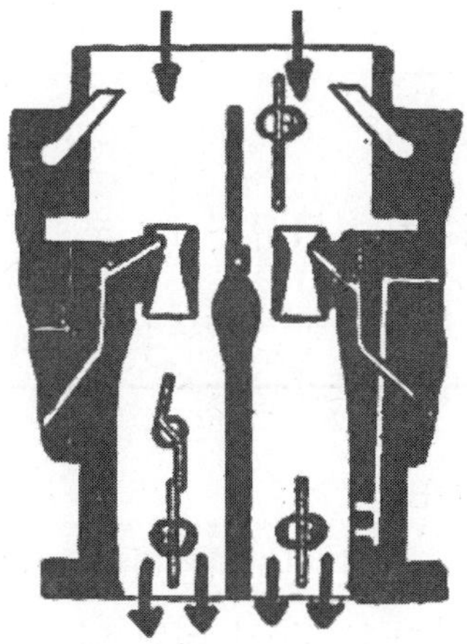

복동식 엔진 : K-111엔진

복동식 : K111

(다) 기화기의 작용원리

그림과 같이 중앙부가 좁게 된 관을 벤츄리 관이라 하며, 이 관내를 공기가 흐를 때 단면적이 큰 "B"와 단면적이 작은 "A"부에서의 유속은 "A"부는 빠르고 "B"는 늦다. 또, 이때 각부의 압력(진공도)은 "A"는 낮고(진공도는 높다), "B"부는 높다(진공도는 낮다). 이때, 부자실의 유면에는 대기압이 작용하고 있으므로 가솔린이 압력이 낮은 "A"부로 빨아 올려져 공기와 함께 실린더로 들어가게 된다.

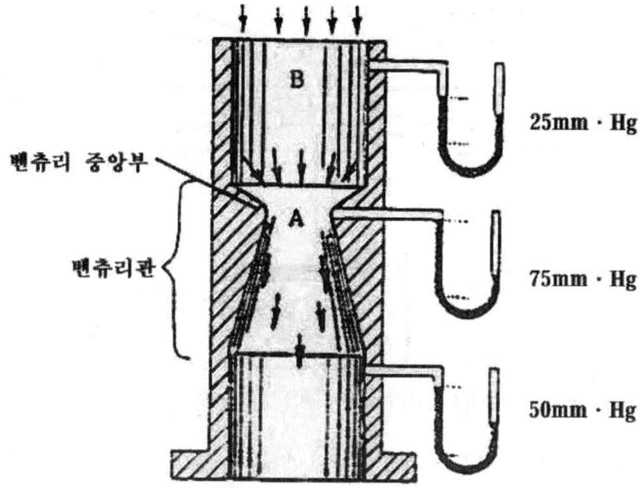

벤츄리관 유속과 압력의 관계

이와 같이 유체의 속도와 압력은 일정한 관계가 있는데 이를 "베르누이 정리"라고 한다. 즉, 유체의 이동속도는 관의 단면적에 반비례하고 유속의 제곱에 비례한다.

(라) 기화기의 주요구조 및 작용

- 벤츄리관 : 유속을 빠르게 함
- 부자실 플로우트 : 부자실 규정 유면 조정
- 에어 블리더 : 가솔린과 공기를 미세하게 혼합
- 쵸크 밸브 : 흡입 공기량 조절
- 드로틀 밸브 : 혼합기량 조절
- 연료제트 : 연료량을 규제

1) 벤츄리관에 의한 연료흡출

공기통로 도중의 좁은 부분을 벤츄리 관(Venturi tube)이라 부르고, 공기가 벤츄리 관을 통과할 때는 속도가 빨라지는 대신 그 부근의 압력이 떨어지므로 가솔린을 노즐(nozzle)로 빨아올린다.

빨아올린 가솔린은 벤츄리로 분출되면서 공기와 부딪쳐 안개 모양으로 되고, 공기와 혼합하여 흡기 다기관으로 보내진다.

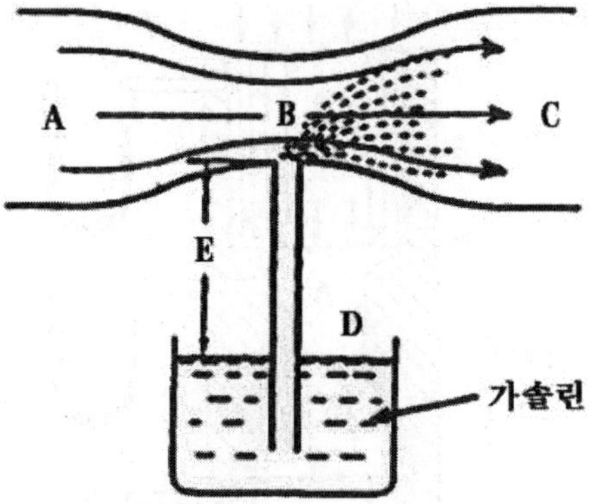

벤츄리관에 의한 연료흡출

2) 플로우트에 의한 유면조정

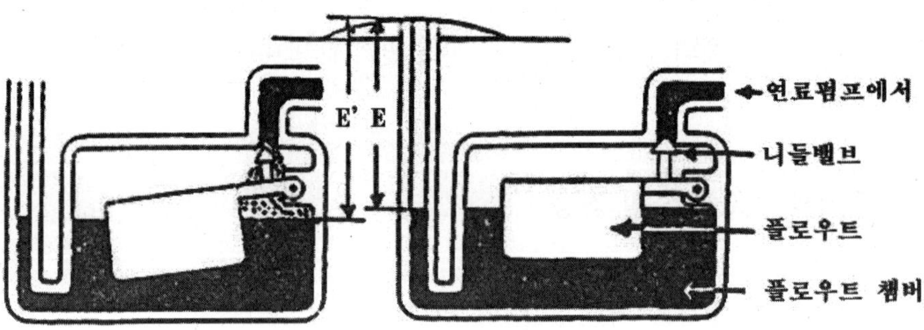

연료 유입상태　　　　연료 차단상태

부자실의 가솔린량은 플로우트와 니들밸브(Needle Valve)의 작용으로 항상 일정하게 유지된다.

즉, 가솔린이 부족하면 플로우트가 내려가므로 니들밸브가 열려 가솔린은 유입되고, 가솔린이 충만되면 플로우트가 떠올라 니들밸브를 닫게 되어 유입을 제한하여 유면은 E와 E'의 범위내에서 조정된다.

3) 에어 블리더(Air bleeder)에 의한 가솔린과 공기의 혼합

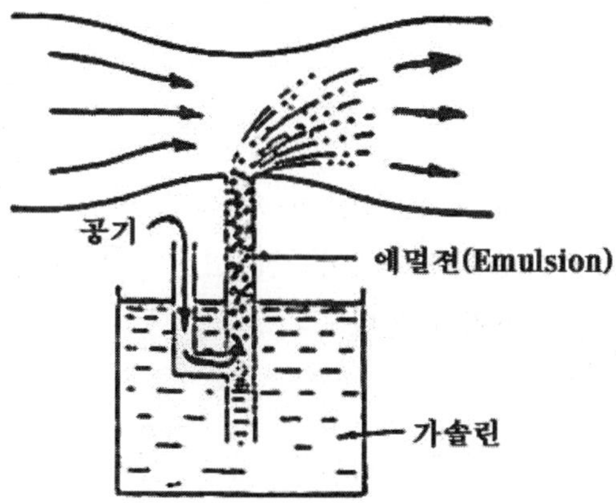

에어 블리더

양호한 혼합기를 만들려면 가솔린과 공기를 잘 혼합시킬 필요가 있다. 위 그림은 에어 블리더의 원리를 표시한 것인데 가솔린 흡입파이프의 도중에 공기파이프를 접속시키면 가솔린에 공기가 잘 섞여 빨아 올려진다. 이와 같이 가솔린과 공기가 잘 혼합된 상태의 것을 에멀젼(Emulsion) 이라 부른다.

4) 밸브에 의한 연료량과 공기량의 조정

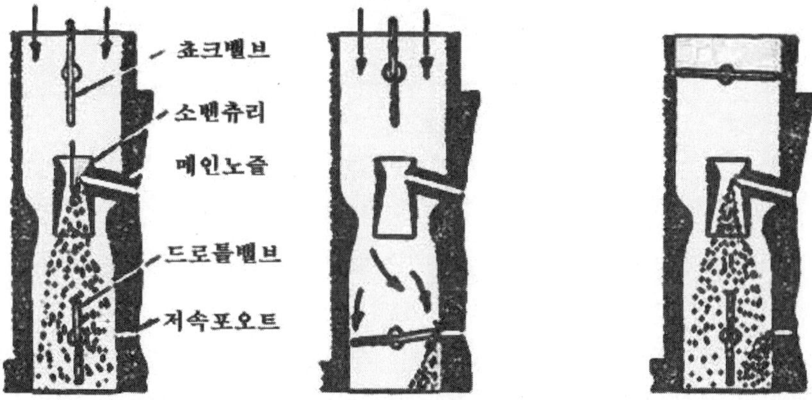

드로틀밸브 열림　　드로틀밸브 닫힘　　쵸크밸브 닫힘

드로틀 밸브는 벤츄리 하부에 정착되어 벤츄리내의 기류를 변화시키고, 기류가 빨라지는 부분, 즉 부압이 높은 부분에 가솔린 흡출구를 장치하여 여기에서 가솔린을 빨아내는 역할을 한다.

쵸크 밸브(Chock Valve)는 벤츄리 상부에 설치되어 벤츄리로 흘러 들어가는 공기량을 제어한다.

(마) 기화기 회로

자동차 엔진은 도로의 상태 및 부하에 따라 엔진 회전속도가 변화하고 또 기후에 따라서 엔진의 운전상태가 달라진다. 이러한 고르지 못한 운전 상태를 만족시키는 기화기의 작동회로는 여러 가지가 있다.

1) 기화기의 구조

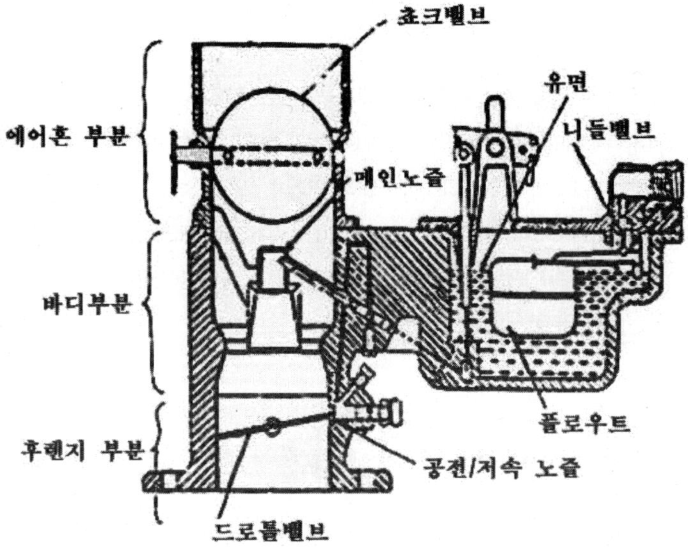

기화기의 구조

기화기는 크게 3부분으로 나누어진다. 첫째, 에어혼(Air Horn)부분과 둘째, 바디(Body)부분, 셋째, 후렌지(Frenge)부분으로 나뉜다.

에어혼 부분에는 쵸크밸브가 흡입공기량을 제어한다. 바디부분에는 공기와 연료를 혼합하는 혼합기 형성 작용을 주로하는 에어블리더가 설치되어 있고, 플랜지 부분에는 드로틀밸브에 의하여 혼합기를 흡기 다기관으로 유입시키는 작용이 이루어진다. 엔진이 공회전이나 저속운행시 연료 포우트에 의거 혼합기를 형성하기도 한다.

2) 기화기의 7대회로(복동식)

1, 2차쪽 공용회로	• 부자회로
1차쪽 기화기	• 쵸크회로 • 1차 고속회로 • 공전 및 저속회로 • 가속펌프회로
2차쪽 기화기	• 스탭회로 • 2차 고속회로

▶ 부자회로

1, 2차쪽 기화기가 공용하는 회로이며, 연료의 유면을 규정높이로 유지하여 기화기에서 연료가 넘쳐흐르는 것을 방지하고 일정한 혼합비를 유지하는 회로이다.

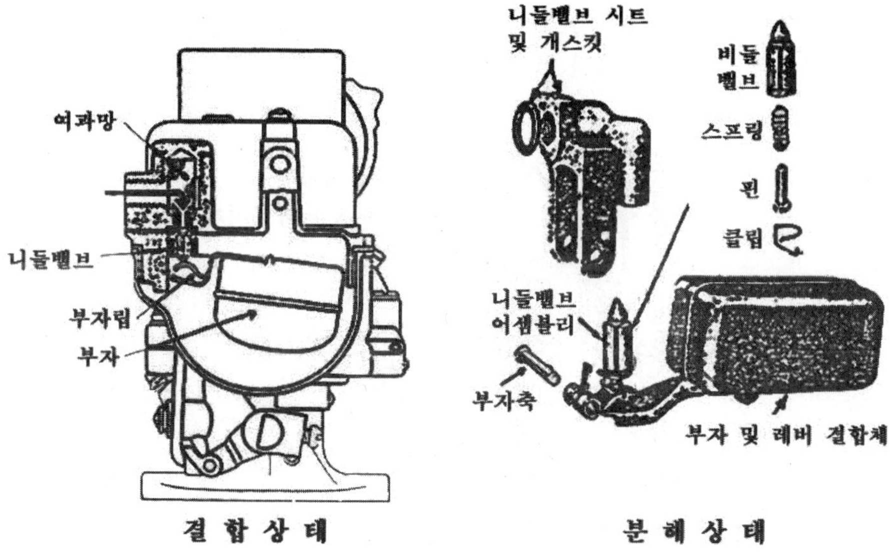

부자회로

▶ 쵸크 회로

저온 시동 시 작용되는 회로로 시동시 쵸크밸브를 닫아줌으로써 쵸크밸브 하단부에 강한 진공을 형성하여, 메인노즐에서 많은 양의 연료가 분출되어 시동을 용이하게 하여준다.

쵸크밸브 축은 편심으로 되어있어 벤츄리부의 진공이 커졌을 때 자동적으로 개방되어 오버쵸크를 방지한다.

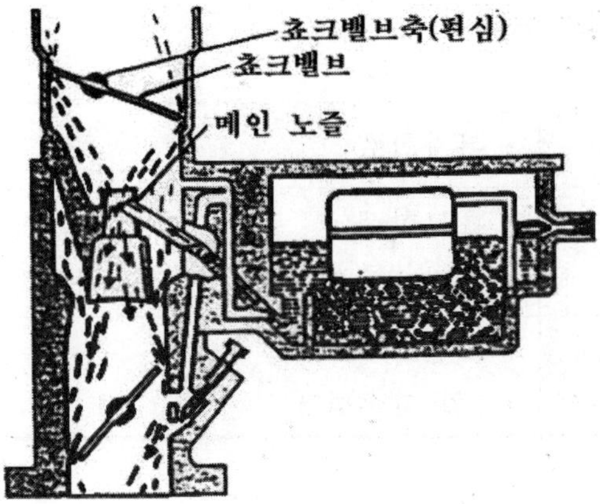

쵸크회로

3) 공전 및 저속회로

엔진이 공회전 또는 무부하 저속 운전시 작용하는 회로이다. 엔진이 공회전 상태에서는 드로틀밸브는 거의 폐쇄된 상태이며, 드로틀밸브는 하단에 나있는 아이들 포트로부터 미량의 연료가 흡출된다.

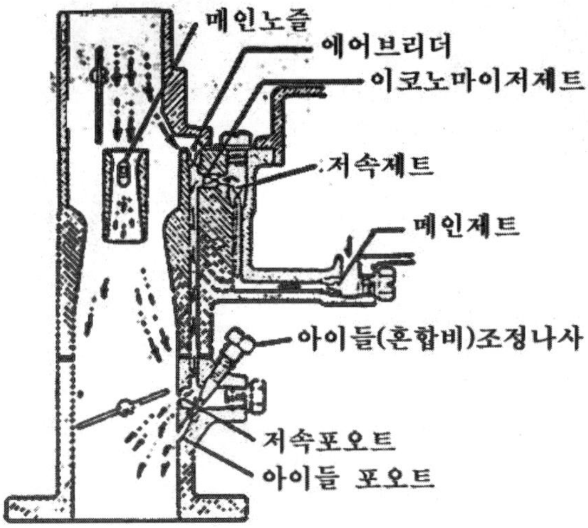

공전 및 저속회로

과거 군에서 가장 많이 사용하던 가솔린 차량의 대표 모델 K111 차량 엔진의 공회전속도는 700±50RPM 정도이며, 흡기 다기관의 상태(진공도)는 43~53㎝·Hg 범위가 유지된다. 연료흡출량은 아이들 조정나사에 의하여 조정되는데 통상 완전히 죈 후 1.5~2회전 정도 풀어놓은 상태가 되어야 한다.

엔진이 무부하 저속운행 상태에서는 드로틀밸브가 약간 개방되어 저속 포트까지 합하여 연료가 흡출된다.

• 연료 흡출경로 : 메인제트 → 저속제트 → 이코노마이저제트 → 공전 및 저속 포트

4) 가속펌프 회로

이 회로는 엔진을 가속하는 순간에 진한 혼합기를 공급하기 위한 회로이며, 가속펌프는 운전실의 가속페달에 의해 작동되는데 펌프가 상승하면 연료가 흡입 책밸브를 통해 흡입되고, 펌프가 하강하면 연료를 압축하여 송출 책밸브를 따라 벤츄리벽의 가속구멍을 통해 유출된다.

가속펌프의 끝부분에는 계절에 따라 공기의 온도변화를 고려하여 혼합비를 정상적으로 유지해야 하므로 연료 송출량을 조절하는 구멍이 뚫려있다.

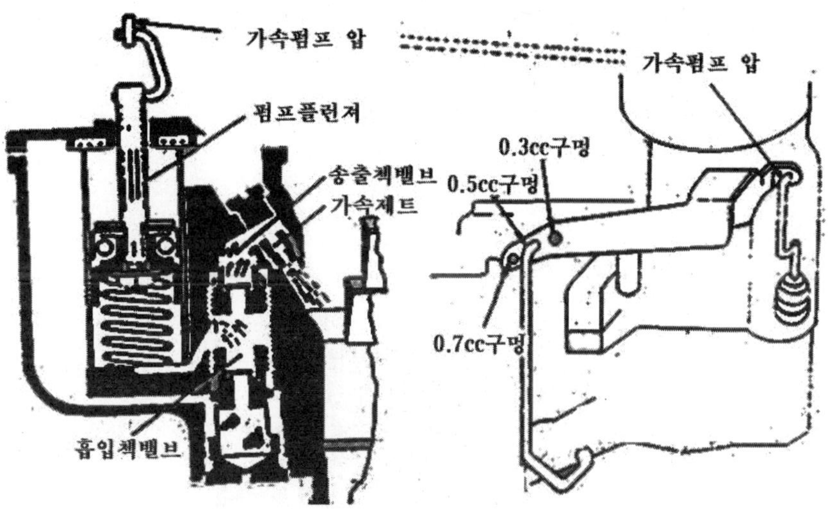

가속펌프 회로

5) 1차 고속회로

▶ 고속 부분부하 회로

차량 주행중에 연료를 공급하기 위한 회로로 연료는 메인 노즐에서 유출되며 드로틀밸브가 많이 열리면 공기의 속도가 빨라져 저속회로의 유량이 감소되고 벤츄리부에서의 연료의 유출이 증가된다. 이후 저속회로의 작용은 중단되고 고속회로에서만 연로가 유출된다.

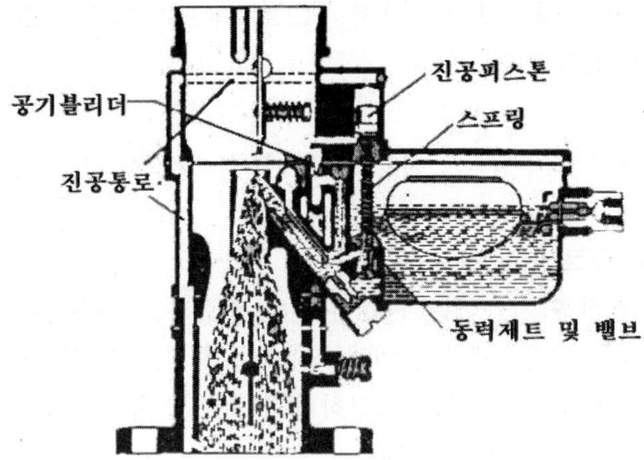

고속 부분부하 회로

▶ 고속 전부하 회로

이 회로는 엔진이 중속회전시에 적용되며 진한 혼합기를 공급하기 위한 회로이다. 흡기 다기관의 변화에 의해 연료량을 규제하며 다기관 진공도가 클때는 동력피스톤이 상승해 동력 밸브가 닫히고 진공도가 낮아지면 동력피스톤이 열려 또 하나의 통로를 통해 연료가 유출된다.

6) 2차 고속회로와 스텝회로

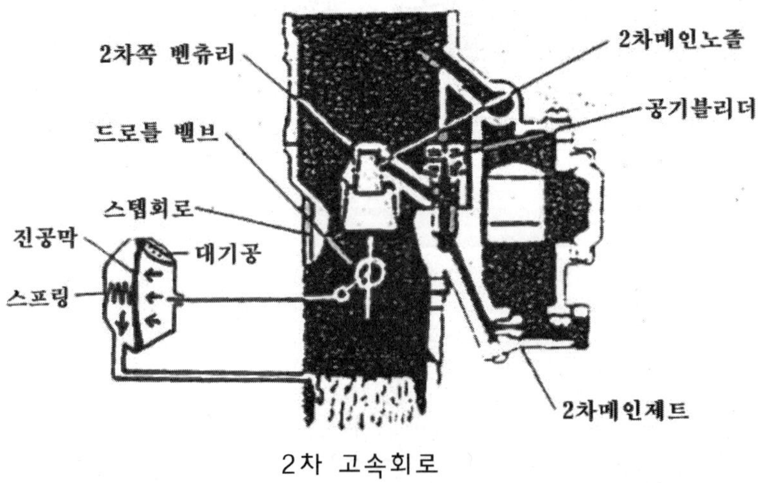

2차 고속회로

▶ 2차 고속회로

엔진의 최대출력을 요구할 때 즉 고속운전이나 등판주행시 작용되는 것으로 고정된 혼합비로 되어 있으며 구조는 1차측 고속회로와 동일하다.

메인제트를 통과한 연료가 벤츄리 부근에 설치된 2차공기 구멍으로 들어온 공기와 혼합하여 메인노즐을 통해 분출된다.

▶ 스텝회로

스텝회로는 1차측의 공전 및 저속계통에 상당하는 것으로 2차측 드로틀밸브가 열려도 연료가 곧 분출되지 않고 공기만 흘러 일시적으로 혼합기가 희박하게 되어 1차측과 2차측의 연결이 불량해지는 것을 방지한다. 부자실에서 흡입된 연료는 스텝제트에서 계량되어 공기구멍에서 들어온 공기가 혼합되어 2차측 드로틀 밸브상단에 설치된 스텝구멍을 통해 유출된다.

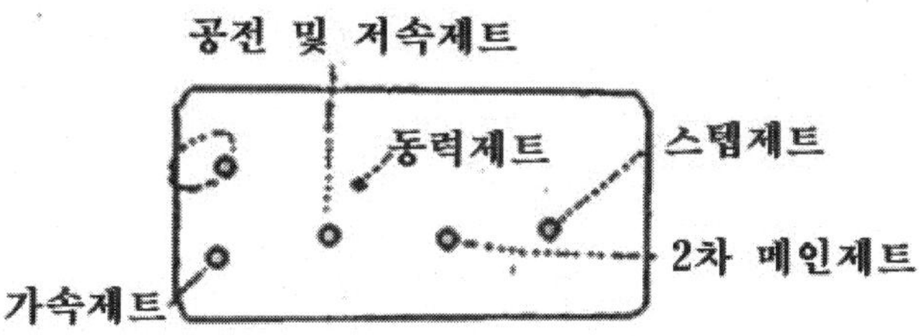

부자실 연료제트

(5) 연료계

연료탱크내의 연료의 양을 표시하는 계기이며, 전기식이 많이 사용된다.

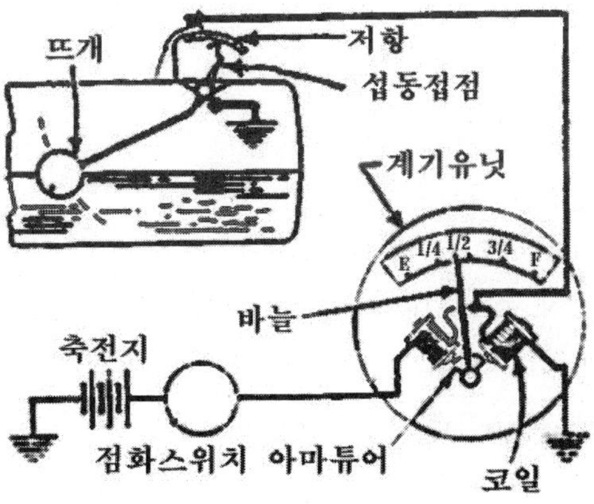

연료계

2.3.3 디젤 연료공급장치

가. 개 요

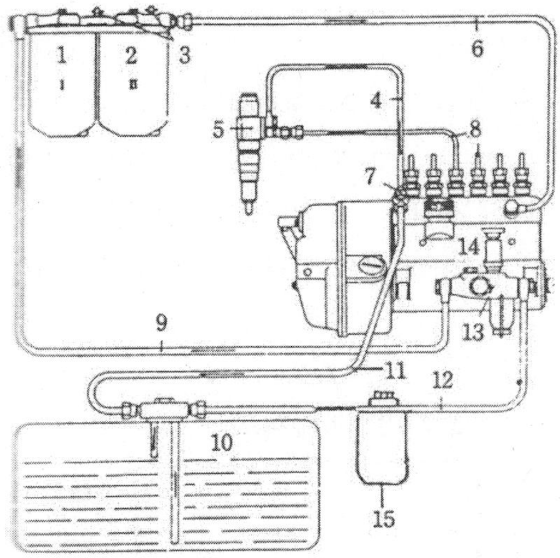

디젤 연료공급 계통

디젤엔진의 연료계통은 연료공급계통(연료탱크→물분리기→연료공급펌프→연료여과기)과 연료압송계통(분사펌프→조속기, 분사시기 조정기), 연료분사계통 (분사파이프→분사노즐 → 연소실), 연료복귀계통(분사노즐→분사펌프→연료탱크, 예열장치)으로 구분된다.

나. 디젤연료 공급장치의 구성품

(1) 연료공급펌프(Fuel feed pump)

플런저가 스프링의 힘에 의해 내려가면 플런저 상부의 체적 변화로 탱크의 연료가 입구 밸브를 통해 흡입되며 동시에 플런저 하부의 연료는 압력을 받아 출구를 통해 분사펌프로 압송 된다. (공급압력 : 약 3kg/㎠)

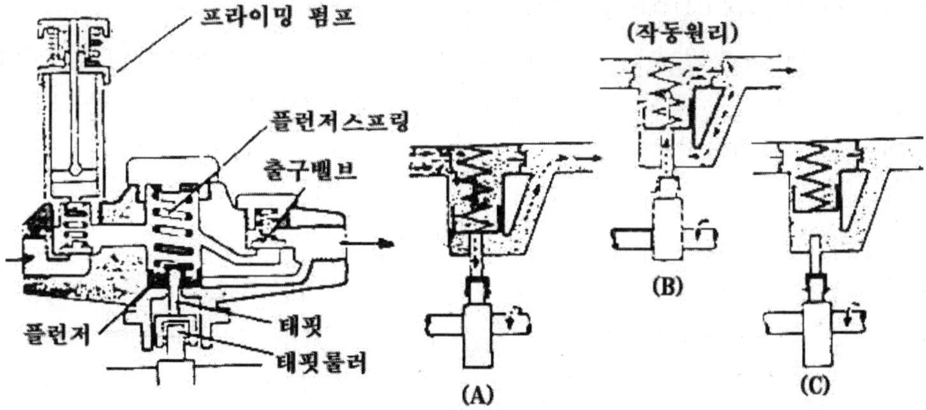

연료공급 펌프

(2) 연료여과기(Fuel filter)

연료 중에 섞여 있는 먼지 및 수분과 공기 등을 제거한다. 여과기는 단식과 2연식이 있으며 K511, 711 연료계통은 2연식 여과기를 채택하고 있다. 침전물 배출은 매 1,500km마다 드레인 플러그를 열고 실시하며, 매 3,000km마다 엘리먼트를 교환을 실시한다.

공급펌프의 송유압력이 규정보다 높을 때는 주행 중 오버플로우 밸브가 작동하는 형식도 있다.

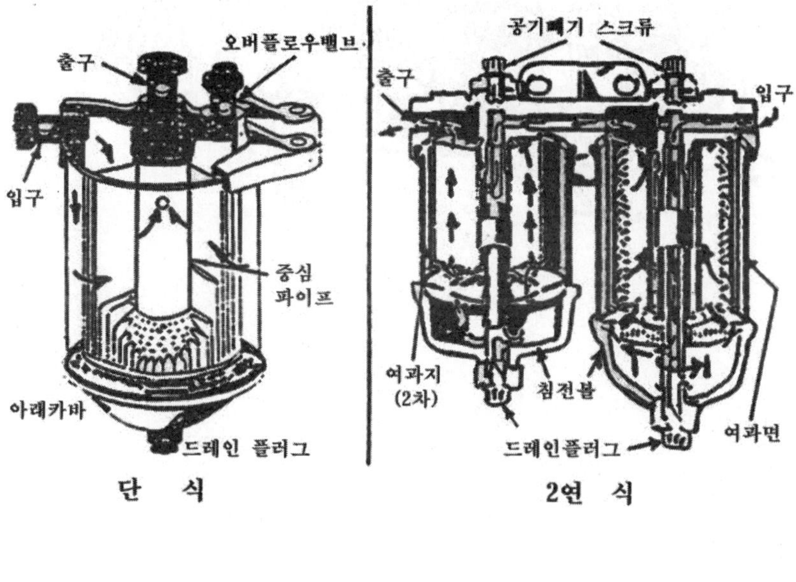

(3) 분사펌프(Injection pump)

연료여과기를 거쳐 압송된 연료를 보다높은 고압으로 분사파이프로 압송시킨다. 분사펌프는 독립식, 분배식, 공동식이 있으며, K511, 711차량은 독립식을, K311차량은 분배식을 채택하고 있다.

- 독립식 : 각 실린더 별로 펌프를 설치 압송(K511, 711차량)
- 분배식 : 실린더 수에 관계없이 한개의 펌프로 연료를 고압분배 (K311차량)
- 공동식 : 분배식에 축압기를 설치하여 고압의 연료를 저장분배

(가) 독립식 분사펌프

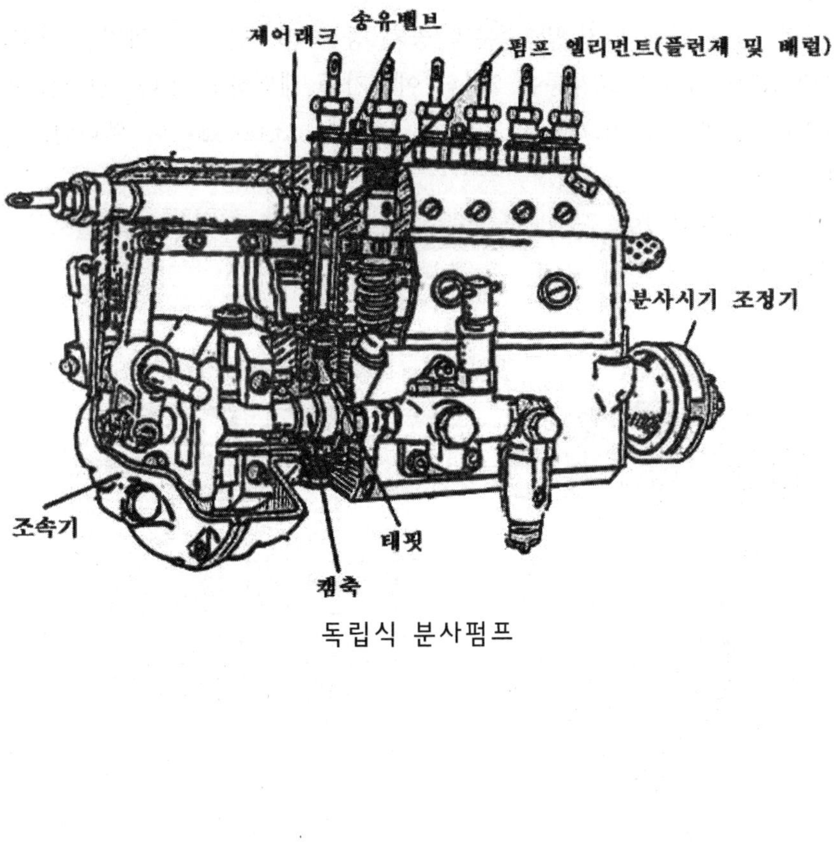

독립식 분사펌프

1) 개요

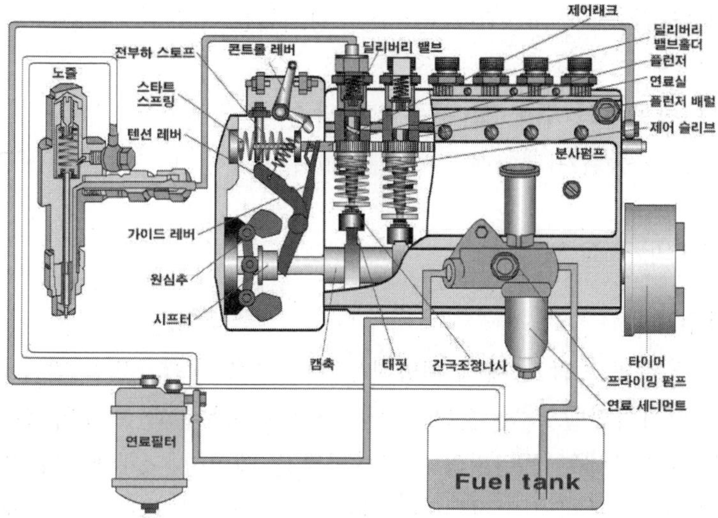

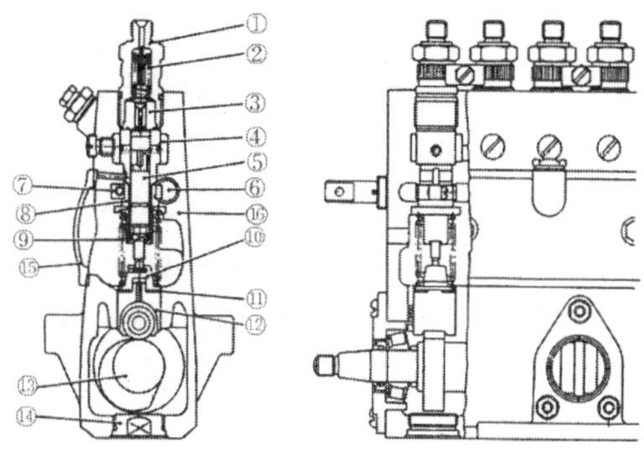

① 딜리버리밸브 홀더
② 딜리버리밸브 스프링
③ 딜리버리밸브
④ 연료실
⑤ 플런저
⑥ 콘트롤 랙
⑦ 콘트롤 피니언
⑧ 콘트롤 슬리브
⑨ 콘트롤 스프링
⑩ 스프링 로드시트
⑪ 쉼
⑫ 태핏
⑬ 캠축
⑭ 나사
⑮ 커버 조립체
⑯ 펌프 하우징

연료분사펌프는 연료여과기를 거쳐 보내온 연료기를 가압하여 적당한 시기에 적당한 양만큼 연료를 엔진의 연소실내로 분사하는 작용을 한다. 연료분사펌프는 다음과 같은 주요 부분으로 구성되어 있다.

- 연료의 압송을 담당하는 펌프부분의 플런저 와 플런저 배럴
- 플런저를 구동하는 캠축, 태핏, 플런저스프링, 스프링 시트

• 연료 분사량을 조정하는 제어레크 및 피니언, 제어 슬리브,
• 연료 분사를 할 때 후적(After drop)을 방지하는 딜리머리 밸브

※ 분사펌프 작동부의 구조 및 구동력 전달순서

캠축 → 태핏 → 플런저(제어래크 → 제어피니언)회전 → 송유밸브→ 고압파이프

2) 분사펌프의 구조 와 기능

▶ 펌프 하우징

펌프 하우징은 펌프의 몸체에 해당하는 부분으로 경합금으로 만들어 졌다.

상부에는 딜리머리밸브 및 홀더를 장치하는 나사부분과 연료의 흡입 및 배출 통로가 있다. 중앙부에는 플런저와 연료분사량을 제어하는 제에랙의 삽입부가 있다.

하우징 하부에는 플런저를 작동하는 태핏의 가이드 구멍과 캠축의 삽입부가 있다.

▶ 캠축 및 태핏

캠축은 엔진 크랭크축에 의해 구동되며 플런저를 구동시키고 연료공급펌프도 구동시켜 준다.

캠축은 베어링에 의해 하우징에 지지되며 실린더 수만큼의 플런저 구동캠과 공급펌프를 구동시키기 위한 편심캠이 1개 있으며 캠의 수는 엔진 실린더 수와 같다.

태핏은 그림에서 보는바와 같이 캠과 접촉하는 부분이 로울러로 되어 있으며 로울러는 태핏에 부시와 핀으로 지지되어 있다. 헤드부에는 태핏간극을 조정하기 위한 조정 스크류가 꽂혀져 있다.

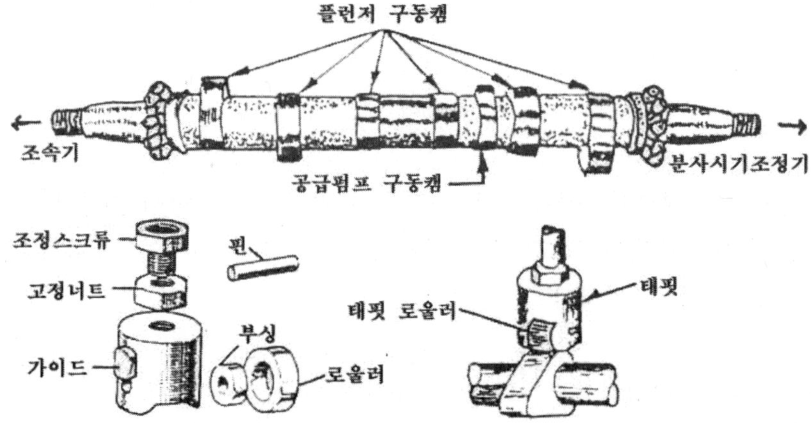

캠축 및 태핏

▶ 연료제어 기구

연료 제어 기구는 가속페달이나 조속기의 움직임을 플런저에 전달하는 기구이며 제어래크와 제어피니언 제어 슬리브 등으로 구성되어 있다.

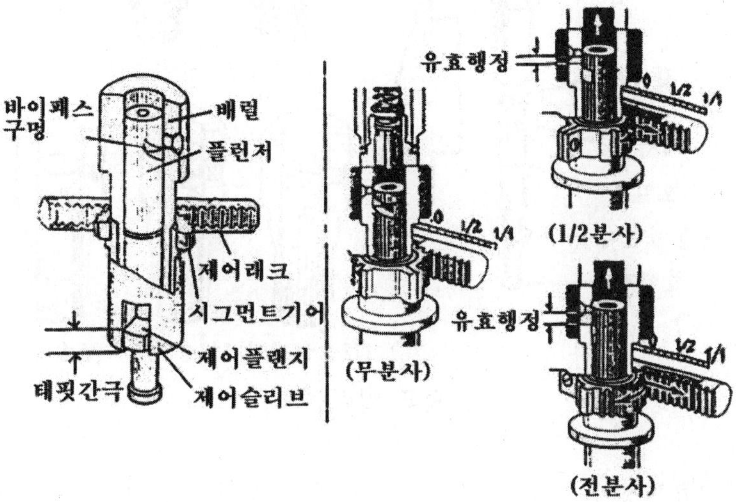

연료제어 기구

• 제어래크

제어래크는 각 펌프 엘리먼트의 제어 피니언과 치합되어 있으며 한 쪽 끝은 조속기 막이나 가속페달에 연결되어 있다.

• 제어피니언

제어 피니언은 제어래크와 치합되어 래크의 직선운동을 회전운동으로 바꾸어 슬리브를 회전 시키는 일을 한다.

• 제어슬리브

제어슬리브는 그 홈에 끼워진 플런저의 구동 플런저를 통하여 제어피니언의 회전운동을 플런저에 전달하여 플런저가 상하운동을 하면서 연료의 송출량을 증감할 수 있다.

• 펌프 엘리먼트

펌프 엘리먼트는 플런저와 플런저 배럴로 구성되며 펌프하우징에 고정되어 있는 플런저 배럴 속을 플런저가 상하섭동 운동을 하여 연료를 압축(100kg/㎠이상)하는 일을 한다. 플런저 배럴은 엔진의 실린더에 상당되는 부분으로 펌프하우징의 윗부분에 삽입되며 바깥둘레에서는 고정핀이나 고정 스크류로 회전되지 않게 고정되고, 윗부분은 송유밸브 호울더에 의해 펌프하우징에 고정된다.

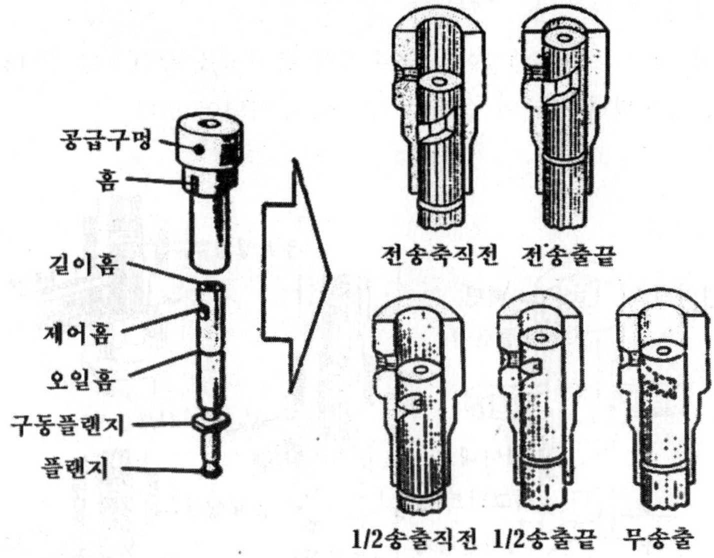

펌프 엘리먼트

플런저 유효행정이 최대가 될 때 가장 많은 양의 연료가 분사노즐에 압송된다. 이 상태를 전송출이라 하며 엔진은 최대 출력의 운전을 한다. 플런저가 위에서 보아 시계방향으로 어느각도 만큼 회전되었을 때 플런저가 실제 움직인 행정에는 변화가 없으나 유효행정은 1/2이 되기 때문에 송출량도 1/2로 감소되므로 반송출이라고 한다.

▶ 송유밸브(딜리머리 밸브)

송유밸브는 그림에서 보는 바와 같이 플런저 배럴 위쪽에 설치되어 있는 송유밸브 호울더에 끼워져 있으며 스템부는 십자형의 가이드 배인으로 되어 있다. 그리고 송유밸브는 호울더내의 스프링에 의해 씨이트에 압축된다.

송유밸브의 작동은 플런저의 상승행정으로 배럴내의 연료압력이 규정에(약 10kg/㎠) 이르면 밸브가 열려져 연료를 분사파이프에 압송하고 플런저의 유효행정이 끝나 배럴내의 연료압력이 급격히 낮아지면 스프링에 의해 급속히 닫혀져 연료의 역류를 방지한다.

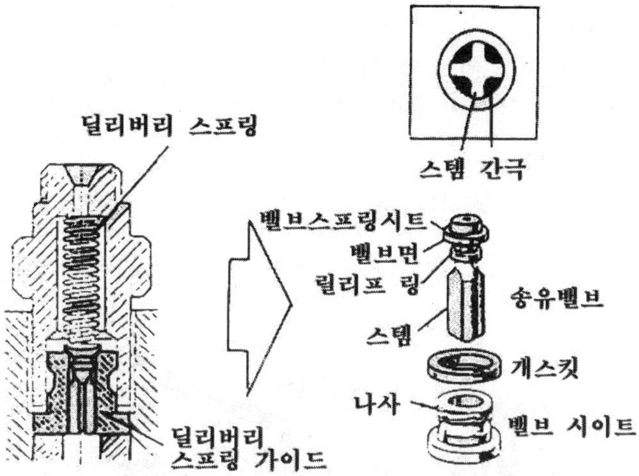

송유밸브

3) 조속기 (Governor)

▶ 개요

디젤기관은 사용되는 조건이 매우 변화가 많고 부하, 회전속도와 더불어 광범위하게 변동하기 때문에 최고회전속도 이상으로 기관이 회전하는 것이나 시동이 꺼지는 것을 방지하기 위하여 자동적으로 작용하는 회전조속장치가 필요하다.

▶ 조속기의 분류

- 구조상 분류

㉮ 공기식 조속기 : 기관의 흡입압력의 변화로 조속작용

㉯ 기계식 조속기 : 펌프 캠축에 달려 있으며, 플라이 웨이트의 원심력을 이용

㉰ 복합식 조속기 : 공기식 조속기와 기계식 조속기 병행한 형식

- 성능상 분류

㉮ 전속도 조속기 (All Speed Governor) : 기관의 모든 회전속도 범위에 걸쳐 조속작용

㉯ 최대/최저 속도 조속기 : 기관의 최대/최저 속도에서만 작동하고, 기타의 회전범 위에서는 작용하지 않는다.

▶ 기계식 조속기

일반적으로 분사펌프 캠축의 뒤끝에 설치되어 있으며 그 작동은 캠축의 회전속도가 증가되어 원심력이 커지면 원심추는 조속기 스프링의 장력을 이기고 바깥쪽으로 벌려지기 시작한다.

다시 이 움직임을 섭동 볼트를 거쳐 부동레버에 전달되어 제어래크를 좌측으로 잡아당긴다.

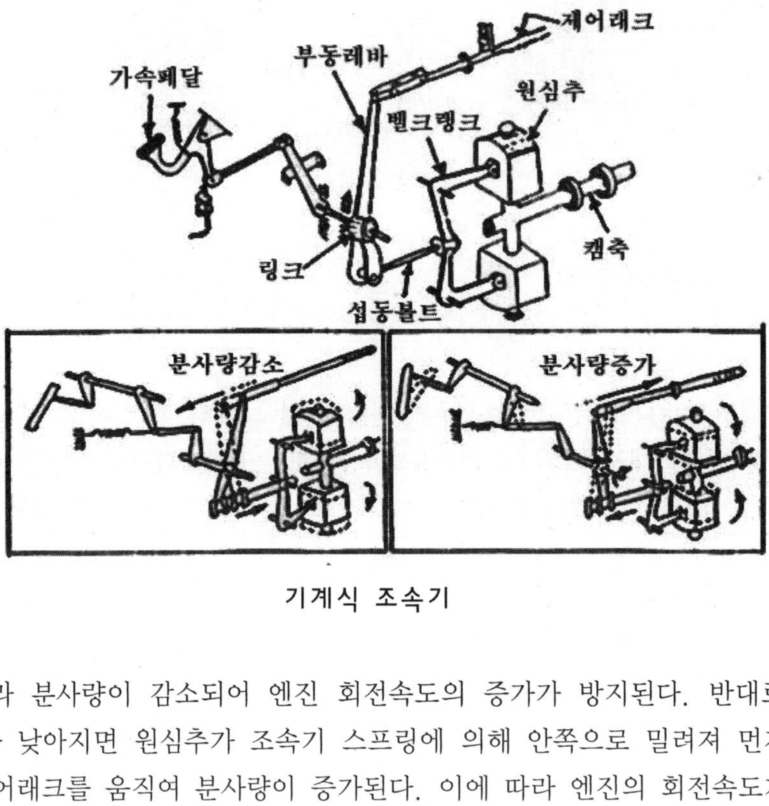

기계식 조속기

이에 따라 분사량이 감소되어 엔진 회전속도의 증가가 방지된다. 반대로 엔진의 회전속도가 낮아지면 원심추가 조속기 스프링에 의해 안쪽으로 밀려져 먼저 경우의 역으로 제어래크를 움직여 분사량이 증가된다. 이에 따라 엔진의 회전속도가 낮아지는 것이 방지된다.

▶ 공기식 조속기

공기식은 흡입다기관의 벤튜리에 가속페달과 연동하는 드로틀밸브를 설치하고 이 부분의 진공의 변화를 이용해 제어래크를 움직인다. 구조는 조속기 하우징과 벤튜리로 되어 있으며 두 기구는 공기 파이프에 의해 연결되어 있다. 조속기 하우징은 막에 의해 진공실과 공기실로 구분되고 막에 제어래크가 연결되어 있다. 엔진이 가동되면 레크는 벤튜리부에 발생된 진공에 의해 분사량이 감소되는 방향으로 움직이며 조속기 스프링의 장력과 진공에 의한 막의 움직임이 평행되는 위치에 정지된다. 또 회전속도가 빨라지면 벤튜리 진공이 높아져 막은 조속기 스프링의 장력을 이기고 분사량이 감소되는 방향으로 래크를 움직이고 속도가 낮아지면 진공이 낮아져 반대로 분사량이 증가되는 방향으로 래크를 움직인다.

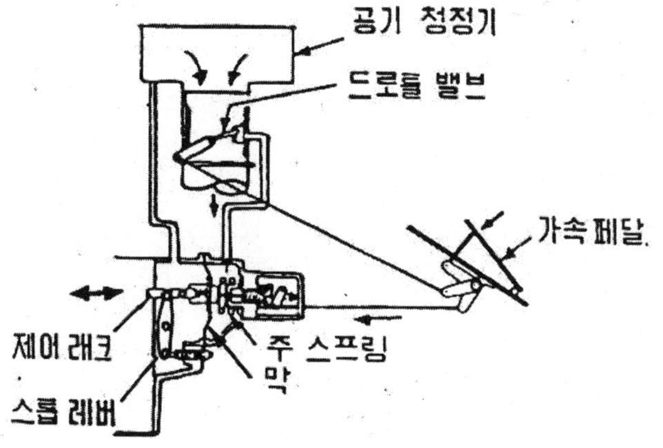

공기식 조속기

4) 분사시기 조정기

실린더 내에 분사된 연료가 발화 연소하여 피스톤에 유효한일을 시킬 때까지는 어느 정도의 시간을 요한다. 이 시간은 거의 일정하다고 생각해도 좋기 때문에 엔진의 부하 및 회전속도에 따라 분사시기를 변화시켜야 한다. 이를 위한 것이 분사시기 조정기이다. 그 구조는 그림과 같이 허브는 캠축에 설치되어 구동 플런저에 의해 원심추를 사이에 두고 구동되며 조정기 스프링은 원심추 호울더에 고정된 베어링 핀과 구동플런저의 저널 사이에 설치되고 플런저의 저널은 원심추의 특수곡면에 접해져 있다. 또 원심추는 베어링 핀을 중심으로 하여 요동할 수 있게 되어 있고 플런저 저널을 사이에 두고 조정기 스프링에 의해 밀려 붙여져 있다. 내부에는 마찰방지를 위해 규정량의 그리스가 봉입되어 있다.

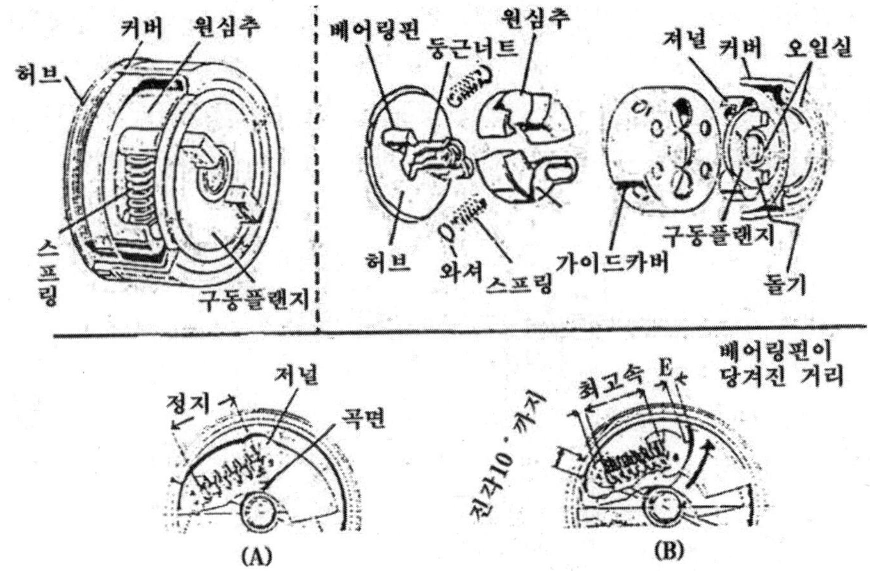

분사시기 조정기

분사사기 조정기의 작동은 위 그림에서 보는 바와 같이 (a)는 엔진이 정지되어 있거나 저속 회전할 때를 보인다. 이때 플런저의 져널은 원심추를 안쪽으로 밀어붙이고 있다.

엔진회전 속도가 증가되면 원심추에 작동되는 원심력이 커져 스프링을 압축한다. 이에 따라 져널은 원심추면을 섭동하여 (b)와 같이 된다. 져널은 엔진의 펌프 구동축에 직결되어 있으므로 위치를 바꿀 수 없다. 따라서 (b)에 표시된 E 거리만큼 베어링 핀이 당겨진다. 이 핀의 움직임이 펌프의 캠축을 엔진의 구동축에 대해 어느 각도만큼 회전시켜 분사시기를 진각 시킨다.

(나) 분배식 분사펌프(K-311)

1) 개요

분배형 분사펌프는 소형 디젤 엔진의 발전과 함께 개발되었고 연료를 하나의 펌프 엘레멘트로 고압축하여 엔진이 요구하는 연료량을 가장 적절한 시기에 각 실린더 내로 공급한다.

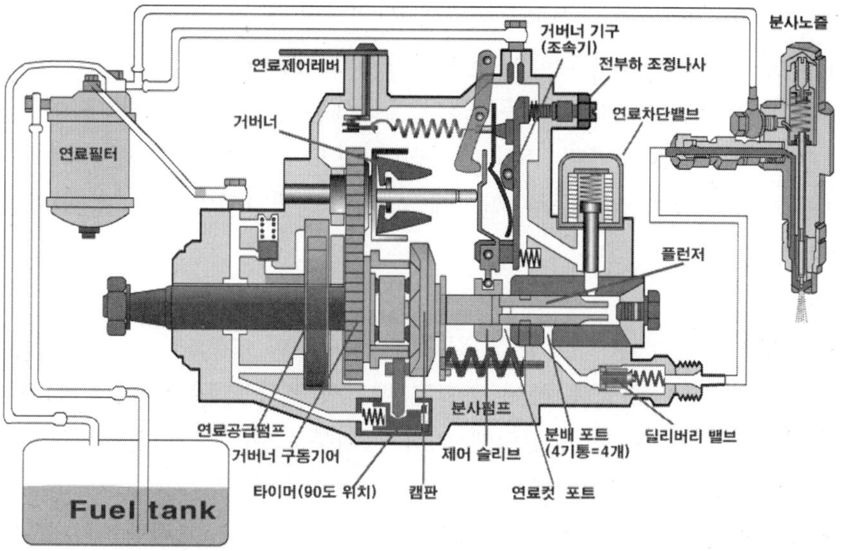

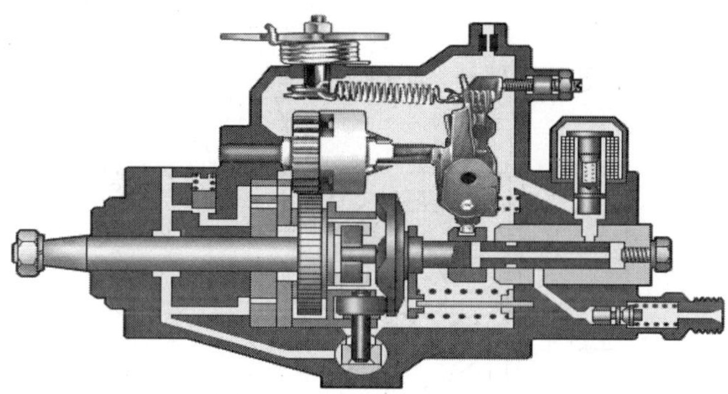

2) 구조 및 기능

▶ 펌프 하우징

① 구동축에 구동되며 캠 디스크와는 구동디스크를 사이에 두고 접속되어 있으며 캠디스크는 엔진 실린더 수와 동일한 페이스 캠을 가지고 회전하며 고정된 롤러 상을 규정된 캠의 높이만큼 왕복 운동한다.

② 플런저는 플런저 스프링에 억제되어 구동축의 구동에 따라 동시에 작동하고 회전운동과 왕복운용을 하면서 연료를 흡입하여 압축, 분배 압송한다.

③ 상부에는 원심력식 조속기가 설치되어 있다. 구동축에서 고무댐퍼를 거쳐 기어에 의해 구동되고 조속기 축에는 조속기 슬리브가 좌·우 슬라이드 할 수 있는 구조인 전속도 조속기이다.

④ 하부의 타이머는 펌프실내의 연료압에 의하여 작동하고 타이머 피스톤이 롤러 웨더를 움직임에 따라 진각하여 분사시기를 조정한다.
⑤ 분배기 중앙에는 공기빼기 플러그와 둘레에는 송유밸브가 장착되어 있다.
⑥ 상부 카바에는 조정레버 축이 결합되어 있고 조속기 스프링은 축에 샤클을 끼워 부착하고 반대측 아이들링 핀상에 스프링이 결합되었고, 조정레버 축상에 조정레버가 부착 되어 있다.

▶ 연료 펌프
① 펌프 몸체 내부 구동축 쪽에 결합된 베인형 연료펌프는 구동축에 의하여 로터가 회전하면 블레이드는 원심력에 의하여 외부로 튀어나와 블레이드간의 챔버를 만들어 연료를 흡입 압송한다.
② 연료펌프 송유량은 연료 분사량의 배이다. 이 양을 조절밸브가 조정한다. 이 송유압력에 따라 자동분사조정기 피스톤을 작동시킨다.

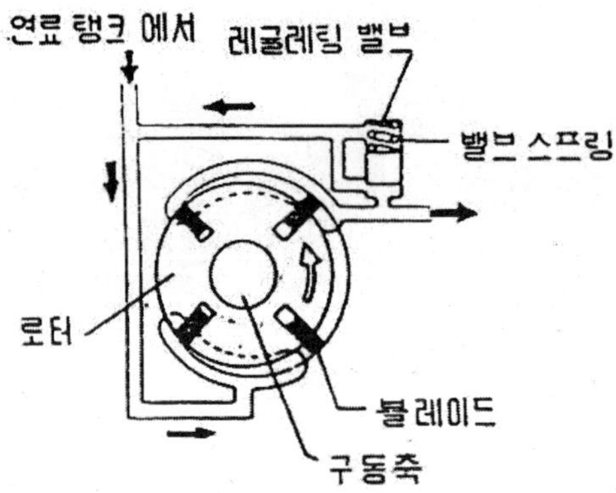

연료펌프의 작동

• 블레이드 : 연료탱크내의 연료 압송(송유량 = 분사량의 2배)
• 레귤레팅밸브 : 과잉연료를 흡입축으로 회송한다.
• 밸브 스프링 : 펌프 회전속도에 따라 송유압력을 조절한다.

▶ 플런저
구동축은 연료펌프, 원판캠, 플런저를 동시에 작동시킨다. 원판캠의 축방향에는 페이스 캠이 있고 원판캠이 회전하면 로울러에 의하여 플런저가 회전과 왕복운동을 한다.

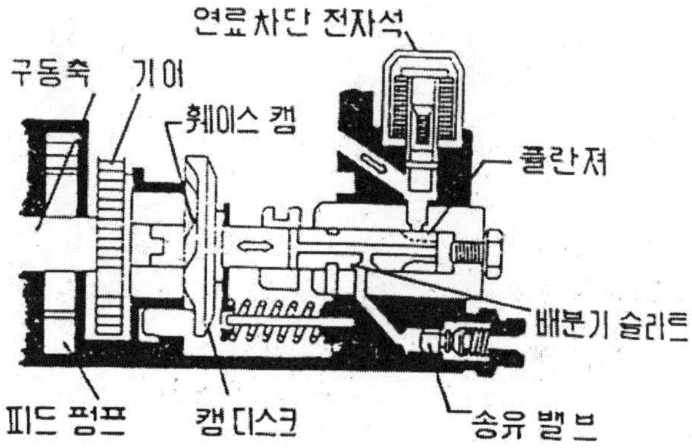

플런져

- 훼이스캠과 롤러 : 플런저의 회전 및 왕복운동 유발
- 배분기 슬리트 : 플런저 왕복운동으로 압송된 연료를 각 송유 밸브로 분배

① 흡입행정

플런저가 하강 행정하면 배럴의 인테이크 포트와 플런저의 인테이크 슬리트가 일치할 때 연료펌프에서 가압된 연료가 쳄버와 플런저 내부로 흡입된다.

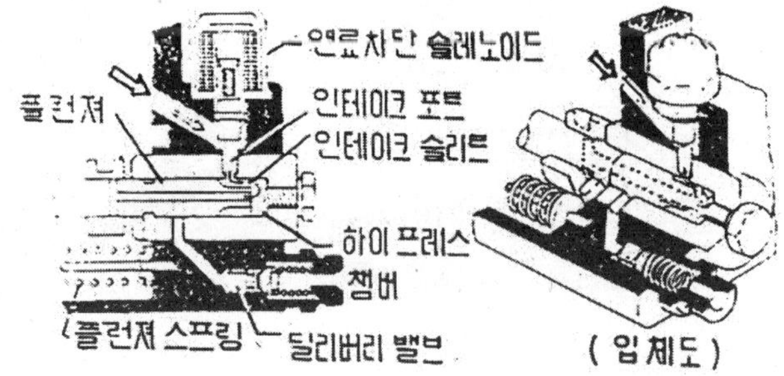

- 플런저 하강 : 인테이크 포트가 개방되어 연료 흡입

② 분사행정

원심캠에 의하여 플런저가 회전과 왕복운동을 동시에 하면서 인테이크 포트가 닫히고 압축된다. 이어서 플런저 하단의 배분기 슬리트가 아웃트렛트 통로와 연결되어 압축된 고압연료가 송유밸브 스프링을 밀고 분사노즐을 거쳐 연소실에 분사된다.

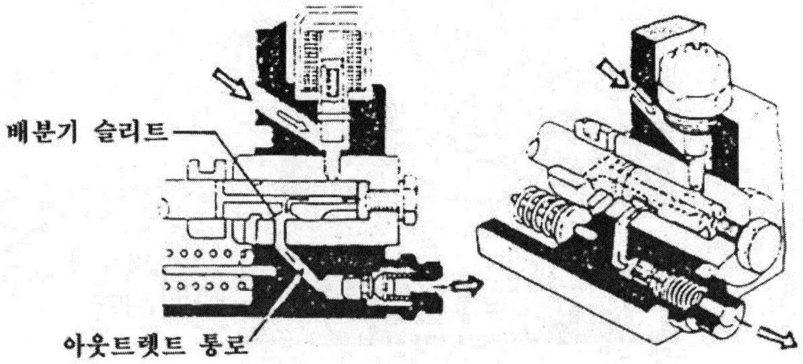

• 플런저 회전하면서 압축 : 배분기 슬리트와 아웃트레트 통로가 겹친다.

③ 분사 종료

캠에 의하여 플런저가 우측으로 회전하면은 플런저의 컷오프 포트가 펌프실내로 통하고 연료는 컷오프 포트에서 펌프실내로 흘러 압력이 떨어지고 연료의 압송이 종료된다.

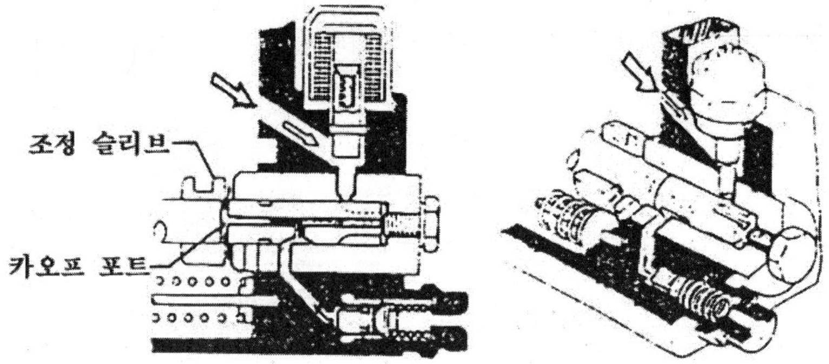

• 플런저 계속 우회전 : 컷오프 포트를 통하여 펌프실내로 고압 연료 배출

④ 균압행정

연료 분사후 플런저가 회전하여 균압 리트가 아웃트 레트 통로와 일치하면은 송유밸브까지 연료압력은 되돌아간다. 균압 행정에 의하여 각 기통간에서 압력의 간섭을 방지하여 안정된 분사가 이루어진다.

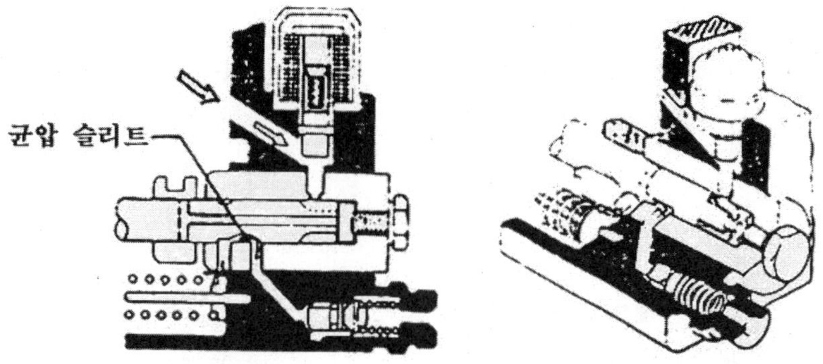

• 플런저 계속회전 : 연료분사가 끝난 후 균압 슬리트와 아웃 트렛트가 겹치므로 송유통로내의 압력환원

⑤ 역회전 방지기구

플런저가 정규방향으로 회전시에는 플런저가 하강시 인테이크 포트가 열려 연료가 플런저내에 흡입되어 압축, 분사하게 되며, 역회전시에는 플런저가 상승시에 인테이크 포트가 열리므로 압력상승이 없으므로 연료는 분사되지 않고 엔진은 정지된다.

⑥ 연료 분사량 조절

연료량의 증감은 조정 슬리브를 움직여 조정한다. 상승행정 방향으로 움직이면 증가하고 하강행정 방향으로 움직이면 연료량이 감소한다.

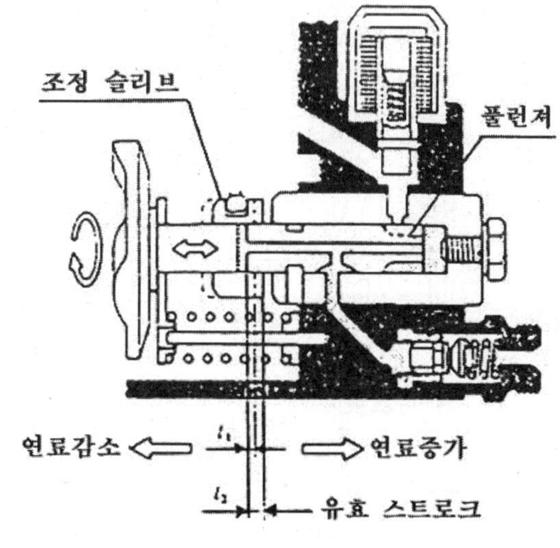

연료분사량 조절 원리

▶ 송유밸브

플런저가 압송행정이 되고 연료의 압력이 높아지면 송유밸브는 스프링을 밀어 올리고 연료는 분사파이프를 통하여 분사 노즐에서 엔진의 연소실내로 분사된다.

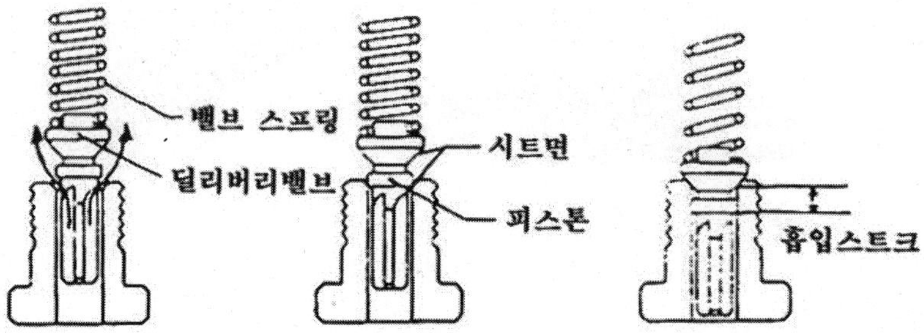

송유밸브

- 밸브스프링 : 분사 종료후 밸브시트 밀착으로 연료의 역류방지
- 피스톤 흡입행정 : 노즐의 후적방지

▶ 조속기

조속기는 원심추(플라이 웨이트)를 이용하는 원심력식이며 전속도 조속기이다.

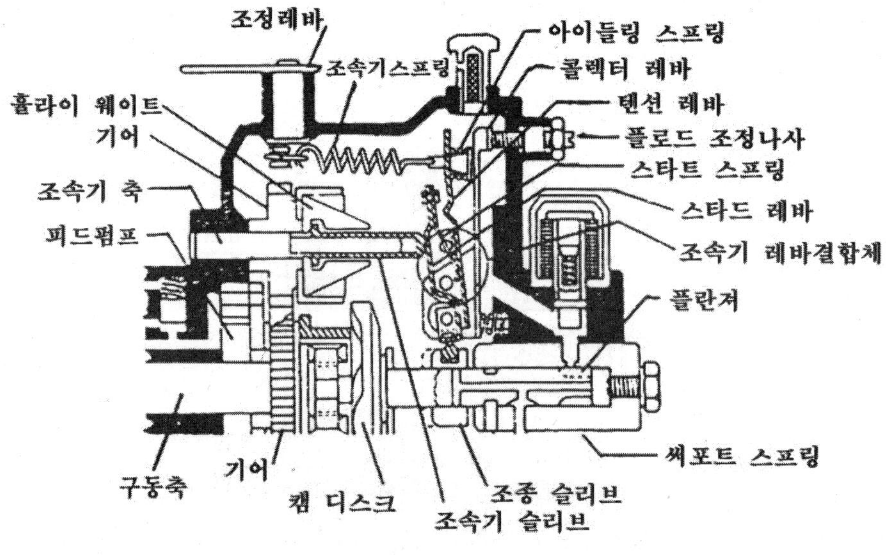

조속기

구동축 기어와 치합한 조속기축 기어로 회전하며, 플라이 웨이트는 조속기 슬리브를 작동시키고, 조속기 슬리브는 볼 헤드핀에 의거 조정 슬리브를 작동하며, 조속기 스프링은 스프링 정수에 의거 제어 회전수의 변동률을 결정한다. 또한 조정레바는 조속기 스프링 장력을 조절한다.

① 시동 시

엔진 시동 시 스타트레버는 스프링에 의하여 조속기 슬리브를 밀어준다. 조정슬리브는 우측으로 작동하여 유효 행정 길이를 길게 하여 연료를 증가시키는 방향으로 이동한다.

즉, 볼 헤드핀이 M2를 축으로 우측으로 이동하여 플런저 유효행정을 증대시킨다.

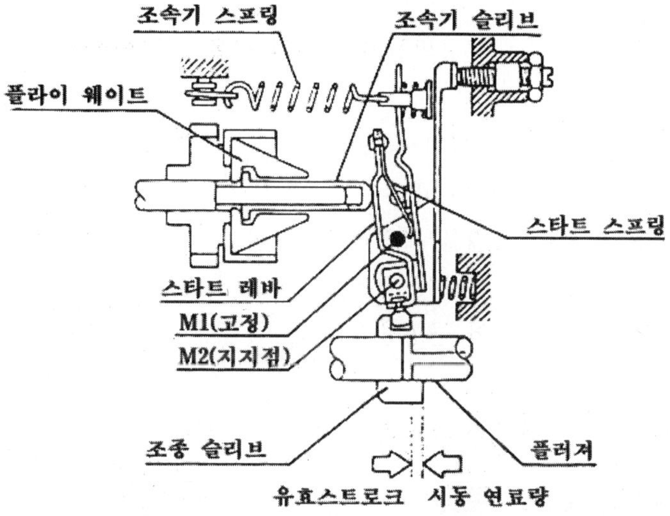

시동시 조속기 작동

② 공회전시

조속기 스프링 장력은 “0” 상태이며, 플라이 웨이트는 자유로운 확장으로 스타트 레바를 통해 아이들링 스프링을 압축하고, 이때 조정슬리브는 M2를 축으로 좌로 이동한다. 공회전 상태에서는 플라이 웨이트의 원심력과 스타트 및 공전 스프링 장력은 평행이 된다.

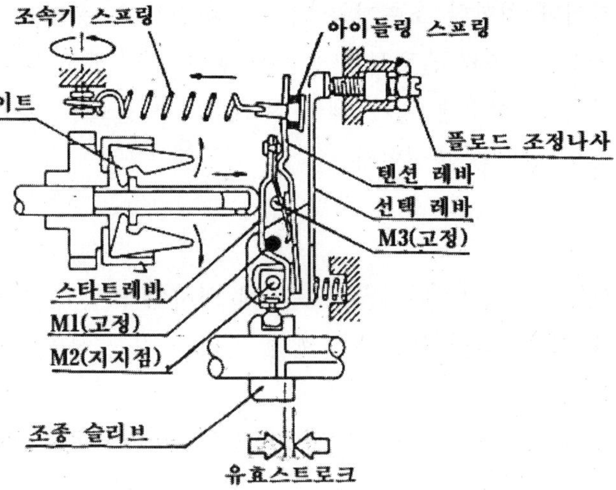

공회전시 조속기 작동

③ 전부하 최고 회전 시 조속기 작동

엔진의 회전수가 전부하 최고 회전시 조속기의 조정 레바는 전부하 최고 회전 위치 이동으로 스프링 장력을 확장하고, 공전스프링은 완전압축되며, 텐션레바는 스토퍼(M3)와 맞닿는 위치에 고정된다. 최고 회전수는 플라이 웨이트의 원심력과 조속기 스프링의 장력이 균형을 이루는 위치까지의 회전이다.

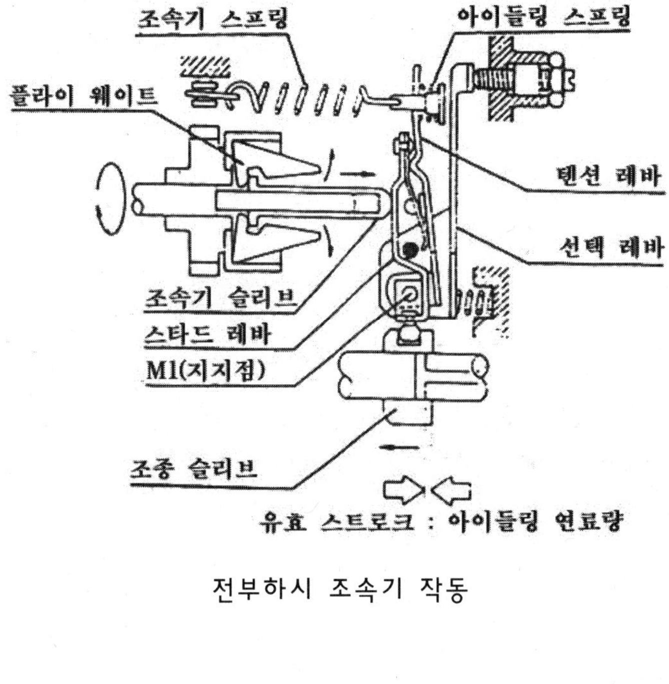

전부하시 조속기 작동

④ 무부하 최고 회전시 조속기 작동

엔진의 회전수가 전부하 회전수보다 더 상승하면 원심추(플라이웨이트)의 원심력이 증가하여 텐션레바를 당기고 있는 조속기 스프링의 장력을 이기고 텐션레버 및 스타드 레버는 M2 지점을 축으로 하여 우측으로 회전하면서 조정슬리브를 좌측으로 당겨 플런저의 컷오프 포트가 펌프실과 통하게 되어 연료분사량을 감소시켜 엔진의 회전 상승을 방지 한다.

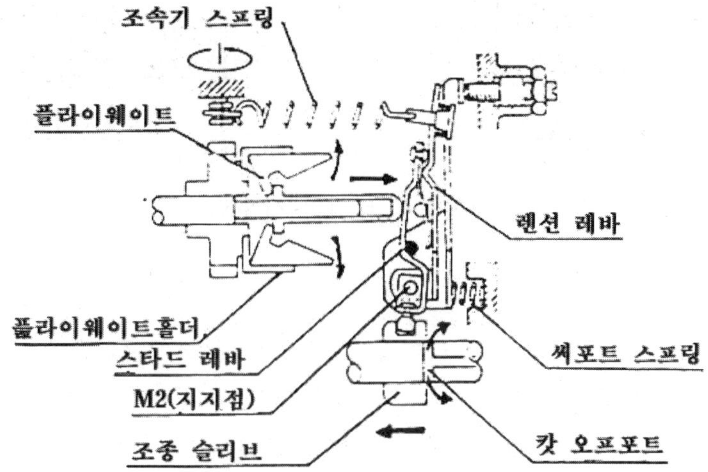

무부하시 조속기 작동

▶ 자동 분사시기 조정기

① 피스톤 타이머

연료 분사기 조절은 원판 캠에 접하는 롤러 홀더를 회전시켜 엔진 크랭크 각도에 대한 분사개시 시기를 조절한다. 분사펌프의 회전속도가 상승하면 연료펌프의 송유압이 상승하여 타이머 피스톤이 스프링을 밀면서 이동한다. 이 피스톤은 구동축과 직각방향으로 이동하고 이 작동은 피스톤을 거쳐 원통형 롤러 홀더를 구동축의 회전과 반대방향으로 회전시켜 원판 캠의 리프터 시간을 빨리 하여 분사시기를 앞당긴다.

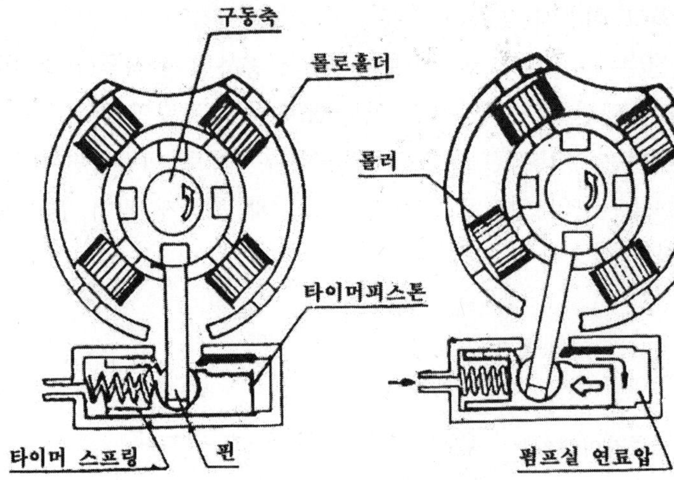

피스톤 타이머 작동도

② 로드타이머

부하의 검출은 가바나의 후라이웨이트의 스트로크에 의해 이루어진다. 따라서 조속기 축의 중심을 관통하는 구멍을 만들어 놓았다. 이 구멍은 휘드펌프의 입구(저압력축)와 연결되어 있다. 또한 조속기 슬리브에는 제어 포트를 가지고 있다. 엔진 회전수가 상승되면 조속기 슬리브가 우측으로 이동하여 조속기축의 포트와 조속기 슬리브 포트가 일치하여 캠실내의 압력은 저압 측으로 유출되어 캠 실내의 압력이 저하된다. 이러한 작용에 의해 타이머 피스톤은 스프링에 의해 피스톤 원 위치로 되돌아오는 결과를 가져온다.

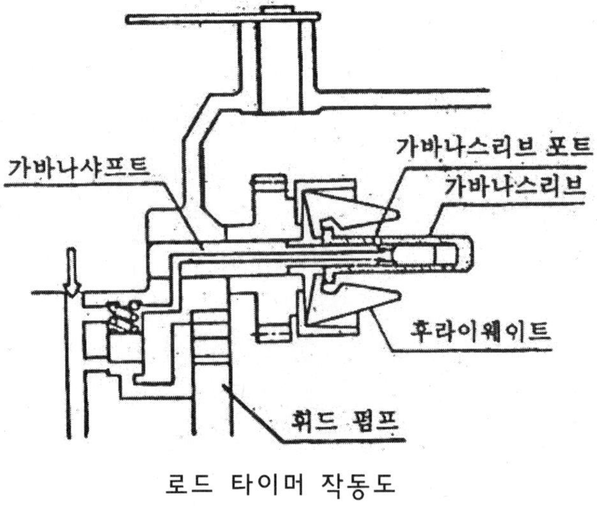

로드 타이머 작동도

▶ 연료차단장치

연료차단장치는 시동스위치에 의해 작동되는 전자석 밸브가 인테이크 포트로 통하는 연료통로를 개폐한다. 이 전자석 밸브는 운전중에는 계속 연료통로를 열어주고 엔진 정지 시에는 전기가 차단되어 스프링에 의하여 밸브가 시트에 압착되어 플런저에 연료공급을 중단한다.

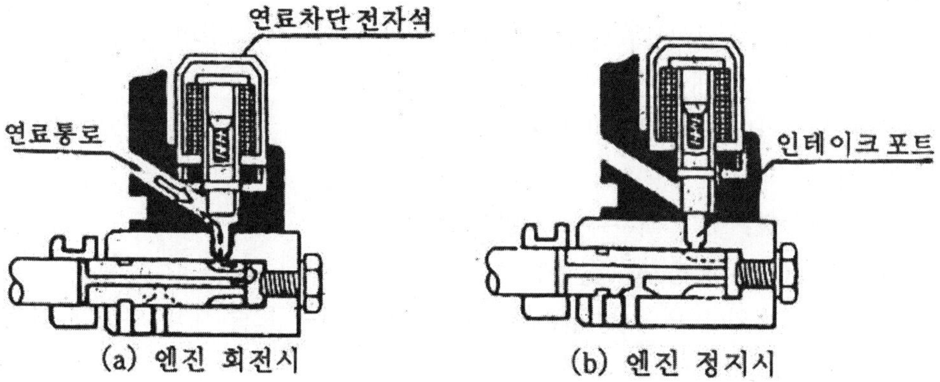

피스톤 타이머 작동도

(4) 분사노즐(Injecting nozzle)

노즐	개방형	
	폐지형	구멍형
		핀들형
		드로틀형

분사 노즐은 분사 펌프로부터 보내어진 고압의 연료를 미세한 안개 모양으로 연소실 내에서 분사하는 일을 말한다.

(가) 노즐 요구조건

1) 연료를 미세화 하여 착화에 용이하게 할 것
2) 분무를 연소실의 구석구석까지 할 것
3) 후적이 일어나지 않게 할 것
4) 고온·고압의 조건에 장기간 사용 가능할 것

(나) 노즐의 분무상태가 갖추어야 할 조건

연료의 분무입자는 가능한 한 미세화 해야 한다. 이는 노즐의 직경, 분사압력, 연소실내의 온도, 공기와류 등에 따라 변화할 수 있다.

(다) 개방형 노즐 : 노즐 끝이 항상 열려져 있는 분사노즐이다.

1) 장점
① 노즐 스프링, 니들밸브 등 운동부분이 없기 때문에 고장이 적다
② 분사 파이프 내에 공기가 머물지 않는다.
③ 구조가 간단하여 제작비가 싸다.

2) 단점
① 니들밸브가 없기 때문에 분사압력 조정 불가
② 분사 압력이 낮을 때 무화가 좋다.
③ 실린더 내의 압력이 낮아졌을 때 분사 파이프나 노즐 내의 연료가 연소실에 흘러 후적을 만들기 쉽다.

※ 차량 엔진에 부적당하다.

(라) 구멍형 노즐

그림과 같이 니들밸브의 앞 끝이 원뿔형으로 되어있고 몇 개의 구멍이 뚫려 있는 분사노즐이다. (K511, 711 차량 엔진에 적용)

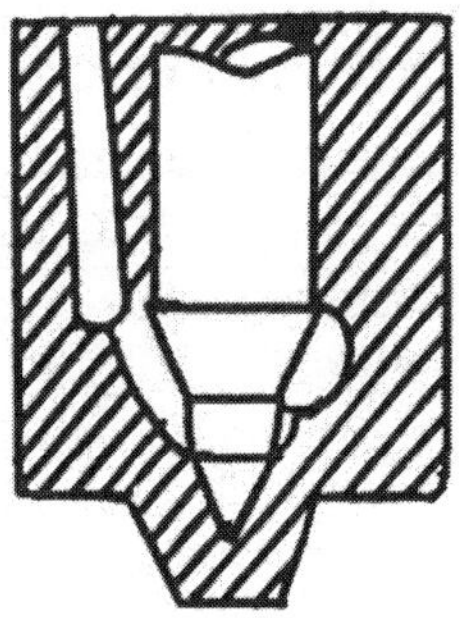

1) 장점
① 분사 압력이 높고 때문에 무화가 좋다
② 엔진의 기동이 쉽다.
③ 연료 소비량이 적다.

2) 단점
① 구멍이 작기 때문에 가공이 어렵다.
② 구멍이 막힐 우려가 있다.
③ 분사 압력이 높으므로 펌프의 수명이 짧아지고 연결부에서 연료가 새기 쉽다.

(마) 핀틀형 노즐

고압 연료에 의해 핀이 자동적으로 열려 연료를 4도 정도의 정각을 가지는 원뿔 모양으로 분사한다.

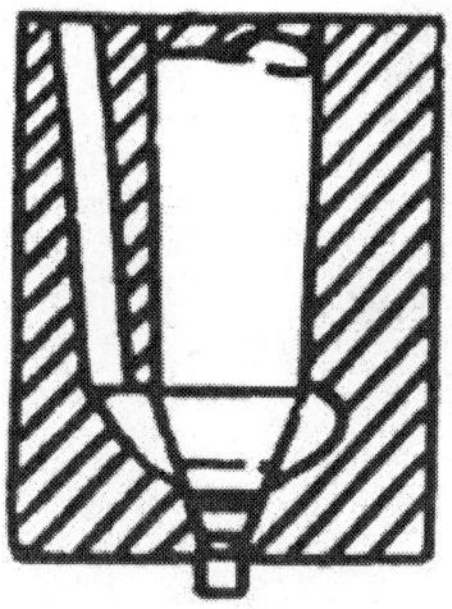

1) 장점
① 분사 압력이 낮아도 된다.
② 막히는 일이 적다.
③ 구조가 비교적 간단하고 고장도 적다.

2) 단점
① 분무 상태가 다공식 노즐보다 못하다.
② 다공식에 비해 연료소비량이 조금 많다.

(바) 드로틀형 노즐

분공부와 니들밸브의 핀부분이 길고 또 핀부분의 앞끝이 나팔모양으로 테이퍼 가공되어 있다. 따라서 분공부에 만들어지는 링모양의 좁은 간극이 오랫동안 지속하게 되어 분사 개시시의 분사량이 적게 된다.(K311 차량 엔진에 적용)

(사) 노즐 분해 결합

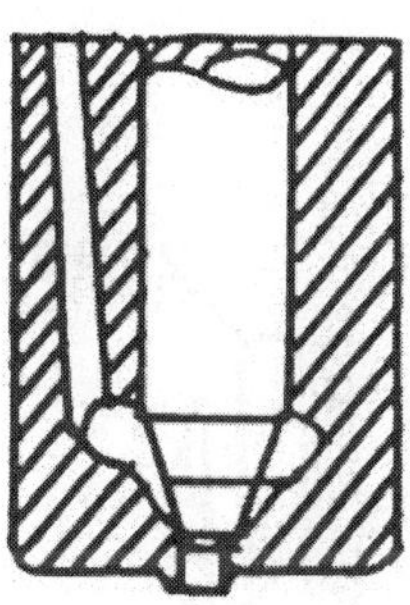

노즐압력 조절을 하기 위하여 노즐을 분해 및 결합 시는 바이스, 소켓렌치 및 일반공구를 사용한다.

노즐의 분사압력 조정은 구멍형 노즐은 조정심을 스프링 상면에 증감하여 175±8kg/㎠로 조정하고 드로틀형은 조정나사를 돌려 135kg/㎠로 조정한다.

(5) 예열장치(Preheating system)

동절기 차량의 시동을 용이하게 하기 위하여 예열장치가 부착되어 있다. 예열방식에는 흡기가열식과 예열플러그식이 있는데 전자는 K511, 711 엔진에 채택되어 있고 후자는 K311 엔진이 채택하고 있는 방식이다.

(가) 흡기 가열식(K511, 711에 채택)

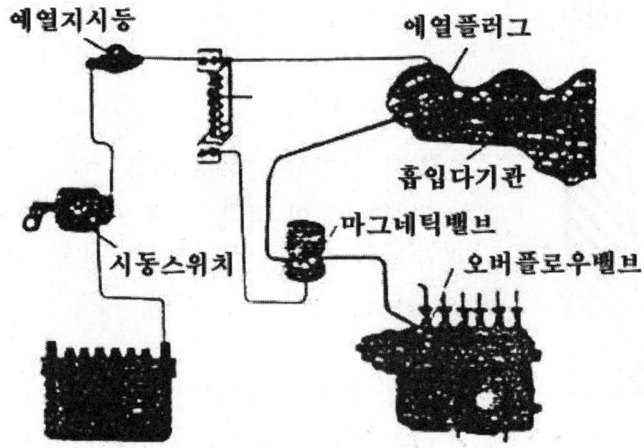

흡기 가열식 예열장치

시동스위치를 이용 예열플러그를 작동하면 예열지시등이 예열플러그의 예열을 나타낸다. 그 후 전류는 예열저항을 거쳐 마그네틱 밸브의 회로에 연결된다. 그리하여 연료공급구멍을 열게 되면 연료는 예열플러그 히터코일로 흘러 연소되면서 화염이 발생, 흡기다기관으로 공기와 함께 혼입 된다.

(나) 예열 플러그식(K311에 채택)

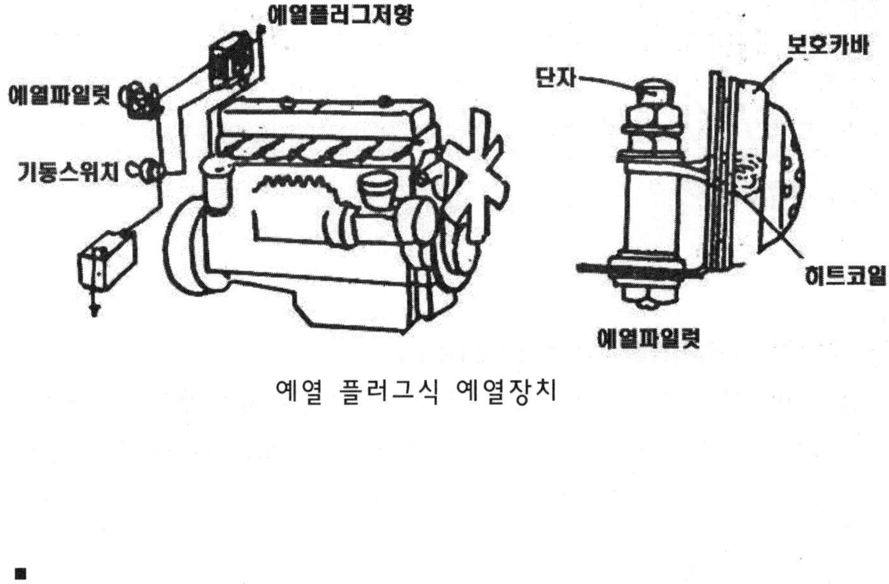

예열 플러그식 예열장치

이 방식은 K311 엔진이 채택하고 있으며, 각 실린더마다 시일드형 예열플러그를 교류로 연결하여 설치되어 있다. 따라서 어느 한 실린더의 플러그가 고장시 다른 곳의 플러그 작동에 지장을 주지 않는다.

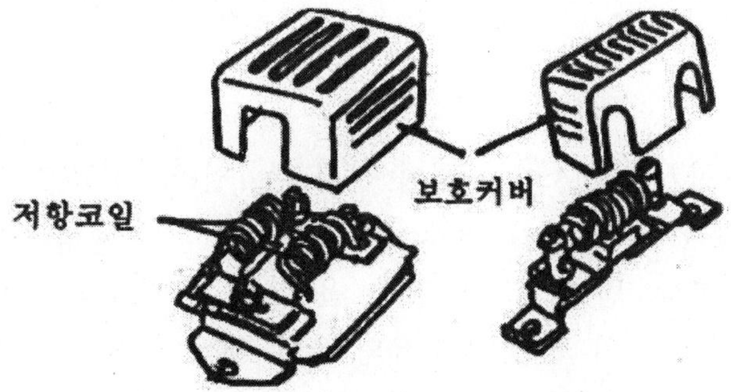

예열저항기

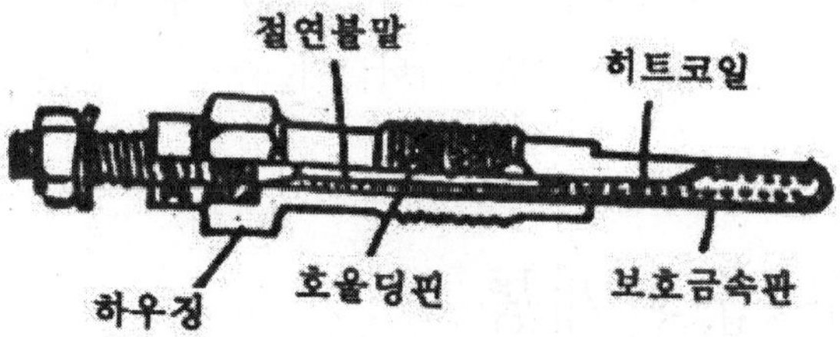

시일드형 예열플러그

제 4 절 냉각 장치

2.4.1 개요

냉각 장치는 혼합기의 연소에 의하여 발생되는 열(약 2000℃)의 일부를 냉각시켜 기관의 과열을 방지하여 운전을 원활하게 하기 위한 장치로 그 목적은 조기점화 방지, 충전 효율의 향상, 변형 및 균열방지, 윤활작용의 원활함 등에 있다.

기관이 과열되면 부품의 변형, 윤활유의 유막 파괴, 윤활유 부족, 기관의 출력 저하 등의 현상이 일어나고 기관이 과냉 되면 출력의 저하, 연료 소비율 증대, 오일 희석 및 베어링 부의 마멸등의 현상이 일어나게 된다.

또한 기관이 과열되는 원인은 팬벨트의 미끄러짐, 물 재킷 (통로)에 스케일 부착, 냉각수 누설, 수온 조절기 불량 등으로 나타난다.

2.4.2 냉각수 순환계통

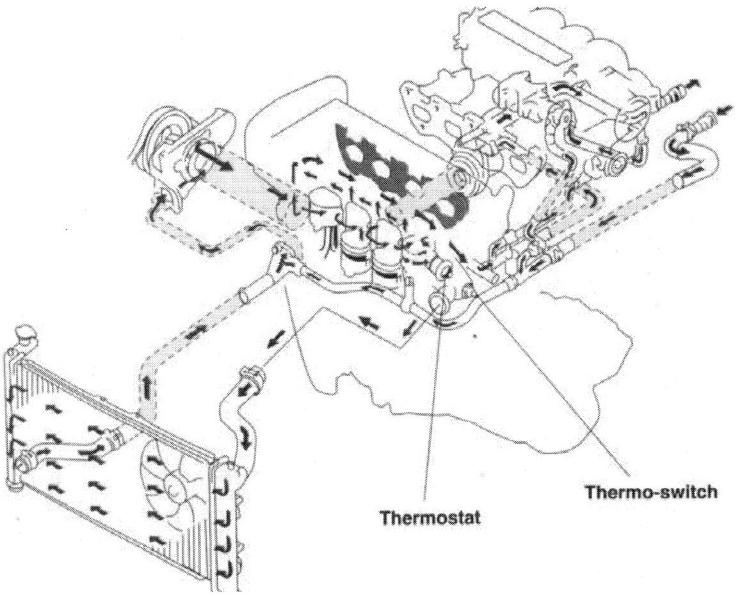

가. 구성 회로(강제 순환식)

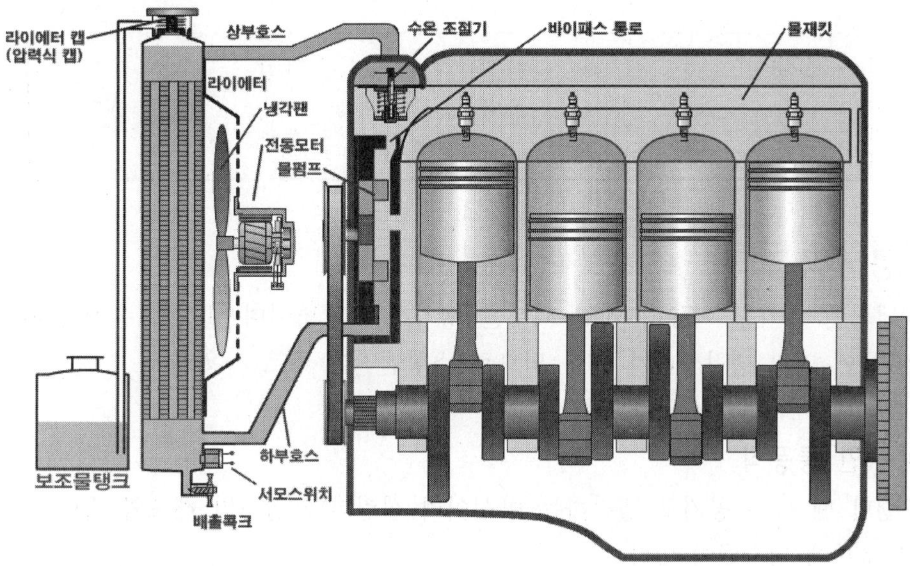

수냉식 냉각장치는 냉각수를 이용하여 기관을 냉각하는 형식으로, 물의 순환방식에 따라 자연 순환식과 강제 순환식의 두 가지가 있다.

자연 순환식은 고성능엔진에 부적합하여 강제 순환식을 주로 많이 사용한다. 상기 그림은 강제 순환식의 순환도이다.

나. 기관 각부의 온도

기 관 각 부	온 도	기 관 각 부	온 도
연소실 가스	2,500℃	실린더 벽	150~370℃
배기밸브 헤드부	650~730℃	피스톤 헤드부	290~310℃
배기밸브 스템	635~860℃	연소실 벽	200~260℃
점화플러그 전극	450~875℃	피스톤 스커트부	90~200℃
피스톤 헤드 중심	290~300℃	피스톤 링(1번)	150~260℃

2.4.3 냉각방식

• 공냉식	• 자연 순환식
• 수냉식	• 강제 순환식

가. 공냉식

공냉식은 공기를 이용해 엔진 외부를 냉각하는 방법이며 엔진의 운전상태나 기후 조건 등에 따라 냉각상태가 변화 되므로 소형엔진에 주로 사용된다.

(1) 자연 통풍식

주행할 때 받는 공기로 냉각하는 방식이며 실린더나 실린더 헤드와 같이 과열되기 쉬운 부분에 냉각팬이 있다.

(2) 강제 통풍식

냉각팬을 사용하여 강제로 유입되는 다량의 공기로 냉각하는 방식으로 엔진주위에 시라우드를 설치하고 이곳에 냉각공기가 통하게 되어 있다.

나. 수냉식

보통 연수를 사용하여 기관을 냉각하는 방식이다.

(1) 자연순환식

냉각수를 대류에 의하여 순환시키는 것이며 고성능 기관에서는 적합하지 않다.

(2) 강제 순환식

물 펌프를 이용해 냉각수를 강제로 엔진내로 순환시키는 방법으로 대부분의 차량이 이 방식을 사용하며 기관의 온도는 냉각수로 표시되며 80℃ 전후이다. 또 유출, 유입되는 냉각수의 온도차는 5-10℃이다.

(3) 압력 순환식

냉각장치의 회로를 밀폐하고 냉각수가 팽창할 때의 압력으로 냉각수를 가압하여 비점을 올려 비등에 의한 손실을 작게 하는 형식이다.

이 형식은 라디에이터를 작게 할 수 있고 엔진의 열효율도 좋으며 냉각수 보충의 횟수를 줄일 수 있는 장점이 있어 현재에는 거의 모든 자동차 엔진에 사용하고 있다.

(4) 밀봉 압력식

냉각수의 유출에 의한 손실이 작기 때문에 오랫동안 냉각수의 점검이나 보충을 하지 않아도 되는 이점이 있다.

라디에이터 캡을 밀봉하고 냉각수의 팽창과 맞먹는 크기의 저장탱크를 두어 냉각수의 유출을 방지(압력: 0.9 kg/㎠)하는 형식이다.

2.4.4 냉각장치의 구성품과 작동

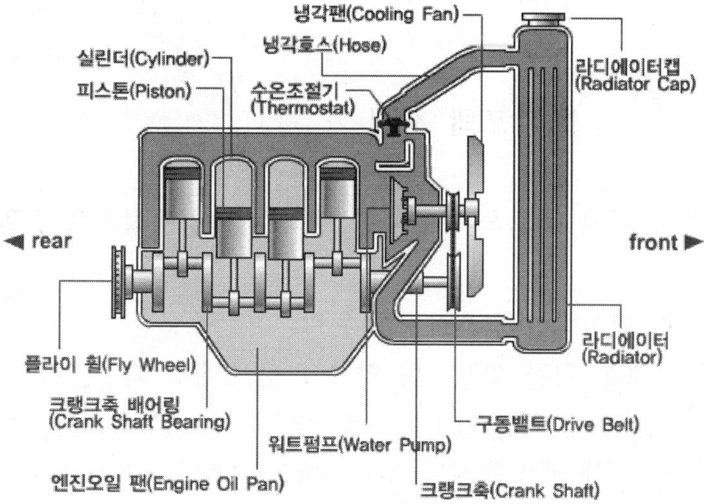

가. 물 재킷

실린더 블록과 헤드에 설치된 냉각수의 통로이다.

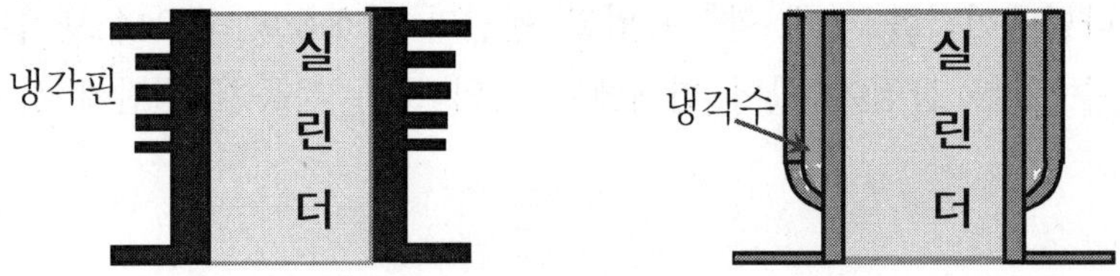

나. 물 펌프

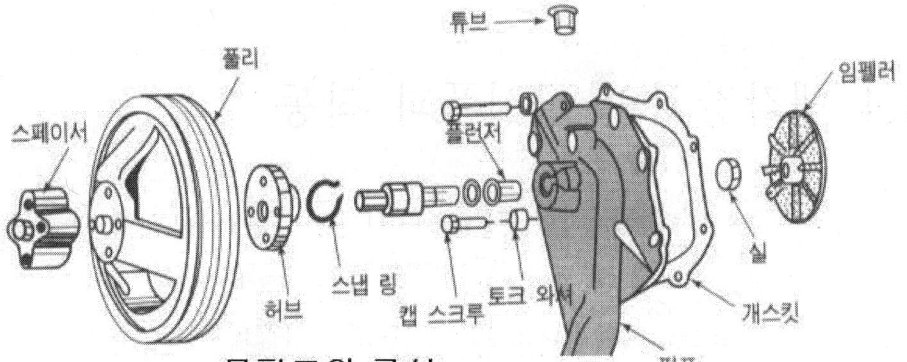

물펌프의 구성

(1) 크랭크축에 의해 벨트로 구동되며 냉각수를 강제적으로 순환시키는 일을 한다.

(2) 일반적으로 원심력식 펌프가 사용된다.

(3) 물 펌프는 보통 기관 회전수의 약 1.2-1.6배로 회전한다.

물펌프는 펌프몸체, 임펠러, 펌프 축, 베어링, 풀리, 실등으로 구성되어 있으며 회전축은 베어링에 의해 퍼프 몸체에 지지 되어서 임펠러를 회전시킨다.

*** 임펠러**

회전축에 고정된 임페러는 6개 정도의 베인이 있고 임펠러는 방사형, 또는 와류형이 있다.

다. V 벨트

물펌프에서 사용하는 V벨트의 장력이 크면 펌프의 베어링은 마멸이 빨리 진행되고, 벨트의 수명이 크게 단축된다.

반대로 V 벨트의 장력이 느슨하면 벨트가 미끄러지기 쉬우므로 물 펌프는 냉각수를 원활하게 순환시키지 못하게 된다. 그 결과 냉각수에 의해 기관의 열을 충분히 제거하지 못하게 되면서 기관은 과열하게 되고 기관은 결국 열적 손상을 입게 된다.

라. 냉각팬

냉각팬은 보통 펌프축과 일체로 되어 회전하며 라디에이터를 통해 공기를 흡입하여 라디에이터의 통풍을 보조한다. 냉각팬은 합성수지나 알루미늄합금 주물 또는 강판 등으로 소음이 발생하기 어려운 형태로 되어 있다.

마. 팬 클러치

냉각 팬의 회전을 자동적으로 조절하여 냉각 팬의 구동에 소비되는 엔진의 출력을 최대한으로 줄이고, 엔진의 과냉이나 냉각 팬의 소음을 적게 하기 위한 장치이다.

팬 클러치에는 유체 커플링식, 팬 클러치식, 전동기식 등이 있다.

(1) 유체 커플링식(K-131, K-912차량에 적용)

냉각 팬과 물펌프 사이에 실리콘 오일을 봉입한 유체 커플링을 설치한 것이며 동력전달은 오일의 유체저항을 이용한다.

이 방식은 저속에서는 냉각 팬의 물펌프축과 같은 회전수로 회전하나 고속(2,000rpm 이상)이 되면 냉각 팬의 회전저항이 증가하므로 유체 커플링이 미끄러져 냉각 팬의 회전속도는 펌프의 회전에 비해 슬라이딩만큼 낮아진다.

구조는 유체 커플링 케이스 속에 물펌프 축에 고정된 커플링 로터가 있다. 유체 커플링 케이스는 베어링 케이스에 부착되고 베어링 케이스는 물펌프 축에 베어링으로 결합되므로 자유로이 회전할 수 있다.

(2) 전동기식(K-532차량에 적용)

전동기로 냉각 팬을 구동시키는 방식이며, 축전지 전원을 이용한다. 냉각팬은 수온 센서로 냉각수의 온도를 감지하여 어떤 온도에 도달하면 ON(냉각팬 회전)되고, 어떤 온도 이하로 떨어지면 OFF(구동정지)된다.

라이에터 전동팬 회로 : 전동팬은 모터로 냉각 팬을 구동하는 형식이며, 라디에이터에 부착된 서모 스위치는 냉각수의 온도를 감지하여 어느 온도에 도달하면 팬을 작동(냉각팬 ON)시키고, 어느 온도 이하로 내려가면 팬의 작동을 정지(냉각 팬 OFF)시킨다.
서모 스위치의 설정온도는 일반적으로 90~100℃ 사이이고, ON~OFF의 온도차는 대략 3~5℃이다.

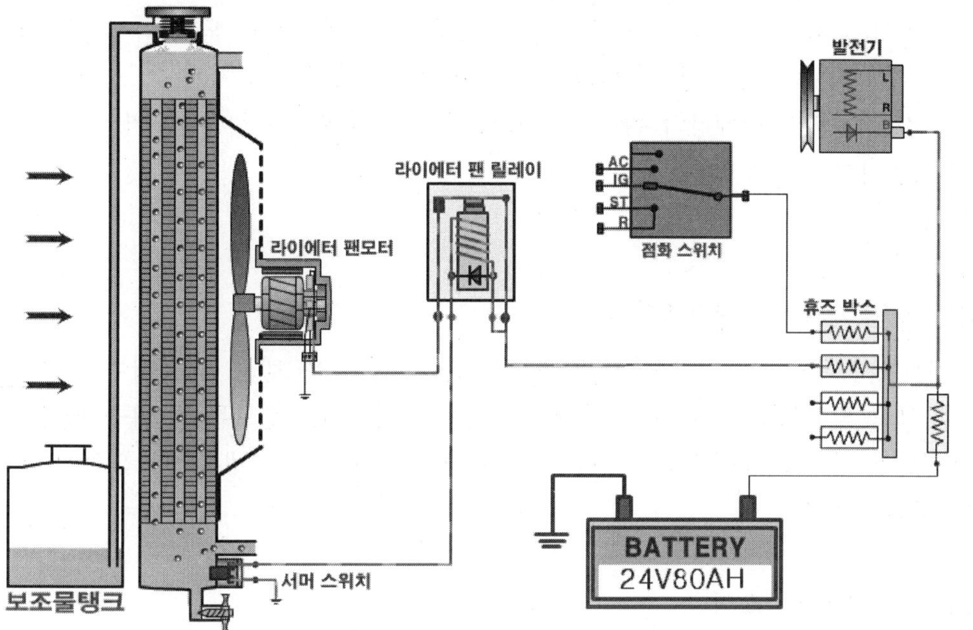

전기회로

바. 시라우드

라디에이터와 냉각팬을 감싸고 있는 판으로서 공기의 흐름을 유도하여 엔진을 냉각 시킨다

사. 수온조절기

수온 조절기는 물재킷 출구부분에 설치되어 있으며 수온에 따라 냉각수 통로를 개폐하여 냉각수의 온도를 알맞게 조정을 한다.

(1) 벨로우즈형

벨로우즈형이라고 칭하는 얇은 금속판을 아코디언 모양의 주름이 붙은 용기로 그 중에 알코올류처럼 휘발성이 높은 액체를 봉입하여 벨로즈가 축소된 상태에서 온도가 상승하면 액체가 기화하여 그 압력으로 벨로우즈에 설치되어 있는 밸브가 열려 냉각수를 순환시키는 것이다.

(2) 펠릿형

용기내에 왁스와 합성고무를 밀봉하여 냉각수의 온도가 상승하면 왁스의 상태가 고체에서 액체로 팽창한다. 따라서 용기 내의 합성고무가 압축되어 스핀들의 가이드로 용기와 밸브가 스프링을 압축하면 열리므로 냉각수를 통과시킨다. 또한 냉각수의 온도가 저하되면 액체상의 왁스가 고체로 수축됨과 동시에 합성고무가 스핀들 안으로 되돌아가 밸브를 닫는 것이다.

아. 방열기(라디에이터)

기관에서 열을 흡수한 냉각수를 냉각시키는 장치로 위 탱크, 라디에이터 코어, 아래탱크로 되어 있으며 위 탱크에는 라디에이터 캡, 오버 플로튜브, 입구 파이프, 드레인콕이 있으며 냉각수가 코어를 흐를 때 자동차의 속도와 냉각팬에 의해서 대기와 열 교환이 된다.

(1) 라디에이터 코어

냉각수가 흐르는 튜브와 핀으로 되어 있으며 재질은 열전도가 좋은 얇은 판재의 구리나 황동으로 되어 있다.(튜브와 핀으로 구성)

(2) 라디에이터의 구비조건

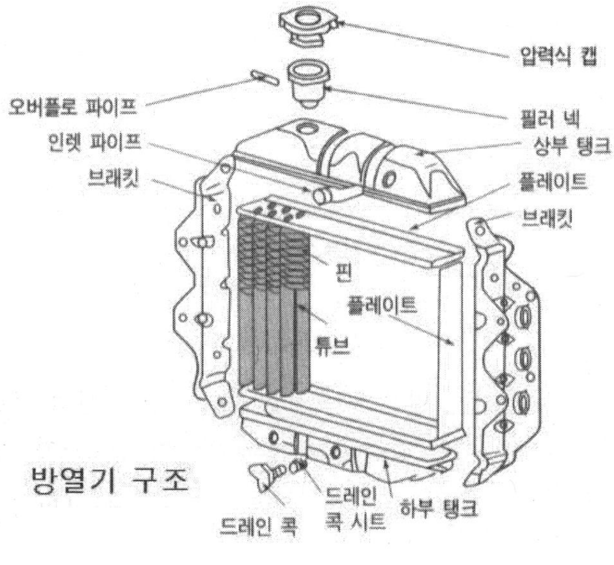

방열기 구조

(가) 단위 면적당 방열량이 많을 것.
(나) 공기저항이 작을 것.
(다) 냉각수 흐름에 대한 저항이 작을 것.
(라) 가볍고 소형이며 강도가 클 것.

(3) 라디에이터 캡

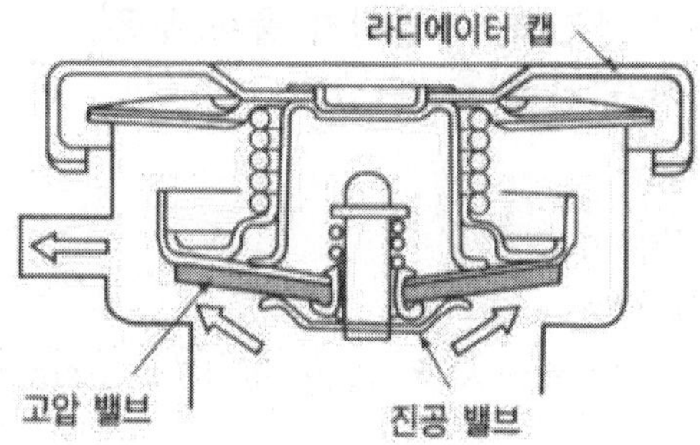

방열기 캡

보통식과 압력식이 있으며 주로 압력식이 사용되고 있다. 압력 식 캡에는 압력밸브와 진공밸브가 설치되어 있으며 압력밸브는 물의 비점을 (112℃)올려 물이 쉽게 오버히트 되는 것을 막고 진공밸브는 기관 과냉 시에 라디에이터내의 진공으로 인하여 코어의 파손을 방지하여 준다.

압력 스프링의 장력은(0.2-0.9kg/㎠)으로 이 장력은 대기압보다 높은 압력이므로 비점이 100℃ 이상 되어야 끓도록 하였다.

자. 구동 벨트(팬벨트)

(1) 팬벨트의 구조

물펌프 풀리 등을 연결 구동한다. 팬벨트는 풀리의 양쪽 경사진 부분에 닿아야 미끄러지지 않으며 팬벨트가 풀리의 밑바닥에 닿으면 미끄러지게 된다.

벨트 접촉면의 각도는 40° 이며 팬벨트는 반드시 엔진이 정지된 상태에서 교환하여야 한다.

(2) 팬벨트의 장력점검 및 조정방법

팬벨트의 장력점검은 발전기 풀리와 물펌프 풀리 사이에서 하며, 10kg의 힘으로 눌렀을 때 13~20㎜의 헐거움이면 양호하다.

팬벨트의 장력 조정방법은 발전기 조정 암의 지지 볼트를 풀고 발전기를 이동시키면 된다.

(가) 장력이 클 때 : 베어링(물펌프, 발전기) 마멸 촉진

(나) 장력이 작을 때 : 엔진과열, 발전기 출력 부족

(다) 차종별 팬벨트 정상 장력(유격)

1) K-131 : 6 - 8mm
2) K-311 : 10 - 13mm
3) K-511 : 15 - 18mm
4) K-912신품 16 - 22mm, 사용 중인 것 18 - 24mm

차. 수온계

기관내부를 순환하는 냉각수의 온도를 정확하게 측정하기 위하여 수온계를 사용하는데 , 수온계에는 바이 메탈식 수온계와 서미스터식 수온계가 있다 실린더 헤드 물 재킷부의 냉각수 온도를 운전석에서 알 수 있도록 한 것으로서 75~80℃가 정상온도이다.

(1) 바이 메탈식

바이 메탈식 수온계는 게이지부와 유닛부에 바이메탈을 사용한 형태로 ,유닛부의 것은 상온에서 접점이 닫히고 100℃에서즌 접점이 열린다.

냉각수의 온도가 떨어지면 유닛의 접점은 닫히고, 게이지부의 바이메탈은 저온 쪽으로 구부러져서 지침은 저온쪽 'C'를 가리키게 된다. 반면에 온도가 올라가면 유닛부의 접점 압력이 떨어지고 열선의 통전시간 이 짧게 되어 게이지 내 바이메탈의 구브러짐 정도가 작게 되면서 지침은 고온 쪽 ' H '를 가리키게 된다.

물 재킷에 캡슐을 설치하고 특수 액체를 넣어 모세관과 튜브를 연결한다. 엔진이 작동하여 액체가 가열 기화되어 모세관을 거쳐 튜브에 전달되면 튜브가 벌어지면서 계기의 바늘을 움직여서 나타낸다.

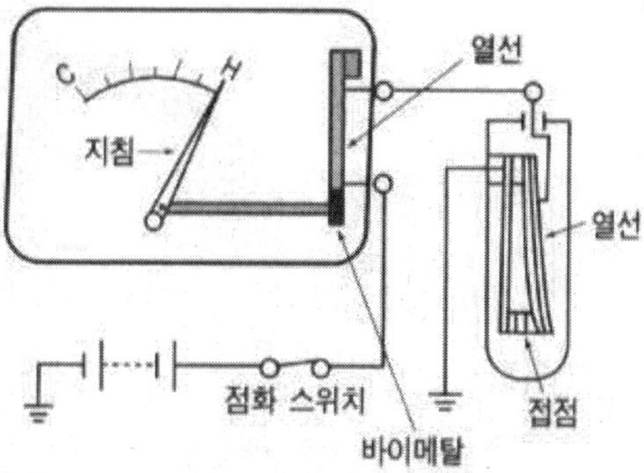

바이메탈식

(2) 서미스터식

서미스터식 수온계는 반도체를 사용하여 온도 변화를 전기적으로 나타내는 방식이다. 서미스터는 니켈, 코발트, 망간 등의 금속 산화물을 소결한 것으로 전기적으로는 반도체의 특성이 있고 수온이 상승함에 따라서 저항이 감소하는 특성을 지니고 있다.

냉각수의 온도가 상승하면 접점의 저항이 감소하므로 전자석에 흐르는 전류가 변화하고, 이에 따라 지침은 두 전자석의 흡입력이 평형 된 위치에 정지하여 냉각수의 온도를 가리키게 된다.

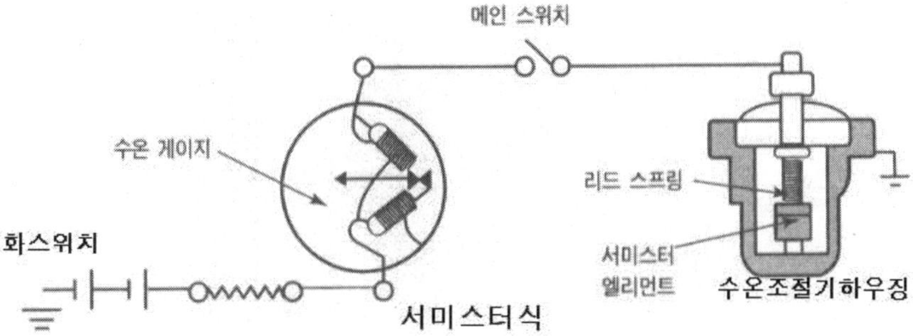

서미스터식

2.4.5 냉각장치의 작용

가. 저온시의 냉각계통의 순환

기관이 시동된 후 냉각수의 온도가 낮을 때 (워밍업 전) 에는 냉각수를 방열기로 내보내지 않고 바이패스호스와 물 펌프를 통하여 기관으로 직접 순환시키기 때문에 빠른 워밍업을 촉진 시킨다.

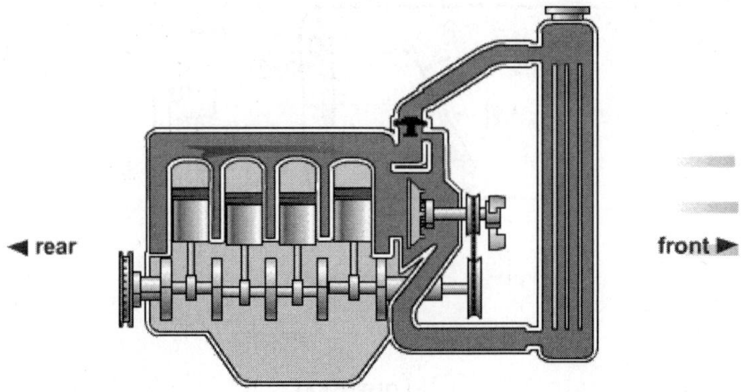

〈 Step1 〉
엔진 시동후 냉각수 온도가 수온조절기를 작동하는 온도까지 이르기 전에는 냉각수는 라디에이터로 흐르지 않고 워터펌프에의해 엔진내에서만 바이패스 통로로 순환한다.

나. 중온시의 냉각계통의 순환

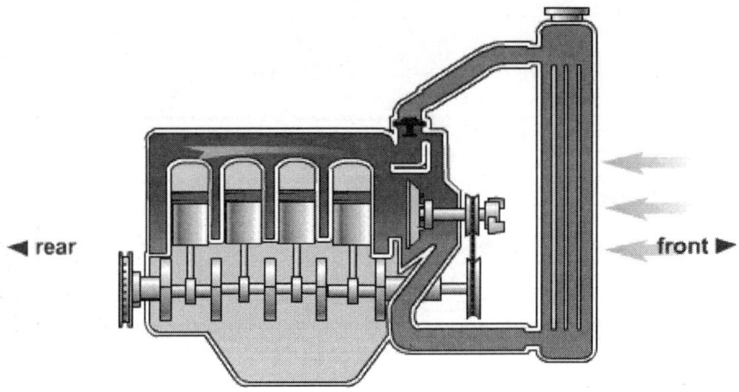

〈 Step2 〉
엔진 온도가 서서히 올라가면서 냉각수도 점점 뜨거워진다.

엔진온도가 서서히 증가하면서 냉각수도 점차로 가열되기 시작한다. 이때 엔진의 온도는 수온조절기가 작동되기까지의 온도이다

다. 고온시의 냉각계통의 순환

기관의 냉각수온도가 고온(80℃)정도가 되면 수온조절기가 점차열리면서 방열기로 들어가 냉각되고 냉각된 물은 물 펌프에 의하여 기관으로 공급된다.

엔진의 온도가 내려가 방열기 내부의 압력이 대기압보다 낮아지게 되면 부압(진공)밸브가 열려서 보조탱크로 배출되었던 냉각수를 빨아들인다. 진공밸브가 미작동시는 방열기의 우그러짐 및 엔진과열의 원인이 된다.

라. 고온시의 수온조절기 개방

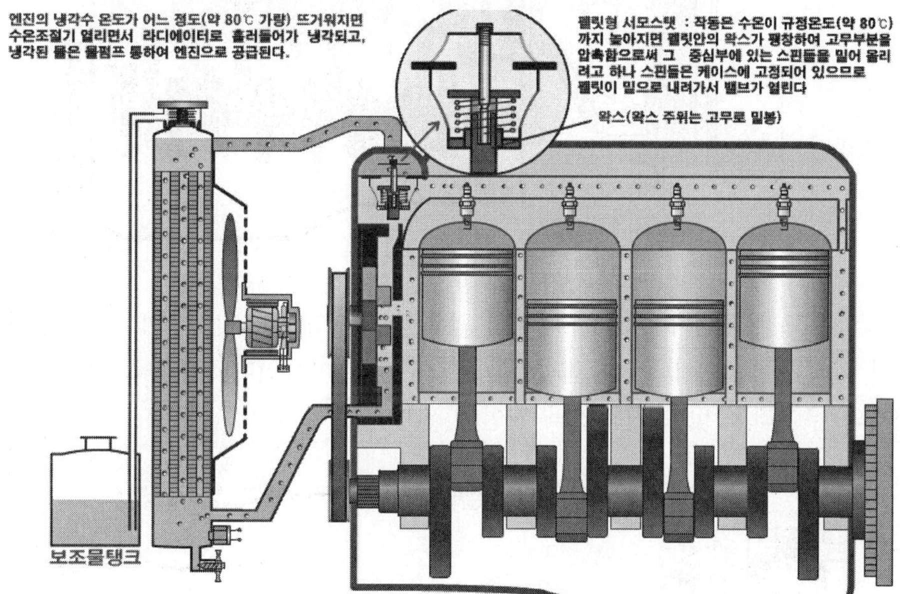

냉각수 온도가 높을때

냉각수의 온도가 수온조절기 개방온도에 도달하면 펠릿안의 왁스가 팽창하여 내부의 고무를 압축하며 펠릿이 밀려 내려가게 되고 밸브는 열려서 고온의 냉각수는 방열기 쪽으로 흐르게 된다.

마. 압력 식 캡과 진공식 캡의 작용

압력밸브는 0.9kg/㎠의 정도로 가압하여 냉각수비점을 113℃로 높이고온도가 113℃이상이 되면 압력밸브가 열려서 냉각수는 보조탱크로 배출 한다.

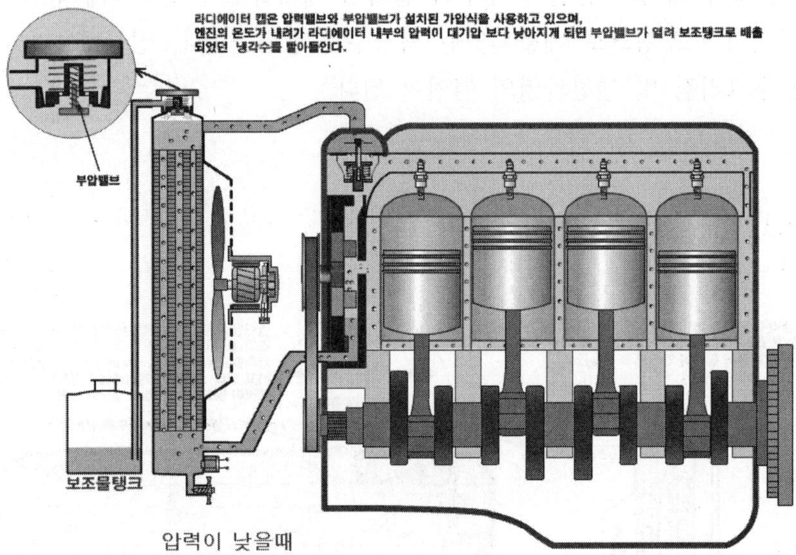

압력이 낮을때

엔진의 온도가 내려가 방열기 내부의 압력이 대기압보다 낮아지게 되면 부압(진공)밸브가 열려서 보조탱크로 배출되었던 냉각수를 빨아들인다. 진공밸브가 미작동시는 방열기의 우그러짐 및 엔진과열의 원인이 된다.

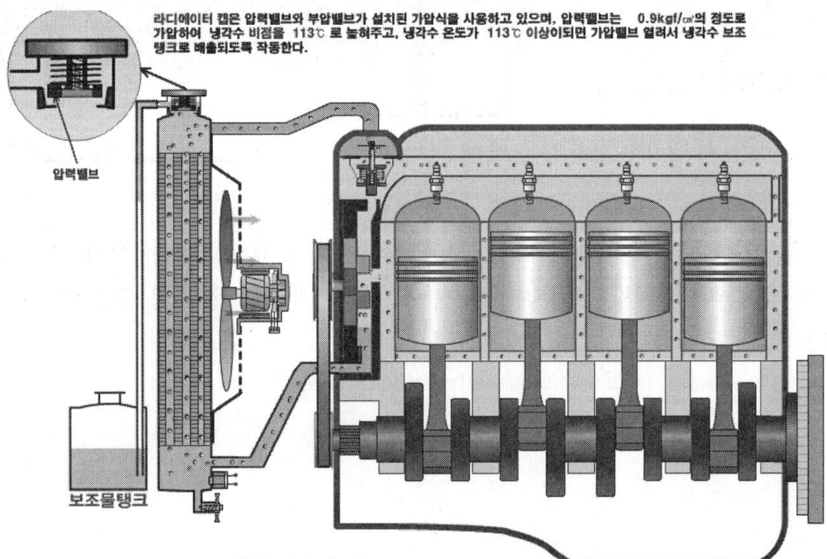

압력이 높을때

2.4.6 군용차량의 냉각장치의 형식

가. 1/4톤 표준차(K-131)

(1) 수온조절기

- 형식 : 왁스 페릿형
- 위치 : 냉각수 펌프몸체 상부
- 개방범위 : 82℃~92℃
- 열림 량 : 8㎜(95℃)

(2) 라디에이터

- 형식 : 팬 및 튜브 코어식
- 용량 : 4.1ℓ
- 캡 압력 : 0.5kg/㎠

(3) 냉각수 펌프

- 팬 날개수 : 4개
- 형식 : 원심력식
- 위치 : 실린더 블록의 전방상단

나. K-311 표준차

(1) 수온조절기

- 개방범위 : 82℃~95℃
- 완전 개방온도 : 95℃

(2) 라디에이터

- 형식 : 콜게이트 핀
- 용량 : 11ℓ

(3) 냉각수펌프

- 팬 날개수:6개
- 형식 : 원심력식
- 위치 : 실린더 블록의 전방상단
- 벨트 형식 : V형 이중벨트
- 팬벨트 장력(신품) : 8~9 mm/10kg
  (사용품) : 10~13 mm/10kg

다. K-511 표준차

- 냉각수 용량: 19L

(가) 수온조절기

- 개방범위 : 79℃~94℃
- 완전 개방온도 : 94℃
- 형식 : 왁스 페릿형

(나) 라디에이터

- 형식 : 콜게이트핀

(다) 냉각수펌프

- 형식 : 오일 실링으로 된 원심력식
- 위치 : 실린더 블록의 전방상단
- 펌프 속도 : 1,700 rpm
- 용량 : 32ℓ /mm

(라) 냉각 팬

- 팬 날개수 : 6개
- 팬 밸트형식 : A형
- 팬 밸트장력 : 15 mm/10kg

2.4.7 부동액

냉각수가 동결되는 것을 방지하기 위하여 냉각수와 혼합하여 사용하는 액체를 말하며 에틸렌글리콜, 메탄올, 글리세린 등이 있으며 현재에는 에틸렌글리콜을 가장 많이 사용한다.

가. 부동액의 구비조건

(1) 비점이 물보다 높아야 하며, 빙점은 물보다 낮을 것
(2) 냉각수와 잘 혼합할 것
(3) 증발(휘발성)이 없고, 순환성이 좋을 것
(4) 내부식성이 크고, 팽창계수가 작을 것
(5) 침전물이 없을 것
(6) 냉각장치 내에서 순환성이 좋을 것
(7) 온도 변화에 따라 쉽게 변화를 일으키지 않을 것

나. 에틸렌 글리콜의 특징

(1) 냄새가 없으며 휘발하지 않는다.
(2) 도료(페인트)를 침식하지 않는다.
(3) 비점이 197.2℃, 응고점이 최고 -50℃
(4) 불연성이다.
(5) 엔진 내부에 누출되면 교질상의 침전물이 발생된다.
(6) 금속부식성이 있으며, 팽창, 계수가 크다.

다. 부동액의 혼합 비율

극지방 최저온도보다 5~10℃ 더 낮은 기준으로 사용하며 부동액의 세기는 비중계로 측정한다.

※부동액 혼합 기준표 $(F=\frac{9}{5}C+32)$

동결온도	물(%)	부동액 원액(%)
-10℃	80	20
-20℃	65	35
-30℃	55	45
-40℃	50	50

라. 부동액 사용상의 주의

(1) 저질의 부동액을 사용하지 않는다.
(2) 장시간 사용하여도 되는 부동액을 제외하고는 오랫동안 사용하지 않는다.
(3) 냉각수의 온도가 100℃ 이상이라고 예상되면 영구부동액을 사용한다.
(4) 부동액은 흡습성이 크기 때문에 용기의 마개는 항상 닫아두어야 한다.
(5) 반영구 부동액은 인화성이 크기 때문에 용기의 마개는 항상 닫아두어야 한다.
(6) 영구 부동액의 원액은 -20℃에서 동결되므로 보관에 주의한다.
(7) 부동액은 유해하므로 절대로 맛을 보아 부동액의 세기를 판단해서는 안 된다.
(8) 메탄올은 차체의 페인팅 된 부분을 녹이기 때문에 묻지 않도록 주의한다.

마. 엔진이 과열하는 원인과 과냉 하는 원인

엔진의 과열 원인	엔진의 과냉 원인
(1) 물재킷내의 스케일이 많이 쌓였을 때 (2) 수온 조절기가 닫힌 채로 고장 (3) 수온 조절기의 열리는 온도가 너무 높다 (4) 라디에이터의 코어가 20% 이상 막혔다 (5) 라디에이터 코어의 오손 및 파손 시 (6) 팬벨트의 장력이 약하거나, 절단되었을 때 (7) 물펌프의 작동 불량 시 및 라디에이터 호스 파손 시	(1)수온 조절기가 열린 채로 고장났다 (2)팬 벨트의 장력과다로 인하여 물 펌프가 고속으로 회전할 때 (3)수온 조절기의 열림 온도가 너무 낮을 때

제 5 절 윤활 장치

2.5.1 개 요

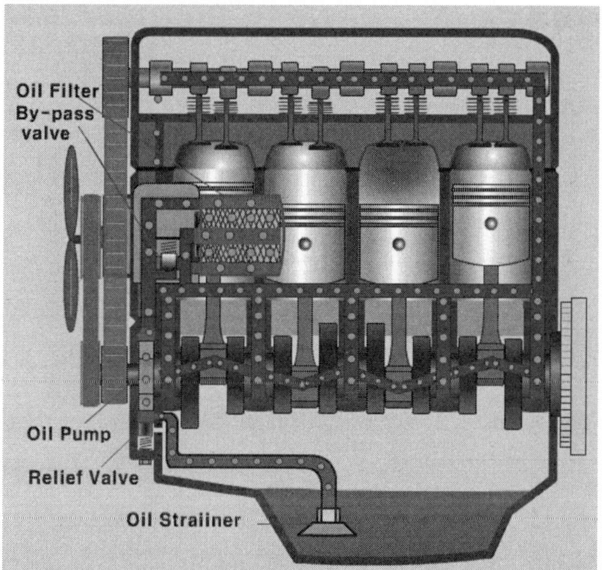

엔진내부 에서의 오일흐름

윤활장치는 기관내부의 각 섭동부에 오일을 공급하여 마찰손실과 부품의 마멸을 최소로 만들어 기계효율을 높여주는 일을 한다.

오일펌프는 캠축이나 크랭크축에 의해 구동되며 오일팬 내의 오일을 흡입/가압하여 각 윤활부로 보내는 일을 하며 오일펌프의 종류에는 기어펌프, 로터리펌프, 베인펌프, 플런져 펌프가 있다.

기관의 윤활부는 실린더와 피스톤, 크랭크축, 메인저널 베어링,로커암, 캠축, 베어링, 밸브스템과, 밸브가이드 등 대단히 많다. 따라서 윤활장치 각부의 구조와 기능, 점검, 정비방법을 익혀야 한다.

2.5.2 급유의 목적

윤활장치는 피스톤과 실린더 사이, 크랭크축저널과 베어링, 캠축 베어링 등 기관 각 운동부분에 윤활유를 공급하여 마찰과 마멸을 저감 시키고 냉각, 충격, 소음완화, 방청, 청정 작용을 한다.

(가) 감마작용(마찰감소 및 마멸방지)
강인한 유막을 형성하여 표면의 마찰을 방지한다.

(나) 밀봉작용(밀폐작용)
고압가스의 누출을 방지한다.

(다) 냉각작용
마찰열을 흡수하여 다른 곳에서 방열한다.

(라) 청정작용
불순물을 그 유동과정에서 흡수하여 윤활부를 깨끗이 한다.

(마) 완충작용
국부압력을 액 전체에 분산시켜 평균화 시키는 작용을 한다.

(바) 방청작용
수분이나 부식성 가스의 침투를 방지 한다

2.5.3 윤활유의 분류

가. 분류기구

기 구	분 류 기 준
SAE 구분류	•계절(온도)별로 사용되어질 오일의 점도
API 분류	•오일이 사용되어질 엔진의 운전조건
SAE 신분류	•효과적인 오일정보 소통 •가솔린 엔진 오일과 디젤 엔진 오일의 엄격한 품질 정의 설정

나. SAE 구분류

<table>
<tr><th>기 구</th><th>겨울철용</th><th>봄, 여름, 가을용</th><th></th></tr>
<tr><td>기 온</td><td>0℃ 이하</td><td>0℃~30℃</td><td>30℃이상</td></tr>
<tr><td>SAE 번호</td><td>10~20</td><td>30</td><td>40~50</td></tr>
<tr><td>오일의 성질</td><td colspan="3">오일 묽다 (점도가 낮다) 오일진하다 (점도가 높다)</td></tr>
</table>

다. API 분류

<table>
<tr><th>구 분</th><th>분 류</th><th>엔진 사용 상태</th></tr>
<tr><td rowspan="3">가솔린 엔진용</td><td>ML</td><td>경부하 호조건</td></tr>
<tr><td>MM</td><td>보통부하 상태</td></tr>
<tr><td>MS</td><td>고온, 부하, 가혹 조건</td></tr>
<tr><td rowspan="3">디젤 엔진용</td><td>DG</td><td>경부하 호조건</td></tr>
<tr><td>DM</td><td>보통부하 상태</td></tr>
<tr><td>DS</td><td>고온, 고부하, 가혹 조건</td></tr>
</table>

라. SAE 신분류(API와 ASTM의 협조)

<table>
<tr><th>구 분</th><th colspan="2">분 류</th><th>엔진 사용 상태</th></tr>
<tr><td rowspan="4">가솔린 엔진용</td><td colspan="2">SA-ML</td><td>좋은조건</td></tr>
<tr><td colspan="2">SB-MM</td><td>보통조건</td></tr>
<tr><td>SC</td><td rowspan="2">MS</td><td rowspan="2">가혹조건</td></tr>
<tr><td>SD</td></tr>
<tr><td rowspan="4">디젤 엔진용</td><td colspan="2">CA-DG</td><td>좋은조건</td></tr>
<tr><td>CB</td><td rowspan="2">DM</td><td rowspan="2">보통조건</td></tr>
<tr><td>CC</td></tr>
<tr><td colspan="2">CD-DS</td><td>가혹조건</td></tr>
</table>

※ SG-CD(F…) : 가솔린 디젤 양용

2.5.4 윤활방식

가. 비산식

커넥팅로드 큰 쪽에 붙어 있는 주걱으로 오일팬 안의 오일을 각 윤활부에 뿌리게 되어 있다.

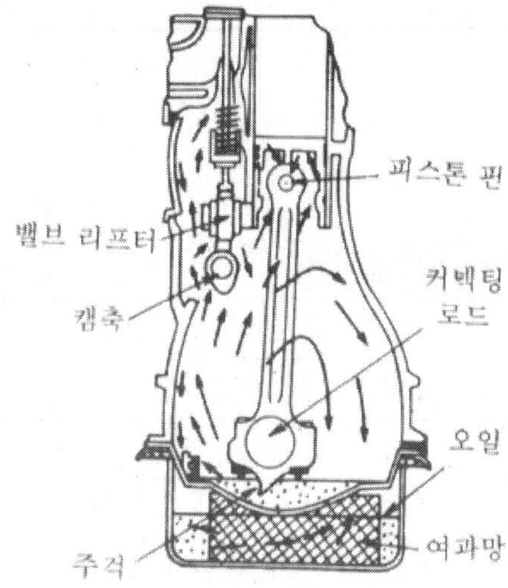

나. 압력 식(압송 식)

캠축에 의해 구동되는 오일펌프를 오일팬 안에 있는 오일을 흡입/가압하여 각 윤활부로 보내도록 되어 있다.

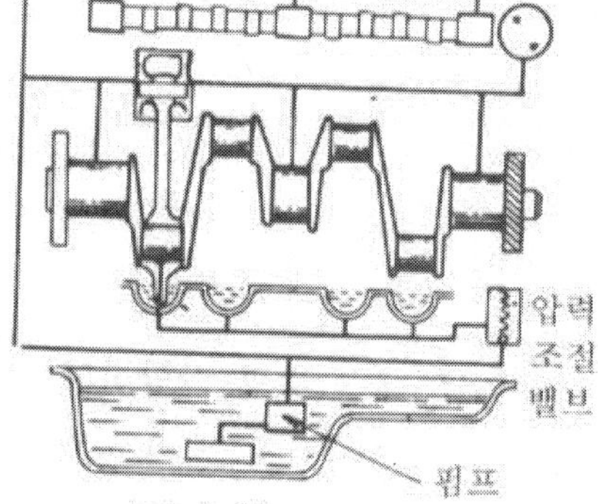

압력식

다. 비산압력 조합식

비산 식과 압송식을 조합한 것이며 크랭크축, 베어링, 캠축 베어링, 밸브기구 등은 압력식에 의해 윤활 되고 실린더 벽, 피스톤핀 등은 비산식에 의해 윤활 된다.

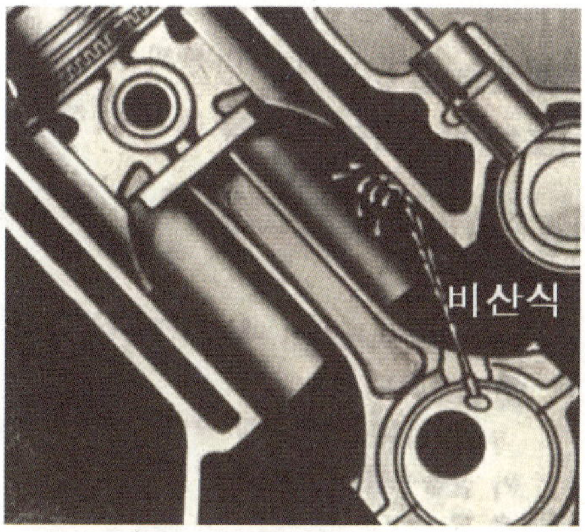

2.5.5 윤활장치 구성품

윤활장치는 오일펌프, 스트레이너, 오일여과기, 유면 표시기, 유압계, 및 경고등으로 구성 되어있다.

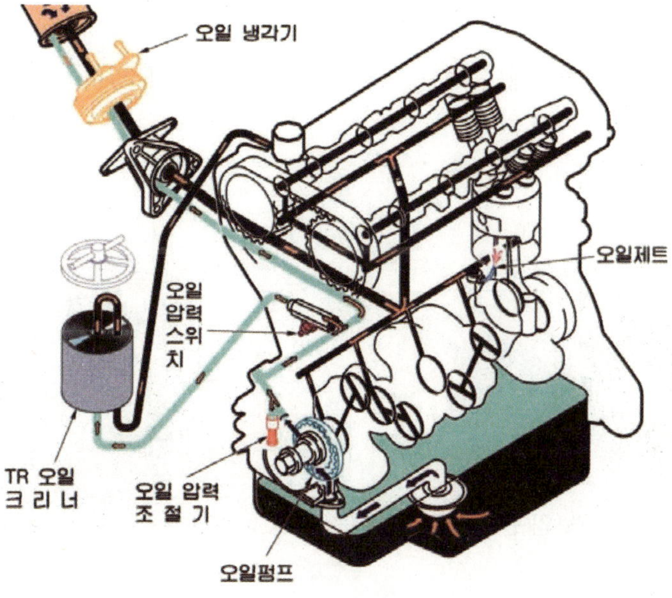

가. 오일 스트레이너

오일스트레이너는 오일을 흡입시에 커다란 불순물을 여과하여 오일펌프에 유도하여 주는 작용을 하며 불순물에 의해 스크린이 막히면 통로를 통하여 순환할 수 있도록 한다.

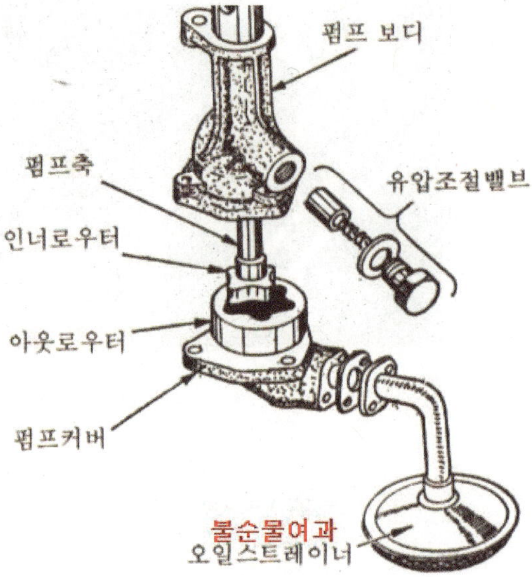

나. 오일펌프

오일 팬에 저장되어 있는 오일을 흡입 가압하여 윤활부에 송출하는 작용을 하며 기어 식, 로우터리 식, 베인 식, 플런저 식 등의 펌프가 있다.

(1) 기어식 오일펌프

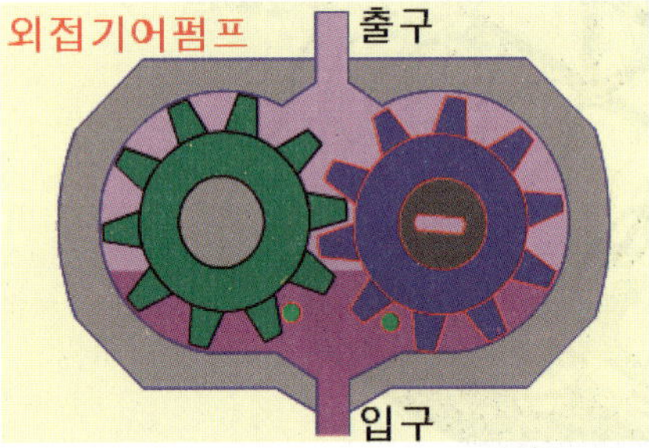

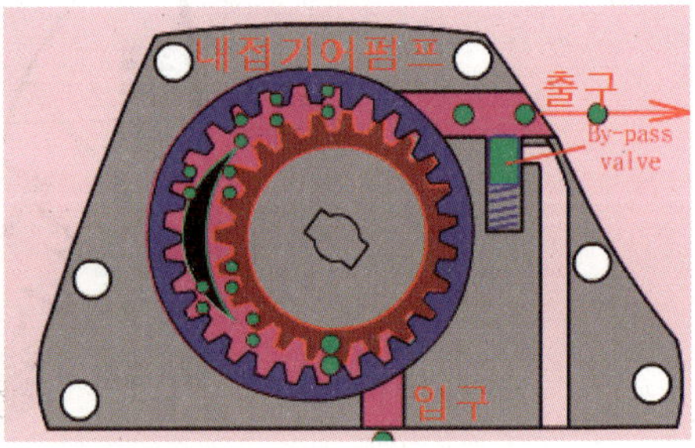

피동기어와 구동기어로 조립되어 구동기어가 회전하면 펌프 실 내면에 진공이 생겨 흡입되어 기어 사이에 오일이 실려 출구 쪽으로 운반되어 배출하며 외접 기어식 펌프와 내접 기어식 펌프가 있다.

(가) 주로 캠축의 구동기어에 의해 구동되며 펌프실내에 구동기어와 피 구동기어로 구성되어 있다.

(나) K-511, K-711,912 외접기어식 펌프를 사용함, 엔진에 설치 사용

(2) 로우터리식 오일펌프

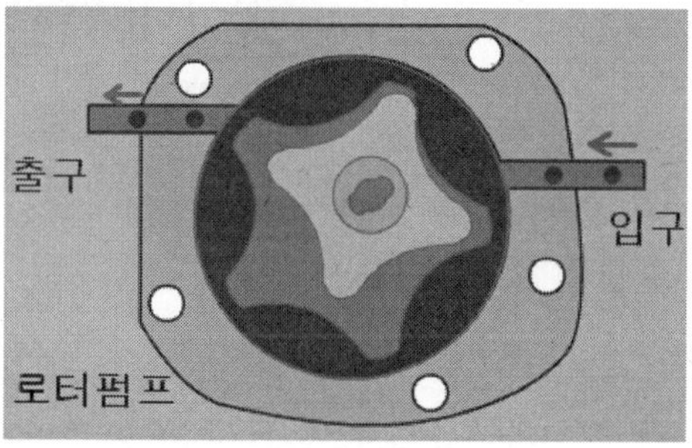

(가) 펌프 바디 안에 조립된 안 로우터와 바깥 로우터로 구성되며 인로우터는 편심으로 설치되어 회전하여 체적이 넓은 쪽에 진공이 생기면 흡입하여 체적을 점차로 좁게 하여 오일을 짜내는 방법으로 오일을 공급한다. 인로우터 1회전에 아웃로터는 4/5회전하여 체적을 변화시킨다. 양 로우터의 물리는 곳의 체적 변화에 의하여 오일을 공급한다.

(나) K-311 엔진에 설치 사용

(다) 오일냉각기

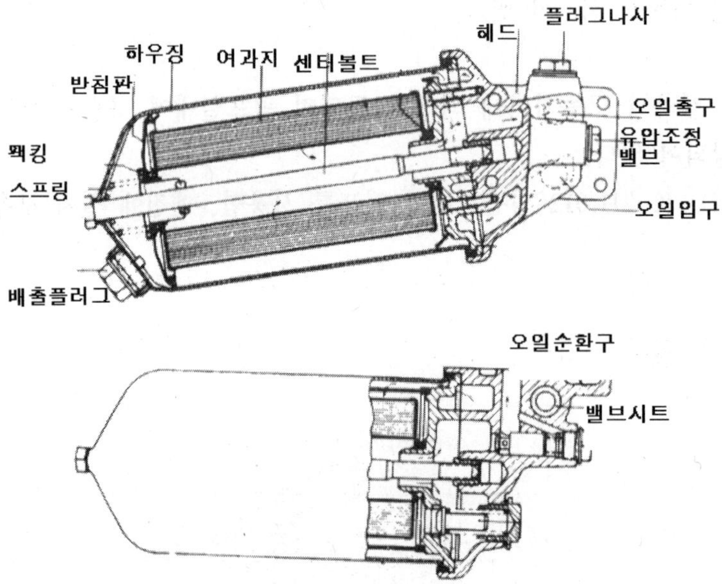

오일여과기 (원통형)

1) 오일의 온도가 125 – 130℃ 이상이 되면 오일의 성능이 급격히 저하 되도 유막의 형성이 나빠져 회전부분의 소결이 일어난다. 오일의 고온을 감소시켜 70 –80℃ 로 환원시키기 위해 냉각기를 설치한다.

오일 냉각기는 소형방열기와 같은 모양으로 만들어져 있으며 공기에 의해 냉각시키는 방법과 냉각수가 튜브 바깥쪽으로 순환하면서 냉각 시키는 방법이 있다.

2) 파이프형 : K–511 , K–711 (구리 재질로 냉각성능이 좋음)

3) 플레이트형 : K–311, . K–912 (스텐 재질로 구성되어 있음)

(라) 오일여과기

1) 오일내에 함유된 미세한 불순물을 여과하며 제거된 불순물은 케이스 밑바닥에 침전되며 누적된 침전물은 배출마개를 통하여 배출해야 한다.

오일여과 방식으로는 전류식, 분류식, 샨트식으로 구분한다.

▶ 종 류

여 과 방 식	여 과 망
•전 류 식	•여 과 지 식
•분 류 식	•금 속 판 식
•샨 트 식	•원 심 식

(마) 유면 표시기(오일 레벨 게이지)

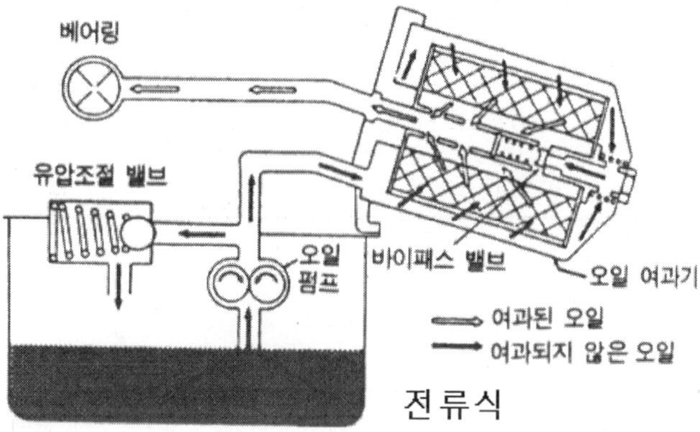

전류식

1) 크랭크 케이스내의 오일 유면의 높이(량)를 점검하는 계기로 막대 끝부분에 F 와 L 의 표시 눈금이 있으며 크랭크 케이스내의 오일은 항상 "F"선과 " L" 선의 중간에 충만 되어야 한다.

2) 군 차량 오일량 : K-131, K-532, K-912차량

차종	K-131	1,1/4톤	K-511	K-912
구분	4ℓ	11,3ℓ	15,5ℓ	34ℓ

2.5.6 차종별 급유장치 형식

가. K-311

윤 활 방 식	강제 압송식
오일펌프 형식	트로코이드 식
오일 여과기 형식	여지식(전류식)
오 일 량	12.5 ℓ
오일팬 용량	11.3 ℓ
오일 냉각기 형식	수냉식(판5단)
오일압력 / 공회전 시(575RPM시)	0.8 kg/㎠
오일 압력/고속회전시(2500RPM시)	3.5 kg/㎠

나. K-511

윤 활 방 식	강제 순환식
오일펌프 형식	기어식
오일 냉각기 형식	수냉식
여과기 형식	전류 여과기식
오일용량	15.5 ℓ
오일압력	4 ~ 4.8 kg/㎠
오일냉각기용 우회밸브 밸브 개압	5 ~ 8 kg/㎠
릴리프 밸브 개압	10 ~ 11.5 kg/㎠
최대오일 온도	90 ℃
스프레이 노즐용 조정밸브 개압	1.5 kg/㎠
종이 여과기용 우회 밸브 개압	1.8 ~2.3 kg/㎠

제 6 절 흡·배기 장치

2.6.1 개 요

내연기관은 연소실 내로 공기 또는 혼합기를 공급하는 장치와 연소 후 동력을 발생한 배기가스를 배출하는 장치가 있어야 한다. 이러한 역할을 하는 흡입장치에는 공기흡입중의 먼지 등 이물질을 걸러주는 에어클리너(Air Cleaner), 혼합기 또는 공기를 각 실린더에 분배하여 공급하는 흡기다기관 등으로 이루어진다.

배기 장치는 각 실린더의 배기 구멍에서 배출되는 고온의 가스를 모으는 배기다기관, 배기가스를 차량 후미로 빼내는 배기 파이프, 배기가스 중의 유해성분을 정화하는 촉매장치, 그리고 배기 소음을 저감시키는 소음기 등으로 구성 되어 있다.

2.6.2 흡·배기장치 구성품과 작동

가. 공기청정기(Air cleaner)

기화기로 흡입되는 공기 중의 먼지, 불순물 등을 제거하여 준다.

(1) 건 식 : 여과망을 사용하여 여과한다.(K311, 511, 711)

(2) 습 식 : 여과망 엔진오일을 이용하여 공기를 여과한다.

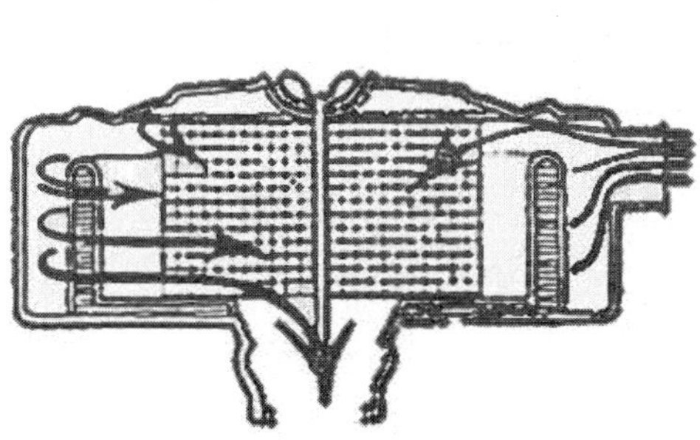

건식공기 청정기

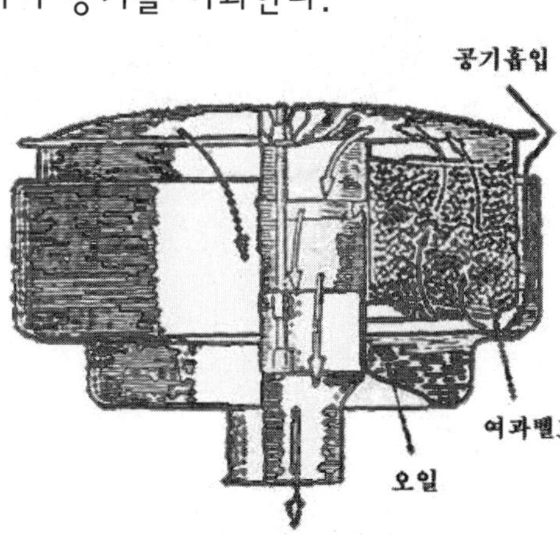

습식공기 청정기

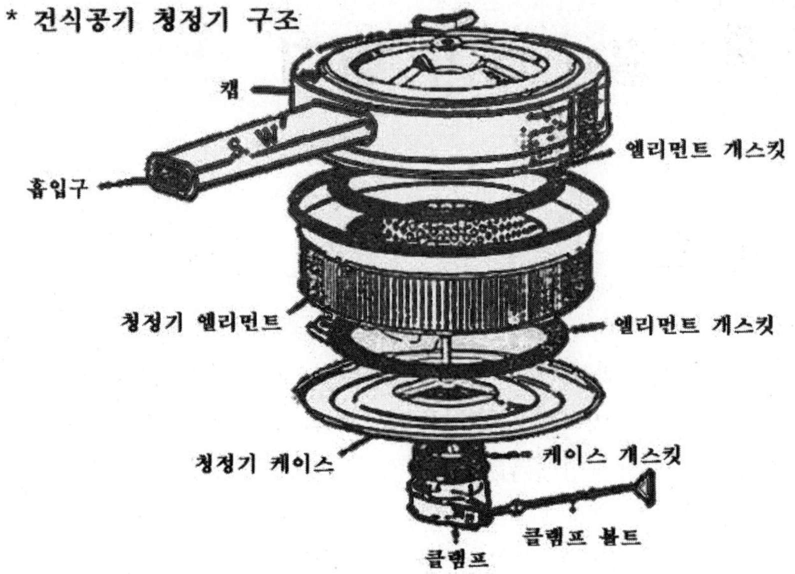

건식 공기청정기 구조

- 여과망 재질 : 여과지, 여과포, 강모
- 공기 흐름 : 흡입구→케이스 안벽→필터 엘리먼트→청정기 중심부→흡기다기관

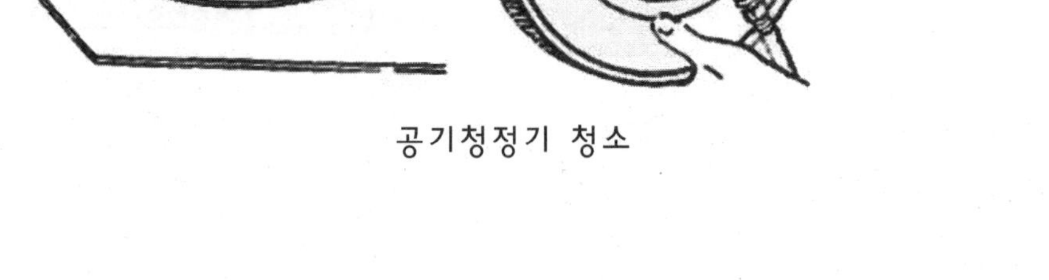

공기청정기 청소

나. 흡기 다기관(Intake manifold)

기화기의 출구와 각 실린더의 흡기구멍을 연결하여 기화기에서 만들어진 혼합기를 각 실린더에 균등하게 분배된다.

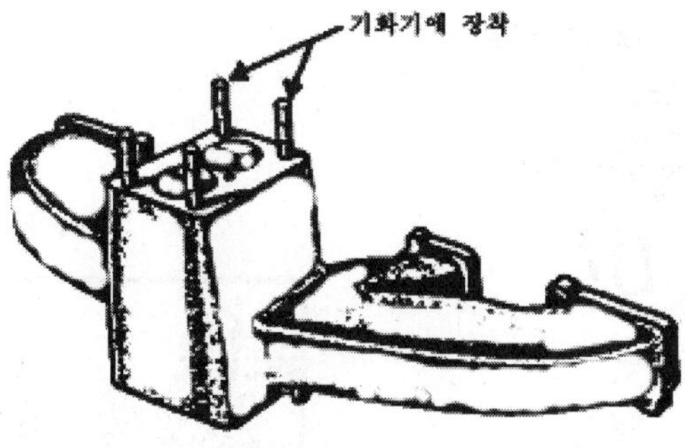

흡기장치

*** 흡기다기관 예열장치**

기화기에서 만들어진 혼합기의 기화를 돕기를 위해 흡입다기관에 배기 다기관의 일부를 흐르게 하는 장치이다.

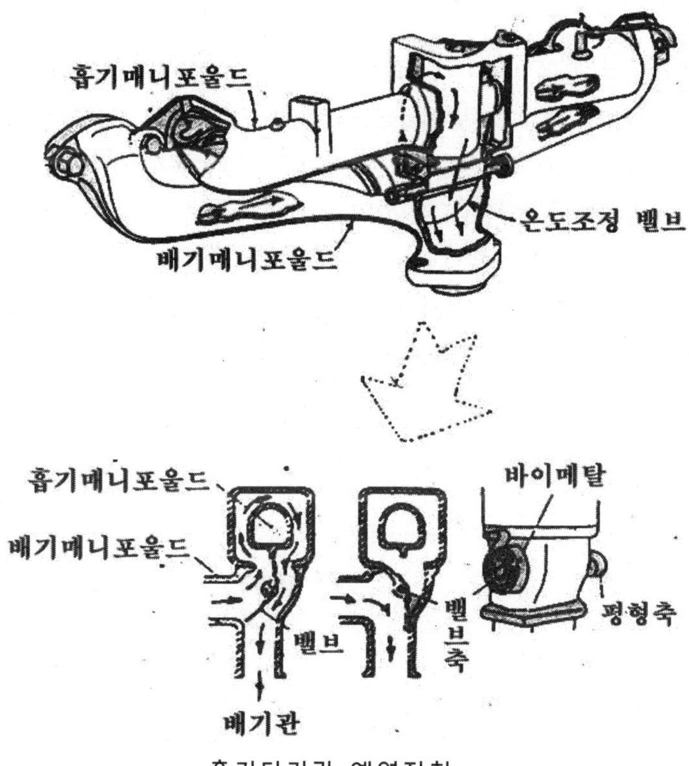

흡기다기관 예열장치

다. 배기 다기관(Exhaust manifold)

연소가스를 배기다기관을 통해 배출시키는 장치이다.

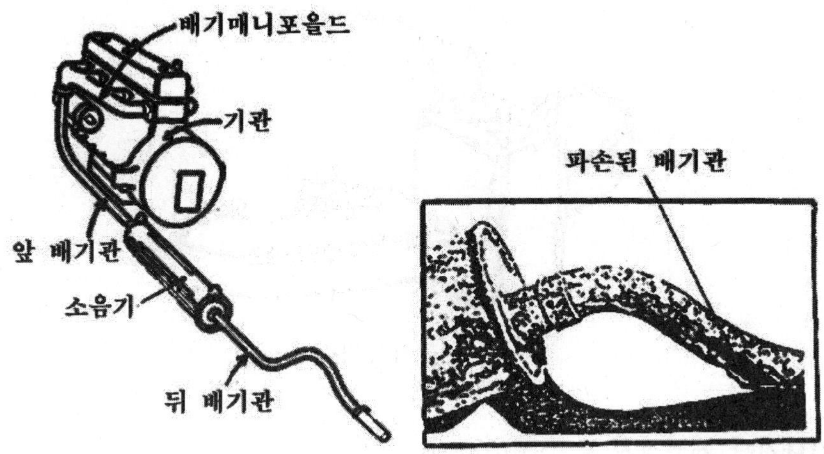

배기장치

라. 배기 파이프(Exhaust pipe) 및 소음기(Muffler)

배기파이프는 배기 다기관 뒤에 조립되어 배기가스를 소음기로 보내는 통로이고 또 중간에는 촉매 컨버터를 부착하여 배가가스 중의 유해 성분을 정화한다.

기관의 연소실에서 배출되는 고온·고압의 배기가스를 직접 대기중으로 방출하면 급격히 팽창하여 큰 소음이 발생한다.

따라서 소음기(Muffler) 는 배기 다기관을 통과한 배기가스의 온도와 압력을 단계적으로 저하시켜 배기 소음을 작게 하는 장치이다.

마. 터보챠저(Turbo chager) 및 인터쿨러(Inter cooler)

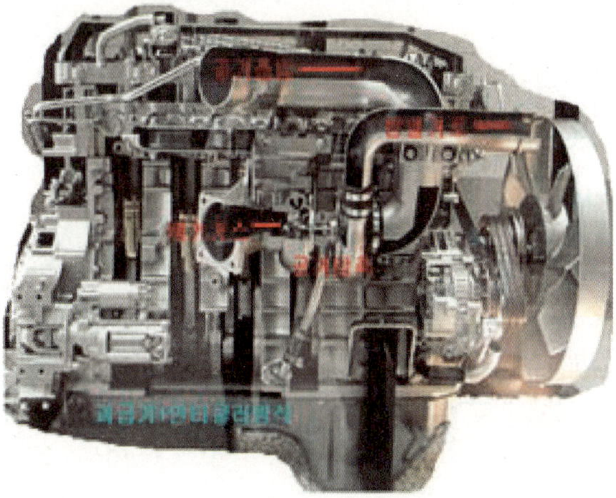

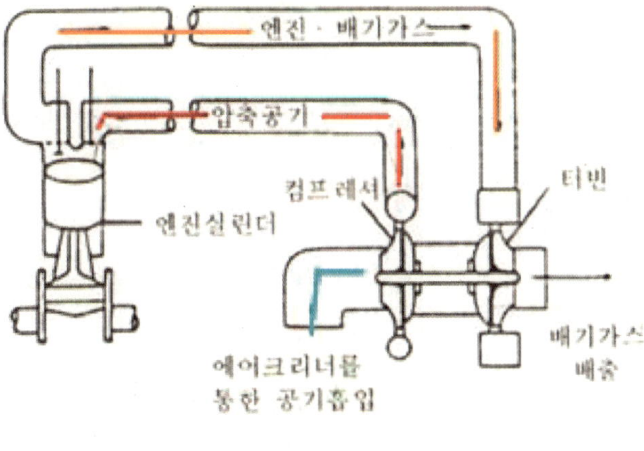

(1) 작동 원리

터보엔진은 엔진의 크기를 증대 시키지 않고 출력을 높이기 위한 방법으로 고안된 것으로서 이것의 근본적인 설치목적은 공기를 연소실내로 압송시킴으로서 연소에 필요한 공기량을 증대시키기 위함이다.

터보를 이용한 과급은 배기에너지를 이용해 임펠러를 작동시키는데 엔진 수, 실린더 수와 배기량, 행정 또는 평균피스톤 속도를 증가시키지 않고 출력을 가장 효율적으로 향상시킬 수 있다. 터보차지를 이용하는 엔진의 평균유효압력은 160 - 230psi인데 터보차지를 사용하지 않는 엔진은 75 -100psi로 낮으므로 엔진출력이 낮아진다.

(가) 터보차지의 사용목적

1) 엔진의 크기를 증가시키지 않고 출력을 증가시키기 위해
2) 무게를 감소시키기 위해
3) 비용절감을 위해
4) 높은 고도에서 일정한 출력을 유지하기 위해

(2) 인터쿨러

차저쿨링 이라고도 하며 터보차저에 쓰이는 용어로서 압축된 온도가 높아지고 밀도가 낮아진 공기를 냉각하는 것으로서 군 차량에는 K-912 차량에 적용되며 인터쿨러 방열기를 이용하여 더워진 공기를 냉각 시킨다.

(3) 터보차저 관리요령

(가) 운전시의 관리요령

시동 전 오일 량을 확인하고 시동직후 오일압력이 정상적으로 상승되는지 확인한다. 시동직후 급가속 및 급발진을 피하고 충분한 공회전을 실시한 후에 출발한다. 운행 중에 이상음 발생, 진동, 출력저하 또는 매연 과다 등의 이상 현상이 발생하면 차량을 정지 후 점검한다. 정지 시에는 급속히 엔진을 끄지 말고 충분한 공회전을 실시한 후에 끄도록 한다.

(나) 취급 요령

1) 에어크리너 및 엔진 오일 필터는 주기적으로 교환한다.
2) 엔진오일은 규격품오일을 사용할 것.
3) 엔진오일이 누유 되는 부위는 없는지, 터보차저 부위에서 비정상 음이 발생하지 않는지 수시로 점검한다.
4) 배기파이프를 주기적으로 점검하여 가스누출이 없도록 한다.

(4) 터보차저의 윤활

엔진오일이 크랭크 케이스에서 터보차저로 오일 파이프를 통해 급유되어 터보차저 베어링 하우징에 오일통로에 들어가 베어링을 윤활 시킨다.

오일은 베어링 하우징 밑 부분에 있는 오일 출구를 통해 오일 팬으로 되돌아오며, 오일 시일로 작용하는 피스톤 링은 각 베어링의 외부에 장착되어 있다.

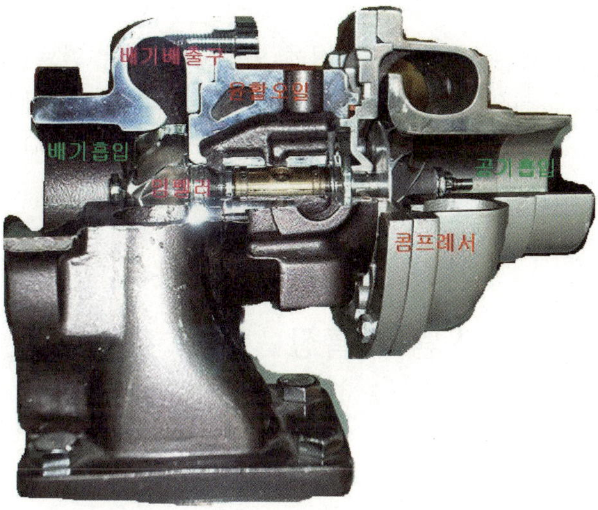

제 7 절 전자제어 연료분사 장치

2.7.1 개 요

전자제어 분사 시스템은 카뷰레터 대신에 연소에 필요한 연료를 엔진에 공급해 주는 장치이다. 이 시스템은 엔진의 상태를 검출하는 다양한 센서와 컨트롤 유닛으로 구성되어 있다. 센서로부터의 신호를 기본으로 하여 컨트롤 유닛은 엔진의 작동상태에 맞는 공연비가 되도록 연료 분사량을 조절한다.

가. 전자제어 분사 시스템의 특징

(1) 주행성 향상

(가) 카뷰레터의 벤투리부가 없어 흡입 저항이 작으므로 엔진 출력이 향상된다.
(나) 흡입 공기량의 변화에 따른 연료 분사량을 즉시 흡입 밸브 근처에 분사하므로 가속 시 액셀러레이터 조작에 따른 엔진의 응답성이 좋다.
(다) 공연비를 컴퓨터에 의해 최적 치로 자동 보정하므로 냉간 시동 직후에도 우수한 주행성을 얻을 수 있다.
(라) 감속시 연료를 차단하므로 감속성이 양호하고 연료가 절약된다.

(2) 배기가스 대책용이

각 실린더의 공연비를 균일화 하므로서 CO, HC의 발생을 감소시켜 배기가스 대책이 용이하다.

나. 카뷰레터 방식과의 비교

(1) 카뷰레터 방식

엔진에 공급되는 연료의 양은 제트 직경과 부압에 의해 기본적으로 결정되고 벤투리를 통하여 흡입 통로로 전달되며 또한 밸브, 에어 브리드, 펌프 등을 사용하여 엔진의 작동조건에 맞는 적당한 공연비를 기계적으로 조절한다.

기화기의 문제점은 기화기가 엔진의 상태에 따라 공연비를 조절하지만 기계장치에 의한 연료량을 공급하기 때문에 정밀한 제어가 곤란하고, 혼합기가 적당하게 생성되더라도 흡기다기관을 지나며 혼합기와 흡기다기관의 온도차이에 의해 연료가 응축됨으로서 착화불량으로 인한 불완전 연소로 유해가스를 배출하고 연비가 저하되는 현상을 나타냅니다. 또한 각 실린더와 연결된 흡기다기관의 거리차이로 인하여 실린더별로 공급되는 혼합기의 공연비와 연료량이 다르게 공급되면서 엔진출력이 저하되는 구조적인 문제를 가지고 있습니다.

또한 급가속이나 급감속시 엔진 응답성이 저하되는 단점을 가지고 있습니다. 이러한 기화기의 문제점을 해소하기 위하여 개발된 것이 전자제어 연료분사장치이다.

(2) 전자제어 연료분사 방식

엔진에 공급되는 연료량은 인젝터가 열려있는 기간으로 결정되며 흡입 공기량, 엔진속도 및 기타 상태를 기본으로 컨트롤 유닛에 의해 조절한다.

전자제어 연료분사장치의 일반적인 작동방식을 알아보면, 공기는 공기청정기 등 흡기 장치를 통하여 연소실 바로 직전까지 공급되고, 연료는 연소실 바로 앞에 설치된 인젝터에서 분사되어 공기와 혼합되어 연소실로 공급되는 원리로 작동합니다.

연료를 연소실 바로 앞에서 공급하기 때문에 응축현상을 방지할 수 있으며 연비를 향상 시킬 수 있고, 엔진의 작동상태를 감지하여 가장 적당한 연료량을 전자제어방식으로 공급함으로 정밀한 제어가 가능합니다.

또한 흡기다기관의 거리차이로 인한 실린더별 출력의 불균형을 해소하여 엔진출력을 향상 시킬 수 있으며, 급가속이나 감속 시 엔진의 응답성이 우수한 연료공급방식이다.

컨트롤 유닛은 각종 센서의 작동 상태 변화를 감지하여 인젝터가 열려 있는 기간을 결정함으로써 공연비를 적당하게 유지한다.

다. 연료 분사 방식

(1) 독립 분사 방식

형식	흡입 공기량 검출방법	연료공급 방법
L 타입	엔진에 유입되는 공기량을 직접 계량	•MPI (Multi Point Injection) •각 기통마다 인젝터를 설치, 연료를 분사

(가) 1사이클당 1회 분사
(나) 각 기통마다 흡입행정 직전에 분사
(다) 공연비 제어성 우수
(라) 엔진 반응성 양호

2.7.2 전자제어 연료분사 시스템 구성

가. 시스템(System)

시스템 장치는 각각 다음의 세 가지 계통으로 나눌 수 있다.

(1) 흡기 계통

연소에 필요한 공기를 공급하는 것과 동기에 그 유량을 계측 한다.

(2) 연료 계통

연소에 필요한 연료(가솔린)는 흡기다기관의 압력에 대해서 일정 압력으로 인젝터에 공급하고 인젝터는 컴퓨터의 분사신호에 따라 다기관내에 계량 분사한다.

(3) 제어 계통

흡입 공기량, 엔진회전수, 수온, 흡기온, 가감속시 배기관내의 산소농도 등의 상태를 각 센서로 검출하고 이와 같은 신호에 의거해서 컴퓨터로 분사시간을 결정하여 인젝터에 분사신호를 보내 분사량을 제어한다. 그리고 냉간 시동 시에 콜드 스타트 인젝터를 작동시키는 시동 시 제어는 연료펌프의 ON-OFF를 제어하는 퓨얼펌프제어로 한다.

나. 구성도

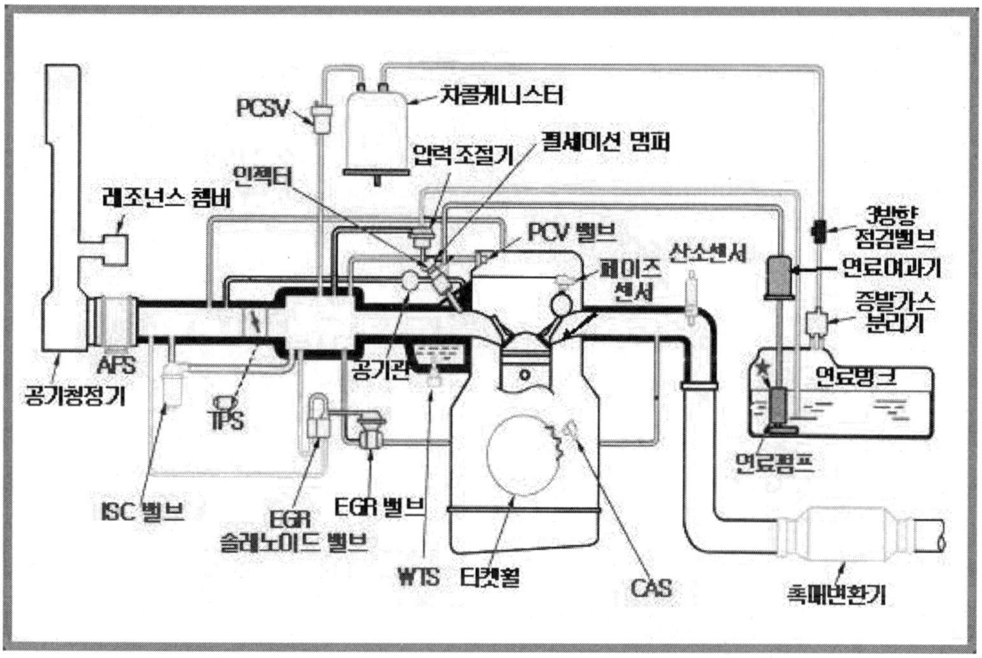

그림에서 붉은 색으로 표시된 부품들은 전자제어유닛으로 신호를 제공하는 감지기와 전자제어유닛의 신호를 받아 작동하는 출력장치들이다.

엔진의 작동상태를 감지하는 감지기로는 공기유량감지기(AFS), 드로틀 위치감지기(TPS), 페이즈 센서, 산소센서, 냉각수 온도감지기(WTS), 크랭크각 감지기(CAS)가 설치되어 있으며, 출력장치는 인젝터를 비롯하여 공회전속도조절밸브, 배기가스재순환(EGR) 밸브, 퍼지제어 솔레노이드밸브(PCSV), 압력조절밸브(PCV), 연료공급펌프가 설치되어 있다.

그 외에도 흡기장치인 공기청정기, 레조넌스 챔버, 드로틀 바디와 연료장치인 연료탱크, 연료여과기, 증발가스 분리기, 3방향 점검 밸브, 차콜캐니스터, 연료압력조절기가 있고, 배기장치인 촉매변환기가 설치되어 있다.

다. 흡입 계통

(1) 공기흡입장치

공기흡입장치는 엔진에 필요한 공연비를 맞추기 위해 공기를 공급해주는 장치로 에어 클리너, 에어플로미터(또는 MAP 센서), 스로틀 보디, 서지탱크, 스로틀포지션 센서, 흡기온도센서, 에어밸브(또는 ISC밸브), 에어 바이패스 솔레노이드 밸브 등으로 구성되어있다.

에어 클리너를 통해 흡입된 공기는 에어 플로 미터에 의해 측정되어 스로틀 보디를 통해 서지탱크로 들어가고 공기는 서지탱크로부터 흡입 매니폴드로 분배되어 여기서 인젝터로 부터 연료가 분사되어 혼합된다. 또한 엔진이 냉각되어 있을 때는 에어밸브가 열려 공기가 서지 탱크로 바이패스 되도록 한다.

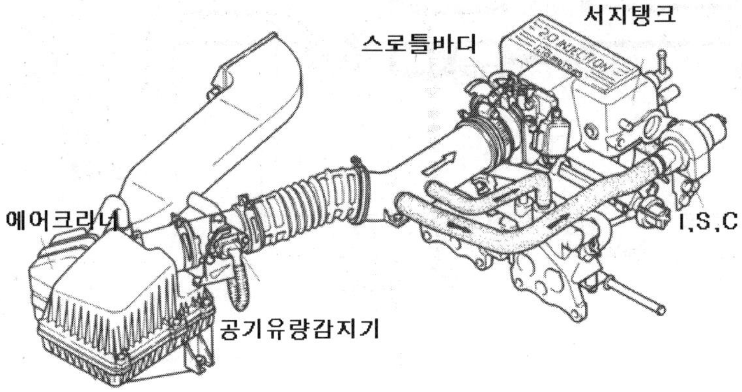

(가) 구성품

1) 에어 클리너 : 흡입 공기를 여과한다.
2) 에어 플로 미터 : 흡입 공기량을 계량하고 컴퓨터에 신호를 보낸다.
3) 스로틀 보디 : 스로틀 밸브에 의거 흡입 공기량을 제어한다.
4) 서지 탱크 : 흡기 맥동을 흡수함과 동시에 공기를 저축한다.
5) 에어 밸브 : 냉간 시 아이들 화를 높여 난기시간을 단축한다.

(나) 공기흡입장치의 구성

1) 핫 필름 에어 플로 센서

흡입되는 공기량을 측정하는 센서로 핫 필름(열막) 방식의 에어플로 센서를 사용한다. 핫 필름 방식의 에어플로 센서는 에어 호스부에 장착된다.

핫 필름 방식의 에어플로 센서는 세라믹 기판에 층 저항으로 집착시킨 센서부와 휘스톤 브리지 회로로 구성된 컨트롤 회로로 구성되며 작동 때 열막은 컨트롤 회로에 의해 항상 일정한 온도로 가열되어 있고 엔진이 작동하며 흡입하는 공기에 의해 온도가 저하되면 컨트롤 회로는 열막으로 흐르는 전류의 양을 증가 시켜 열막의 온도를 일정하게 유지시키게 된다. 이때 컨트롤 회로는 추가 공급된 전류에 비례해 ECU로 전압을 압력 시킴으로써 ECU가 흡입되는 공기량을 검출하게 된다.

2) 스로틀 보디

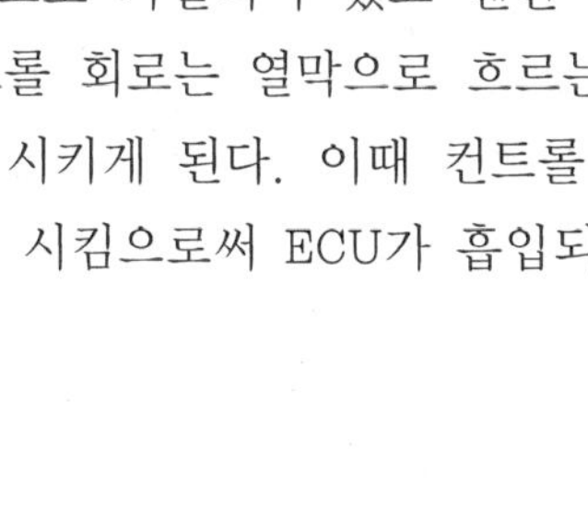

스로틀 보디는 흡입 공기량을 조절하는 장치로써 액셀러레이터 페달과 연결된 스로틀 밸브, 아이들링시 공기의 양을 조절하는 바이패스 시스템, 스로틀 밸브의 열린 상태를 검출하는 스로틀 포지션센서 및 대시 포트로 구성되어 있다.

TPS는 가속 페달을 얼마만큼 밟았는가는 보기위한 센서로서 ECU내부 회로에 따라 이 센서의 선이 끊어진 경우 시그널 전압이 4.7볼트 이상이 나올 수도 있으며, 일부는 2.1볼트에서 일정하게 나올 수 있다.

3) 아이들 스피드 컨트롤 액추에이터

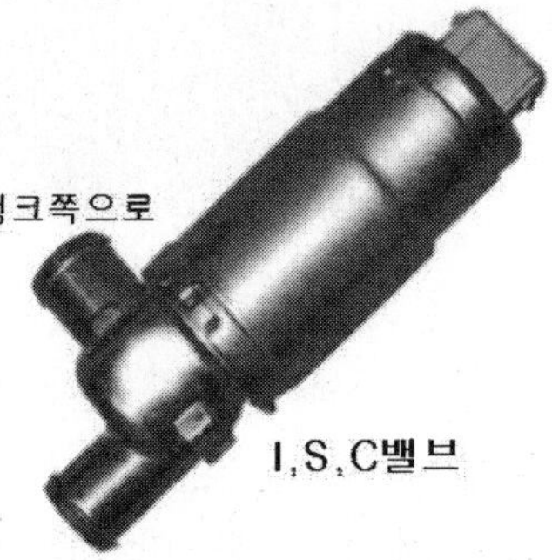

ISC 밸브는 공회전 중에 엔진 회전수를 일정하게 맞추기 위해서 스로틀 밸브가 닫혀 있어도 ECU가 자동으로 공기 공급을 조절할 수 있도록 공기 바이패스 통로 역할을 하는 밸브로 ECU는 열림 량만 조절을 하고 공기공급은 서지 탱크 부압에 의해 공급된다.

라. 연료 계통

(1) 연료장치

연료장치는 연소에 필요한 연료를 일정한 압력으로 인젝터로 보내 컴퓨터의 신호에 따라 흡입 매니 폴드에 분사하는 장치이다.

연료탱크로부터의 연료는 연료펌프에 의해 연료필터에서 인젝터까지 공급되고 프레셔 레귤레이터가 고압축 연료라인의 연료압력을 조절하여 과도한 연료는 리턴 파이프를 통해 연료 탱크로 되돌아간다.

인젝터는 컨트롤 유닛의 분사신호에 따라 흡입 매니폴드로 연료를 분사 한다.

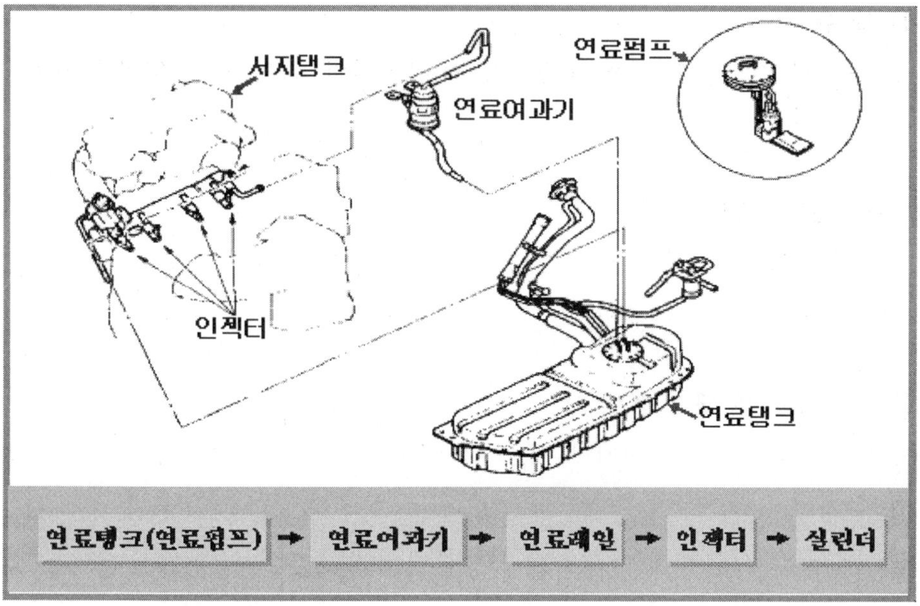

(2) 연료펌프

연료펌프에는 연료탱크 안에 설치된 내장식과 연료 탱크 밖에 설치된 외장식의 2 종류가 있다.(기아 차종은 내장 식을 채택)

연료는 저 압축 필터를 통해 모터로 흡입되어 연료펌프 자체를 윤활 및 냉각 시키고 고압축 연료 필터로 토출된다. 연료펌프는 엔진이 회전하지 않으면 작동하지 않는다.

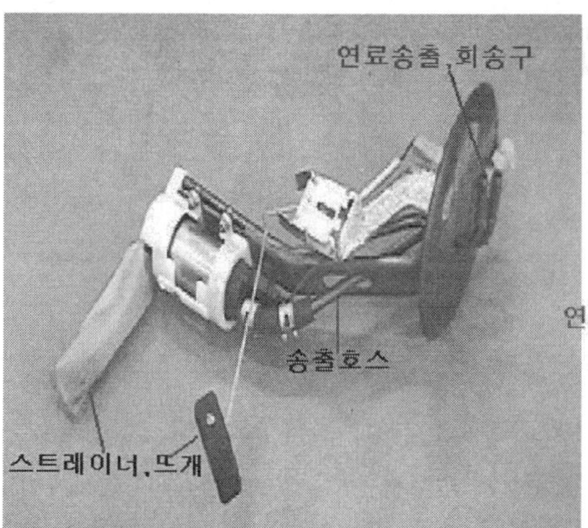

K-131 연료펌프

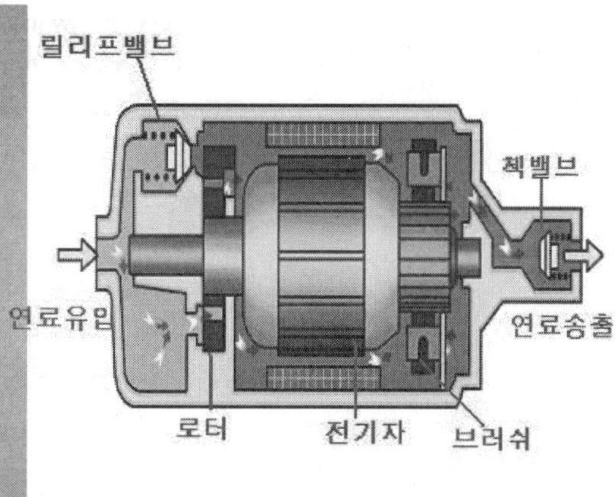

연료펌프 작동

(가) 작 동

임펠러는 펌프 모터에 의해 회전되며 원주 둘레에 홈이 파여 있어 연료를 흡입, 배출 시킨다.

(나) 세이프티 밸브

이 밸브는 연료라인 내의 연료압력이 과도하게 높아지는 것을 방지
(연료압력 : 4.5~6.0kg/cm^2)

(다) 잔압 유지용 체크 밸브

고온에서 연료펌프가 정지되어 있을 때 연료라인에 발생하는 베이퍼 록을 방지하며 또한 압력을 유지시켜 엔진의 재 시동시 시동성을 향상 시킨다.

(4) 압력 조절기

압력 조절기는 흡입 매니폴드의 부압변화에 의한 연료분사압력을 일정하게 하여 연료 분사시간에 대한 연료 분사량을 항상 일정하게 하는 기구이다.

(가) 작동

압력 조절기의 다이어프램 실에는 흡입 매니폴드 부압이 연결되어 있다. 만약 압력 조절기 내의 연료 압력이 2.55kg/cm^2이상이 되면 다이어프램이 올라가 밸브는 열리고, 연료는 리턴파이프를 통해 연료 탱크로 되돌아간다.

따라서 연료압력은 저하되고 인젝터에 걸리는 연료압력은 항상 2.55kg/cm^2를 유지하도록 조절된다.

또한 엔진 워밍업 후 재시동시 연료의 베이퍼 록 등을 방지하기 위해 압력 조절기는 약 120초간 작동하지 않는다(즉 압력 조절기 컨트롤 솔레노이드 밸브는 ON되고 서지탱크로부터의 진공이 차단되어 인젝터에서의 연료분사 압력은 약간 상승된다).

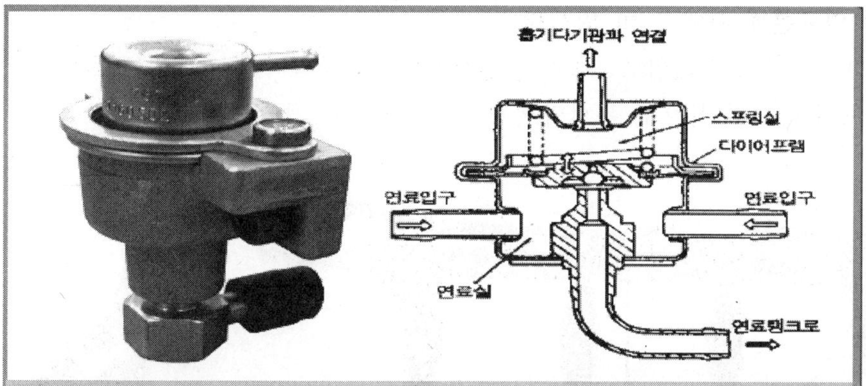

- 기 능 : 분배 파이프 내 연료압력을 일정하게 조정
- 펄세이션 댐퍼 : 연료의 맥동을 흡수, 압력 변화를 최소화

(나) 연료 필터

연료 필터는 연료 내의 이물질을 제거하기 위한 장치로 저압 축과 고압 축 필터로 구분되며 주기적으로 교환한다.

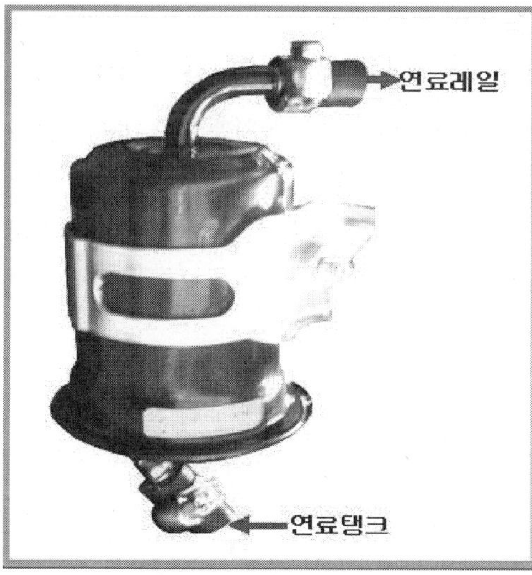

- 형 식 : 여과여지식
- 교환주기
  : 9,600km 주행시
- 특 징
  - 여과기 눈 미세(10㎛)
  - 내압성이 크다
  - 여과면적이 크다

(다) 연료분배 파이프 및 인젝터

인젝터는 각 실린더별로 1개씩 흡입 매니폴드 장착되어 있으며 니들밸브, 플런저, 솔레노이드 코일 등으로 구성되어 있다.

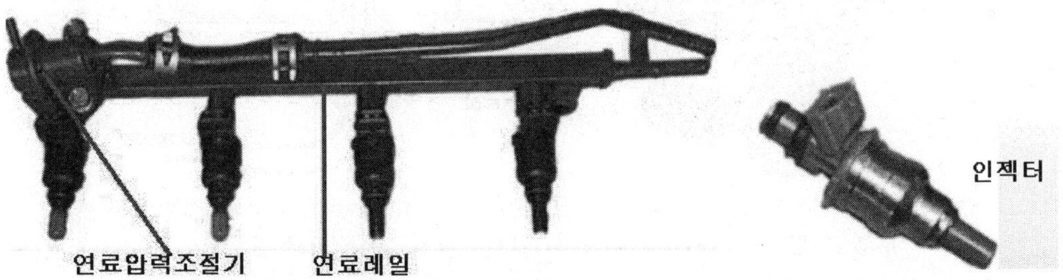

플런저의 솔레노이드 코일에 전류가 흐르면 니들밸브는 시트에서 떨어져 당겨지고 연료가 분사된다. 니들 밸브의 행정은 일정하므로 연료분사량은 니들밸브가 시트에서 떨어져 있는 시간, 즉 솔레노이드 코일에 흐르는 전류의 통전시간에 의해 조절된다.

마. 제어 계통

엔진 상태를 감지하는 각종 센서로부터의 신호에 의해 연료분사 점화시기 및 분사량을 계산하는 ECU 그리고 연료펌프, 인젝터, ECU에 전원을 공급하는 콘트롤 릴레이로 구성, ECU는 각종 센서 신호를 기초로 하여 주행상태에서 맞추어 연료 분사량을 결정해 4개의 인젝터를 구동하는 동기 분사 방식이다. 또한 공전 시 부하에 따라 ISC-서보를 구동 안정된 공전속도를 유지한다.

(1) 콘트롤 릴레이

ECU를 비롯한 각종 장치를 연료 펌프, 인젝트, 공기 유량 센서 등에 전원을 공급하는 릴레이이다. 엔진이 작동 중에는 축전지 전원에 의해 코일 L3가 전류를 공급받아 작동하여 S2를 닫으면 ECU 및 인젝터에 전원을 공급하며 ECU에 의해 트랜지스터가 작동하여(엔진회전수 50rpm 이상시 트랜지스터 작동) 코일 L1에 전원을 공급한다. 이때 코일 L1은 S1을 닫아 연료펌프를 구동한다.

엔진 시동 시에는 코일 L2에 전원을 공급하여 S1을 연료 펌프를 구동하며 코일 L3에도 동시에 축전지 전원공급 이루어져 S2을 닫아 공기유량센서(AFS) 및 인젝터에 전원을 공급하여 기동이 되도록 한다. 코일 L1은 차량 전복 시 연료 유출을 방지한다.

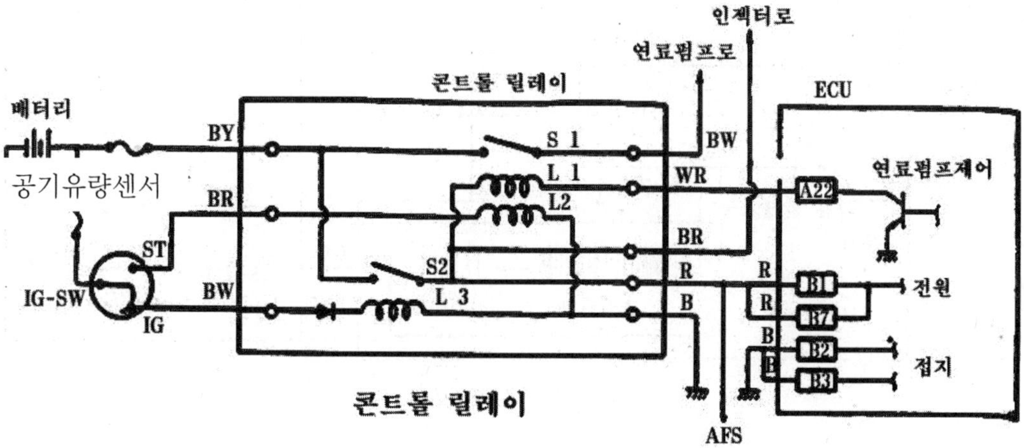

콘트롤 릴레이

(2) 공기 유량 센서(AFS : Air Flow Sensor)

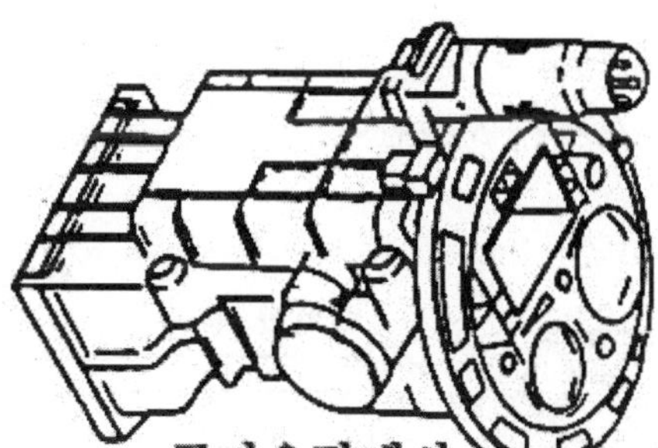

공기유량센서

에어크리너 내부에 설치되어 흡입 공기량을 측정 한다. 칼만와류 현상을 이용하여 흡입공기량을 측정한 후 흡입공기량을 전기적 디지털 신호로 바꾸어 ECU에 보낸다.

ECU는 흡입 공기량 신호와 엔진 회전수 신호를 이용하여 기본 분사 시간을 계산하며 발신기로부터 발신되는 초음파가 칼만 와류에 의해 잘려진 칼만 와류수만큼 밀집되거나 분산된 후 수신기에 전달되면 변조기에 의해 디지털 전기적 신호로 변환된다.

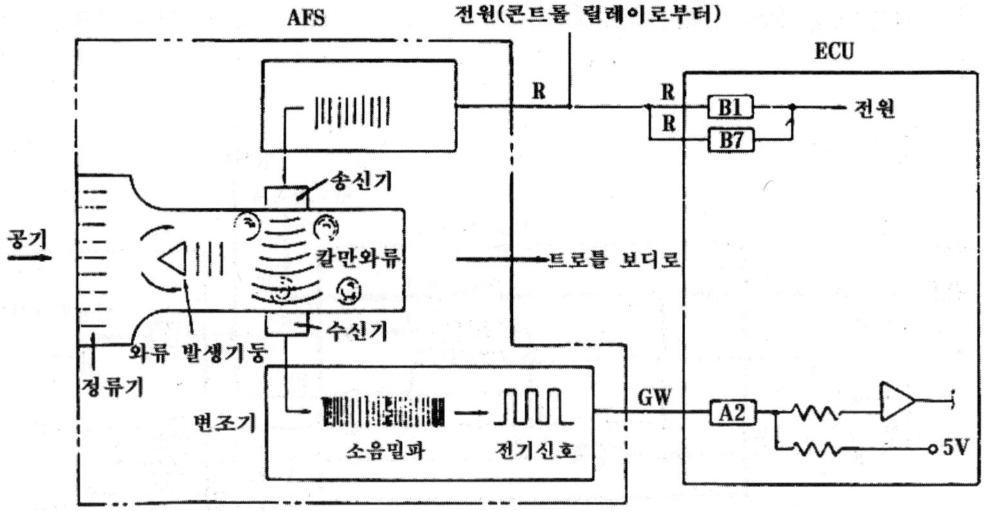

AFS 작동 회로

(3) 대기압 센서

대기압 센서는 공기 유량 센서에 부착되어 스트레인 게이지의 저항치가 압력에 비례하여 변화하는 것을 이용하여 대기 압력을 전압으로 변환시키는 반도체 피죠 저항형 센서로서 전압으로 변환한 신로를 E.C.U에 보낸다.

ECU는 신호를 이용해 차의 고도를 계산하여 적정한 공기와 연료의 혼합비가 되도록 연료 분사량 및 점화시기를 조정한다.

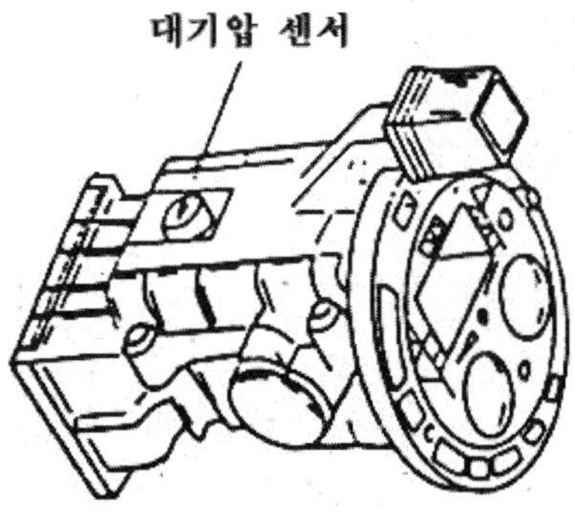

대기압 센서

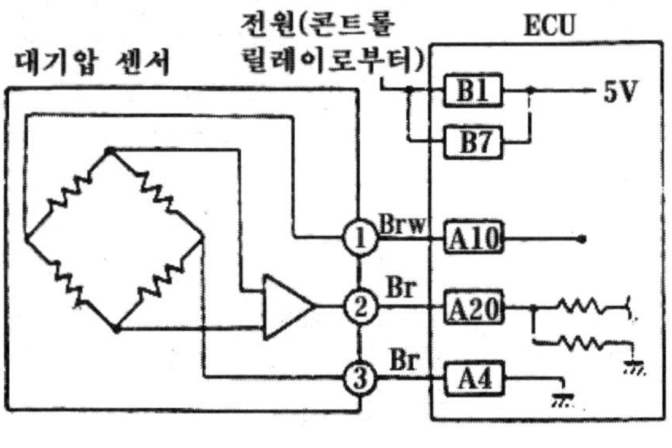

대기압 센서회로

(4) 흡기온도센서(ATS : Air Temperature Sensor)

공기 유량 센서에 부착되어 흡입 공기 온도를 검출하는 일종의 저항기로서 센서로부터 출력 전압에 의해 흡기 온도를 감지하여 흡입 공기 온도에 대응하는 연료 분사량을 제어한다.

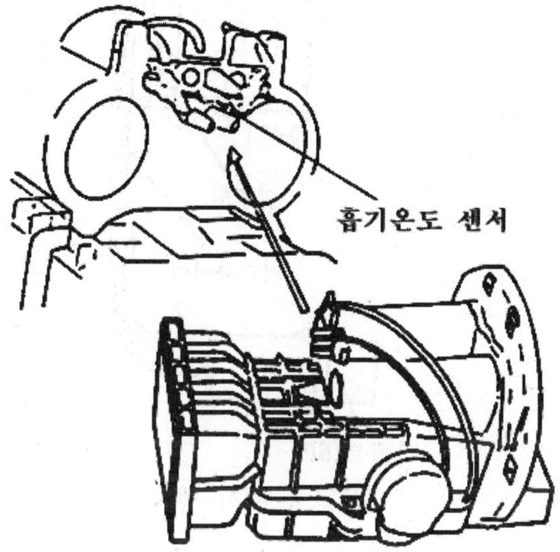

흡기 온도 센서

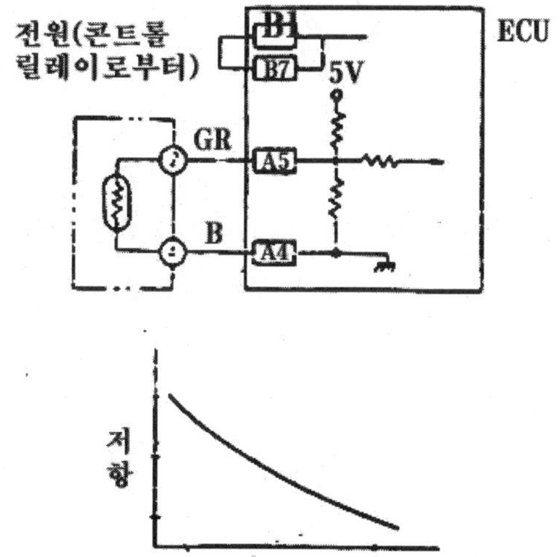

흡기온도센서의 회로와 저항관계

(5) 드로틀 위치 센서(TPS : Throttle Position Sensor)

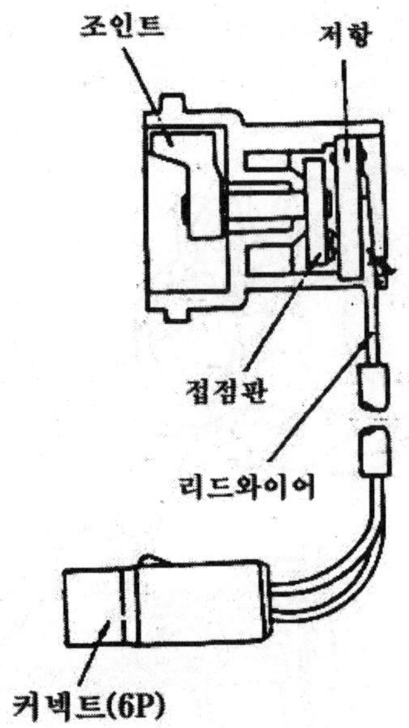

드로틀 위치 센서

드로틀 보디의 드로틀 축과 함께 회전하는 가변 저항기로서 드로틀 밸브의 회전에 따라 출력 전압이 변화함으로써 ECU는 드로틀 밸브의 개도를 감지한다.

ECU는 출력 전압과 엔진 회전수 등 다른 입력 신호를 합하여 엔진 모드를 판정 연료분사량을 제어한다.

(6) 모터 위치 센서(MPS : Motor Position Sensor)

ISC 서보내에 설치되어 플런저의 상단 부분은 MPS의 슬라이딩 핀이 접촉되어 플런저가 작동할 때 MPS내부의 내부 저항이 변화하는 가변 저항으로 출력 전압이 변화한다. 이때 출력 전압의 신로를 E.C.U에 보내 공전신호, 냉각수온도 신호, 부하신호 및 차속 신호를 이용해 드로틀 밸브의 개도(開度 : 열림정도)를 조절하여 공전시 회전수를 제어한다.

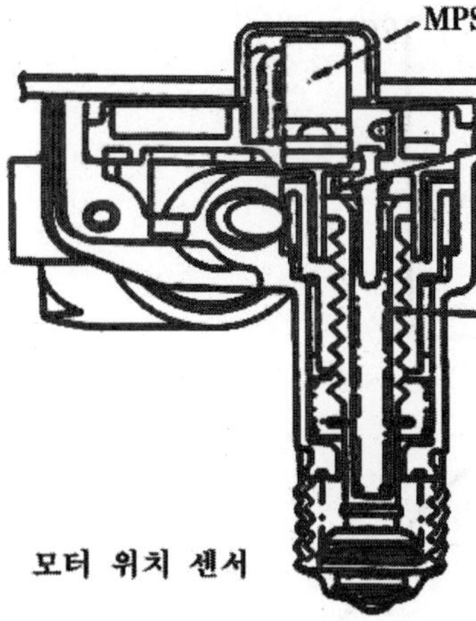

모터 위치 센서

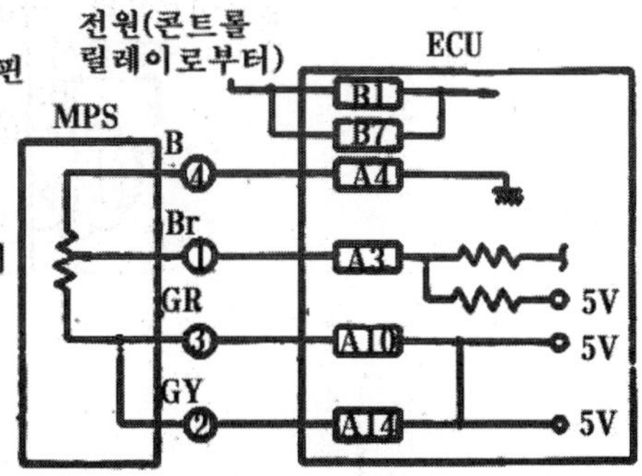

모터 위치 센서 회로

(7) 아이들 스위치

아이들 스위치는 접점식으로 ISC 서보의 플런저 하단 끝부분에 설치되어 드로틀 밸브가 공전상태 위치에 있으면 ISC 레버에 의해 푸시핀이 접점을 눌러 ON 상태가 되어 엔진이 공전상태임을 검출하여 신호를 E.C.U에 보낸다.

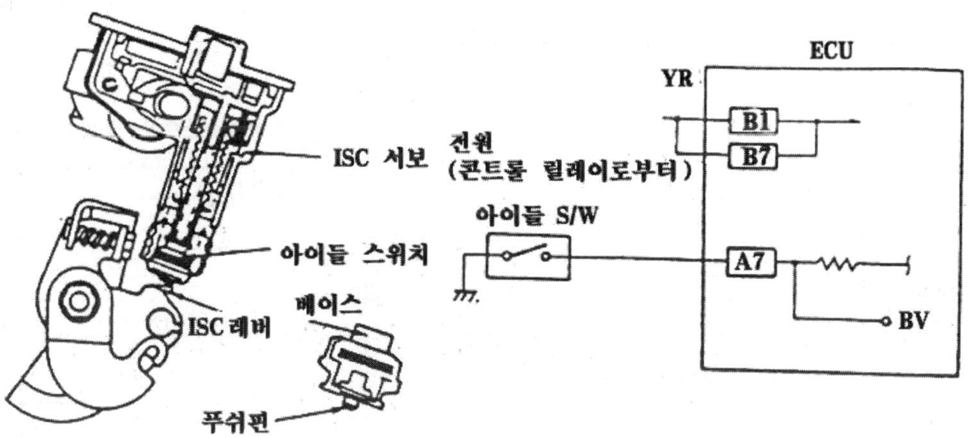

아이들 스위치와 회로

(8) 수온 센서

온도변화에 따른 출력 전압의 값으로 엔진의 난기 상태를 판정하여 엔진이 냉각 상태일 때 연료량을 적절히 증가시키며 엔진의 성능에 큰 영향을 주게 된다. 수온 센서는 흡기다기관의 냉각수 통로에 설치되어 냉각수 온도를 검출하는 부특성 서머스터이다.

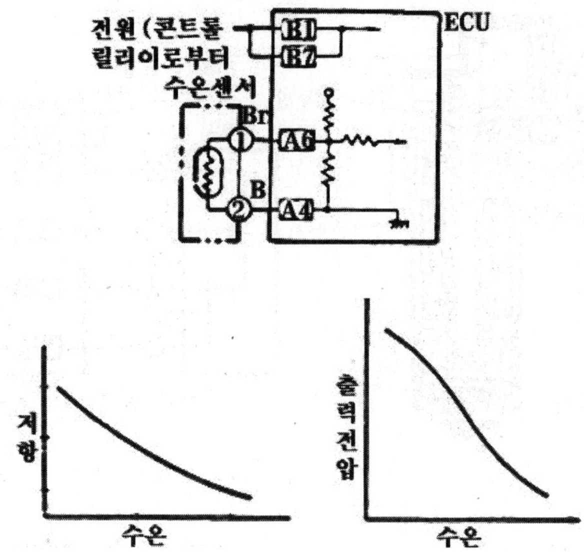

수온센서 구조와 출력 전압

(9) 에어콘 스위치 및 릴레이

에어콘 ON, OFF 신호를 입력시킨다. ECU는 이 신호를 이용하여 에어콘 ON시 ISC 서보를 제어하여 공전 회수를 설정치 까지 상승시킨다.

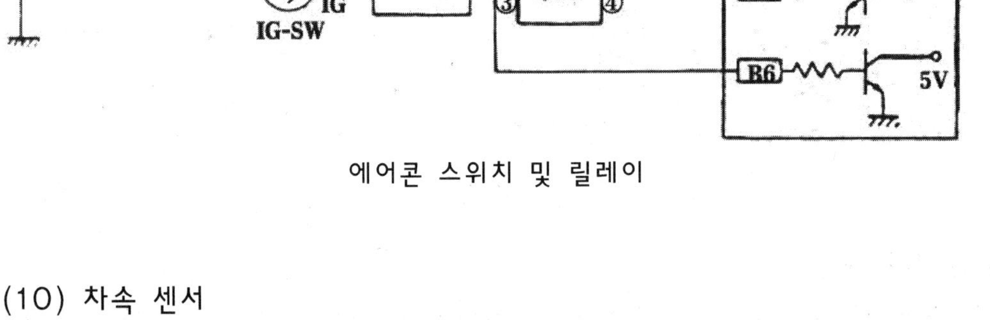

에어콘 스위치 및 릴레이

(10) 차속 센서

차속 센서는 리드 스위치 식으로 스피드 메터에 내장되어 변속기의 스피드 메터 기어의 회전을 전기적 신호로 변환하여 ECU로 보낸다.

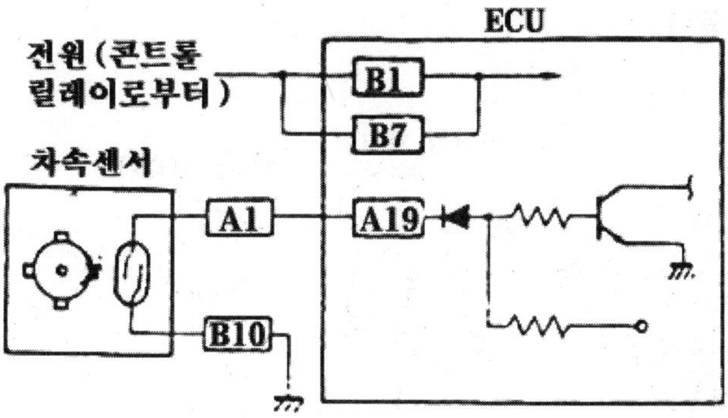

차속센서

(11) 산소(O2) 센서

산소(O2) 센서는 배기가스 중의 산소와 대기 중의 산소 농도 차에 따라 이론 공기와 연료 혼합비를 중심으로 출력 전압이 급격히 변화되는 것을 이용하여 피이드백의 기준 신호를 공급해 주는 역할을 한다.

(12) 1번 실린더 TDC 및 크랭크각 센서

배전기 축에 고정되어 축이 회전하면 같이 회전 하도록 금속제 원판 디스크가 설치 디스크 원판 주위에 90° 간극으로 4개의 크랭크각 센서용 틈새가 있고 내측에 1개의 틈새가 1번 실린더 TDC센서용이다.

센서의 펄스신호가 ECU에 입력되어 점화시기와 엔진 회전수 연산 기준신호로 사용되며 내측 1개의 홈에 의해 얻어지는 신호는 1번 실린더 압축 상사점 위치를 검출한다.

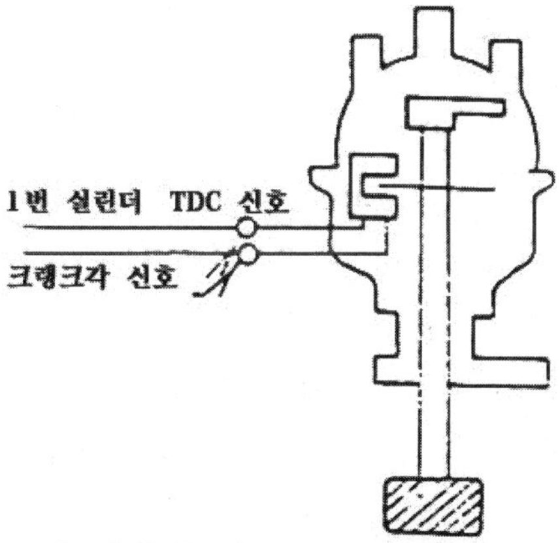

1번 실린더 TDC 및 크랭크각 센서

(13) ECU의 출력

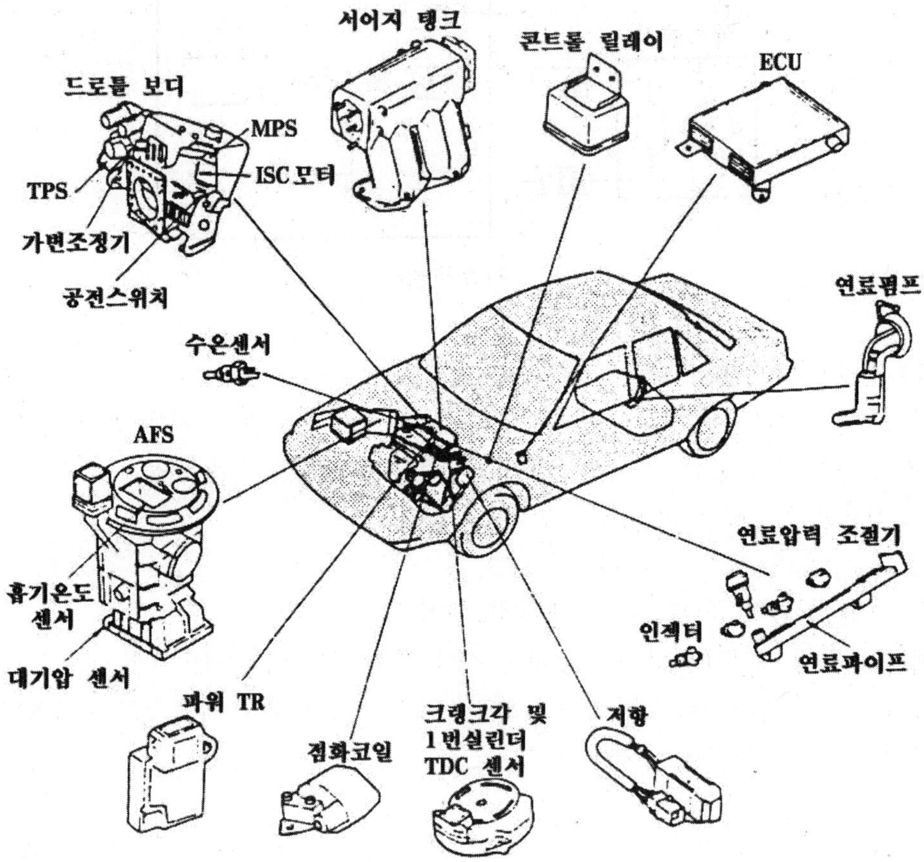

센서의 종류와 위치

(가) 연료분사 제어

칼만 와류식 AFS로 흡입 공기량을 계량한 후 대응하는 연료를 분사

(나) 공전속도제어

MPS에 의해 ISC 서보 플런저의 위치를 검출, ISC 서보 위치를 제어 및 구동하여 드로틀 밸브 개도 제어

(다) 점화시기 및 드웰각 제어

전 주행 상태의 점화시기와 드웰각을 제어

(라) 콘트롤 릴레이 제어

엔진 정지시 연료펌프 작동을 정지시킨다.

(마) 에어콘 릴레이 제어

엔진 시동시 또는 가속시 일시적으로 에어콘 릴레이를 OFF시켜 에어콘 콤프레서 작동을 제어

(바) 증발가스 제어

캐니스터에 모집된 연료증발 가스를 엔진 상태에 따라 흡기다기관으로의 유입을 제어

(사) 피드백 제어

배기가스 중의 산소 농도를 검출하는 ECU가 이를 감안하여 용기와 연료 혼합비를 자동 제어

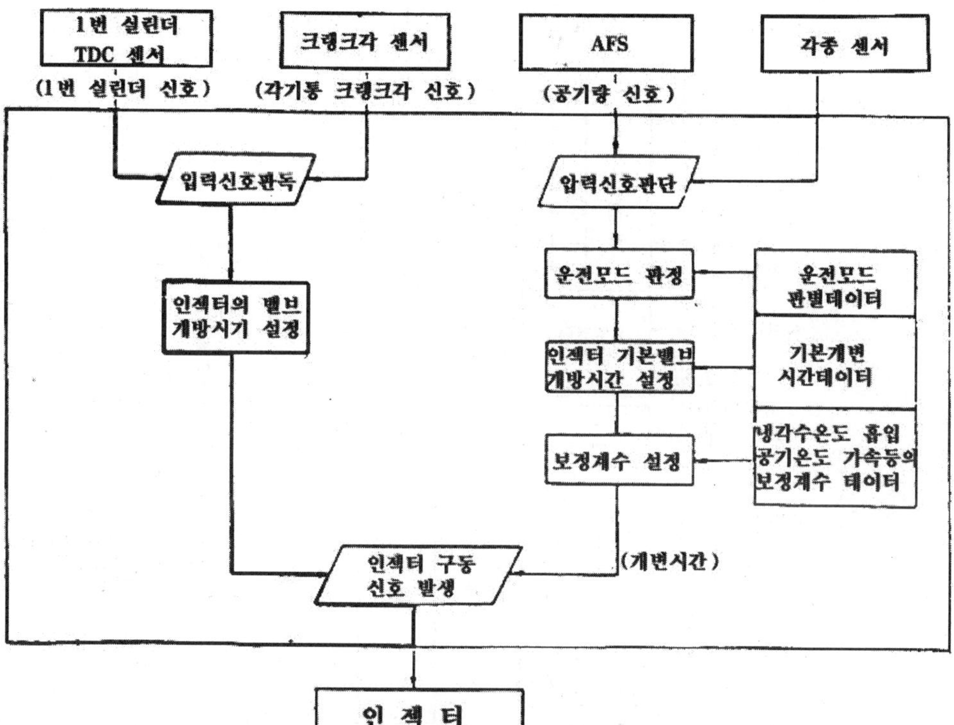

ECU 정보처리 과정

(아) 연료분사 제어

인젝터는 크랭크각 센서와 공기유량 센서의 출력 등을 계산한 ECU 신호에 의해 구동된다. 연료의 분사량은 인젝터의 구동 시간에 의해 제어하며, 각종 센서로부터의 신호를 근거로 ECU에서 계산

1) 분사시기 제어

각 실린더의 배기 행정에서 인젝터를 구동시키며 크랭크각 센서의 신호에 의해 동기되어 구동된다. 1번 실린더의 신호는 순차 분사의 기준 신호를 검출한 곳에서 크랭크각 센서의 신호와 동기하여 순차분사가 시작된다. 각 실린더의 분사는 크랭크 2회전에 점화 순서 순으로 1회식 분사하여 주행하며, 이때를 동기분사라 한다.

또한 시동 시 또는 아이들 스위치가 OFF된 상태에서 드로틀 밸브 개도 변화율이 규정값과 같거나 클 때 즉 급가속시에 4개의 인젝터가 동시에 작동 연료를 분사하며 이때를 동시분사 또는 비동기분사라 한다.

2) 분사량 제어

인젝터의 기본 구동시간은 흡입 공기량 신호 크랭크각 신호, 산소센서 신호에 의해 결정되며 주행 시 각 센서의 신호에 의해 최적 연료 분사량이 결정

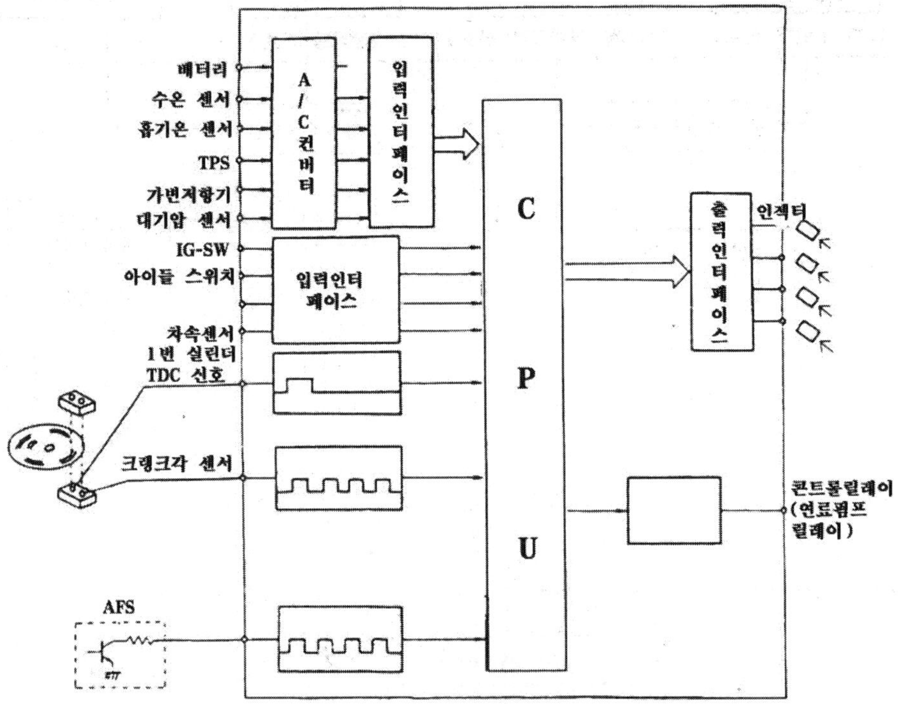

연료분사 제어장치 구성회로

3) 공전속도 제어

공전속도제어는 ISC 서보가 드로틀 밸브 개도를 조절하며 ISC 모터는 각종 센서의 신호를 토대로 엔진 상태에 따라 ECU에 의해 제어되므로 최상의 공전속도를 유지한다.

시동 시 제어는 냉각수 온도에 따라 드로틀 밸브 개도를 제어하고 패스트 아이들 제어는 아이들 스위치 ON시 냉각수 온도에 따라 목표 회전수를 제어하며 ISC 서보 목표 위치를 제어한다. 아이들업 제어는 패스트 아이들 스위치나 에어콘 스위치 ON시 부하에 따라 공전속도를 목표치까지 상승시키며 대시포트 제어는 감속 시의 조건에 따라 제어한다.

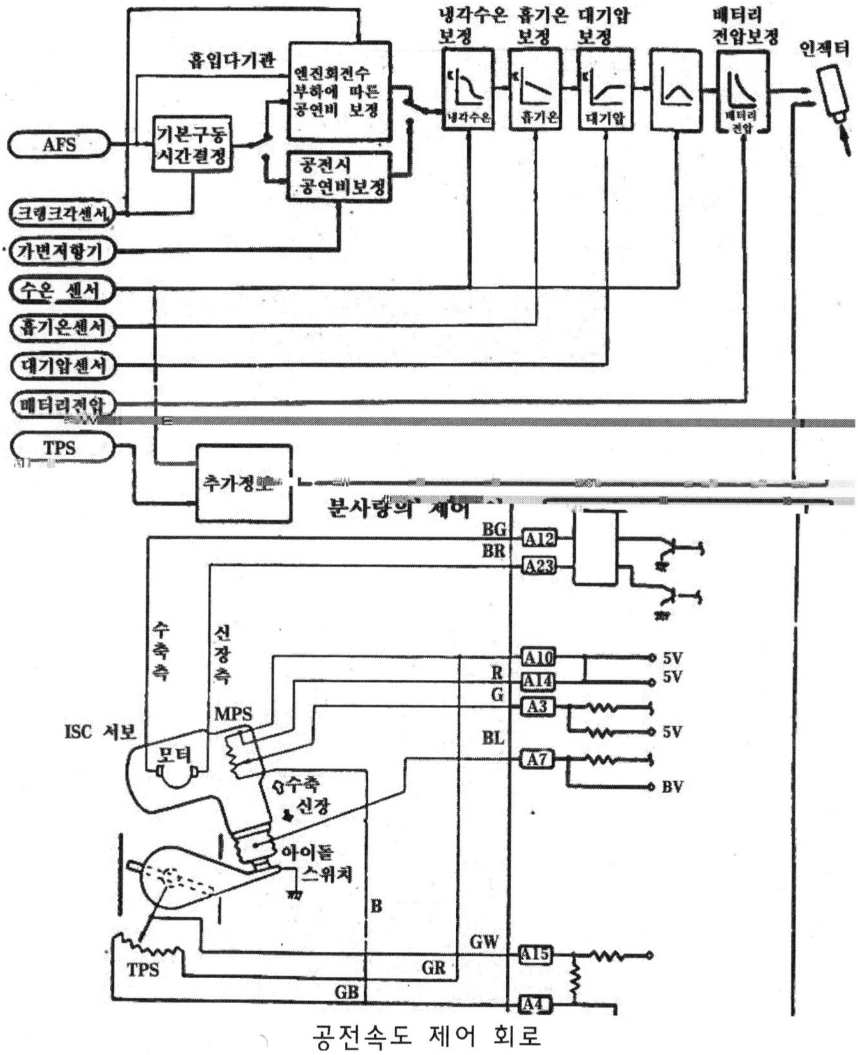

공전속도 제어 회로

Chapter 3 성능개선차량

제 1 절 1/4톤 트럭[K311A1]

3.1.1 개발개요

▮고 마력/고 기동화로 차량 기본 성능 향상

- 엔진 : D4DA(130 마력) 엔진 탑재
- 섀시 : 동력전달장치 강도 보강 및 각종 장치 성능개선

▮군 운용 고급화에 따른 조작/편의성 증대

- 인간 공학적 설계기준 각종 조종장치/계기류/시트 개선
- 계기판넬, 제동장치, 적재함, 타이어 개선

▮K311(구형) 표준차량의 기본 구성 유지

- 캐빈 및 바디 형태 유지
- 부품 호환성 유지 및 군수지원(ILS) 용이

3.1.2 장비제원비교

가. 일반 제원

구분	K311	K311A1
– 전장(wo/w)	536.5cm	546cm 이하
– 전장(w/w)	569.2cm	573cm 이하
– 전폭	203cm	218cm 이하
– 전고	240cm	245±5cm
– 축거	320cm	320±2.5cm
– 최저지상고	25.4cm	25.4cm 이상
– 최소 회전반경	8.5m	8.5m 이하
– 도하능력	76cm	76cm
– 공차중량	2,975kg	3,150kg
– 적재중량	포장 : 1,350kg 비포장 : 1,150kg	포장 : 1,530kg 이하 비포장 : 1,330kg 이하

– 총중량	4,125kg	4,680kg 이하
– 적재함 크기(내측기준)	장 : 236cm 폭 : 162cm 고 : 151cm	장 : 236cm 폭 : 177cm 고 : 151cm
– 최고속도	96km/h	100km/h
– 가속성능 8초 이내	–	32km/h 도달
– 제동능력	–	9m 이하(32km/h에서)
– 항속거리	450km	←
* 엔 진		
– 모델명	MZBA1	D4DA
– 형식	직렬6기통	직렬4기통, TCI
– 연소실	와류실식	직접 분사식
– 밸브장치	오버헤드 밸브	←
– 실린더 수	6	4
– 배기량(cc)	4,052	3,907
– 압축비	21.0	17.3
– 최고 출력(ps/rpm)	115/3,600	130/2,900
– 최고토크(kgf · m/rpm)	28/2,000	37/1,600
– 공회전 속도(rpm)	575±25	600 ~ 700
– 배출 가스	–	'00년 규제만족
– 점화 순서	1–5–3–6–2–4	1–3–4–2
– 예열 장치	예열 플러그	예열 플러그+흡입공기 가열식
– 오일 용량(ℓ)	11.3	9
– 오일 펌프 형식	트로코이트 기어식	외접 기어식
– 오일 냉각기 형식	내장, 수냉식	←
– 엔진 중량(kg)	365	350

엔진 주요 구성품

엔진 제원 비교

구분	K311	K311A1
* 냉각 장치		
– 냉각 방식	수냉식, 강제 순환식	←
– 방열기 형식	콜게이트식	←
– 냉각수 용량(ℓ)	19	17
– 온도 감지기 형식	–	왁스식
– 냉각 팬 형식	–	온도조절식
* 연료 장치		
– 연료 탱크 용량(ℓ)	106	←
– 연료 종류	디젤	←
– 연료 여과기	여과지식	←
* 흡 · 배기 장치		
– 공기 정화기 형식	건식	←
– 엘리먼트 형식	여지식	←
– 오염표시기 형식	–	전자식, 700±50mmAq
– 소음기 형식	팽창, 공명병용식	진동흡수식 벨로우즈 적용

3.1.3 클러치 형식

구분	K311	K311A1
클러치	– 콘트롤 형식 : 유압식 – 페달 답력[kgf] :22.5 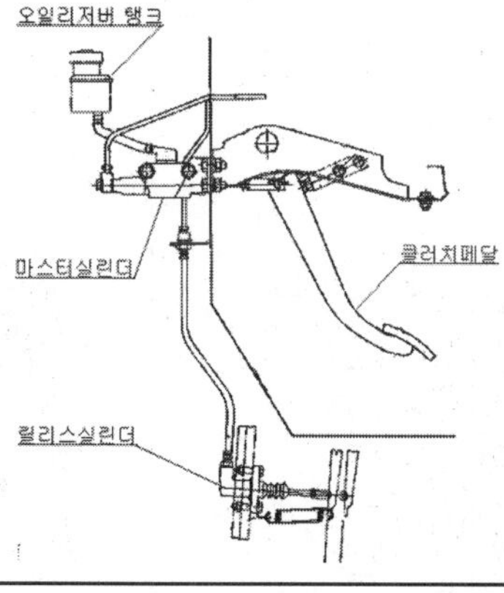 	– 콘트롤 형식:진공배력유압식 – 페달 답력[kgf]:10±3% 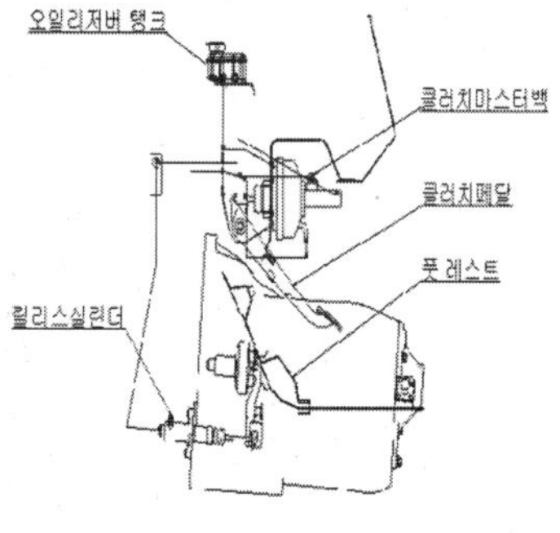

3.1.4 변속기 형식

구분	K311	K311A1
변속기	– 모델:CLARK 288V – 변속패턴 → 전 : R–2–4 후 : 1–3–5 – 기어비 → 1/2단 : 5.98/3.50 3/4단 : 1.91/1.37 5/후진 : 1.00/5.04 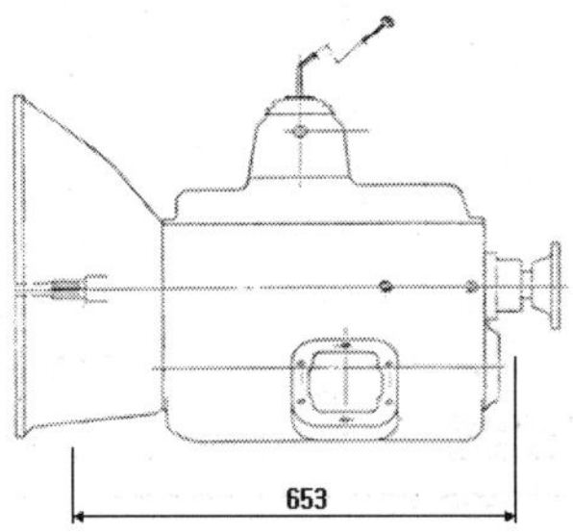	– 모델 : T036E – 변속패턴 → 전 : R–2–5 후 : 1–3–4 – 기어비 → 1/2단 : 5.380/3.028 3/4단 : 1.700/1.000 5/후진 : 0.782/5.380 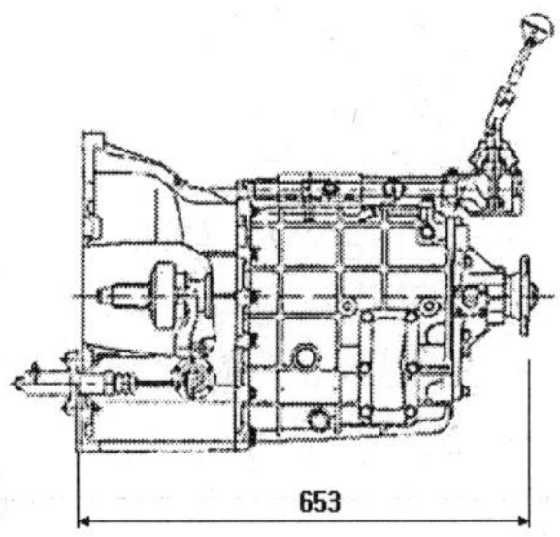

3.1.5 중간변속기 / 후차축

구분	K311	K311A1
* 중간변속기 (기어강도증대)	– 허용 토오크 : 160kg.m – 기어비 ⟹ 고속 : 1.000 저속 : 1.940	– 허용 토오크 : 200kg.m – 기어비 ⟹ 고속 : 1.000 저속 : 1.940
* 후차축	– 브레이크 라이닝 : 석면 – 차동장치 적용 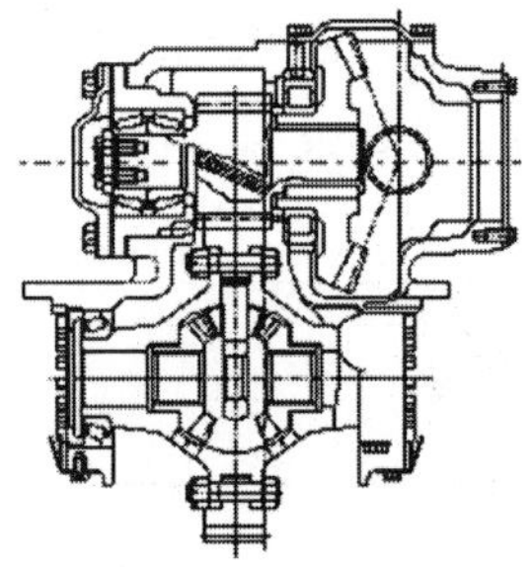	– 브레이크 라이닝 : 비석면 – 차동장치 : 차동잠금장치 (NSD) 적용 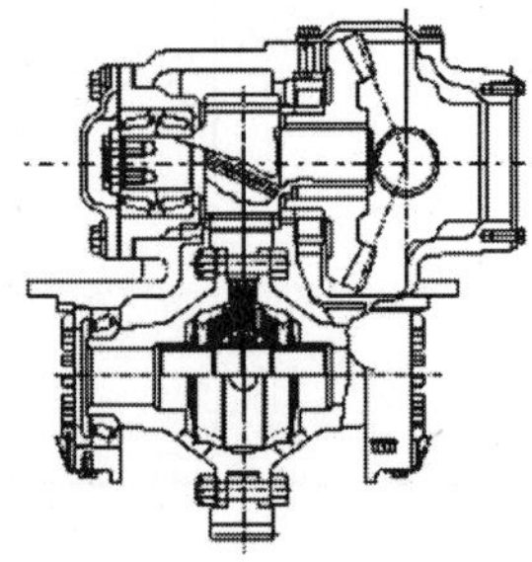

장비제원비교

구분	K311	K311A1
* 중간변속기	볼 및 너트식	
– 제조사	S&T 중공업(통일중공업)	←
– 변속 방식	슬라이딩메쉬	싱크로메쉬
– 변속 패턴	저속(4×4), 중립,	←
– 기어비	고속(4×4), 고속(4×2)	
– 고속/저속	1.000/1.940	←
– 오일 용량(ℓ)	1.7	2.8
* 전차축		
– 제조사	S&T 중공업(통일중공업)	←
– 형 식	전부동식	←
– 허용 하중(kg)	1,440	1,770
– 기어비	5.860	5.125
* 휠얼라인먼트		
– 토인(mm)	2 ~ 6mm	2 ~ 6mm
– 캠버(°)	1° 30'	←
– 캐스터 (°)	3	←
– 킹핀 경사각 (°)	7	←
– 최대 조향각 (°)	27 ~ 28	29
– 오일 용량(ℓ)	1.3	1.6
* 후차축		
– 제조사	S&T 중공업(통일중공업)	←
– 형 식	전부동식	←
– 특 징	–	차동잠금장치(NSD)
– 허용 하중(kg)	3,400	←
– 기어비	5.860	5.125
– 오일 용량(ℓ)	3.2	2.8
* 조향장치		
– 형식	볼 및 너트식	←
– 축 고정방법	Nontilting식	Tilting식
* 제동 장치		
– 사용제동기	드럼 내부 확장식	←
– 형식	진공 배력식	←
– M/VAC배율	3.2	9
– M/VAC크기	9" 단동 M/VAC	9" +10" 복동 M/VAC
– 주차제동기		

•위치	운전석 좌측	운전석 우측
•형식	기계식	←
•드럼	내부 확장식	←
•레버형식	토글식	래칫식(Ratchet)
* 타이어		
– 형식	튜브용 타이어	튜브리스 레디얼
규격(인치)	9.00–16–10PR	36–12.5R–16.5
– 휠 직경	(단면폭–림경–타이어 강도)	(외경– 단면폭–림경)
	16" ×6.5" (림폭)	16.5" ×8.25" (림폭)
* 의자 및 안전벨트		
– 운전석 의자	160	180
•슬라이딩(mm)	–	60
•높낮이(mm)	2점식	3점식
– 안전 벨트	2인석	1인석
– 선탑석 의자		
* 기타		
– 후드 개방각(°)		
– 전면 유리		
– 전면 보호대		

3.1.6 계기장치

구분	k311	k311 A1
*계기판넬	– 계기판넬 5종(회전속도계 없음) – 간접조명. 	– 계기판넬 6종(회전속도계 추가) – 투과조명(자발광식) – 경고등 셋 추가(경고심벌 9개) * 경고심벌 : 방향지시등, 오일압력 경고등, 전조등 상향 표시등 4WD 표시등,물분리기 경고등 충전경고등, 제동 경고등 먼지 표시기 경고등 엔진 예열 표시등 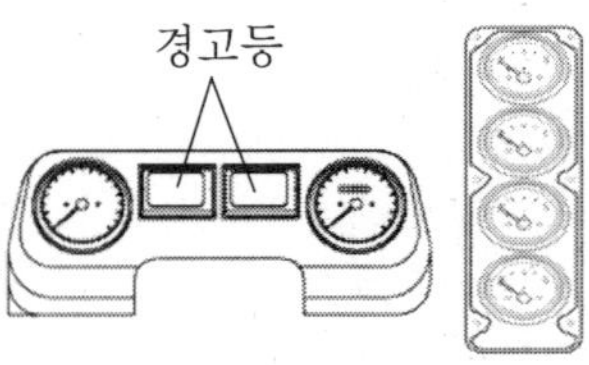

3.1.7 등화장치

구분	K311	K311A1
* 전조등 조립체 - 외형및 - 장착치수 표준차 동일. (호환성 유)	- 실드빔 60/80W 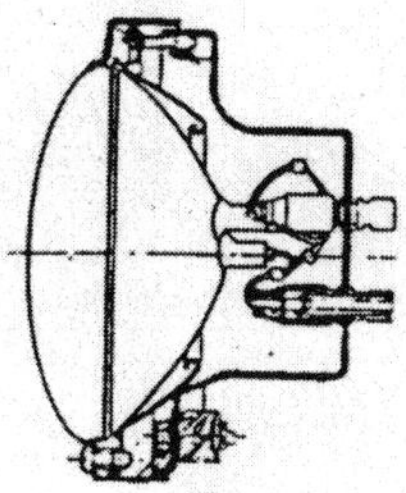	- 세미 실드빔[전구교환형, 70/75W] 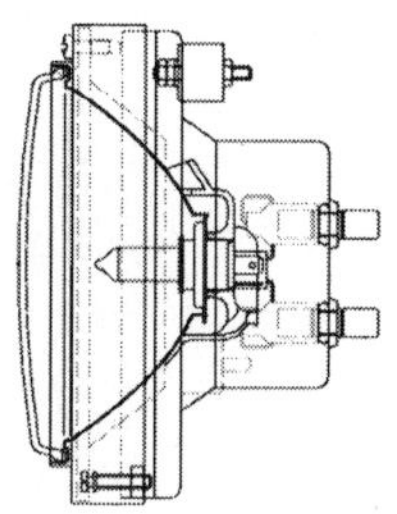
* 방향지시등 / 후진등 - 야간 주행 안전성 향상	-	- 측면방향 지시등(2EA) - 후방방향지시등(각 2EA) - 후진등(2EA) 추가

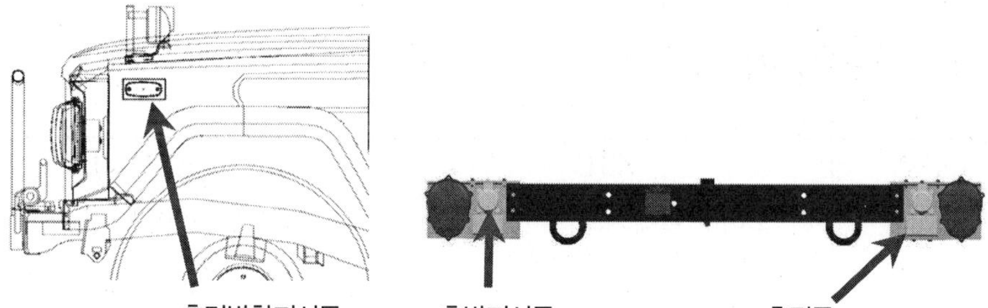

3.1.8 퓨즈 형식

구분	K311	K311A1
* 퓨즈	– 고리형 납 휴즈 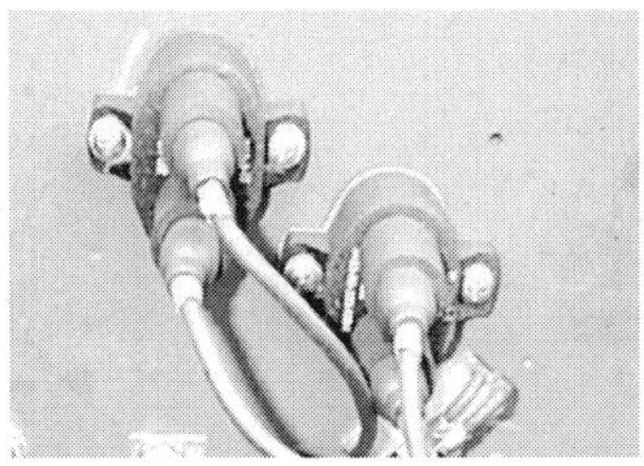	– 교체형(자동차용 AUTO FUSE) 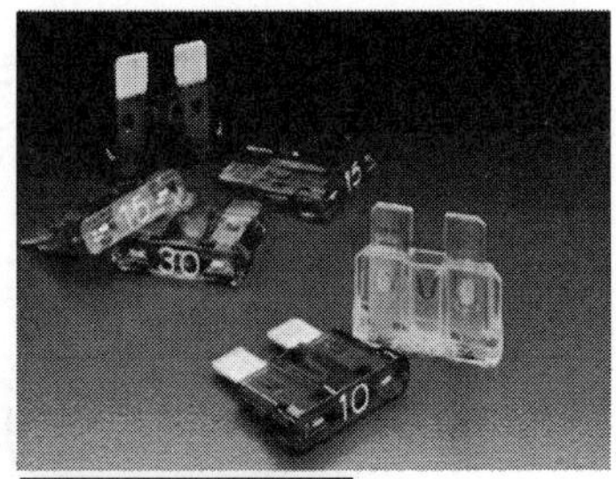 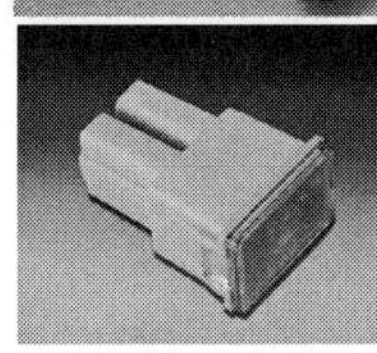

3.1.9 와이퍼 형식

구분	K311	K311A1
* 와이퍼	– 와이퍼 블레이드 (평면용 2개, 270mm) 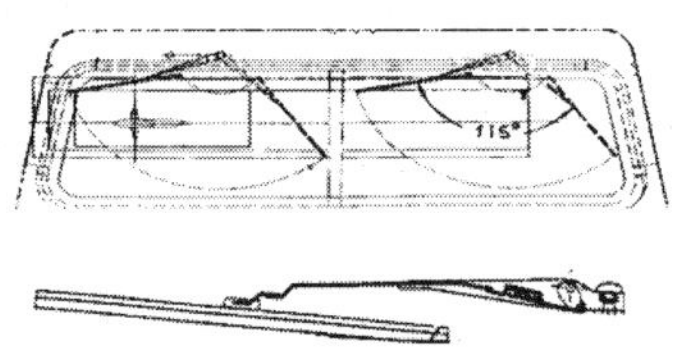	– 와이퍼 블레이드 (곡면용 3개, 305mm) 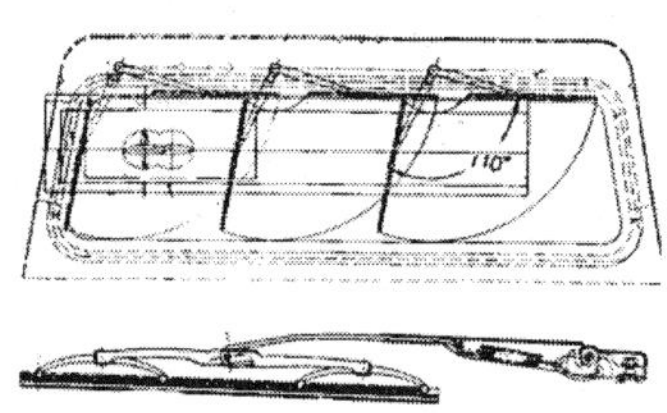
워셔 장치	– 워셔탱크 무	– 워셔탱크 장착 (2.5ℓ) 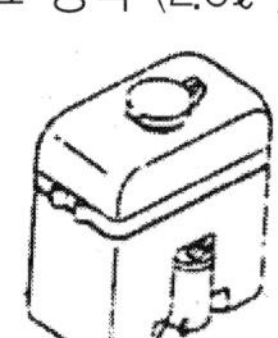

3.1.10 발전기 / 시동전동기

구분	K311	K311A1
발전기	– 용량 : 28V, 45A – 전압조정기 : 외장형	– 용량 : 28V, 70A – 전압조정기 : 내장형 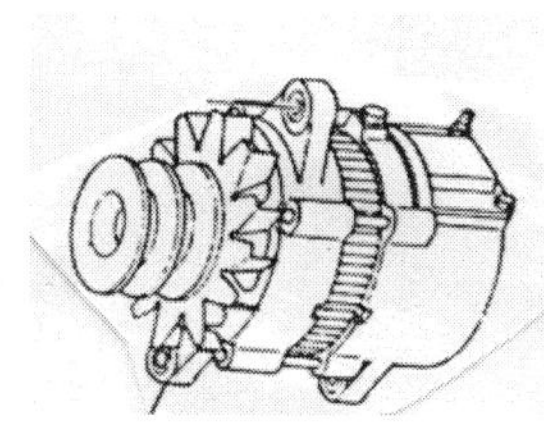
시동전동기	– 용량 : 24V, 4.5W	– 용량 : 24V, 5W 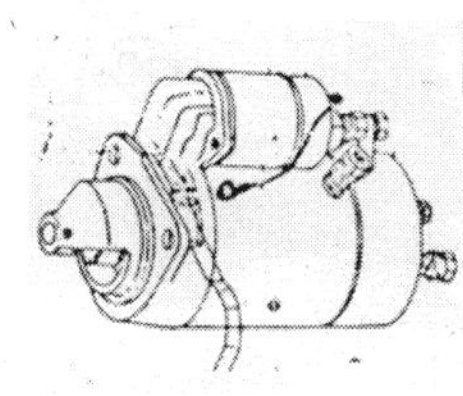

3.1.11 축전지 / 스위치

구분	K311	K311A1
* 축전지	– 용량 및 수량 : PTC 80, 2개 – 장착위치 : 실내	– 용량 및 수량 : PTC 100, 2개 – 장착위치 : 실외(양쪽) 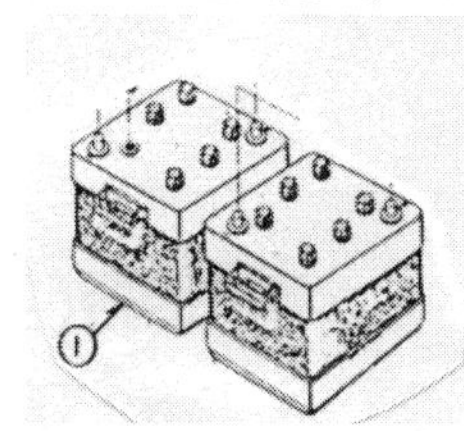
* 스위치	– 레버식 및 뽑기식 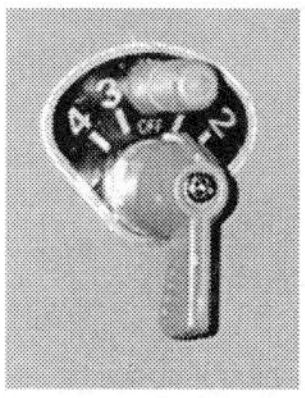 	– 버튼식(SEE-SAW) 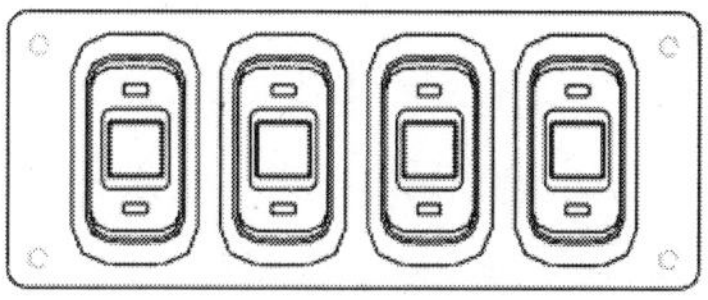

3.1.12 게시판 / 각종 지시기

가. 조종장치 및 지시기

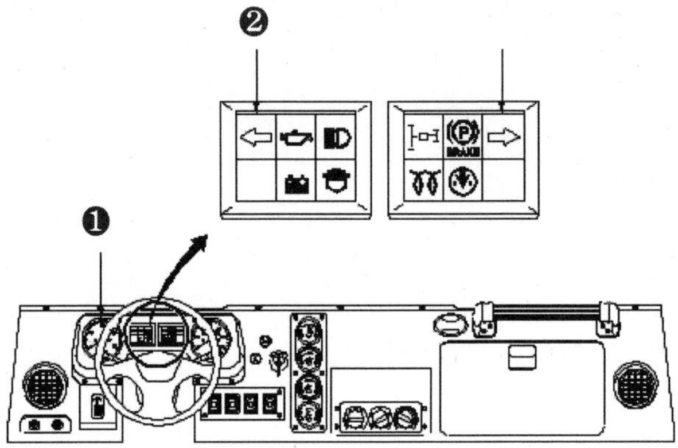

❶ 회전속도계 : 분당 회전수 표시

색범위 : 3,300~4,000pm

❷ 방향지시등 : 차량 외부의 방향지시등 점멸상태를 차량 내부에서 감지.

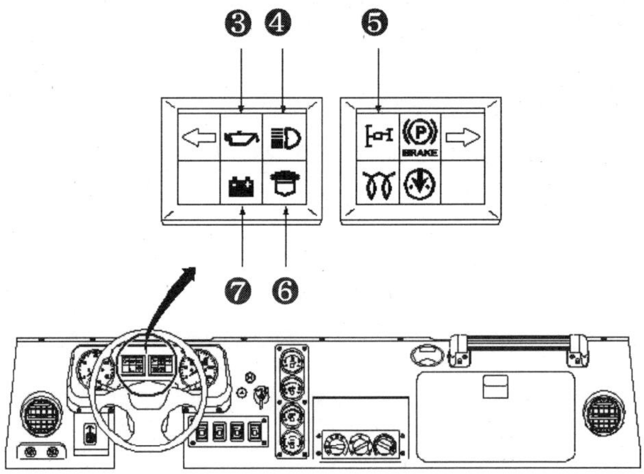

❸ 오일압력 경고등 : 엔진오일 부족 및 유압이 낮아질 경우 적색점등

* 이 경고등이 켜진 채로 운행하면 엔진에 치명적인 손상 발생.

❹ 전조등 상향표시등 : 전조등 상향표시

❺ 4WD 표시등 : 중간변속기의 4바퀴 구동을 녹색으로 표시

❻ 물 분리기 경고등 : 물분리기 내의 고인 물이 규정량 이상이면 점등.
❼ 충전 경고등 : 구동 벨트나 충전장치에 이상이 있을 때 적색점등 점등시 부대 정비에 의뢰

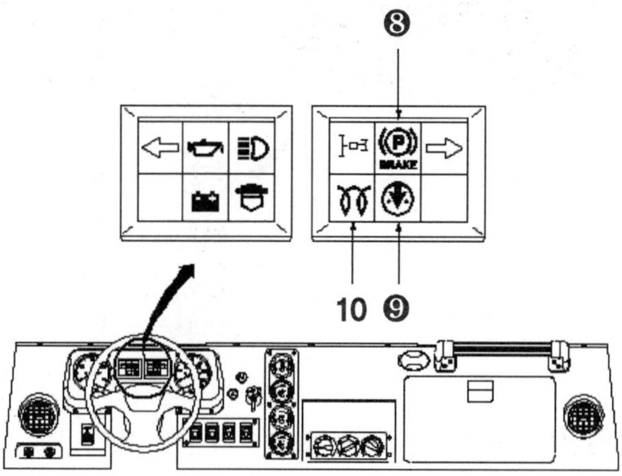

❽ 제동경고등 : 엔진 회전중 주차 제동기가 당겨져 있을 때 또는 제동기 오일이 부족할 때 적색 점등.

* 참고 : 단선확인이 쉽도록 시동 스위치가 "ON" 일 때 충전 경고등, 오일 압력 경고등, 제동경고등이 점등됨

❾ 먼지 표시기 경고등 : 공기정화기의 여과기가 오염된 경우에 점등. 여과기 여과망을 청소하고 4회청소시 교환.
10 엔진 예열 표시등 : 엔진 시동시 예열상태를 알려주는 호박색등이 점등.

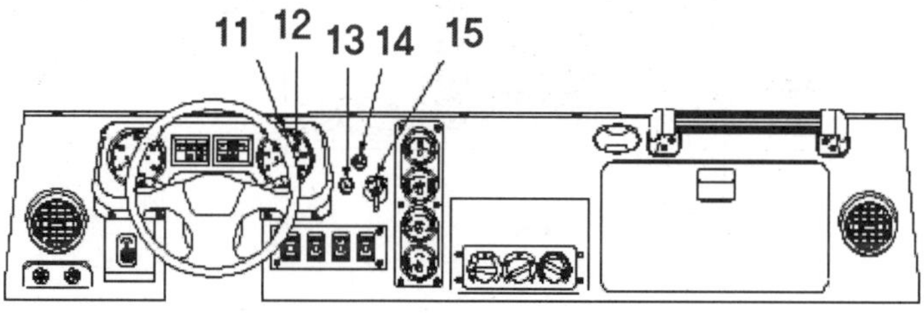

11 주행속도계 : 속도 120km/h까지의 주행속도를 나타냄.
12 주행 적산 거리계 : 주행한 거리의 총합계를 나타냄.
13 비상등 스위치 : 차량의 위급상황 또는 위험을 알린다.
14 조속기 손잡이 : 엔진의 공회전, 예열 또는 보조장비의 운용시 엔진속도를 조절.(좌측회전 : 느려짐, 우측회전 : 빨라짐)

15 선택 스위치 : 평상시 및 비상시1 (등화관제 정지등 및 표시등 점등), 비상시2 (등화관제 운행등 점등).

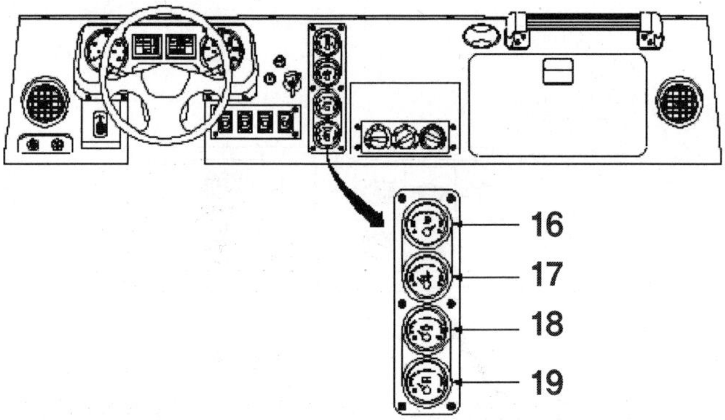

16 연료계 : 연료탱크내의 연료량을 표시. 잔류량이 적어짐에 따라 "F"에서 "E" 위치로 내려감.

17 온도계 : 엔진회전중 냉각수 온도 표시. 적색시 냉각수의 양 또는 구동 벨트의 장력을 점검.

18 유압계 : 엔진오일의 압력을 표시. 지침이 적색범위 지시 - 엔진 오일이 부족한 상태임.

19 전압계 : 축전지의 전압을 표시. 적색범위 지시 : 축전지 점검.

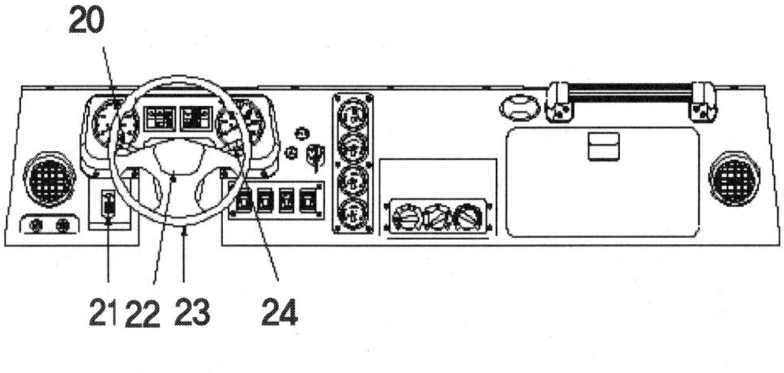

20 복합스위치 : 전조등의 상향등, 하향등, 추월신호 및 방향지시등 작동

21 조광기 : 계기판 내의 조명등의 밝기 조절

22 경음기 스위치 : 위험상황 및 경적음을 울려야할 경우에 사용.

23 조향 휠 : 차량의 조향시 사용.

24 와이퍼 및 워셔 스위치 : 와이퍼 조작시 사용.(OFF, INT, 1, 2단) 및 워셔액 분출시 사용.

3.1.13 스위치/기타 부품

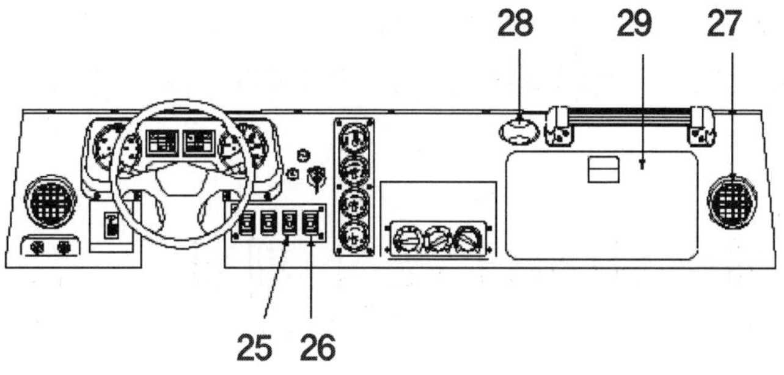

25 주차등 스위치 : 주차등 점등시 사용.

26 지도등 스위치 : 지도등 점등시 사용.

27 온열기(히터) 방출구 : 온열기의 바람 방향을 조절.

28 지도등 : 지도를 보기 위해 사용.

29 보관함 : 작은 물건을 보관.

3.1.14 페달/조작레버

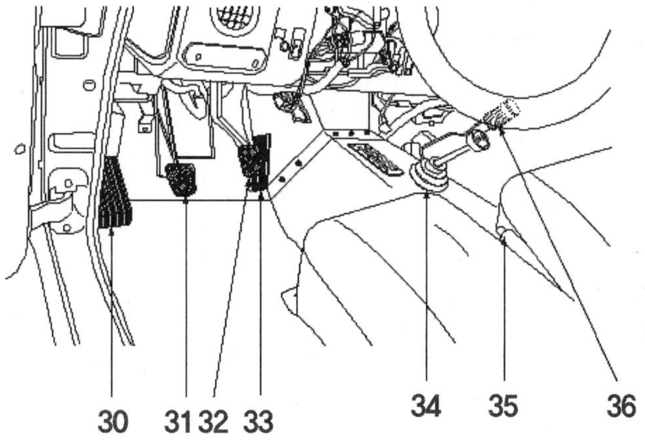

30 발 받침대 : 왼발을 사용하지 않을 때 이 받침대에 위치시킴.

31 클러치 페달 : 변속시 사용

32 제동기 페달 : 차량제동시 사용.

33 가속기 페달 : 가속시 사용.

34 변속레버 : 변속시 사용.

35 주차 제동기 레버 : 차량 주차시 사용.

36 중간변속기 레버 : 앞차축에 동력을 전달하거나 중립 등에 사용.

3.1.15 에어컨/히터 조작 패널

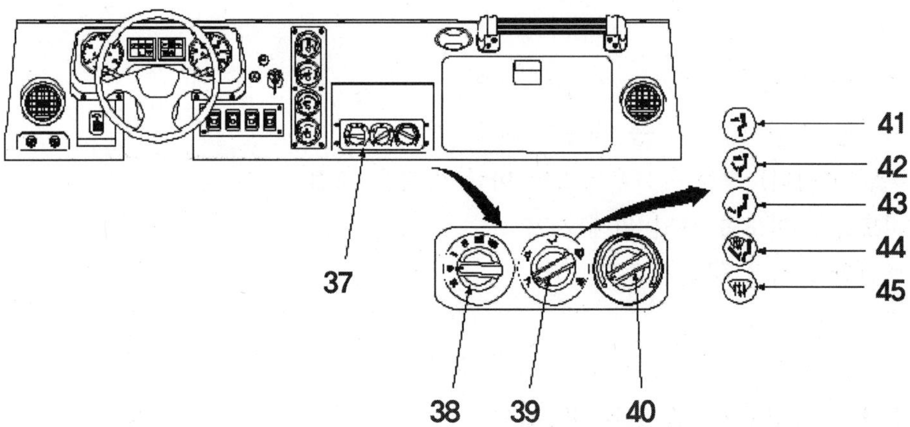

37 히터 조종스위치 조립체

38 송풍속도 조절스위치

39 토출공기 방향선택 스위치

40 송풍온도 조절스위치

41 얼굴위치

42 바이레벨 위치(얼굴, 다리)

43 다리위치

44 다리/제습위치

45 제습위치

3.1.16 주요 장치의 작동 원리

가. 윤활장치

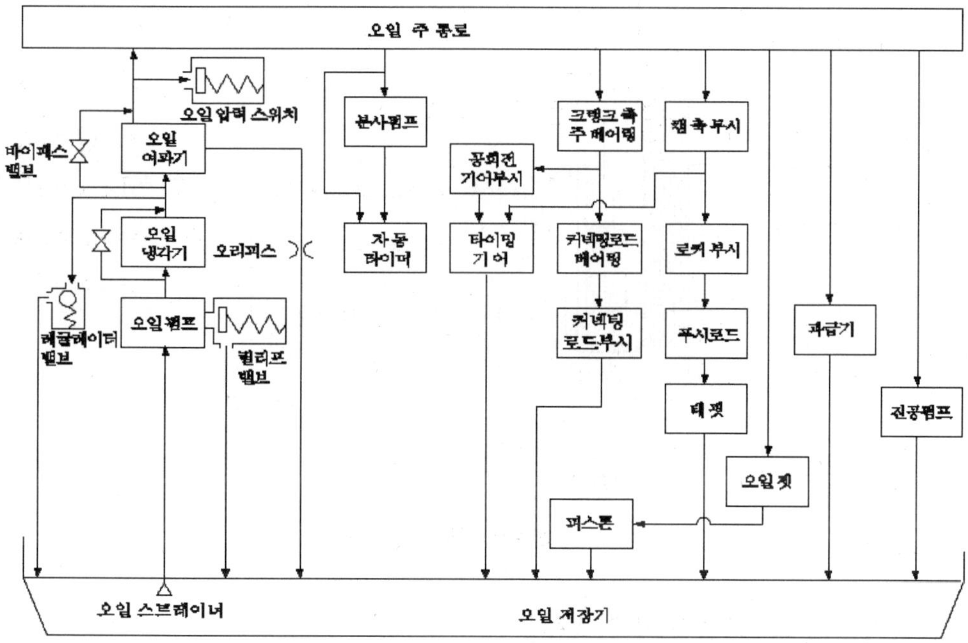

윤활장치 흐름도

나. 냉각장치

엔진은 냉각수 펌프에 의해서 강제 순환되는 냉각수에 의해 냉각된다.

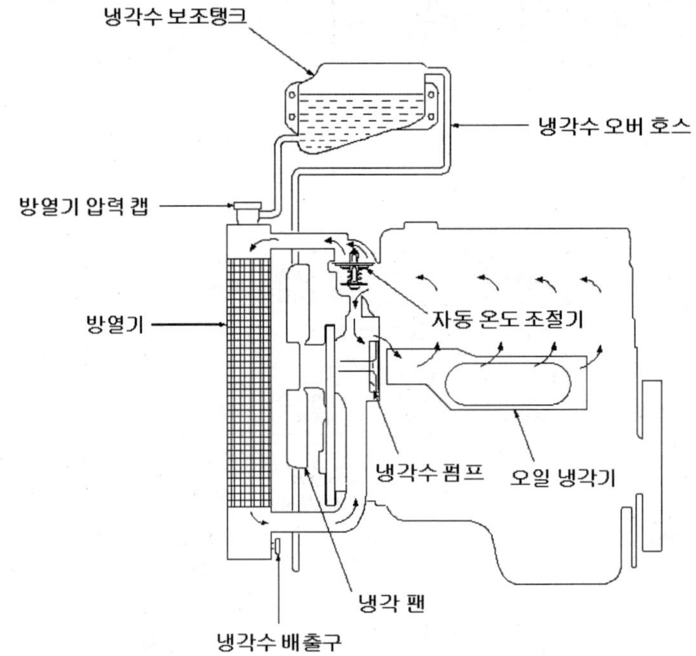

엔진은 냉각수 펌프에 의해서 강제 순환되는 냉각수에 의해 냉각된다.

냉각수 흐름도

(1) 냉각수 온도 조절기[썸머스탯]

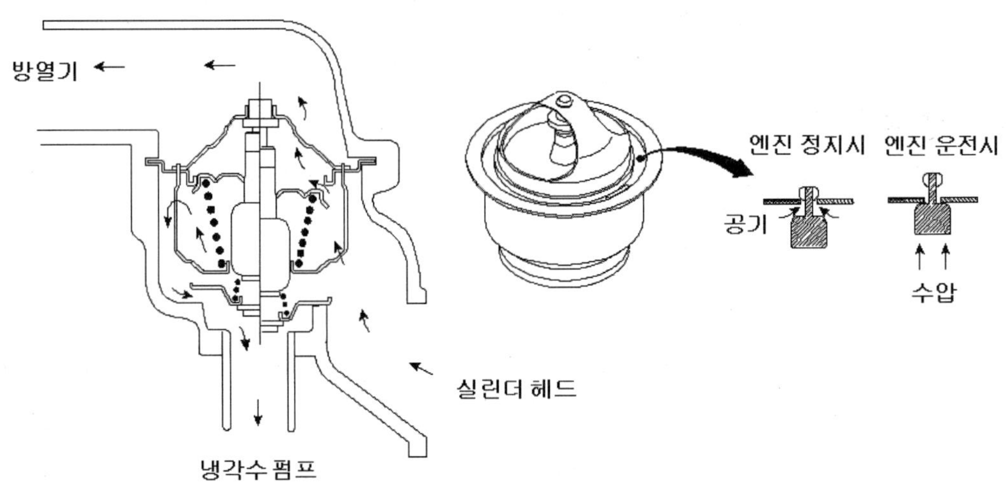

자동 온도조절기

다. 연료장치

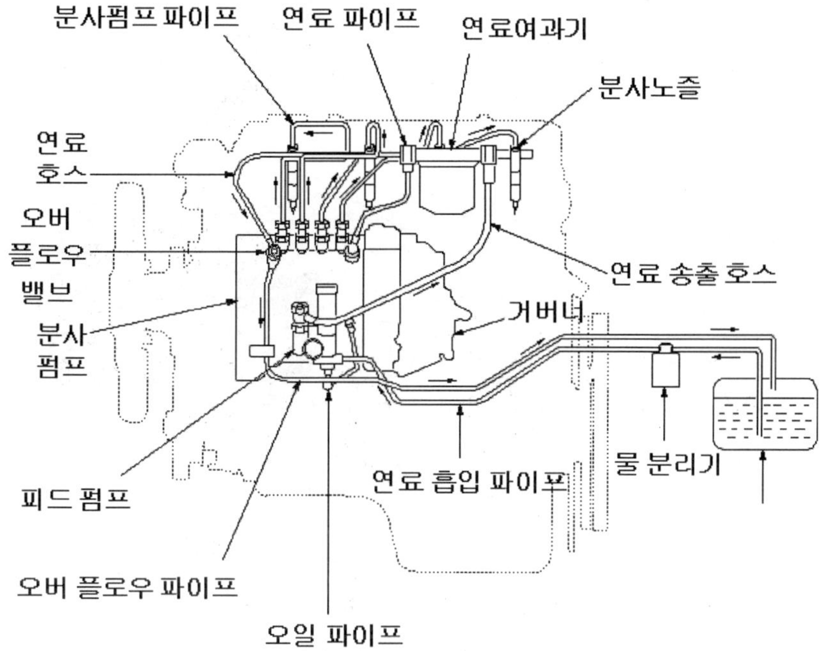

연료 장치 흐름도

- 엔진의 회전 → 분사 펌프의 캠 축에 전달한다.
- 피드 펌프는 캠 축의 회전에 의해 작동하여 연료 탱크로부터 연료를 흡입하여 약 1.8~2.5kg/㎠의 압력으로 연료여과기에 보낸다.
- 연료여과기로 여과된 연료는 펌프 하우징 내의 유류실에 보내져 캠 축의 회전에 의해 플런저가 상승과 동시 연료를 고압으로 하여 분사펌프로부터 분사 파이프를 거쳐 노즐로부터 엔진의 연소실에 분사한다.
- 오버 플로우 밸브가 있어서 압력 이상이 되면 연료는 연료탱크로 되돌아간다.

라. 흡·배기 장치

(1) 중간 냉각기(인터쿨러)

중간 냉각기는 과급기에서 발생되는 뜨거운 공기를 냉각시킨다. 단위체적당의 산소량 증가.

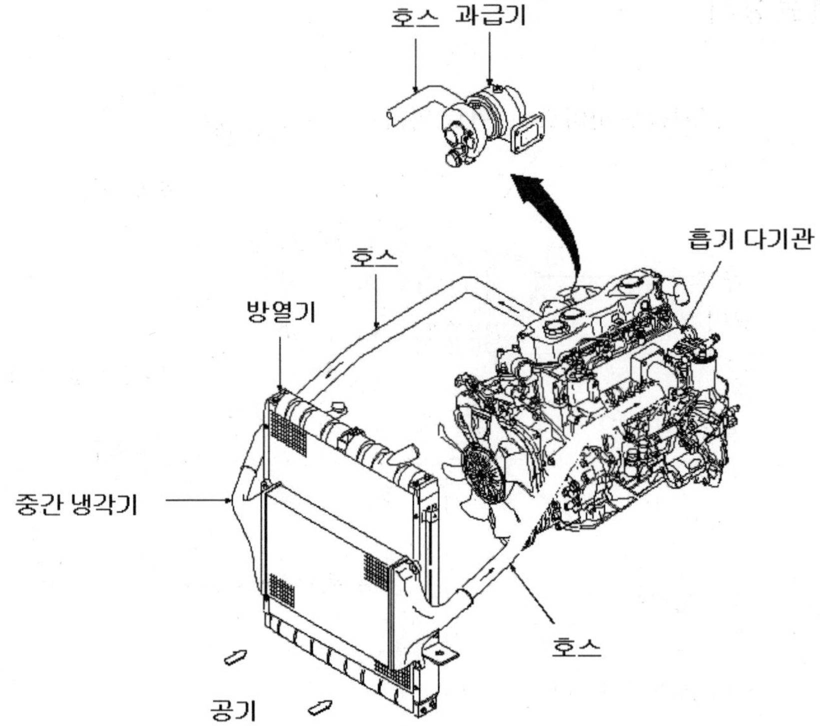

중간 냉각기(인터쿨러) 흐름도

(2) 과급기(터보차저)의 작동원리

과급기는 배기 가스의 에너지를 이용하여 연소실 안으로 많은 공기를 공급하여 출력을 높여주는 장치이다.

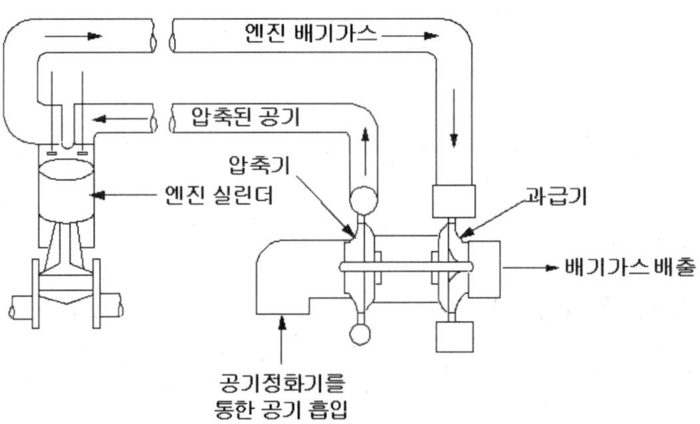

과급기의 작동 원리

(3) 과급기(터보차저)의 구조

웨이스트 게이트 밸브는 과급기의 오버런 및 흡기 다기관내의 압력 과대를 방지하고 여분의 배출가스를 액츄에이터로 보내어 부스트 압을 적정으로 조정하여 과급기의 오버런 및 흡기 다기관 내압 과대를 방지하고 있다. 부스트 압은 압축기 덮개에서 덮개 호스로 액츄에이터실로 유도하여 A실로 움직여 부스트압이 규정이하일때는 웨이스트 게이트 밸브는 닫혀있고 배기가스는 과급기 휠을 돌린다.

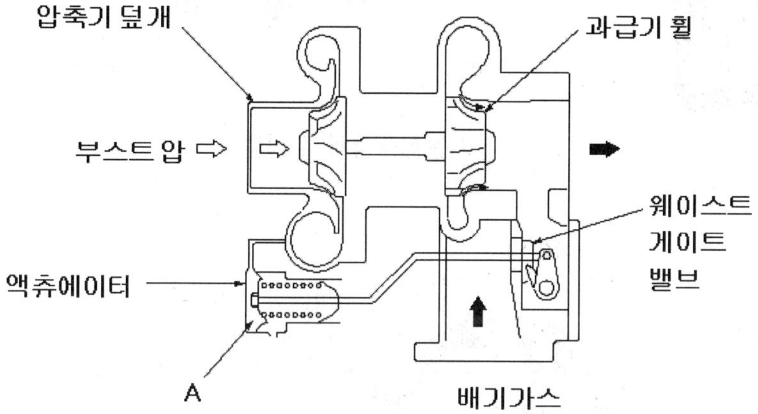

과급기의 구조(1)

A실로 움직여 부스트 압이 규정치 이상일 때 웨이스트 게이트 밸브를 연다. 이때 배기 가스 일부는 휠을 돌리지 않고 바로 배기관으로 배출하고 압축기 휠의 회전이 감소하여 부스트 압이 저하한다.

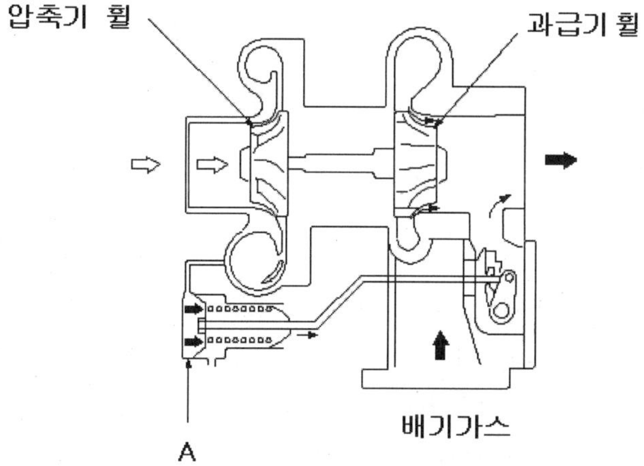

과급기의 구조(2)

마. 차동잠금장치(NSD : No-Spin Differential)

(1) 구성

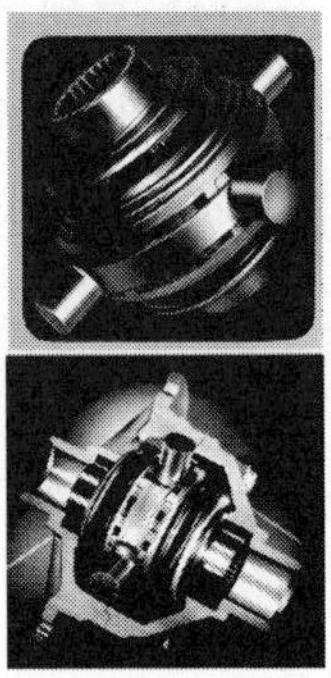

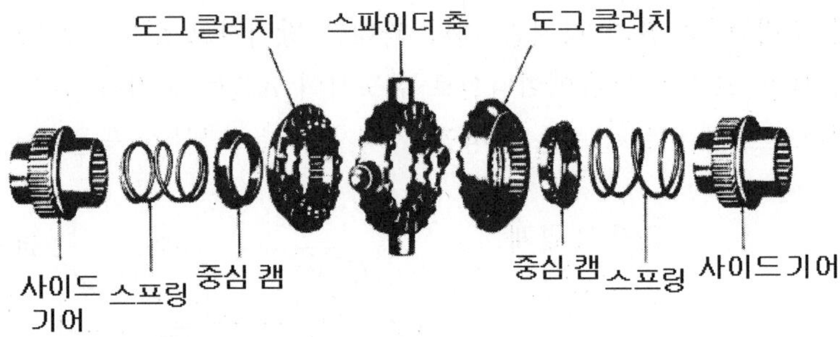

차동잠금장치 구성품

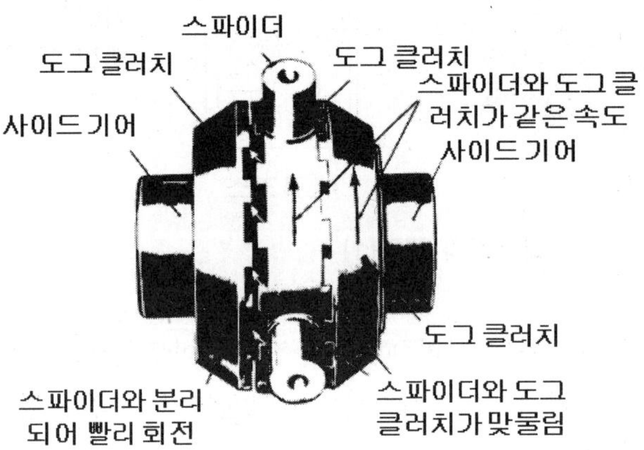

잠금장치의 작동원리

▮ 차량이 직진시

좌/우 양바퀴의 회전 속도가 같으므로 스파이더와 도그 클러치가 맞물린 상태로 일체가 되어 회전

▮ 차량이 선회시

내측과 외측은 회전반경의 차가 생김, 외측휠은 노면접지력에 의해서 상대적으로 빠른 회전속도로 돌게 됨. 외측 중심캠의 기어산이 스파이더 안쪽기어산 위에 위치하게 되며 도그클러치의 이가 스파이더 기어의 이에서 빠지게 됨.

외측 도그클러치가 스파이더에서 분리되어 자유롭게 회전하며 이때 구동력은 안쪽 바퀴에만 전달됨.

경 고

1. 휠, 제동기, 차축 또는 타이어를 정비할 경우 및 정비 중 차량의 이동에 의한 안전사고를 예방하기 위해서는 "엔진을 정지" 한 상태에서 정비해야 하며 "차동잠금장치" 를 장착한 모든 구동축을 들어올린 상태에서 작업할 것.
2. 차동잠금장치가 정상적으로 작동되지 않는다면 차량의 사용을 즉시 중지한다.
3. 좌 · 우 동일 사양의 타이어 제원을 유지할 것. 만약 그렇게 하지 않으면 차륜간의 속도차에 의한 차동잠금장치의 고장을 일으키고 조향장치에 중대한 고장을 일으킬 수 있다.

3.1.17 정비절차

가. 엔진 오일 수준 점검

(1) 엔진 오일 계심봉은 엔진 좌측 후방에 위치하며 가능한 한 오일 수준을 최고점(F)에 가깝게 유지한다.

(2) 엔진 오일 수준이 낮으면 오일 주입구 마개를 열고 엔진 오일을 보충한다.

(3) 엔진 오일 수준을 점검한 다음 계심봉을 끼운다.

(주)

1. 평탄한 장소에서 실시
2. 오일 주입구로 먼지 등이 들어가지 않도록 주의
3. 오일의 최고점(F) 범위를 초과해 주입하지 않도록 한다.
4. 오일 보충 후 점검은 6분 정도 지난 다음 실시하고 곧바로 점검하면 적게 표시되어 지나치게 많이 들어갈 수 있다.
5. 보충시 주위에 흘린 엔진 오일은 필히 닦는다.

나. 공기정화기

(1) 공기 정화기의 불량은 엔진 수명 단축, 매연의 과다 발생, 엔진 출력의 저하 등에 직접 영향을 미친다. 비포장 도로나 먼지가 많은 도로에서 주행하면 먼지가 더욱 많이 흡입되므로 점검 및 청소를 철저히 한다.

(2) 비포장 도로에서는 1개월 또는 2,000km 주행시마다 공기정화기 엘리먼트를 청소하고 필요시 교환한다. 포장로에서는 3개월 또는 4,800km 주행시마다 공기정화기 엘리먼트를 청소하고 필요시 교환한다.

(주)
계기판의 먼지 표시기 경고등이 점등되면 주행거리에 관계없이 전원을 차단 후 공기정화기 엘리먼트를 청소 또는 교환하여야 한다.

다. 연료여과기 공기 빼기

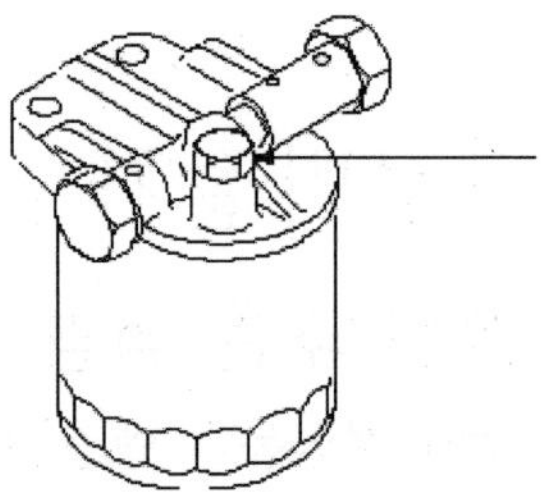

수동 펌프는 엔진 초기 시동시 또는 연료여과기, 물 분리기 연료 탱크 등 연료 계통 부품의 세척 및 교환 후 연료 계통에 연료을 충진시키고 연료 내의 공기를 제거할 때 사용한다.

(1) 연료여과기 위에 있는 공기 배출마개를 왼쪽으로 돌려 푼다.
(2) 수동 펌프를 반시계방향으로 돌려 손으로 풀고 펌프질한다.
(3) 연료여과기의 공기 배출마개에서 공기가 제거된 연료가 나올 때까지 공기빼기를 계속한다.
(4) 연료만 유출되면 수동 펌프 작동을 멈추고 공기 배출마개를 잠근다.

라. 엔진 구동벨트

(1) 엔진 구동벨트는 약간의 이완 정도를 가진다.
과도한 이완은 교류발전기와 냉각수 펌프의 회전을 늦게 하고 엔진 과열 및 충전전류 부족의 원인이 된다.
반대로 과도한 장력은 벨트와 부분품의 손상을 준다.
(2) 구동벨트 장력 및 상태 점검은 1개월 또는 1,600km 주행시마다 실시
(3) 정상적인 구동벨트의 장력은 약 10kg의 힘으로 눌렀을 때 12 ~ 16mm
(4) 만약 조정을 요할시에는 교류발전기 조정 나사를 풀고 장력을 조정한 다음 교류발전기 조정 나사를 조인다.

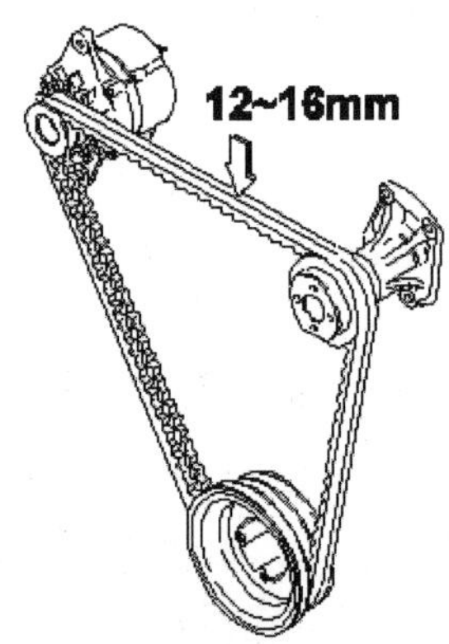

엔진 구동벨트

마. 축전지

(1) 12V 축전지 2개를 차량 좌/우에 1개씩 장착하고 있다.

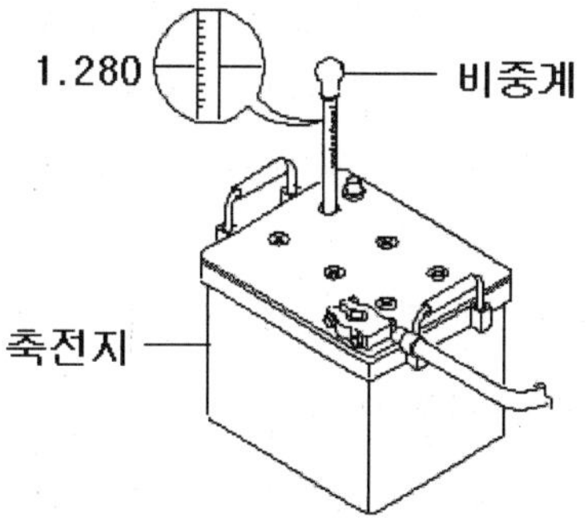

축전지 비중계 측정

(2) 축전지 사용시 주의사항

1) 전해액(비중 1.280±0.01/20℃)을 축전지 상한선까지 주입하고 약 20분 정도 경과 후 차량에 장착
2) 단자를 조인 다음 항상 깨끗이 손질하여 부식을 방지
3) 전해액 부족시는 증류수를 상한선까지 보충하고 주입구 주변을 청결히 유지
4) 전해액이 부족한 상태로 계속 운행할 경우에는 가스가 발생하여 폭발할 수가 있으므로 사용을 중지한다.
5) 방전된 상태는 축전지 자체의 결함이 아니므로 필히 재충전 후 사용한다.
6) 다른 전장품이 불량일 경우 축전지의 과충전 또는 과방전이 되어 수명 단축의 원인이 된다.
7) 충전시 인화성 가스가 발생하여 폭발할 위험이 있으므로 화기 접근, 정전기 접근, 단자간의 단락은 금한다.

(3) 축전지 단자의 청소

1) 단자부에 오염이 되었을때는 청소를 하고 부식되어 흰가루 등이 붙어있는 경우에는 미지근한 물을 부어 닦으면 잘 떨어진다.
2) 단자부의 부식이 심한 것은 단자부를 분리하고 철솔, 사포 등으로 문질러 깨끗이 유지
3) 청소 조립후에는 단자부에 그리스 등을 엷게 도포
4) 단자부에 처짐이 없도록 확실하게 조이고 또 청소할 때에는 축전지 주입구 안에 이물질이 들어가지 않도록 마개를 닫아준다.

(주)

전해액을 취급시에는 피부, 눈, 피복 및 차량 등에 전해액이 묻지 않도록 주의한다. 만약 전해액이 피부에 묻었을 경우에는 즉시 물로 닦아낸 다음 군의관의 지시를 받아야 한다. 축전지를 정비할 때에는 금연해야 하며 차체나 점화 가능한 물체로부터 멀리 떨어진다.

(4) 축전지 손질

1) 엔진 시동을 정지
2) 공구 사용시 다른 부분과 단락되지 않도록 주의
3) 축전지 단자의 분리는(-)단자로부터 하고 조립은 (+)단자를 먼저 한다.

사. 제동기 및 클러치 페달

(1) 제동기 페달

제동기 페달 유격이 8~11mm 사이가 되는가를 점검한다. 유격이 너무 크면 제동이 어려우며 유격이 너무 작으면 급제동이 된다.

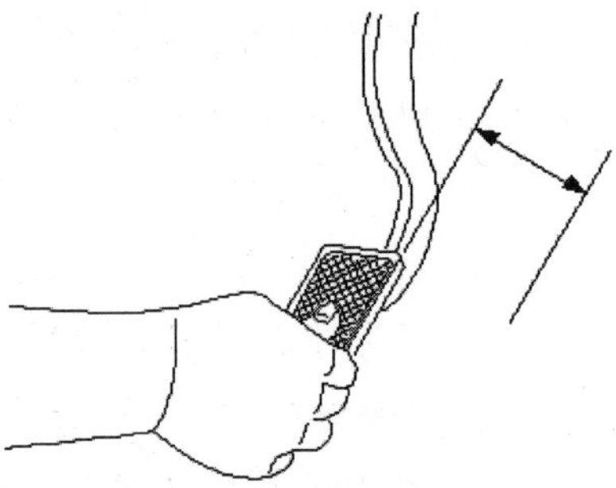

제동기 및 클러츠 페달

(2) 클러치 페달

클러치 페달 유격이 13~20mm 사이가 되는가를 점검한다. 클러치 페달 유격이 너무 크면 동력 차단이 어려우며 너무 작으면 클러치 면이 미끄러지므로 동력 전달이 불량하다.

아. 타이어

(1) 타이어 공기압 압력 측정

(주)

※ 타이어 공기압(psi)
- 포장/비포장/야지 – 전륜 : 40, 후륜 : 45
- 진흙/모래/설상지 – 전륜 : 35, 후륜 : 40

(가) 타이어 공기 주입 밸브 마개를 제거
(나) 공기 압력 측정 계기를 타이어 공기 주입 밸브에 설치한다음 공기 주입 밸브를 눌러서 측정
(다) 점검한 다음 반드시 밸브 마개를 견고히 조인다.

(2) 타이어 공기 주입(공기압이 규정치보다 작을때)

(가) 타이어 공기 주입 밸브 마개를 제거한다.

(나) 밸브에 공기 주입 호스 끝을 연결한 다음 공기 주입 호스 레버에 힘을 주어 눌러서 공기를 주입한다.

(다) 공기 주입 호스에 있는 압력 계기 레버를 순간적으로 풀고 타이어 공기 압력을 측정한다.

(라) 타이어에 규정 압력만큼 공기를 주입하고 끝나면 타이어 공기 밸브 마개를 잠근다.

(3) 타이어 공기 주입(공기가 완전 누기시)

(가) 타이어 공기 주입기에 부착되어 있는 흡입밸브 및 배출밸브를 잠근다.

(나) 흡입밸브 연결부에 공기 압축기의 공기 호스를 연결한다.

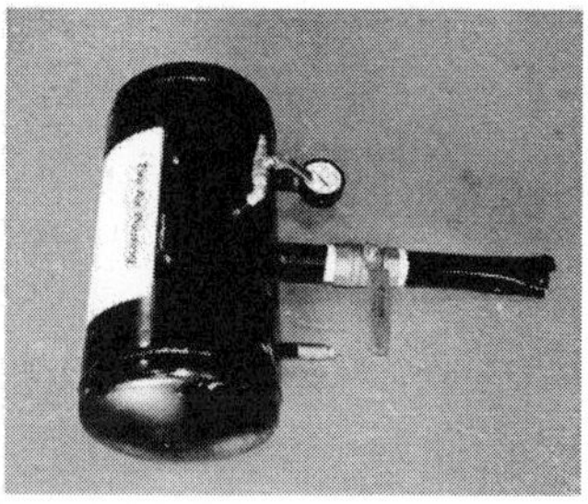

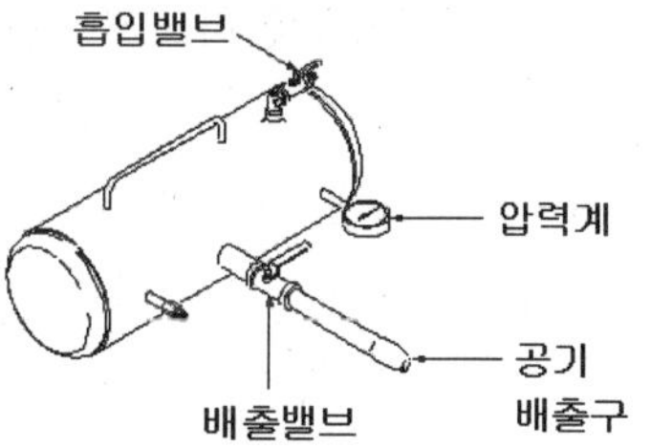

공기 주입기

경 고

타이어 공기 주입기의 공기 배출구를 사람쪽으로 향하게 하여 공기를 배출시켜서는 안된다.

(주)

타이어 공기 주입기에 공기를 규정 용량 이상으로 주입해서는 안된다.(규정용량 : 약 5~7kgf/㎠)

(다) 흡입밸브를 열어 공기 탱크에 공기가 약 5~7kgf/㎠ 정도로 주입되면 흡입밸브를 잠근다.

(라) 타이어 공기 주입기의 배출구를 타이어 비드와 차륜 사이에 위치시키고 배출밸브를 개방시킨 다음 공기를 주입시킨다.

(마) 타이어에 공기 주입 호스와 공기 압축기를 연결하여 타이어 공기압을 규정치에 맞춘다.

공기 주입기 사용 요령

(바) 타이어에 규정치만큼 공기를 주입하고 끝나면 타이어 공기 밸브 마개를 잠근다.

(사) 타이어 밸브 주변을 누출 여부를 비눗물 등으로 확인 점검한다.

(4) 타이어 상호 위치 교환

타이어의 마모를 균일하게 하고 타이어 수명을 최대로 하기 위하여 매 6,000km 주행시마다 타이어 상호 위치를 교환한다. 타이어 위치를 상호 교환할 때 공기 압력을 반드시 점검한다.

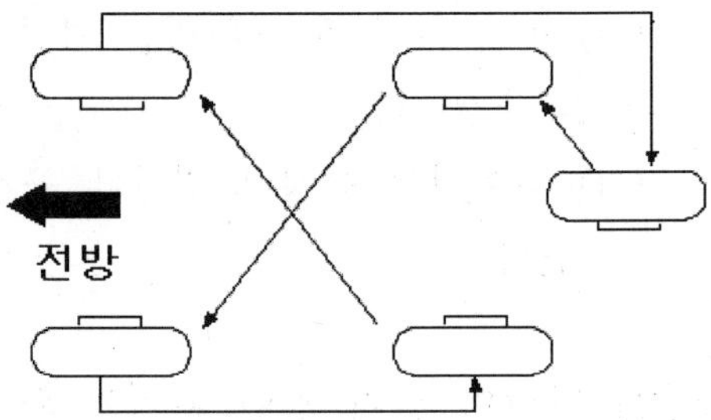

타이어 상호 위치 교환

(5) 타이어 교환

(가) 평탄한 곳에 차량을 주차하고 주차 제동기를 작동하여 차량이 움직이지 않도록 하며 대각선 방향으로 바퀴에 고임목을 설치한다.

(나) 잭, 잭 손잡이 및 휠 스터드 너트 렌치를 준비한다.

(다) 잭을 교환하고자하는 곳의 스프링 밑에 놓고 차륜을 지면으로부터 들어올리고 휠 스터드 너트를 좌측으로 돌려 풀고 타이어를 제거한다.

(라) 차륜에 신품의 타이어를 맞춰 끼우고 휠 스터드 너트를 약간 조인다.

(마) 타이어가 지면에 약간 닿을 때까지 잭을 내린 다음 휠 스터드 너트를 조인다. 조임토크 12.5~15.2kgf · m

(바) 사용불가한 타이어를 가능한 한 신속히 정비 또는 교환한 다음 예비 타이어 운반대에 설치

(6) 타이어 체인 장착

(가) 차를 평탄한 장소에 주차시킨 후 타이어 체인을 바퀴의 앞쪽에 길게 펼쳐 놓는다.

(나) 체인 위로 차를 전진시켜서 앞쪽 걸고리에서 20~50cm의 위치까지 체인위로 차량을 이동한다.

(다) 차량을 정지시키고 뒤쪽에서 타이어를 감듯이 체인으로 타이어를 씌

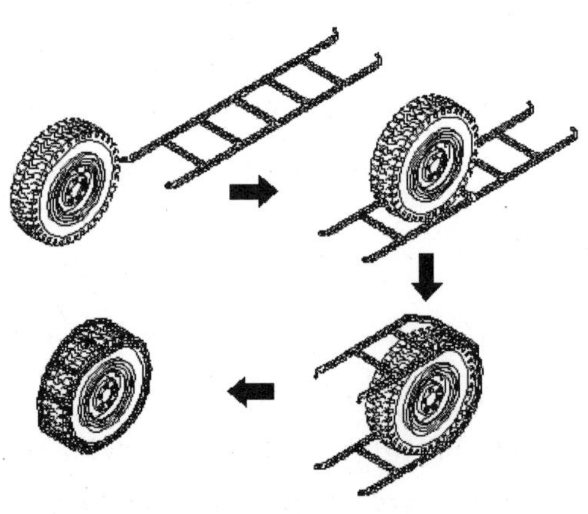
타이어 체인 장착

우고 걸고리를 그림에서와 같이 체결한다.(마지막 그림 참조) 걸고리는 내측을 먼저 연결한 다음에 외측을 연결한다.

(라) 체인 결박띠로 체인을 단단히 고정한다.

(주)

1. 적설로 및 동결로가 아니면 타이어 체인을 사용하지 않는다.
2. 체인을 사용하기 전에 타이어에 맞춰보고 너무 길거나 짧지 않도록 조절한다. 특히 안쪽에는 링크가 남아 있지 않도록 조절 스프링 밴드가 너무 길면 호과적이지 못하다. 필히 타이어에 맞는 크기를 사용한다.
3. 타이어 체인은 연결의 구부러진 부위가 타이어 바깥쪽을 향하도록 한다.
4. 내측 후크는 체인의 고리가 남지 않도록 끼우고 내측 체인의 이완이 없도록 외측 후크를 끼워준다.
5. 적설로에서는 20km/h 이하로 천천히 주행한다.

3.1.18 정비 작업시 주의사항

가. 안전 점검 및 작업준비

(1) 평탄한 곳에 차량을 위치시키고 엔진을 끔

(2) 안전 잭 및 고임목을 정확히 설치

(3) 전장관련 작업시 축전지 음극 케이블 분리

나. 고장배제 및 작업

(1) 고장 원인을 파악하여 제거, 분해의 필요성 규명

(2) 작업 범위설정

(3) 추가 작업 필요시 작업 방안 결정후 작업

다. 공구, 게이지, 특수공구

(1) 작업전에 기본공구, 게이지, 특수공구 준비 및 정열

(2) 특수 공구 필요한 작업에는 반드시 사용

라. 분해작업시 주의사항

(1) 복잡한 부품은 각인 및 마크 표시 후 분해
(2) 볼트 및 너트는 제짝과 조립위치 숙지 또는 표시 후 분해
(3) 전기배선 연결부 및 커넥터에 표시 후 분리

마. 분해중 점검

(1) 부품의 조립상태, 원형의 손상 유무 점검

바. 분해 부품의 정리

(1) 분해한 순서대로 정리
(2) 교환 부품과 재사용 부품을 구분 및 표시

사. 분해 부품의 세척

(1) 재사용 부품 세척 실시(솔벤트, 신나 등 사용)

아. 조립시 주의사항

(1) 분해의 역순으로 무리한힘을 가하지 말고 조립
(2) 분해시의 위치 및 제짝을 맞추어 조립
(3) 소모성 품목(오일 시일, 개스킷, O-링, 잠금 와셔, 분할 핀 등)은 신품으로 대체
(4) 게이지, 회로시험기 등을 사용하여 표준치가 되도록 조정

자. 전기 계통 작업

(1) 배선을 분리할 때 무리하게 잡아당기지 않음
(2) 센서, 릴레이류는 떨어뜨리거나 던지지 않음

차. 고무 부품 및 호스류 등

(1) 연료 및 각종 오일 등에 묻지 않도록 주의

카. 기타

(1) 공구류 회수 및 정리 정돈

제 2 절 2½톤 트럭[K511A1]

3.2.1 장비 제원

가. K511A1 차량제원

항목 \ 차종		K511A1 신형 표준차량	K511 구형 표준차량
(1) 일반제원	전장(W/W)	715.5cm 이하	706.8cm
	전장(WO/W)	680.0cm 이하	671.2cm
	전폭	250.0cm 이하	243.8cm
	전고	290.0cm 이하	284.5cm
	축거	391.2 ±30cm	391.2cm
	윤거	전172.1±40cm 후201.5cm 이하	전172.1cm 후177.8cm
	최소회전반경	11.0 m 이하	10.4 m
	공차중량	6,500kg 이하	6,006kg
	적재중량	포장4,540±3% 야지2,270±3%	포장4,540kg 야지2,270kg
(2) 성능	최고속도	90.0km/h 이상	82.2km/h
	제동능력	9.14m 이하	9.14m
	항속거리	600km 이상	560km
	등판능력	60% 20%	60% 20%
	연료소비율	5.5km/ℓ 이상	–
(3) 엔진	모델	KK-7.4(기아)	D0846M(대우)
	배기량	7,412cc	7,255cc
	압축비	19:1	17:1
	분사순서	1-4-2-6-3-5	1-5-3-6-2-4
	착화시기	BTDC13°	BTDC27°
	밸브간극(흡/배기)	0.3/0.5mm	0.2/0.25mm
	최고출력	183/2900(ps/rpm)	138/2500(ps/rpm)
	최대토크	51/1,600(/rpm)	42.5/1,600(/rpm)
	공회전속도	625±25rpm	600~650rpm
	중량(오일미포함)	493kg	–
	예열장치	플러그+공기가열기	프리히터
(4) 윤활장치	오일용량	14ℓ	15.5ℓ
	오일압력	4.2~4.8kgf/㎠	4.2~4.8kgf/㎠

(5) 클러치	작동방식 디스크 크기 페달 형식 페달 답력	유공압식 ∅325×210 행잉형 15.0kgf	기계식 ∅327×184 플로어형 28.0kgf
(6) 변속기	클러치 부스터 입력 허용우력	적용 60kgf · m	–
(7)중간변속기	제어 및 작동형식 입력 허용우력 주차 브레이크 라이닝	공기 원격제어식 360kgf · m 비석면	48.4kgf · m 레버작동식 290kgf · m 석면
(8) 제동장치 (상용제동기)	작동방식 라이닝 재질 공기탱크용량 공기건조기	AOH 비석면 65ℓ 적용	ASH 석면 32ℓ –
(8) 제동장치 (주차제동기)	제동방식	공기 스위치 조작식	수동 레버 조작식
(9) 조향장치	조향 휠 재질 조향 칼럼 형식 조향 펌프 유량 조정유압	염화비닐 틸트식 8~12 ℓ /min 105kgf/㎠	폴리프로필렌 고정식 12 ℓ /min 85kgf/㎠
(10)예비타이어	고정방식	체인블럭 고정식	와이어 고정식
(11) 현가장치	겹판 스프링상수	37.7 kg/mm	33.0kg/mm
(12) 전기장치	시동전동기 키이 축전지규격 – 저온 시동전류 교류발전기 – 출력 예열장치 히터용량 – 풍량조절형식	회전식(조향컬럼) 12V×85A, 2개 1200A IC 전압조절기 내장 70A–28V 예열플러그+공기가열기 420㎥/h, (6,500kcal/h) 4단, 회전식스위치	누름식(계기판) 12V×80A, 2개 860A IC 전압조절기 외장 60A–28V 프리히터 400㎥/h, (5,500kcal/h) 토글스위치

3.2.2 조종장치

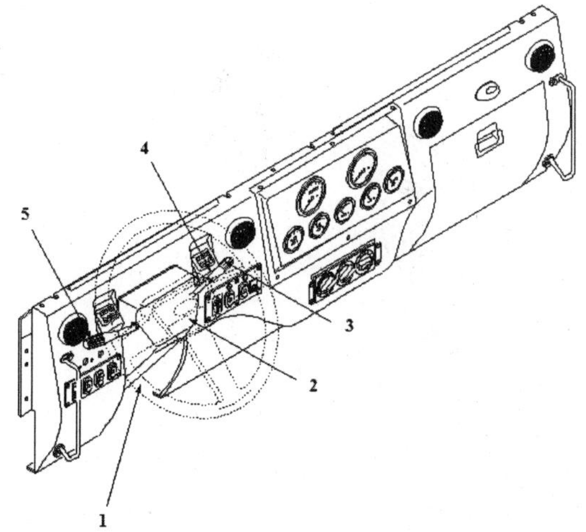

1. 조향휠
2. 경음기 스위치
3. 복합 스위치, 배기 제동기 작동
4. 복합 스위치, 우측 레버
5. 복합 스위치, 좌측 레버

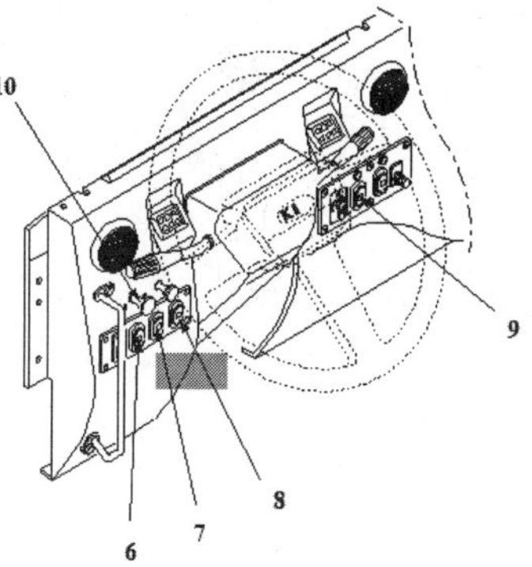

6. 독도등 스위치
7. 주차등 스위치
8. 중간 변속기 선택 스위치
9. 동력 인출 조종 스위치

10. 주차 제동기 손잡이(노브)

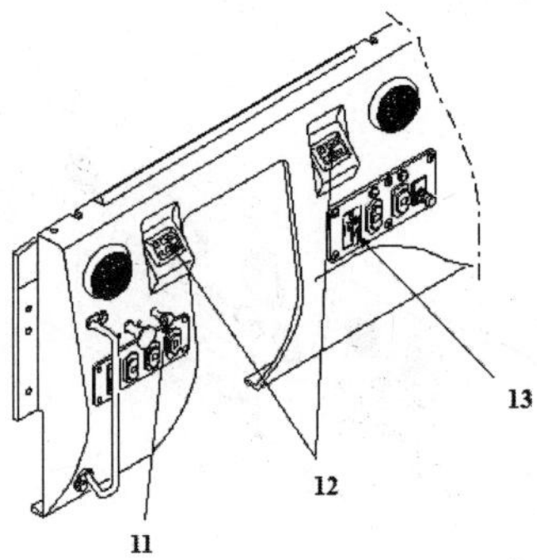

11. 엔진 속도 조정기
12. 경고등 유닛
13. 등화관제 선택 스위치

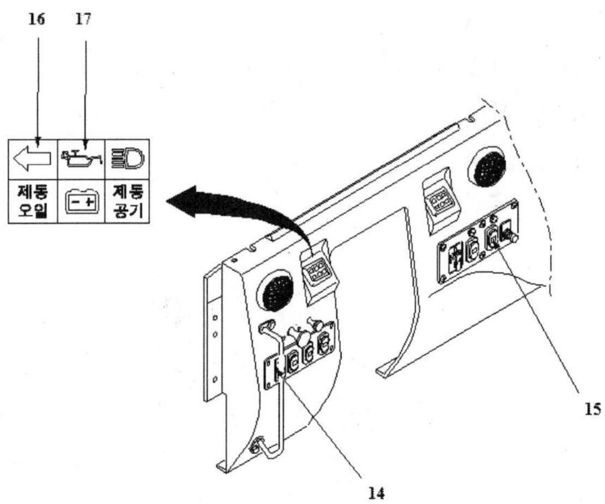

14. 계기판 조광기
15. 전륜 구동장치 스위치
16. 좌측 방향 지시등
17. 엔진오일 경고등

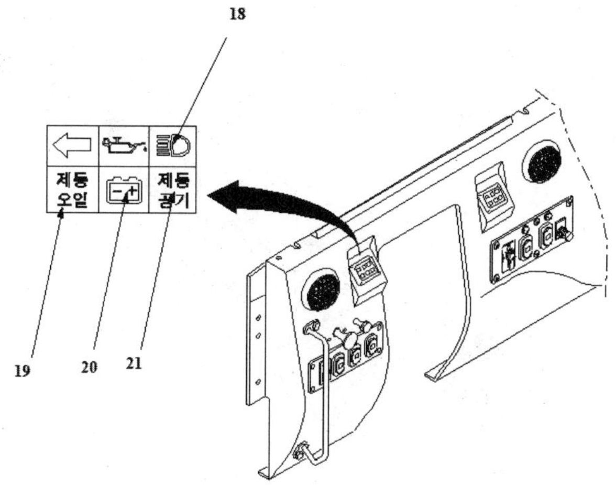

18.전조등 상향 표시등
19.제동 오일 경고등
20.충전 경고등
21.제동공기 경고등

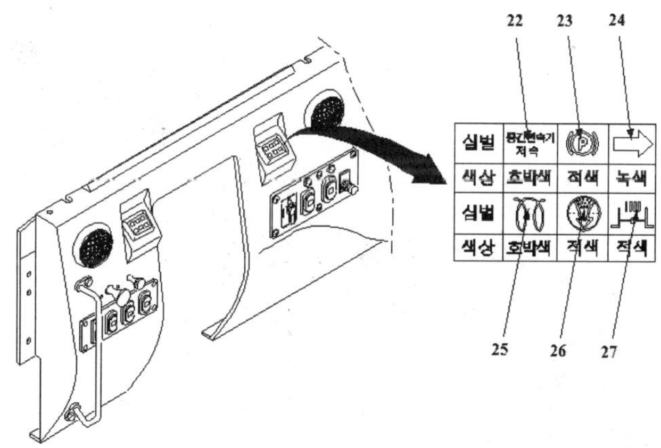

22. 중간 변속기 저속 표시등
23. 주차 표시등
24. 우측 방향 지시등
25. 엔진 예열 표시등
26. 먼지 표시기 경고등
27. 배기 제동기 표시등

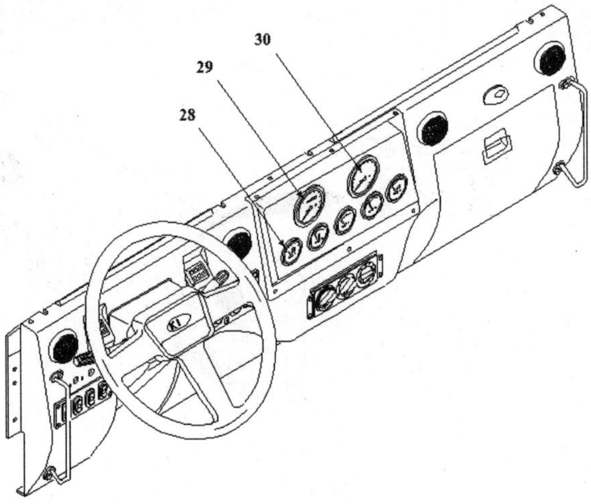

28. 연료계
29. 속도계/주행 기록계
30. 회전 속도계

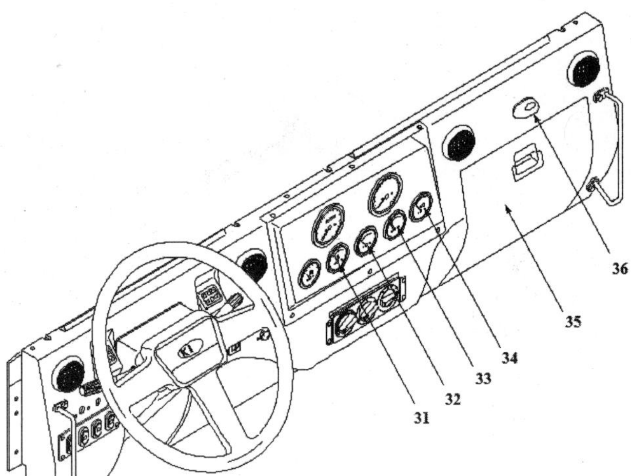

31. 냉각수 온도계
32. 공업 압력계
33. 오일 압력계
34. 전압계
35. 보관상자[글로브]
36. 독도등

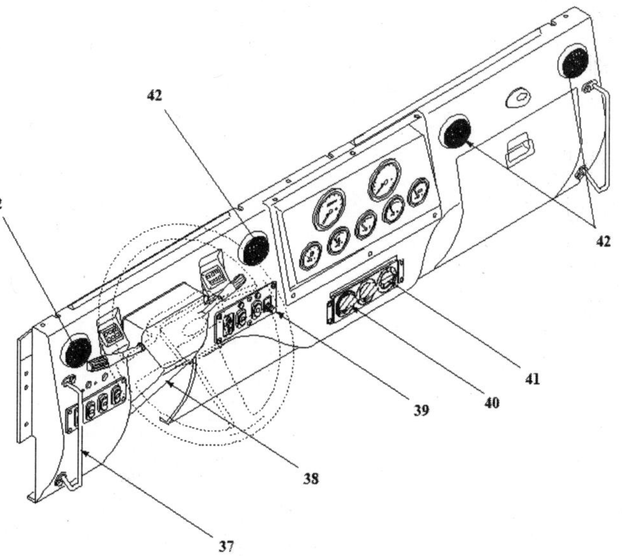

37.보조 손잡이
38.조향 휠 조정레버
39.와셔액 분사장치
40.송풍속도 조절스위치
41.풍량조절 스위치
42.히터방출구

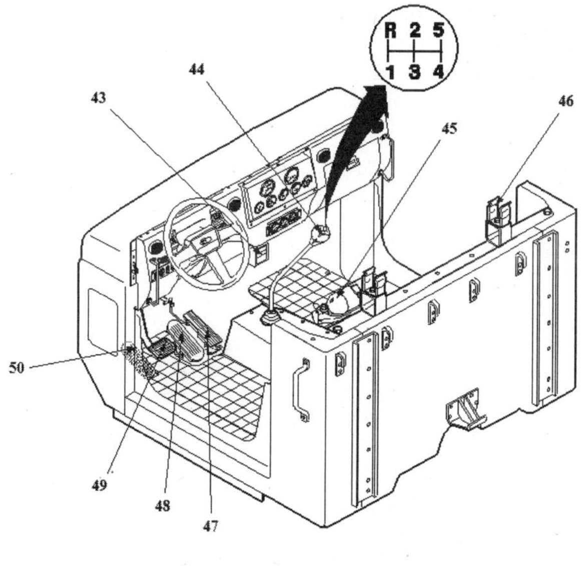

43. 퓨즈 상자
44. 변속기 레버
45. 소화기
46. 소총 보관대
47. 가속기 페달
48. 제동기 페달
49. 클러치 페달
50. 풋레스트

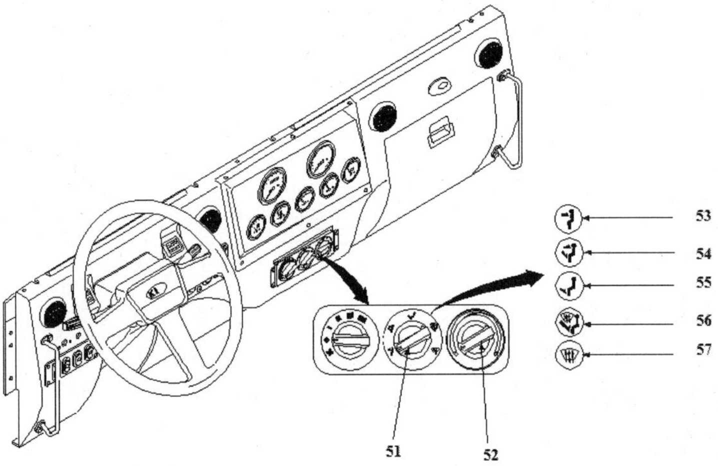

51. 토출 공기 방향 선택 스위치
52. 송풍 온도 조절 스위치
53. 얼굴 위치
54. 바이레벨 위치
55. 다리 위치
56. 다리/제습 위치
57. 제습 위치

3.2.3 K511A1 작동원리

가. 윤활장치

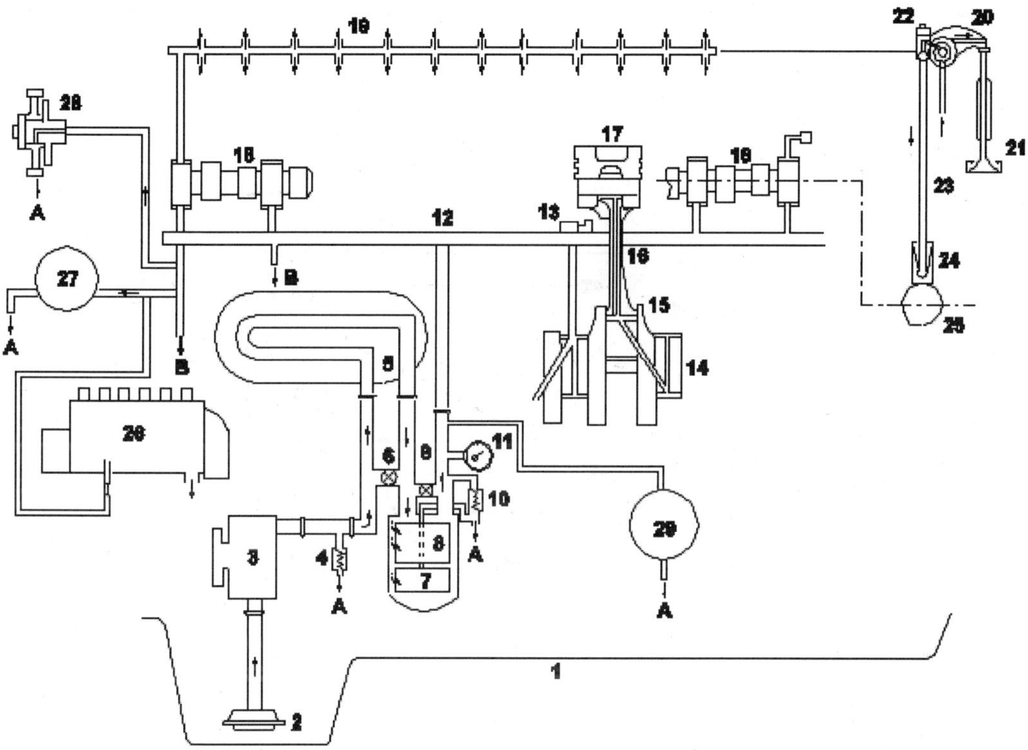

윤활장치 흐름도

1. 오일 저장기
2. 오일 스트레이너
3. 오일 펌프
4. 오일 펌프 안전밸브
5. 오일 냉각기
6. 오일 냉각기 안전밸브
7. 풀 플로우 오일 여과기
8. 바이패스 오일여과기
9. 오일필터 안전밸브
10. 레귤레이터 밸브
11. 오일 압력 게이지
12. 주 오일 구멍
13. 피스톤 냉각 제트
14. 크랭크 축 저어널
15. 크랭크 축 핀
16. 커넥팅 로드
17. 피스톤
18. 캠 축
19. 로커 암 축
20. 로커 암

21. 밸브
22. 밸브 간극 조정나사
23. 밸브 푸시로드
24. 태핏
25. 캠
26. 연료 분사펌프
27. 연료분사펌프 구동축
28. 공회전 기어
29. 공기압축기
A. 오일 팬으로
B. 크랭크 축으로

나. 냉각 장치

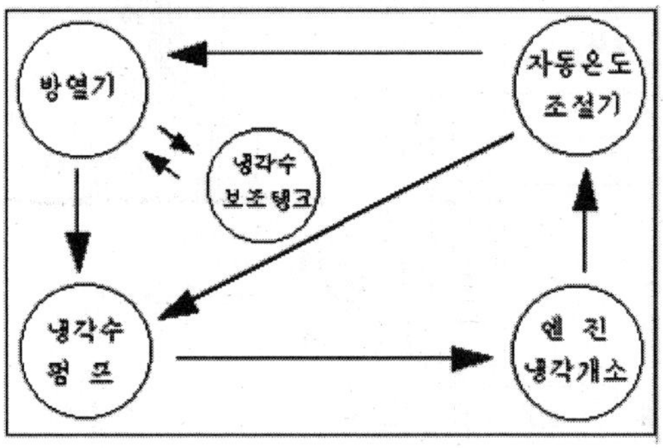

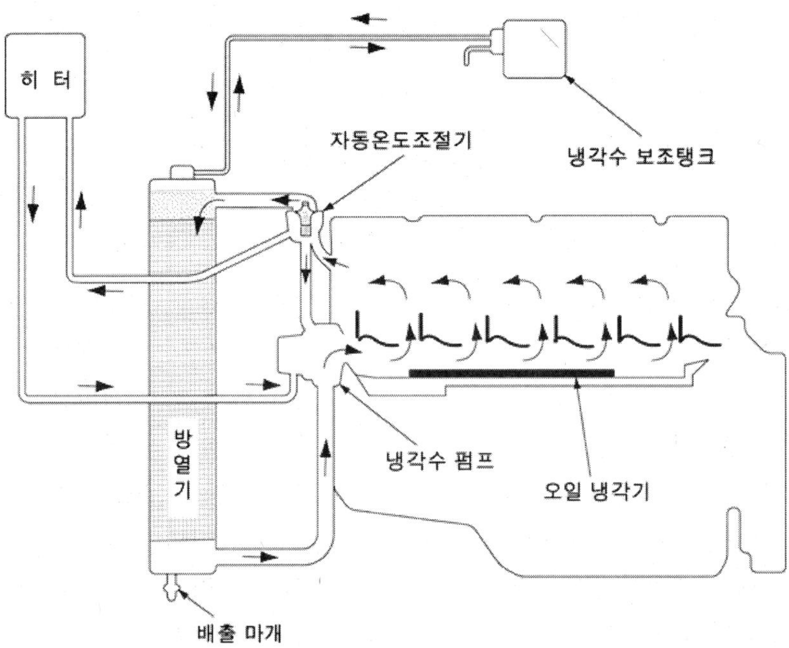

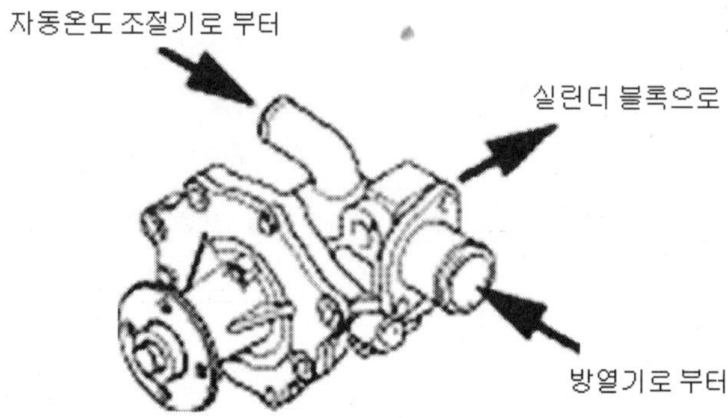
자동온도 조절기로 부터
실린더 블록으로
방열기로 부터

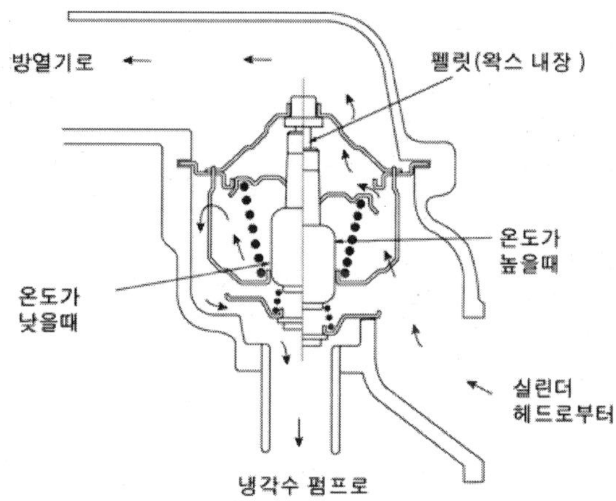
방열기로
펠릿(왁스 내장)
온도가
높을때
온도가
낮을때
실린더
헤드로부터
냉각수 펌프로

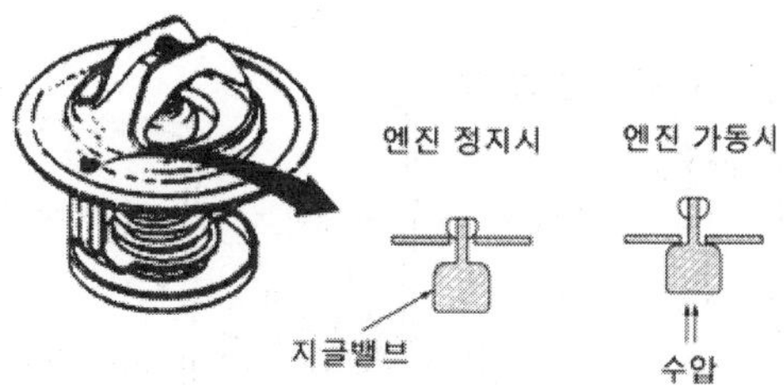
엔진 정지시
엔진 가동시
지글밸브
수압

다. 배기제동기

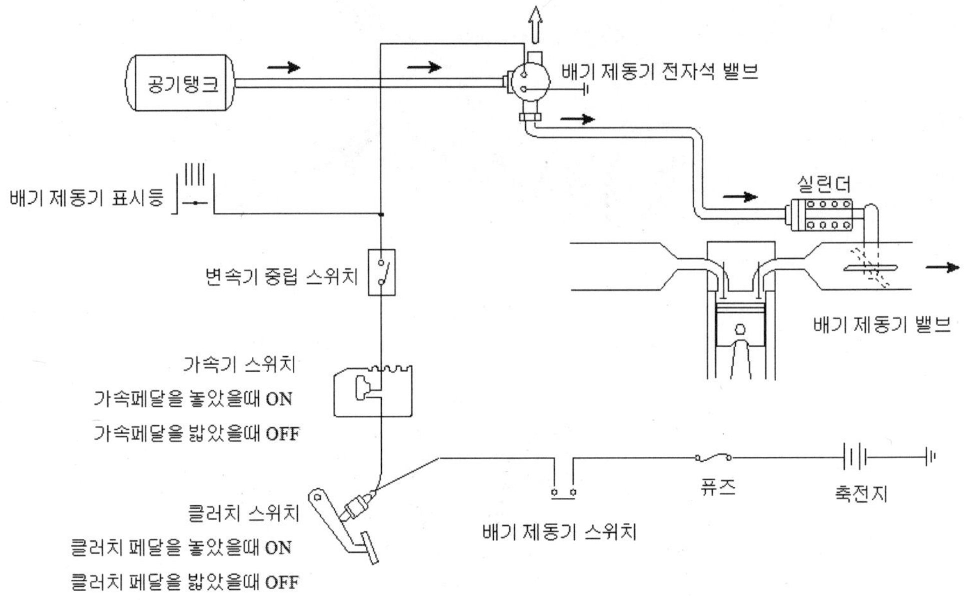

라. 연료장치

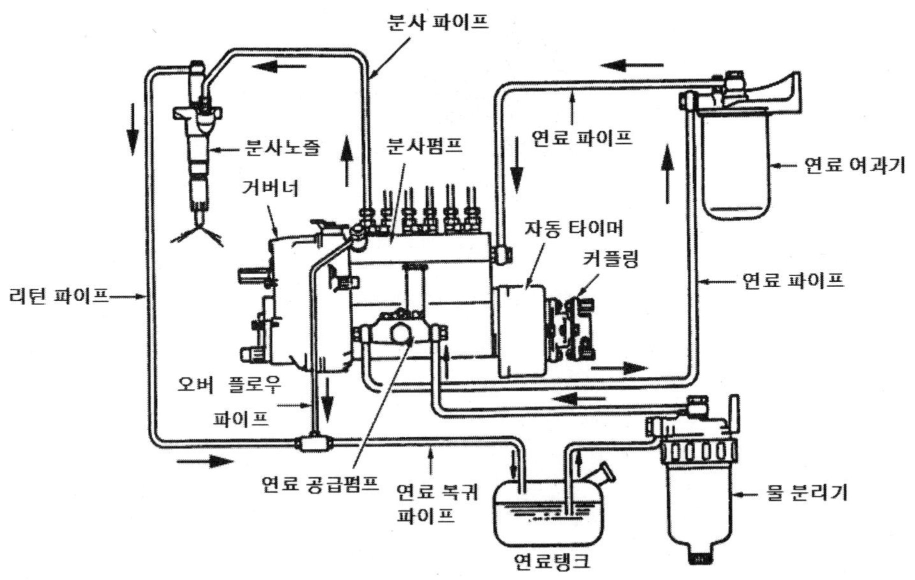

연료장치 계통도

※ 연료분사 펌프 및 플런저

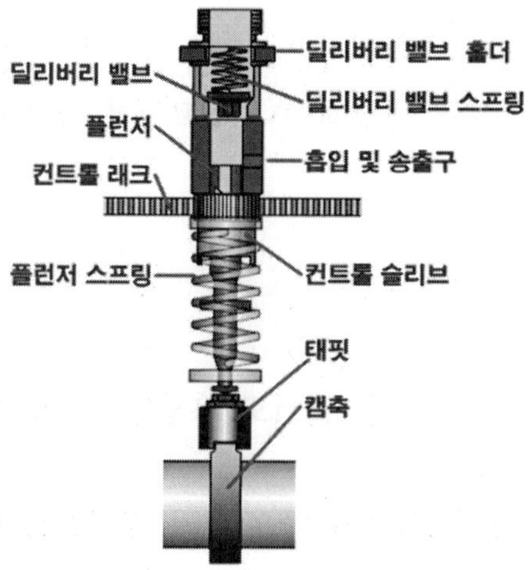

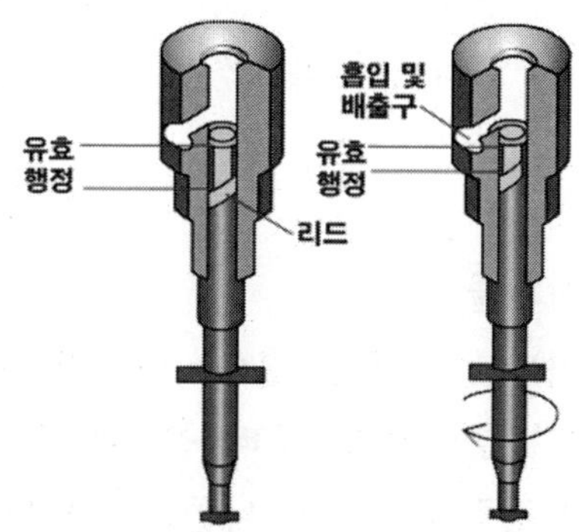

플런저가 하강할 때 연료는 흡입 및 방출구멍을 통하여 들어오고 플런저가 상승하여 플런저의 상부가 플런저 배럴의 흡입 및 방출구를 닫는 순간 플런저는 고압으로 연료를 송출하기 시작한다.

플런저가 더 상승하여 리드 홈이 흡입이나 방출구멍과 만나면 연료의 송출이 종료된다. 즉, 리드홈이 상승하여 흡입 및 방출 구멍과 만나면 고압의 연료는 딜리버리 밸브의 피스톤을 위로 미는것을 중지하고 배럴내의 고압연료는 플런저의 수직홈을 통하여 흡입 및 방출 구멍으로 역류한다.

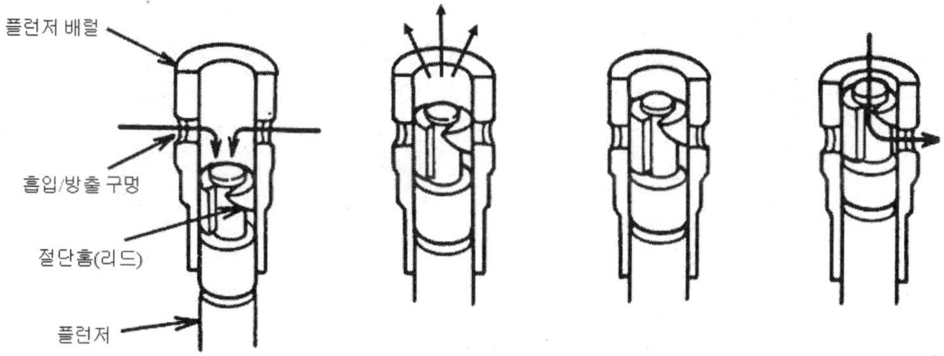

플런저 연료분사 과정

연료공급 펌프

(가) 연료 공급펌프는 연료 분사펌프에 장착.

(나) 연료분사 펌프의 캠축에 의해 구동.

(다) 연료에 일정압(1.8~2.5kgf/㎠)을 주어 연료분사펌프 하우징의 유류실로 공급.

(라) 프라이밍 펌프가 있어 수동으로 연료를 공급하거나 연료장치 내의 공기빼기 가능.

분사노즐

(가) 분사노즐은 홀(Hole)타입.

(나) 분사펌프로부터 공급된 고압의 연료는 노즐 홀더로 유입된 후 노즐 스프링의 장력을 이기고 니들밸브를 밀어 올린다.

(다) 니들밸브를 밀어올린 고압의 연료는 노즐끝에 작은 분사 구멍으로부터 엔진 연소실에 분사. (개변압력 :180kgf/㎠)

(라) 니들밸브를 윤활한 약간의 고압연료는 연료 복귀 파이프를 통하여 연료탱크로 회송.

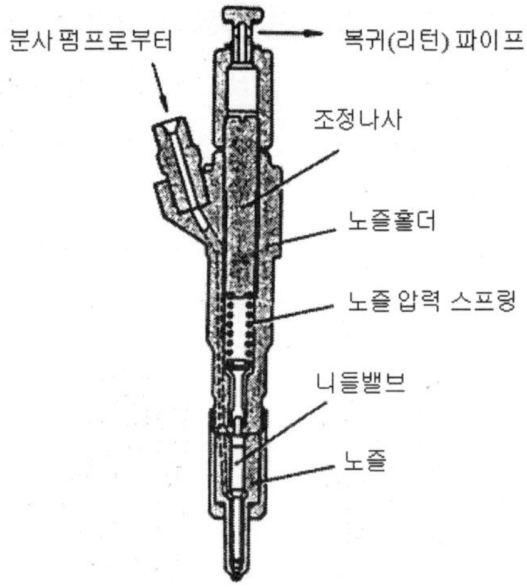

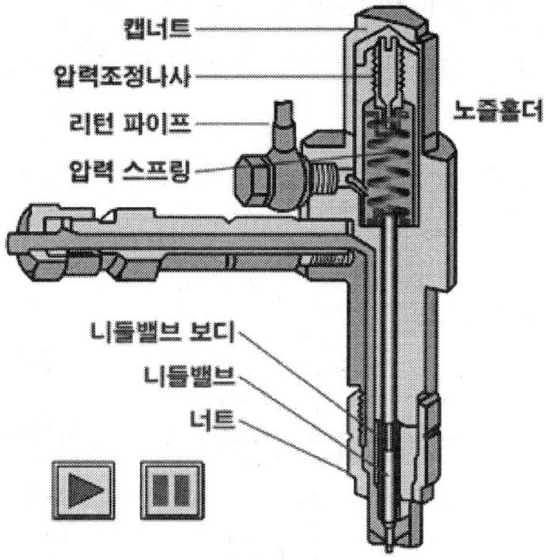

마. 클러치

클러치는 엔진의 동력을 변속기에 전달 또는 차단하는 장치.

클러치 판 및 덮개, 클러치 부스터, 주 실린더 및 클러치 페달로 구성.

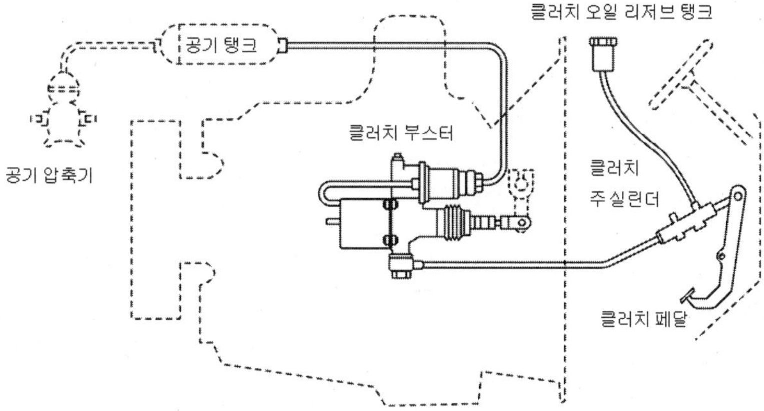

(1) 클러치 페달을 밟으면 주 실린더의 푸시로드에 의해 클러치 유압 라인 내에 유압 발생.

(2) 작동력이 전달된 오일이 클러치 부스터의 공기 흡입구 개방.

(3) 클러치 부스터에 발생된 공기압이 클러치 부스터의 피스톤을 밀어 푸시로드에 작동력을 준다.

(이 작동력이 클러치를 단락시킨다.)

(4) 클러치 페달에서 발을 뗄 경우는 클러치 부스터의 복귀 스프링의 장력이 푸시로드를 원위치로 복귀된다.

(5) 당기면서 클러치 부스터 실린더내의 공기는 공기 배기구멍을 통하여 외부로 방출된다.

(이때 클러치가 연결된다.)

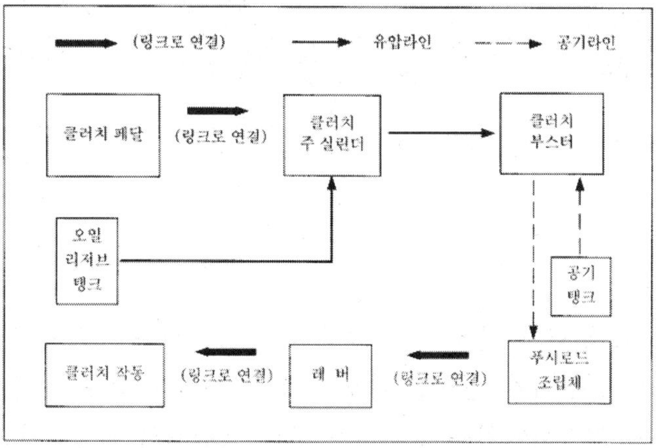

바. 차축

(1)전차축

전차축은 조향차축이며, 중간 변속기 오버런닝 클러치가 물려 있을 때에 동력을 중간 변속기에서 전차축으로 전달하는 작용.

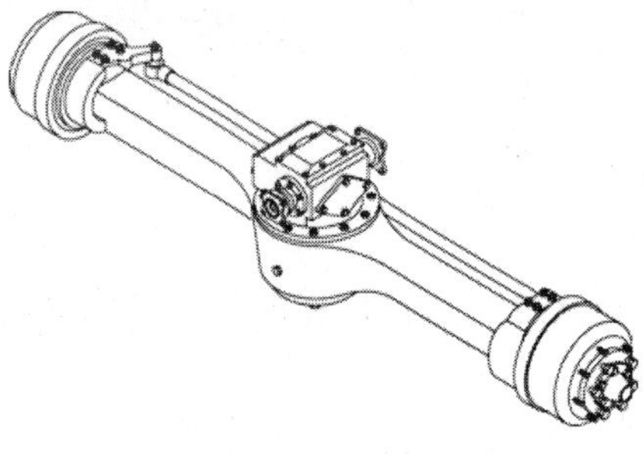

[전자축]

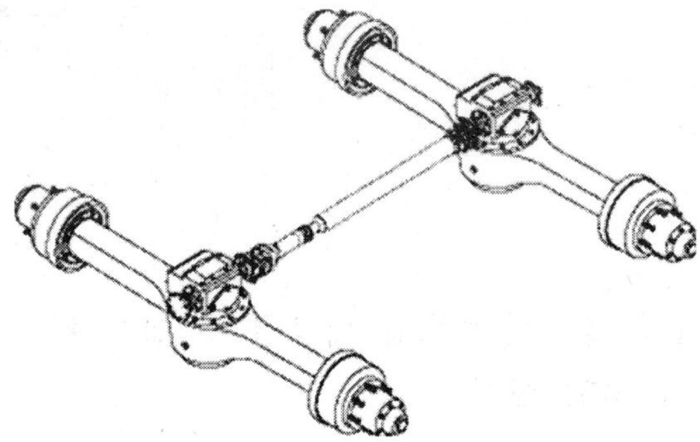

[후 차축]

(2) 후차축

후차축은 2번과 3번 차축으로 구성되며, 구동차축이다.
2번 차축에는 차동잠금장치(NSD : Non Spin Differential) 장착.

(3) 차동 잠금 장치[NSD:No Spin Differential]

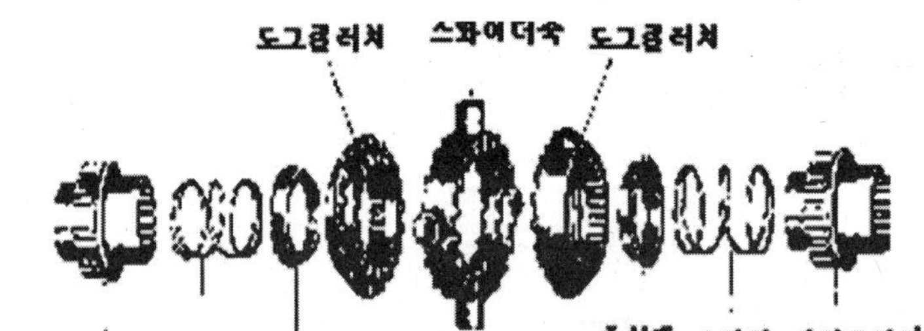

차동잠금장치(NSD)

■ 작동 방법

(가) 직진할 때 클러치 이에 의해 양쪽의 클러치가 구동되어 좌우 바퀴의 회전이 동일하게 되며 자동차가 선회를 하면 안쪽 바퀴가 바깥쪽 바퀴 보다 저항이 크기 때문에 차축과 직결되어있는 클러치가 간극 범위에서 회전방향으로 나간다.

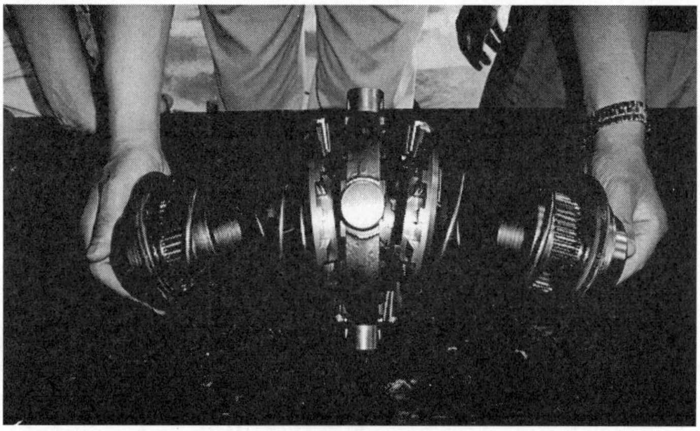

차동잠금장치(NSD)

(나) 직진 : 차량이 직진으로 전, 후진시에는 스파이더와 클러치가 일체로 회전.

(다) 선회

차량이 오른쪽으로 선회한다고 할 때 내측(오른쪽)과 외측(왼쪽)휠은 회전반경 차가 생기고 외측휠은 노면 접지력에 의해서 상대적으로 빠른 회전속도로 돌게 되어 스파이더가 오른쪽 휠보다 빠르게 회전한다. 외측 휠의 회전속도가 빨라지게 되면 왼쪽 도그 클러치의 속도가 스파이더보다 빠르게 되고 도그 클러치 중심캠이 스파이더 중심캠을 타고 올라와 클러치 기어와 스파이더 기어가 해제되어 왼쪽 샤프트는 동력이 전달되지 않는 상태로 돌게 된다.

차동잠금장치가 설치된 차량에서는 한쪽 바퀴를 잭으로 들어올리고 엔진의 동력으로 바퀴를 회전시켜서는 절대로 안 된다.

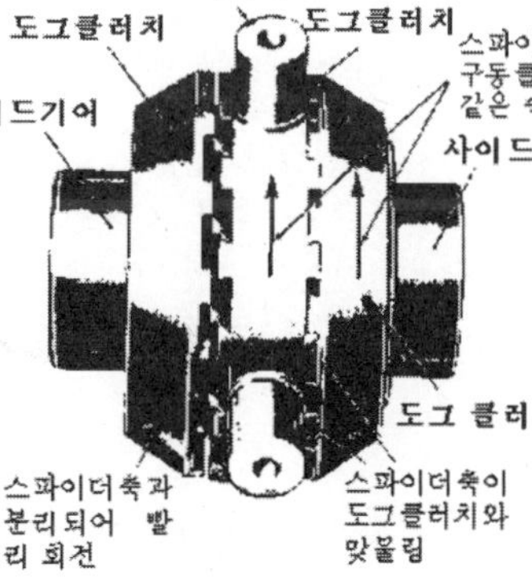

제동장치(상용 제동장치)

(가) 상용 제동장치는 제동기 밸브, 릴레이 밸브, 에어 마스터, 휠 실린더 등으로 구성된 유압과 공압이 복합된 공기동력식 유압방식(AOH : Air Over Hydraulic)

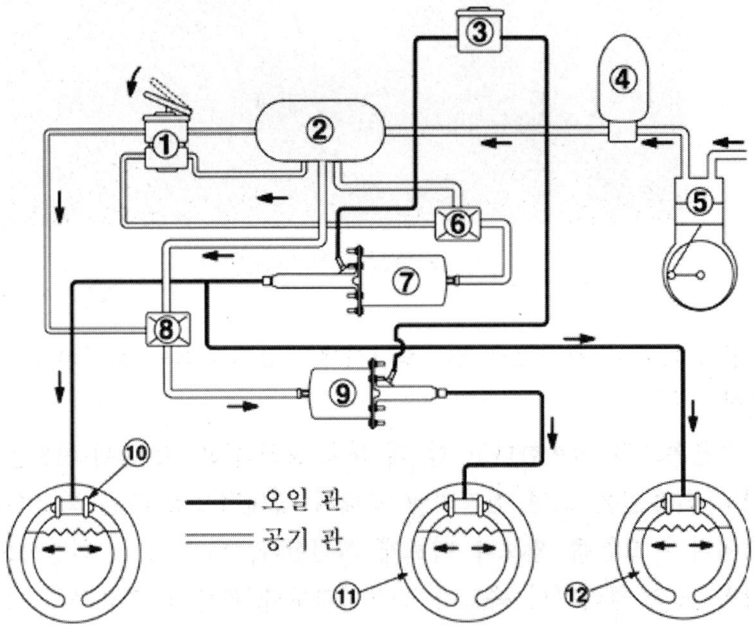

제동기 유압/공압 계통도

① 제동기 밸브
② 공기탱크
③ 오일 저장탱크
④ 공기 건조기
⑤ 공기 압축기
⑥ 릴레이 밸브
⑦ 에어 마스터(장축)
⑧ 릴레이 밸브
⑨ 에어 마스터(단축)
⑩ 차륜 실린더
⑪ 제동기 드럼
⑫ 제동기 슈

브레이크 파이프 회로도

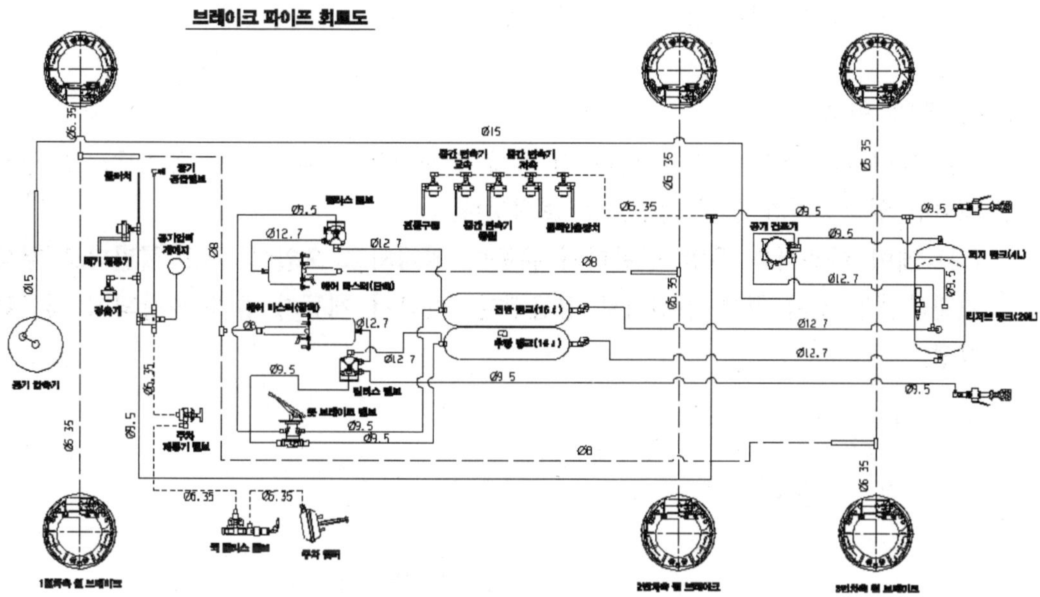

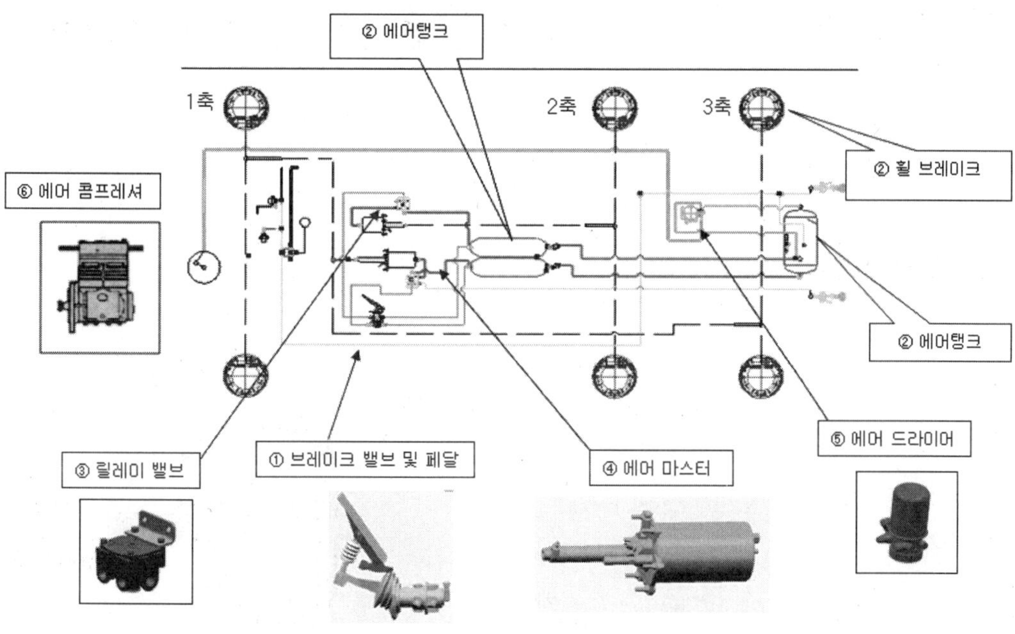

① 브레이크 페달을 운전자 조작에 의해 작동하면

② 에어탱크내의 압축 공기가

③ 릴레이벨브를 통해
④ 에어마스터 피스톤을 작동시켜 유압실린더내의 유압을
⑤ 각 휠브레이크실린더로 보내 제동력을 발생한다.

(2) 에어 마스터

(가) 에어 마스터는 공기 실린더 및 유압 실린더로 이루어 지며 공기탱크에 연결되어진 압축공기가 공기 실린더로 보내진다.
(나) 에어 마스터와 유압 실린더의 운동이 일치되고 오일이 유압 실린더로 부터 연결라인을 거쳐 차륜 실린더로 공급된다. 따라서 제동기 슈가 확장되어 제동력 발생.

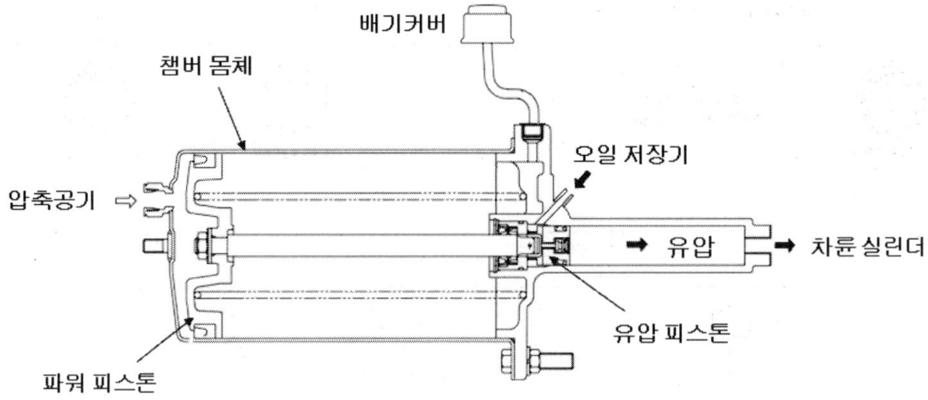

(3) 주차 제동기

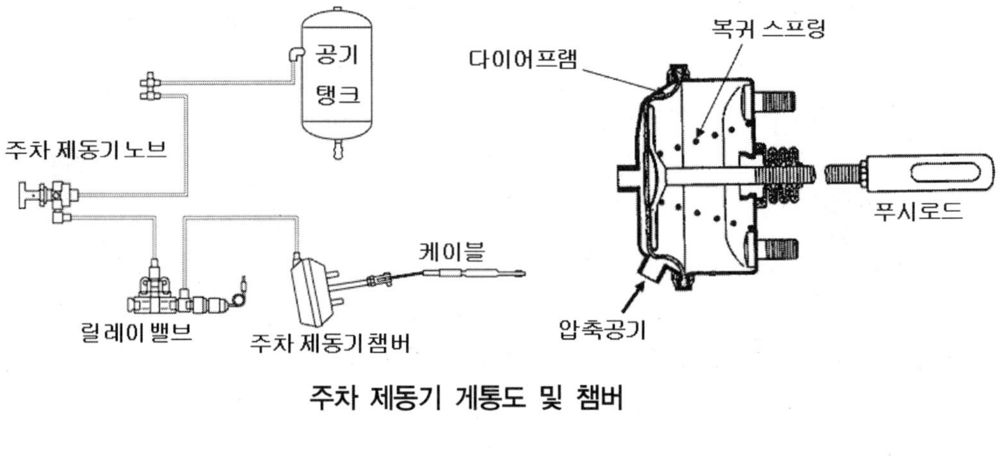

주차 제동기 계통도 및 챔버

(가) 주차 제동기 노브를 밀어서 해제 시키면 공기탱크로 부터 릴리스 밸브를 거쳐 챔버로 공기가 압송되어 복귀 스프링을 수축함으로써 케이블을 느슨하게 하여 주차 제동기 해제.
(나) 주차 제동기 노브를 당겨서 작동시키면 공기탱크로 부터 릴레이 밸브를 거쳐 챔버로 가는 공기를 차단하여 챔버내의 복귀 스프링을 확장시켜 푸시로드를 당겨 주차 제동기 작동.

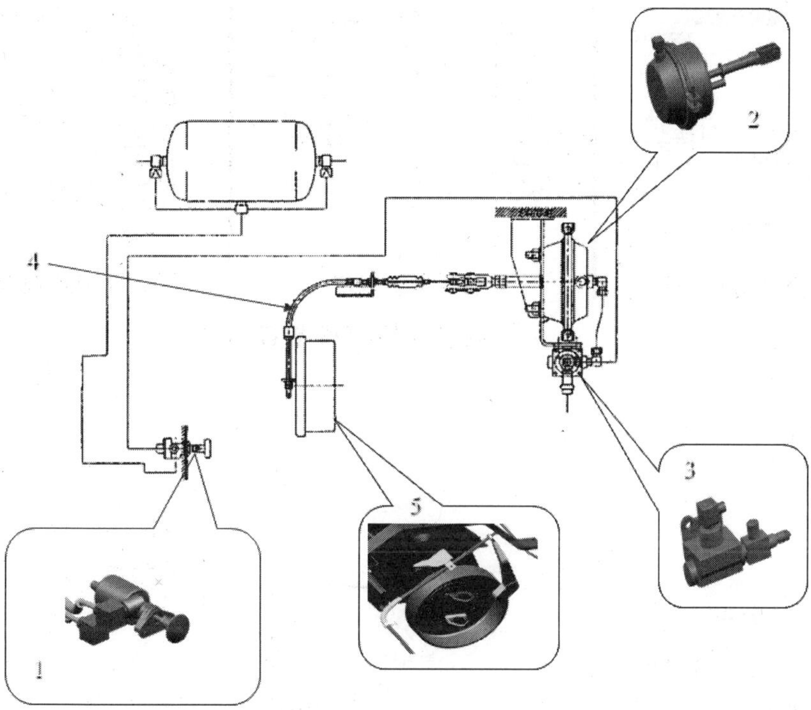

캐빈내 계기판 측면에 위치한 컨트롤 밸브(1)를 작동하면 퀵 릴리스 밸브(3)를 통해 공기챔버내(2)가 AIR를 배출하고 챔버내 스프링이 작동하여 케이블(4)를 당기면서 브레이크(5)가 작동됨.

(4) 주차 제동기 강제 해제

24mm 렌치로 릴리스 로드 너트부를 시계방향으로 부하를 받을때까지 돌리면 챔버내의 스프링이 압축되면서 주차제동이 해제된다.(차량 후방쪽을 바라보면서 시계방향으로 돌림)

(5) 주차 제동기 작동

견인 작업이 끝나고 차량 정비가 완료되면 24mm 렌치를 사용하여 릴리스 로드 너트부를 반 시계방향으로 돌리면 챔버내의 스프링이 확장되면서 주차제동이 작동된다.

- 챔버에서 핀과의 거리 : 191mm
- 챔버에서 릴리스 로드의 거리 : 51mm

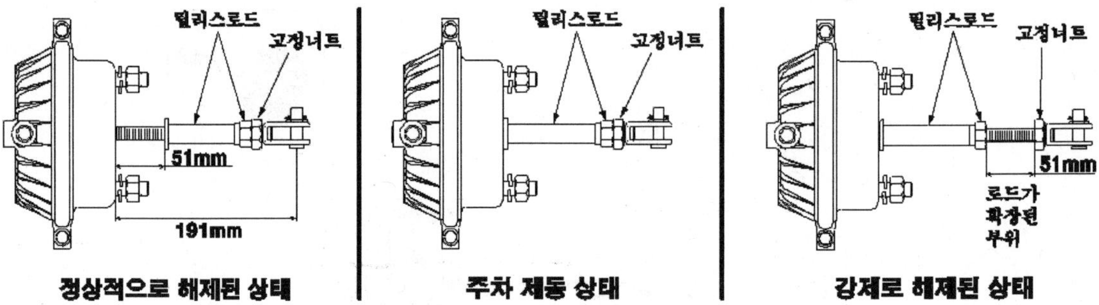

주차제동기 강제해제 방법

바. 클러치 구조

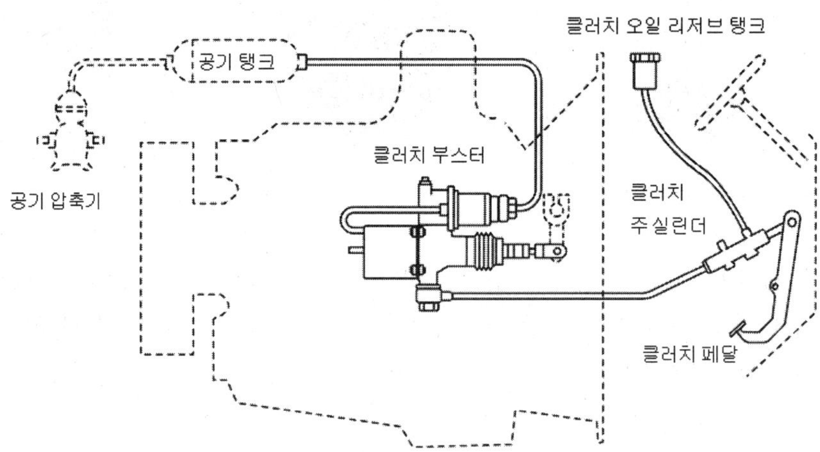

클러치 구조

(1) 클러치 페달을 밟으면 주 실린더의 푸시로드에 의해 클러치 유압 라인 내에 유압 발생.

(2) 작동력이 전달된 오일이 클러치 부스터의 공기 흡입구 개방.

(3) 클러치 부스터에 발생된 공기압이 클러치 부스터의 피스톤을 밀어 푸시로드에 작동력을 준다.
(이 작동력이 클러치를 단락시킨다.)
(4) 클러치 페달에서 발을 뗄 경우는 클러치 부스터의 복귀 스프링의 장력이 푸시로드를 원위치로 복귀된다.
(5) 당기면서 클러치 부스터 실린더내의 공기는 공기 배기구멍을 통하여 외부로 방출된다.
(이때 클러치가 연결된다.)

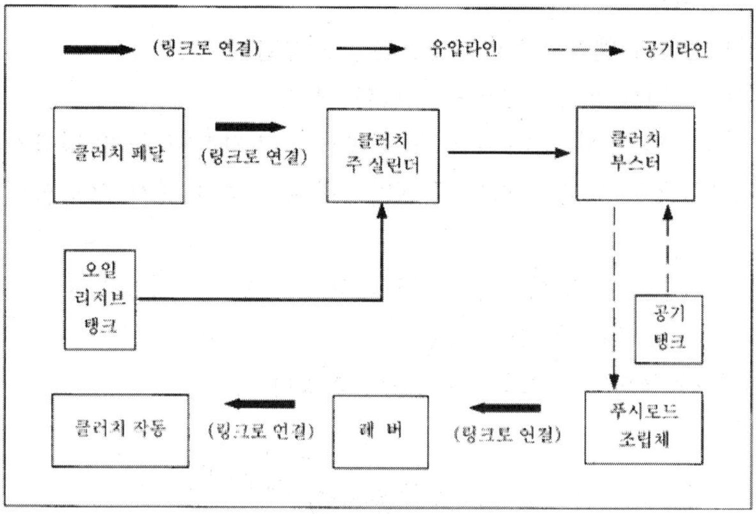

클러치 계통도

(1) 엔진 냉각장치

(가) 냉각수 보조 탱크 마개 및 호스가 새는지 검사.

(나) 호스의 부식 및 호스 검사.

(다) 구동벨트의 마모, 파열 및 기타 손상여부를 검사.

(라) 냉각수 보조 탱크의 냉각수 수준 검사.

냉각수 보조 탱크의 수준이 최대(Full)와 최소(Low) 사이에 있는지 점검.

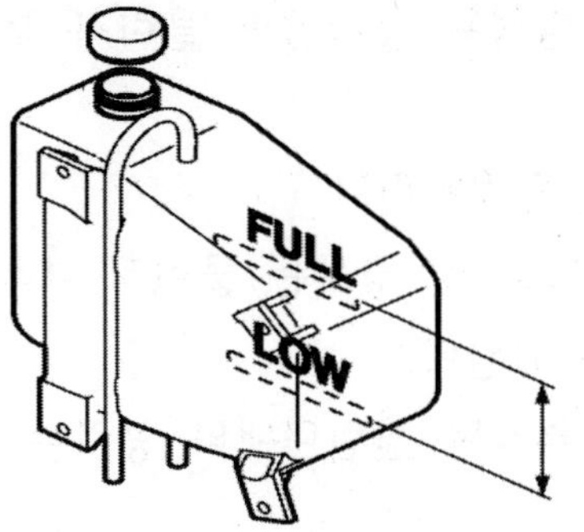

냉각수 보조탱크

(2) 공기 정화기 엘리먼트

(가) 공기 정화기 엘리먼트의 오염, 손상 여부를 점검.
(엘리먼트 : 1개월 또는 2,000km 마다 점검)
(나) 운전석 계기판의 먼지 표시기 경고등이 켜지거나 공기 정화기의 먼지 표시기가 "적색" 으로 되었을 때는 주행거리에 관계없이 즉시 엘리먼트를 청소 또는 교환.
(다) 먼지 표시기가 "황색" 이면 양호하고, "적색" 이 되었을 때는 주행거리에 관계없이 즉시 엘리먼트를 청소 또는 교환.
※ 엘리먼트는 4회까지 청소 후 사용이 가능하다.

공기 정화기 엘리먼트

(3) 구동벨트(V-벨트)

(가) 구동벨트의 마모 또는 균열 여부를 점검하고, 필요시 교환한다.
(나) 벨트의 중앙부를 손가락으로 약 10kg의 힘을 가해 구동벨트의 장력을 점검한다.

· 규정치 : 10 ~ 15mm

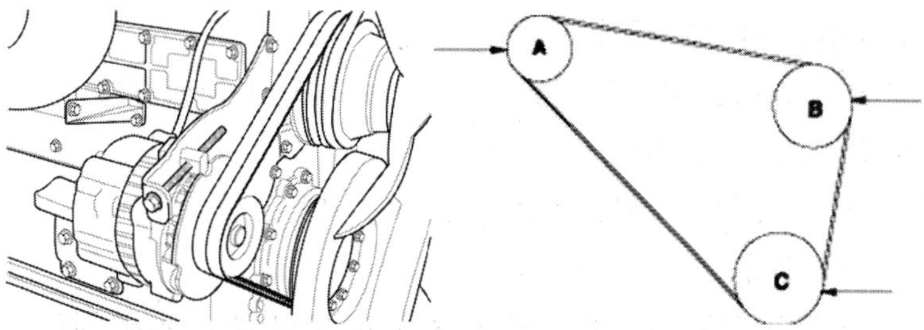

(4) 변속기

(가) 변속기 오일 누유 여부를 점검.

(5) 중간 변속기

(가) 중간 변속기 오일 누유 여부를 점검,

(6) 조향장치

(가) 차량을 직진 상태로 하고 조향 휠을 좌·우로 가볍게 돌려 조향 휠 유격(약 22mm)점검.

(나)동력 조향 오일수준 게이지의 "MAX"와 "MIN"표시 사이에 오일이 있는지 확인.

오일량이 규정치 이하일 때는 보충.

(7)조향장치 공기빼기 작업

(가) 동력 조향 오일량을 점검.

(나) 엔진을 정지한 상태에서 조향 휠을 충분히 좌·우로 몇 회 회전.

(다) 오일량을 재 점검한 후 부족시에는 보충.

(라) 오일량이 충분할 때까지 [나],[다]항을 계속 실시.

(마) 엔진 시동 후 공회전.

(바) 조향 휠을 충분히 좌·우로 몇 회 회전.

(사) 오일 누유 점검

엔진을 공회전 시킨 후 유압이 발생된 상태에서 조향 휠을 좌·우로 충분히 몇 회전 시키고,오일 누유 여부를 점검.

(8) 엔진 및 구성품

(가) 엔진오일 배출

엔진오일 주입구 마개를 개방.

1)엔진오일을 배출할 수 있는 용기를 오일 저장기 하단부에 위치하고, 오일 배출 마개를 풀고 오일 배출.

2)오일 교환시 오일 여과기 엘리먼트는 동시에 교환.

(나) 엔진오일 주입

1)오일 저장기의 오일 배출마개를 설치하고 오일 주입구에 엔진 오일 주입.

2)엔진오일 용량: 14L

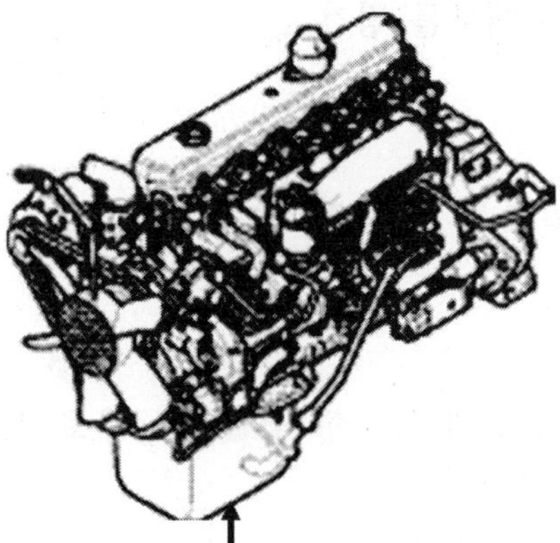

엔진오일 교환

엔진오일 및 오일 여과기 엘리먼트

-최초교환 : 1,000km

-교환주기 : 6개월 또는 5,000km

(9) 클러치

(가) 클러치 페달의 자유 유격 점검.

1) 클러치 파이프내의 공기빼기를 한 후 클러치 페달을 손으로 가볍게 눌러 페달 유격 점검.

2) 페달 유격은 27~37mm 정도면 정상.

(나) 공기빼기를 한 후 클러치 페달의 유격조정.

1) 클러치 부스터⑤의 복귀 스프링⑥을 빼낸 다음 잠금너트⑦을 3~4바퀴 푼다.

2) 푸시로드⑨에 일체로 되어있는 육각부를 이용하여 시계방향으로 3~4바퀴 회전시킨 후 푸시로드를 전·후 방향으로 움직이면서 유격이 발생하는 것을 확인한다.

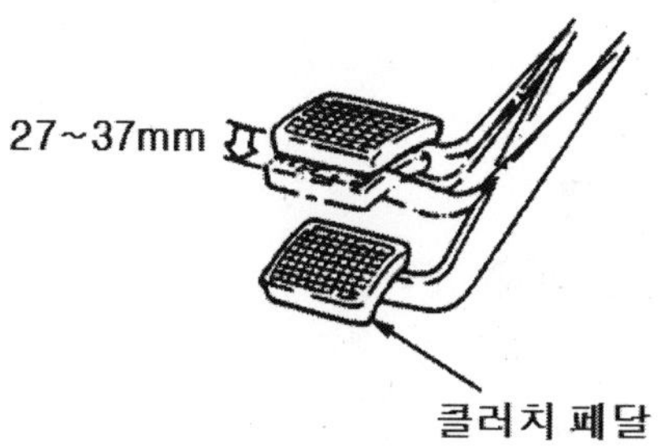

클러치 유격 점검

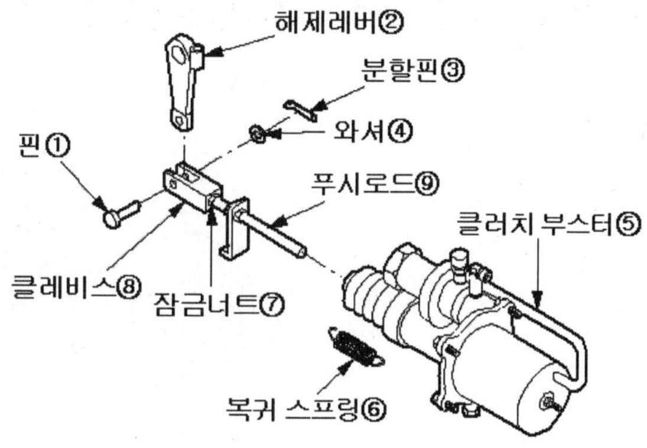

클러치 유격 조정

(10) 연료장치

(가) 연료탱크 및 여과기의 누출, 흠, 균열, 결합부의 부식, 손상 검사.

(나) 연료관의 손상, 긁힘 및 누출이 검사.

(다) 시동을 걸고 연료 게이지의 작동상태 점검.

(라) 연료 여과기는 여지식으로 10,000km 마다 교환.

(11) 배기장치

(가) 배기 다기관, 파이프 및 소음기의 배기 누출여부를 검사한다.

(12) 교류 발전기

(가) 교류 발전기 및 배선의 손상 및 단자연결이 풀리지 않았는지 검사.
엔진을 작동시켜 교류 발전기 출력 검사. (출력 : 70A, 28V±0.5V)

(13) 시동 전동기

(가) 시동기 배선의 손상, 오염 및 단자가 풀리지 않았는지 검사.(출력 : 24V, 5.5kW)

(14) 변속기

(가) 변속기 오일수준 점검 및 보충

1) 차량을 평탄한 장소에 위치시킨 후 오일 주입구 마개 제거.

2) 변속기 오일수준 및 오일상태 점검.

3) 변속기 오일 수준이 낮을 경우 주입구에서 오일이 흘러나올 정도로 오일을 보충.

4) 오일 주입구 마개 설치.(조임토크 : 4.1~5.5kgf · m)

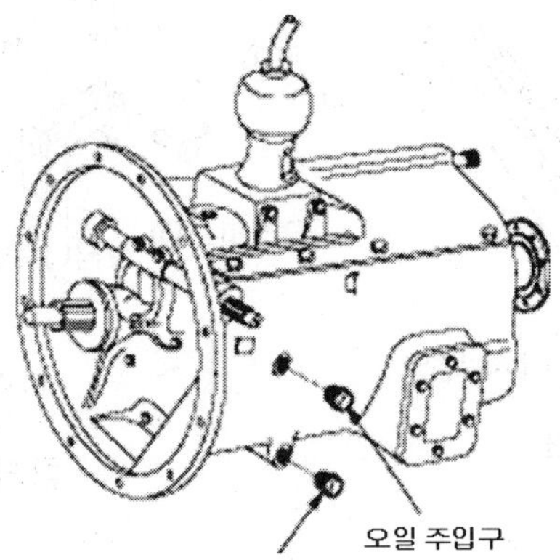

변속기 오일점검 및 보충

(15) 중간 변속기

(가) 중간 변속기의 손상 및 오일 누출여부를 점검

(나) 중간 변속기 오일수준 점검 및 보충

1) 차량을 평탄한 장소에 위치시킨 후 오일 주입구 마개 제거.

2) 중간 변속기 오일수준 및 오일상태 점검.

3) 중간 변속기 오일 수준이 낮을 경우 주입구에서 오일이 흘러나올 정도로 오일 보충.

4) 오일 주입구 마개 설치.(조임토크 : 4.1~5.5kgf · m)

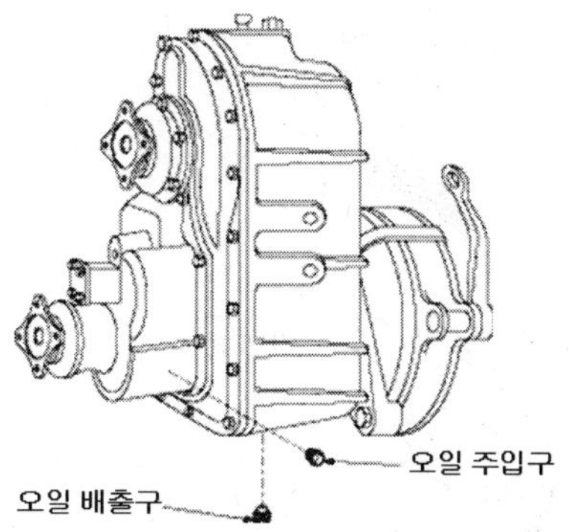

중간 변속기 오일점검 및 보충

(16) 제동 장치

(가) 제동기 페달 유격을 점검

제동기 페달을 저항을 느낄 때 까지 가볍게 손으로 눌러 유격 점검.(적정유격은 3~9mm)

(나) 제동기 페달의 장착 각도와 페달 유격은 제동기 페달에 연결된 클레비스를 분리하여 로드를 좌/우로 돌려서 조정.

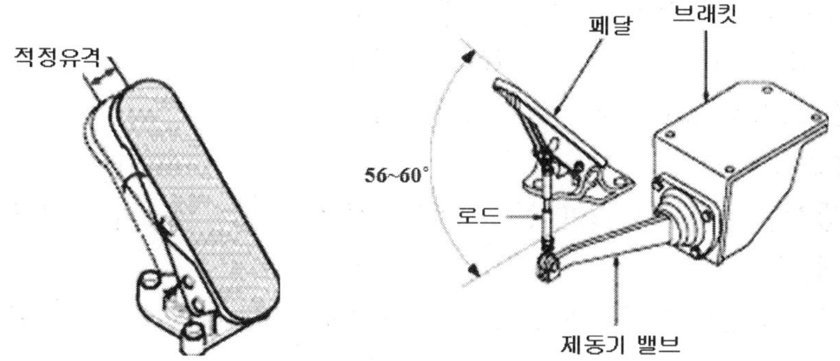

제동기 페달 유격조정

(17) 제동기 라이닝 점검

(가) 제동기 라이닝 및 제동기 드럼의 마모상태 점검.

(나) 타이어를 제거하고, 점검덮개를 열어 라이닝 간극 게이지를 이용하여 라이닝 마모 상태 점검.(상부:0.5mm, 하부:0.25mm)

(다) 제동기 드럼을 제거한 후 내경을 측정 384.3mm 이상이면 제동기 드럼을 신품으로 교환.

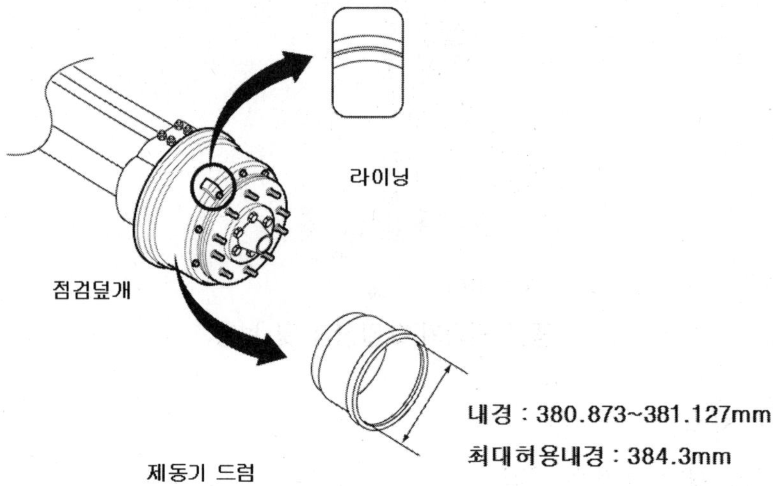

제동기 라이닝 점검

(18) 냉각수 교환

(가) 냉각수 배출마개를 풀고, 냉각수 주입구 마개를 열어 냉각수 배출.

(나) 냉각수 배출이 완료되면 배출마개를 잠금

(다) 냉각수 주입(냉각수 총용량 : 22.8ℓ)

엔진 : 11ℓ , 방열기 : 5ℓ , 보조탱크 : 2.8ℓ

냉각수 호스 : 1.5ℓ , 히터 유니트 : 0.6ℓ

히터호스 : 1.9ℓ

(마) 냉각수 주입구 마개가 열린 상태로 상부 방열기 호스가 뜨거워질 때까지 엔진 가동.

(바) 엔진을 공회전 시키면서 냉각수 주입구의 목까지 냉각수를 주입.

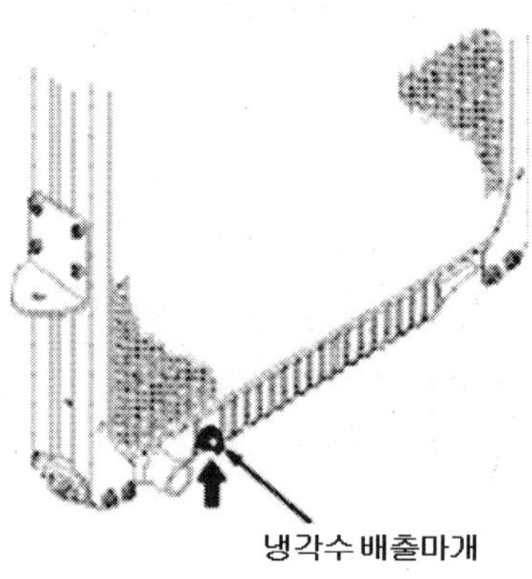

(19) 클러치 오일 교환

(가) 클러치 부스터의 오일 배출구를 풀고, 클러치 오일 배출.

(나) 클러치 오일을 클러치 오일 저장기에 주입하면서 공기빼기 작업을 실시.

(다) 클러치 오일은 1년 또는 20,000km마다 교환.

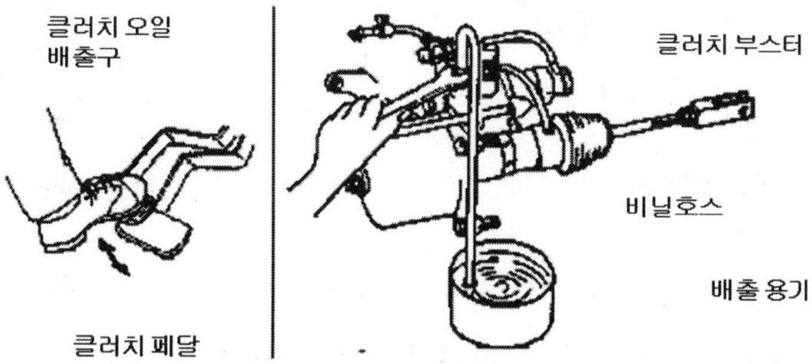

(20) 변속기 오일 교환

(가) 교환 주기 : 1년 또는 20,000km

(나) 오일 용량 : 윈치무-4ℓ , 윈치유-4.6ℓ

(21) 중간 변속기 오일 교환

(가) 교환 주기 : 1년 또는 20,000km

(나) 오일 용량 : 6.5ℓ

(22) 차동기 오일 교환

(가) 교환 주기 : 1년 또는 20,000km

(나) 오일 용량 : 5.7ℓ

(23) 제동오일 교환

(가) 에어 마스터의 공기배출구 마개를 열고 비닐호스 연결.

(나) 스패너로 공기배출 조정너트를 풀고 제동기 페달을 밟으면서 오일 배출.

(다) 제동기 오일은 1년 또는 20,000km 마다 교환.

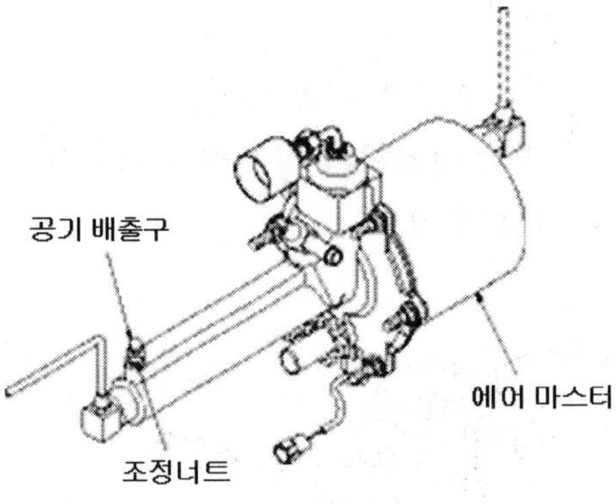

에어 마스터

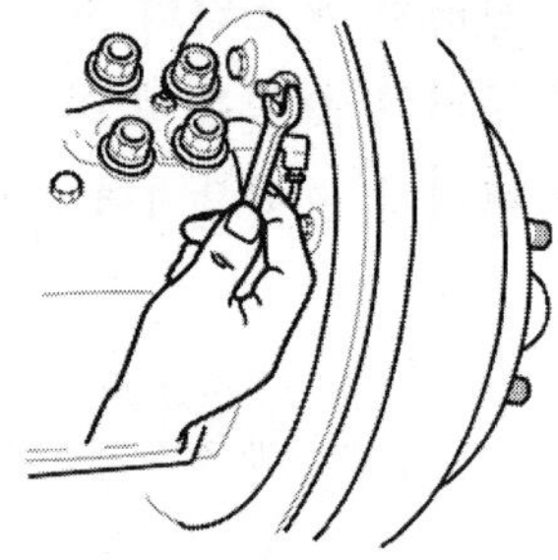

차륜 실린더

(7) 동력조향 오일 교환

(가) 동력조향의 작동 수명을 보장하기 위해서 교환주기 및 오일 사양을 준수.

(나) 오일을 저장기에 적정량을 주입.

(다) 공기빼기

엔진을 공회전시킨 후 유압이 발생된 상태에서 조향 휠을 좌·우로 충분히 몇 회 회전시키고, 오일량 부족시 보충한다.

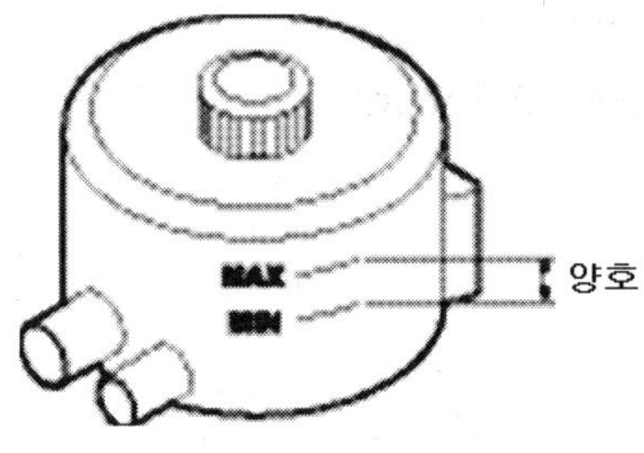

동력조향 오일 교환

(8) 공기 건조기 카트리지 교환

(가) 공기 건조기의 손상여부 점검.

(나) 계기판의 공기압력 게이지 압력이 규정압력 인지를 확인.(규정압력 : 9.0±0.2kgf/㎠)

(다) 공기 건조기 카트리지 교환

1) 공기 건조기 카트리지는 필터 제거용 렌치를 사용하여 교환

공기 건조기 카트리지 교환 주기 1년 또는 50,000km

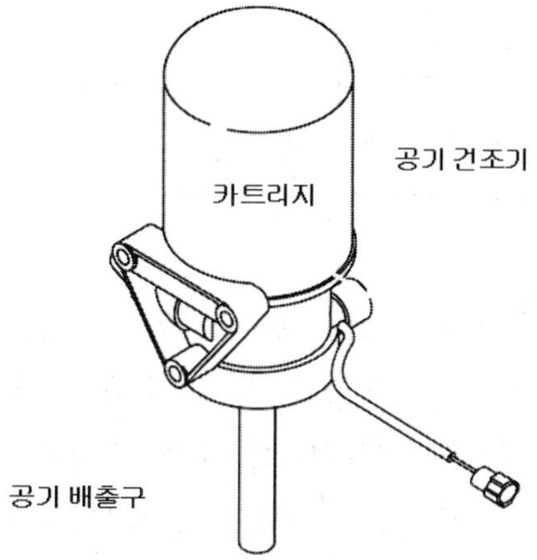

공기 건조기

(9) 윈치 유압오일 및 여과기 교환

(가) 유압오일을 교환할 때는 엘리먼트를 동시에 교환.

(나) 유압오일 저장기 하부에 적당한 용기를 위치시키고, 오일배출 마개를 열어 오일 배출.

(다) 유압오일 주입구 덮개를 개방하여 오일 완전 배출.

(라) 오일배출 마개를 잠그고, 엘리먼트 및 여과기 교환.

(마) 유압오일을 주입하고, 오일수준 점검창을 확인하여 적정선을 유지.

· 윈치 작동오일 총용량 : 약 86ℓ

(바) 주변에 누출된 오일을 헝겊으로 닦아낸다.

1. 유압오일 교환 주기 : 2년
2. 유압오일 엘리먼트 및 여과기 교환주기 : 2년

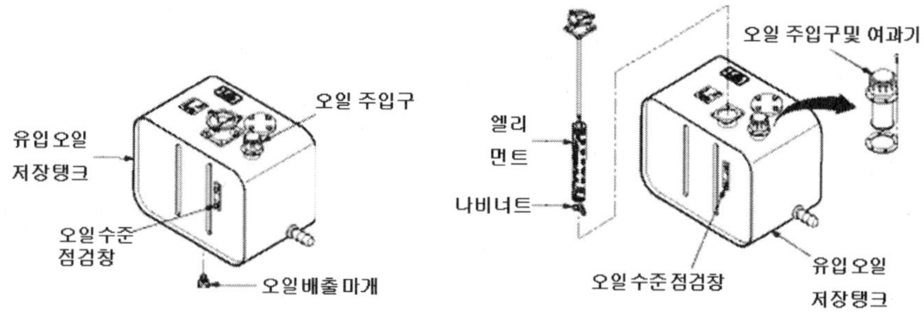

윈치 유압오일 교환

엔진 밸브간극 측정

예비절차 : 1. 방열기 조립체를 제거한다.

2. 실린더 헤드 덮개를 제거한다.

밸브간극 점검 및 조정은 엔진 냉간시 실시한다.

(1) 12㎜ 렌치를 사용하여 4개의 볼트(1)와 와셔(2)를 풀어 실드 조립체(3)와 봉합재 서브 조립체(4)를 크랭크 축 풀리(6)에서 제거한다.

(2) 46㎜ 렌치를 사용하여 너트(5)를 조여 크랭크 축을 돌려서 타이밍 덮개의 표시와 댐퍼 서브 조립체에 타각되어 있는 "1 | 6" 표시를 일치시킨다. 이 위치는 1번 또는 6번 피스톤의 압축행정 말기의 상사점이다.

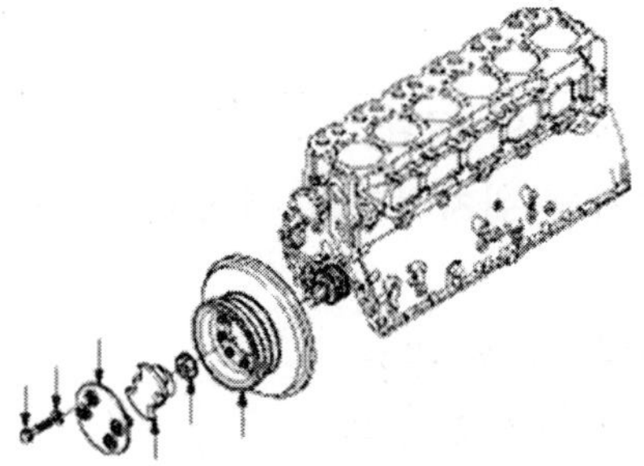

쉴드 조립체의 제거

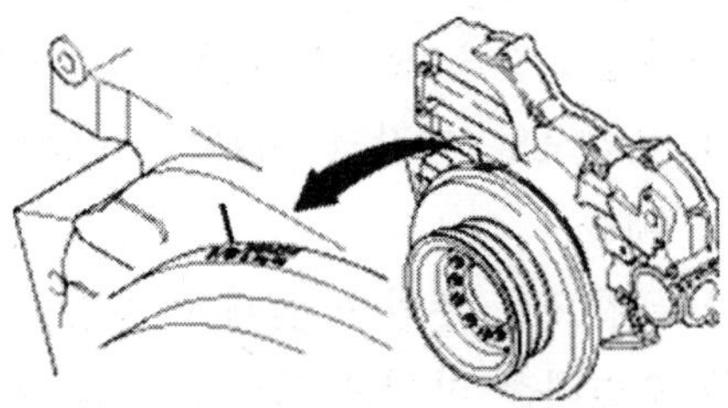

타이밍 마크 일치

(3) 밸브간극을 간극 게이지로 측정하여 간극이 맞는지 확인한다.

- 점화순서 : 1-4-2-6-3-5
- 밸브간극 : 흡기 - 0.3㎜, 배기 - 0.5㎜

만일에 간극 게이지가 약간 빽빽하게 움직이면, 간극이 양호한 것이다.

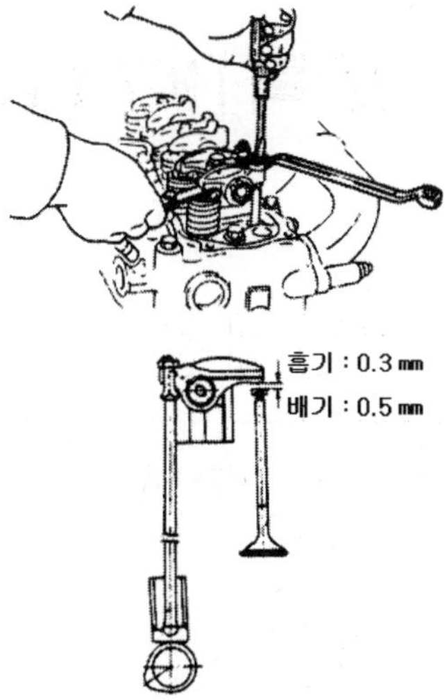

벨브간극의 측정

실린더 번호	1번		2번		3번		4번		5번		6번	
밸브 배열	흡기	배기	흡기	배기	흡기	배기	흡기	배기	흡기	배기	흡기	배기
1번이 압축행정의 상사점에 있을 때	○	○		○	○			○	○			
6번이 압축행정의 싱사점에 있을 때			×			×	×			×	×	×
밸브간극 : 흡기 0.3mm, 배기 0.5mm												

제 3 절 5톤 트럭[K711A1]

3.3.1 K711A1 차량제원

항목 \ 차종	K711A1	K711
[1] 일반 제원		
전장	775.5cm	765.2cm
전폭	246.5cm	247.7cm
전고	292cm	294.6cm
축거	454.7cm	454.7cm
윤거	전:188cm 후:204cm	188cm 182.9cm
최저 지상고	27cm	27cm
최소 회전반경	12.9m	12.75m
도하능력	76cm	76cm
접근각	45°	46°
이탈각	31°	38°
공차중량	10,000kg	9,750kg
적차중량	19080kg	–
[2] 성능		
최고속도	85km/h	85km/h
항속거리	600km	563km
등판능력	종경사:60% 횡경사:20%	종경사:60% 횡경사:20%
[3] 엔진		
모델	D6AZ,TC DI(현대자동차)	D2156HM
형식	직렬6기통,4사이클	직렬 6기통,4사이클
실린더 내경 * 행정	130×140mm	121×150mm
연소방식	직접 분사식	직접 분사식
배기량	11,149cc	10,350cc
압축비	16.5:1	17:01
엔진 크기	장:145.52cm 폭:94.2cm	장:131.4cm 폭:66.68cm

	고 : 118.75cm	고118.6cm
분사순서	1-5-3-6-2-4	1-5-3-6-2-4
착화시기	BTDC 10°	
벨브간극(흡기/배기)	0.4/0.6mm	0.15/0.25mm
최고출력	270/2.220DS/rpm	236/2.220ps/rpm
최대 토크	98/1.400kg · m/rpm	84/1.400kg · m/rpm
공회전 속도	600 25rpm	600-650rpm
중량(오일미포함)	950kg	850kg
예열장치	흡입공기 가열 혼합식	프리히터
[4] 윤활장치		
윤활방식	압송식	압송식
오일 용량	27.7 L	17L
오일펌프 형식	기어식	기어식
-오일압력	4.2-4.8kgf/cm^2	
오일 냉각기 형식	수냉식	수냉식
엔진 오일	OE/HDO 10.30.SAE15W-40 또는 5W-30(혹한시)	OE/HDO 10.30
오일 여과기		
-형식	여지식	
-해제 벨브 개방 압력	1.5+0.2kgf/cm^2	
-오일 압력스위치압력	0.5~1.0kgf/cm^2	
[5] 냉각 장치		
냉각방식	수냉식.강제순환식	수냉식
자농온도 조설기	형식 : 왁스 펠릿식	
열림온도	80℃~95℃	71℃~91℃
방열기형식	콜게이트식	
-방열량	110.000kcal/h	97.000kcal/h
-마개(캡)개변압	0.5 0.15kgf/cm^2	0.5kgf/cm^2
냉각송풍기 형식	온도조절식 펜.8배	
냉각수 펌프	원심식.V-벨트구동	
[6] 연료 장치		
연료분사 펌프 형식	기계식(PS3S)	
연료탱크 용량	295L	295L
사용연료	경유(디젤)	경유(디젤)
연료여과기	여과 여지식	
물분리기 성능	1.2L/MIN	
[7] 흡기 장치		
공기정화기 형식	건식	건식
엘리먼트	여지식	여지식

[8] 과급기[터보차저]		
허용 윤활유 압력	196~490kps	–
윤활유량	2~3 L / min	–
최고회전수	106,000rpm	–
[9] 배기 장치		
소음기 크기[직경*길이]	278.2×550mm	278.2×550mm
배기관[외경*두께]	89.1×16mm	89.1×16mm
특 징	진동흡수식 벨로우즈	진동흡수식 벨로우즈
[10] 클러치		
작동방식	유공업식	유압식
디스크 형식	건조 단판식	건도 단판식
디스크 크기	381×293mm	374.7×260mm
압력판 형식	코일스프링, 푸시토드 타입	
[11] 변속기		
모델	DANA6453(T.I)	6543
제조사	S & T 중공업	S & T 중공업
변속형식	수동, 전진 5단 후진 1단	수동, 전진 5단 후진 1단
입력우려	100kgf · m	80kgf · m
기어비	후진 : 6.09 : 1	후진 : 6.09 : 1
	1단 : 6.07 : 1	1단 : 6.07 : 1
	2단 : 3.40 : 1	2단 : 3.40 : 1
	3단 : 1.79 : 1	3단 : 1.79 : 1
	4단 : 1.00 : 1	4단 : 1.00 : 1
	5단 : 0.78 : 1	5단 : 0.78 : 1
기어오일	API GL-4, SAE 80W-90 또는 75W-90(혹한시)	GO 80/90
[12] 중간 변속기		
제조사	S & T 중공업	S & T 중공업
모델	R.W T138-10(T.I)	T138
작동	공기 제어식	레버 작동식
입력우력	600kgf · m	490kgf · m
변속패턴	2단[고속 및 저속]	2단[고속 및 저속]
기어비	고속:1.00:1	고속:1.00:1
	저속:2.024:1	저속:2.024:1
기어오일	API GL-4,SAE 80W-90 또는 75W-90(혹한시)	GO 80/90
[13] 전 차축		
모델	FM240-F6(T.I)	FM 240-HX17

제조사	S & T 중공업	S & T 중공업
형식	전부동식	전부동식
기어비	6.443 : 1	6.443:1
[14] 후 차축		
모델	R.W M240-HX17(T.I)	M240-HX17
제조사	S & T 중공업	S & T 중공업
형식	전부동식	전부동식
특징	2축 차동잠금장치(NSD)적용	–
기어비	6.443:1	6.443 : 1
중량	662kg	662kg
[15] 제동장치		
상용 제동기	공기배력 유압제동식(AOH)	ASH
–형식	419.1mm	419.1mm
–드럼직경[전/후방]	비 석면	비 석면
–라이닝 재질	64 L	
–공기 탱크 용량	0.5/0.25mm	0.5/0.25mm
–라이닝간극[상/하]		
주차 제동기		
–제동방식	공기식, 스위치 조작식	수동식,케이블식
–적용위치	중간변속기 후방 출력축	중간변속기 후방 출력축
–라이닝 재질	비 석면	비 석면
–라이닝 크기		
(길이×폭×두께)	28.97×7.62×0.63cm	28.97×7.62×0.63cm
[16] 타이어		
형식	튜브식,러그형	튜브식,러그형
규격	11.0-20-12PR	11.0-20-12PR
압력		
–전륜(포장/이지)	80/60DSI(5.62/4.22kgf/cm^2)	80/60DSI(5.62/4.22kgf/cm^2)
–후륜(포장/이지)	50/30DSI(3.52/2.11kgf/cm^2)	60/30DSI(4.22/2.11kgf/cm^2)
[17] 조향 장치		
형식	동력 조향	동력조향
조향 휠 경[지름]	48.3cm	
조향 기어비	23.4:1	23.4:1
조향 각[좌측/우측]	28/25	
조향기어 형식	볼 너트식	
조향컬럼 및 축 형식	딜트식	
조향 오일펌프		
–형식/제조사	배인형/위어[주]	
–조정유량	17 l/min	

–조정유압	123kgf/cm^2	
[18] 현수 장치		
전방		
–스프링 형식	겹판식	겹판식
–겹판수	11매	11매
–규격	127×7.62×1.135cm	127×7.62×1.135cm
–완충기 형식	유압 복동식	유압 복동식
후방		
–스프링 형식	겹판식,차축토크로드	겹판식,차축토크로드
–겹판수	13매	13매
–규격	150.5×10.16×1.4cm	137.16×10.16×1.4cm
–토크로드 형식	이탈방지 단일 고정식	이탈방지 단일 고정식
[19]전기장치		
시동전동기		
–형식	전자기 포지티브 리덕션	
–출력	6.0kw,24V	5.4KW,24V
축전지	12V×100모,4개	12V×85Ah 4개
엔진 정지모터	전기식	–
교류발전기		
–형식	IC 전압조절기 내장	
–출력	100A – 28.5V	60A – 28V
예열장치	공기가열기(–5℃ 이하)	프리히터
히터		
–풍량조절스위치	4단,회전식 스위치	
–용량	24V, 8.5A,6500KCAL/H	
와이퍼장치		
–형식	전기식	공기식
–블레이드	곡면용(305mm,2개	평면형
워셔장치	전기식	–

3.3.2 K711A1 부품위치

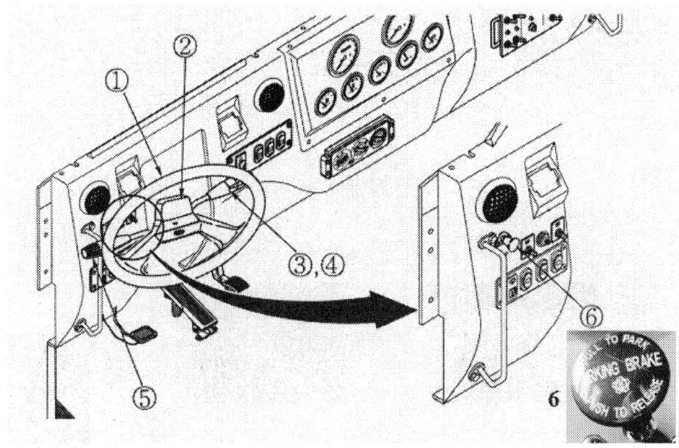

1. 조향 휠
2. 경음기 스위치
3. 복합스위치, 우측레버
4. 배기제동기 작동 스위치
5. 복합스위치, 좌측레버
6. 주차제동기 스위치

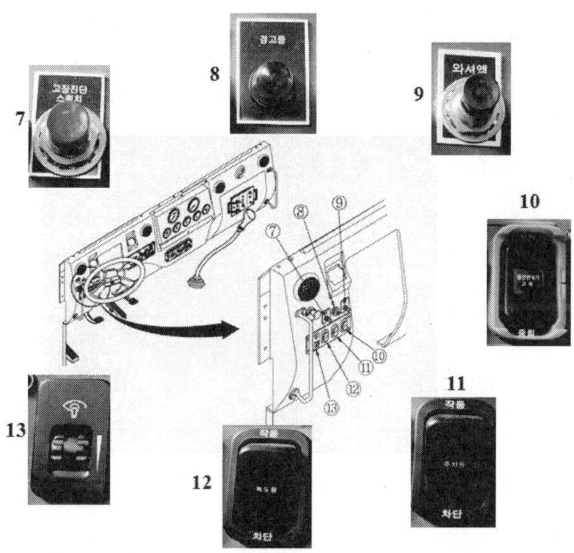

7. 고장진단 스위치
8. 고장 경고등
9. 와셔 스위치
10. 중간변속기 선택스위치
11. 주차등 스위치
12. 독도등 스위치
13. 조광기 스위치

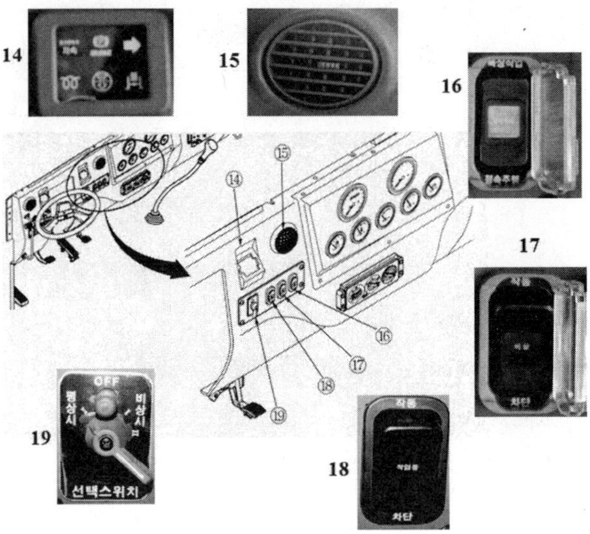

14. 경고 유닛
15. 히터 방출구
16. 정속주행장치 스위치
17. 해제(비상) 스위치
18. 작업등 스위치
19. 등화관제 선택스위치

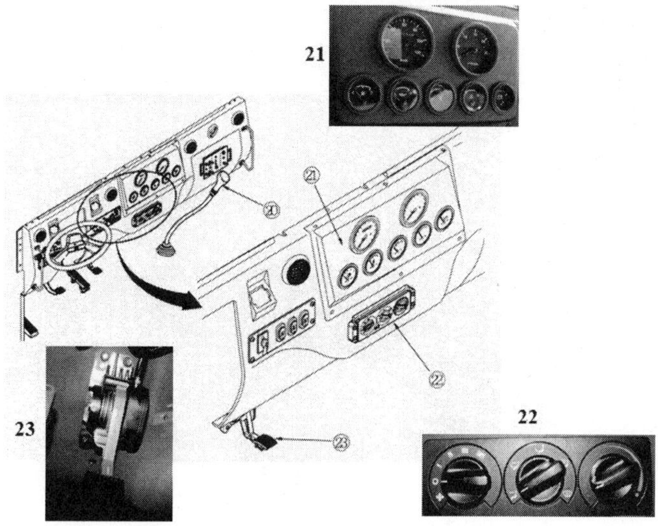

20. 변속기 레버
21. 계기판
22. 히터 조종 스위치
23. 가속 페달

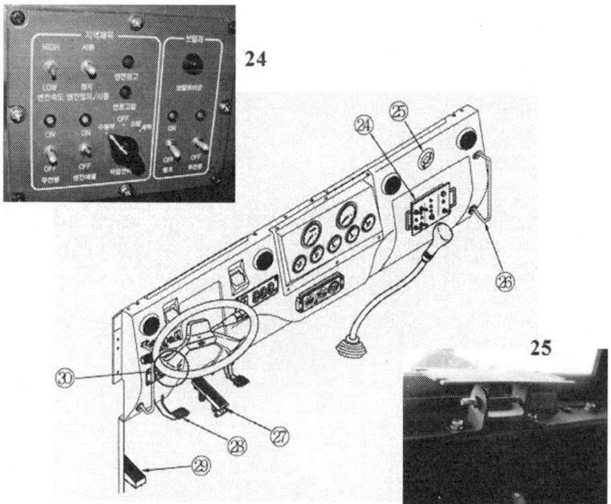

24. 원격조종장치
25. 무전기 브래킷 거치대
26. 보조 손잡이

27. 제동기 페달
28. 클러치 페달
29. 풋 레스트
30. 조향휠 조종 레버

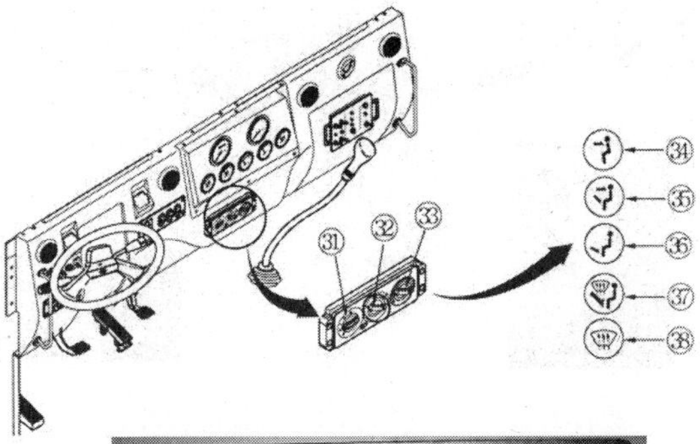

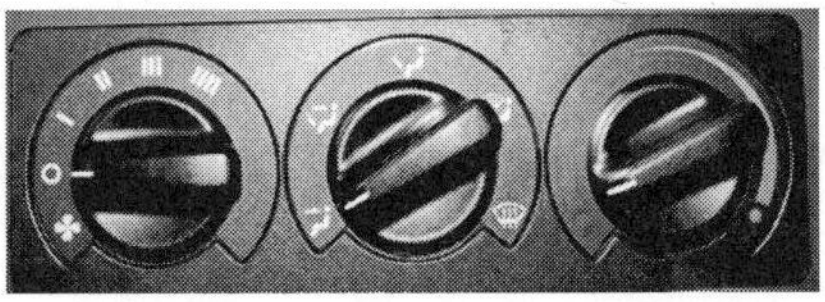

31. 송풍속도 조절 스위치
32. 풍향선택 스위치
33. 송풍온도 조절 스위치
34. 얼굴위치
35. 정상위치
36. 다리위치
37. 다리/제습 위치
38. 제습 위치

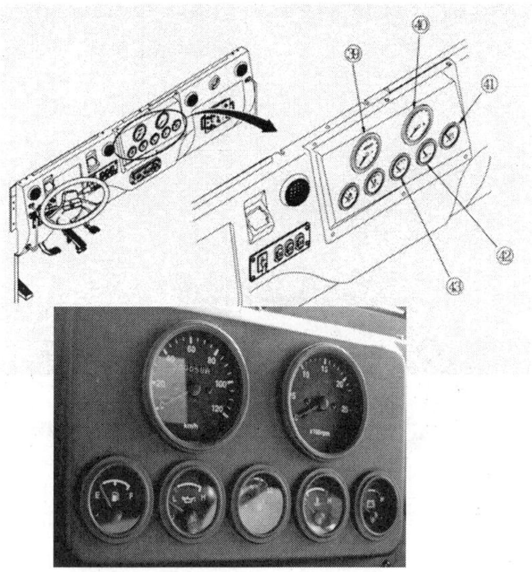

39. 속도계/ 주행 기록계
40. 회전 속도계
41. 전압계
42. 냉각수 온도계
43. 공기 압력계

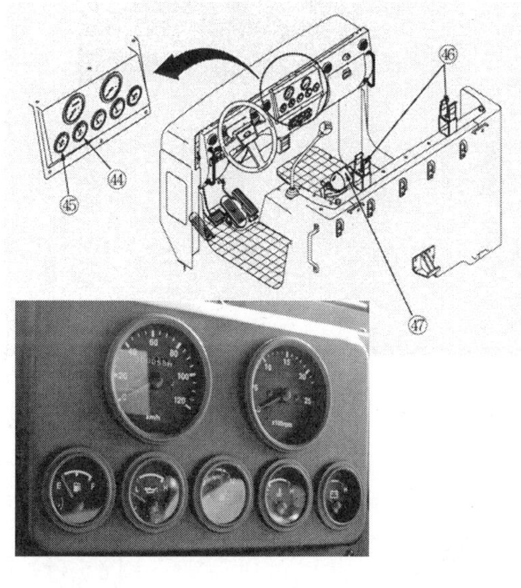

44. 오일 압력계

45. 연료계
46. 소총 보관대
47. 소화기

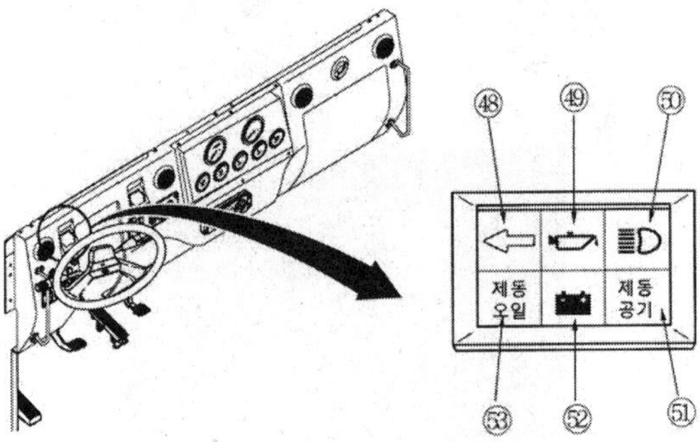

48. 좌측방향 지시등
49. 엔진오일 경고등
50. 전조등 상향 표시등

51. 제동공기 경고등
52. 충전 경고등
53. 제동오일 경고등

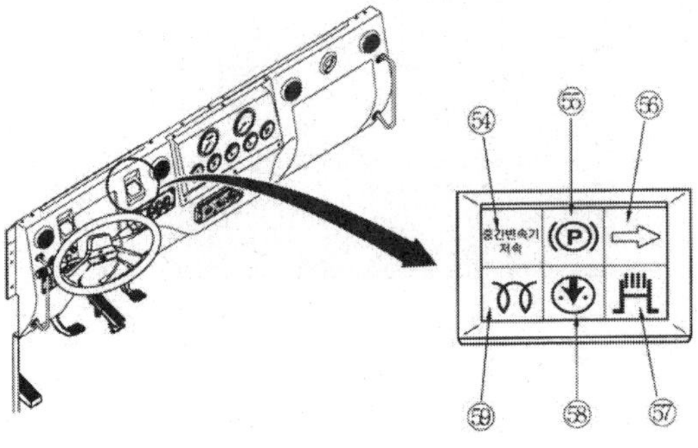

54. 중간변속기 저속경고등
55. 주차표시등
56. 우측 방향지시등

57. 배기제동기 표시등
58. 먼지표시기 경고등
59. 엔진 예열 표시등

3.3.3 K711A1 작동원리

(1)개요

엔진의 윤화은 기어 펌프를 사용한 강제압송식 윤활장치로 되어 있다.
오일 저장기의 엔진 오일은 오일펌프에 의해 오일 여과망을 통하여 흡입되고, 오일 여과기와 오일 냉각기로 압송하여 모든 부품을 윤활한다.

(2)오일펌프

(가) 오일펌프는 기어펌프 식으로 크랭크 케이스의 후방, 오일저장기 내부에 장치되어 있고, 크랭크축 기어에 의해 구동된다.
(나) 오일 여과망은 오일펌프의 흡입구(송출부의 오일 파이프)에 장치되어 있다.
(다) 크랭크축 기어는 오일 펌프 공전 기어를 통하여 오일펌프 기어를 구동한다.

(3)오일 여과기

(가) 오일펌프로부터 가압되어 공급되는 엔진오일은 크랭크 케이스의 오일 구멍을 통하여 오일 여과기 해드로 유입된 후 오일 여과기로 흐른다.
(나) 오일 여과기를 통하여 여과된 엔진 오일은 오일 여과기 해드로부터 크래크

케이스 오일 구멍을 통하여 오일 냉각기로 보내진다.

(다)오일 여과기 엘리먼트가 막혀 여과된 오일과 여과되지 않은 오일 사이의 압력차이가 규정 한계를 초과하며 ㄴ스프링 힘을 이기고 오일 바이패스 경보기의 벨브가 움직여 여과되지 않은 오일이 오일 냉각기로 바이패스 된다.

(라)오일 바이패스 경보는 자기 접점이 있어 벨브가 개방될 때 접점을 닫아 운전석 계기판의 경고등을 점등시켜 운전병에게 알린다.

(4)오일 냉각기

오일 냉각기는 크랭크 케이스의 좌측에 있는 냉각수 통로에 장착되어 있다.

가. 냉각 장치

-냉각장치의 개통을 보면 냉각수 펌프에 의해 흡입된 냉각수는 실린더 블록과 실린더 해드의 냉각수 통로를 통과 연소열을 빼앗아 냉각수 호스를 거쳐 자동온도 조절기를 경유하여 방열기로 흐리게 된다.

-냉각수 펌프는 원심 펌프에 의한 강제 순환식이며 크랭크축에 연결된 V-밸트에 의해 구동된다. 냉각수 파이프와 방ㅎ열기 사이에 있는 온도 조절기는 냉각수의 온다가 82 C 달하면 밸브가 열려 방열기로 냉각수가 순환하게 된다.

(열림온도 범위 : 82-95C)

-온도 조절기는 예열시간을 단축하고 과냉각을 방지하며 우회 경로가 설치되어 규정된 수온이 될 때까지는 방열기로 온수가 흐르지 않도록 되어 있다.

(1)방열기

(가) 방열기는 냉각효율이 높은 콜게이트 핀 형식이며 냉각펜은 8빼의 날개식으로 구성되어있다.

(나) 방열기는 엔진 내부를 순환하여 온도가 상승된 냉각수를 냉각하고, 물과 공기를 분리시키며 냉각장치의 압력을 조절한다.

(다) 냉각수 보조 탱크는 냉각수 부족시 냉각수를 보충해 주고 과열시 넘치는 냉각수를 흡수보유한다.

(2)냉각수 펌프

(가) 원심 펌프형식의 냉각수 펌프는 실린더 블록의 전면에 장착되고 크랭크축 풀리로부터 구동벨트에 의해 구동된다

(나) 냉각수 펌프 축의 한쪽 끝은 임펠러가 장착되고 냉각수 유닛 실에 의해 밀봉된다.
(다) 냉각수 펌프 축에 있는 볼 베어링은 그리스에 의해 윤활된다

나. 배기 제동기

-내리막길 주행시 엔진 실린더의 흡기구와 배기구를 동시에 막아 피스톤 운동에 저항을 줌으로써 차량 감속을 유도함.
-감속시 잦은 제동은 브레이크 장치에 발열로 인한 배이퍼 톡 및 페이드 현상이 발생할 수 있으며 라이닝 또는 패드 같은 소모성 부품의 수명을 단축시킴. 따라서 중대형 차량의 운전자를 배기 브레이크 활용 선호.

(1)작동원리

(가) 배기 제동기의 작동은 배기 제동기 스위치가 "ON" 되고 가속기 페달을 놓으면 마이크로 스위치는 "ON"이 되므로 전류가 배기제동기 전자석 벨브로 흐르게 된다. 이결과로 배기 제동기 전자석벨브의 공기 공급쪽 벨브가 개방되어 공기 탱크의 압축공기가 배기 제동기 벨브와 흡입소음기의 조종 실린더로 공급된다.
(나) 압축공기에 의해 조종 실린더가 배기 제동기 벨브와 흡입 소음기를 닫아 배기 제동기가 작동된다.
(다) 배기 제동기 스위를 "OFF"하면 전류의 흐름은 차단되고 배기제동기 전자석 벨브의 압축공기 공급측 벨브가 닫히고 배기측 벨브가 열려 조종 실린더 내의 압축공기는 대기 중으로 빠져 나간다. 따라서 배기 제동기 벨브와 흡입소음기가 개방되어 배기 제동기가 풀린다.
(라) 배기 제동기 동작중 클러치 페달을 밟으면 일시적으로 배기 제동기를 해제하기 위해 클러치 스위치가 설치되어 있다.
(마) 분사펌프에 장착된 마이크로 스위치는 반드시 가속페달을 놓았을 때만 배기 제동기가 작동하도록 한다. 좀 더 자세히 설명하면 가속기나 클러치 페달을 밟으면 마이크로 스위치나 클러치가 전기회로를 차단하여 배기 제동기가 "OFF" 된 것 처럼 일시적으로 배기 제동기가 해제된다. 페달을 놓으면 회로가 접속되어 배기 제동기는 다시 동작한다.
(바) 흡입소음기는 배기 제동기 작동 중 배기 다기관 내의 압력이 흡기 다기관으로 역류하여 발생되는 배기 소음을 감소시키기 위하여 흡기 다기관 흡입구에 장착한다.

(사) 흡입소음기는 배기 제동기 벨브와 함께 동시에 작동한다.
(아)버터플라이 벨브 형식의 제동기 벨브는 진공 실[또는 조정 실린더]에 장착된 레버에 의해 선회 벨브 축에 의해 개폐된다.

다. 흡/배기장치

(1) 개요

흡. 배기 계통은 공기정화기.흡기소음기.공기가열기 흡기다기관 및 배기다기관,과급기(터보차저), 배기제동기, 소음기로 구성되어 있다.

(2) 공기 가열기(흡입 공기히터)

(가) 급속가열흡입 공기히터는 수온감지기 예열 조절기[preheat controller]가열 준비 표시등,시동시위치,급속가열공기히터 등으로 이루어져 있다.
(나) 시동 스위치를 "ACC" 에서 "ON" 으로 놓았을 때 수온감지기가 엔진 냉각수 온도를 감지하고 예열 조절기는 감지된 냉각수 온도에 따라 예열을 조절한다.
(다) 냉각수 온도가-5℃ 이하일 때 예열이 되고 가열준비표시등[오렌지색]이 켜진다.
(라) 예열이 18~22초에서 완료 되었을 때 가열준비 표시등이 소등되어 운전자에게 엔진이 시동할 준비가 되었음을 알린다.

라. 과급기[터보차저]

-적용차종 : 군슈 5/4,5톤,10톤 1/4톤(디젤)

-배기 다기관에 연결된 터빈은 배기가스의 압력으로 배기족 터빈을 회전시키면 회전축에 함께 연결된 흡기쪽 터빈도 회전하게 되어 강제로 흡입 공기를 가압하여 엔진 실린더로 공급함으로써 엔진출력 향상, 회전력 증대, 연료 소비율(10~15%)을 향상시킨다.

-터보 차저의 회전축은 엔진 오일로 윤활이 되므로 고속주행 후 일정시간 동안 아이들링 후 시동을 OFF해야 함.

(1) 개용연료장치는 분사펌프조립체,연료여과기,물 분리기,분사파이프,분사노즐,연료복귀 파이프 등으로 구성되어 있다.

(2) 분사펌프

(가)분사펌프는 연료의 분 사용량을 조절하여 분사노즐로 압송하는 장치이다.

(나)공기 압축기에 커플링으로 연결된 분사 펌프는 엔진 회전속도의 1/2로 분사 펌프를 구동한다.

(3) 플런저

(가) 플런저가 하강할 때 연료는 흡입 및 방출구멍을 통하여 들어고 플런저가 상승하여 플런저의 상부가 플런저 배럴의 흡입 및 방출구를 닫는 순간 플런저는 고압으로 연료를 송출하기 시작한다.

(나) 플런저가 더 상승하여 리드 홈이 흡입이나 방출구멍과 만나면 연료의 송출이 종료된다.

(다) 즉, 리드홈이 상승하여 흡입 및 방출 구멍과 만나면 고압의 연료는 딜리버리 벨브의 피스톤을 위로미는것을 중지하고 배럴내의 고압연료는 플런저의 수직홈을 통하여 흡입 및 방출 구멍으로 역류한다.

(4) 연료공급 펌프

(가) 연료 공급펌프는 연료 분사펌프에 장착

(나) 연료분사 펌프의 캠축에 의해 구동

(다) 연료에 일정업(1.8~2.5kgf/cm^2)을 주어 연료분사펌프 하우징의 유류실로 공급

(라) 프라이밍 펌프가 있어 수동으로 연료를 공급하거나 연료장치 내의 공기빼기 가능

(5) 분사노즐

(가) 분사노즐은 홀[Hole]타입.

(나) 분사펌프로부터 공급된 고압의 연료는 노즐 홀더로 유입된 후 노즐 스프링의 장력을 이기고 니들 벨브를 밀어 올린다.(개변압 : 180kgrf/cm2)

(다) 니들 벨브를 밀어올린 고압의 연료는 노즐 끝에 작은 분사 구멍으로부터 엔진 연소실에 분사

(라) 니들 벨브를 윤활한 약간의 고압연료는 연료 복귀 파이프를 통하여 연료 탱크로 회송

마. 클러치

-클러치는 엔진의 동력을 변속기에 전달 또는 차단하는 장치

-클러치판 및 덮개,클러치 부스터,주 실린더 및 클러치 페달로 구성

1) 클러치 페달을 밟으면 주 실린더의 푸시로드에 의해 클러치 유압 라인 내에 유압 발생.

2) 작동력이 전달된 오일이 클러치 부스터의 공기 흡입구 개방

밀어 푸시로드에 작동력을 준다.(이작동력이 클러치를 단락시킨다.)

3) 클러치 부스터에 발생된 공기압이 클러치 부스터의 피스톤을 밀어 푸시로드에 작동력을 준다.

4) 클러치 페달에서 발을 뗄 경우는 클러치 부스터의 복귀 스프링의 장력이 푸시로드를 원위치로 당기면서 클러치 부스터 실린더내의 공기는 공기 배기구멍을 통화여 외부로 방출된다.(이때 클러치가 연결된다.)

5) 주 실린더 내에 흡입된 오일은 주 실린더의 복귀 스프링에 의해서 오일 탱크로 되돌아간다.

바. 차축

1) 전 차축

전 차축은 조향차축이며, 중간변속기 스프래그 유닛이 물려 있을 때에 동력을 중간변속기에서 전차축으로 전달하는 작용

2) 후 차축

후 차축은 2번과 3번차축으로 구성되며, 구동 차축이다. 2번 차축에는 차동잠금장치(NSD)가 장착되어 있음

3) 차동잠금장치(NSD:No Spin differential)

직진할 때 클러치 이에 의해 양쪽의 클러치가 구동되어 좌우 바퀴의 회전이 동일하게 되며 자동차가 선회를 하면 안쪽 바퀴가 바깥쪽 바퀴 보다 저항이 크기 때문에 바깥쪽 클러치가 경사면을 타고 미끄러지면서 도그 클러치가 빠지면서 차동되지 않고 동력도 전달되지 않는다.

(1) 직진

차량이 직진으로 전, 후진시에는 스파이더와 클러치가 일체로 회전

(3) 선회

차량이 오른쪽으로 선회한다고 할 때 내측[오른쪽]과 외측[왼쪽]휠은 회전 반경 차가 생기고 외측휠은 노면 접지력에 의해서 상대적으로 빠른 회전속도로 돌게 되어 스파이더가 오른쪽 휠보다 빠르게되고 도그 클러치 중심캠이 스파이더 중심 캠을 타고 올라와 클러치 기어와 스파이더 기어가 해제되어 왼쪽 샤프트는 동력이 전달되지 않는 상태로 돌게 된다.

차동잠금장치가 설치된 차량에서는 한쪽 바퀴를 잭으로 들어올리고 엔진의동력으로 바퀴를 회전시켜서는 전대로 안된다.

사. 제동장치

(1) 상용 제동장치[AOH : Air over Hydraulic]

(가)상용 제동장치는 제동기 벨브,릴레이 벨브,에어 마스터,휠 실린더등으로 구성된 유압과 공압이 복합된 공기배력유압제동식

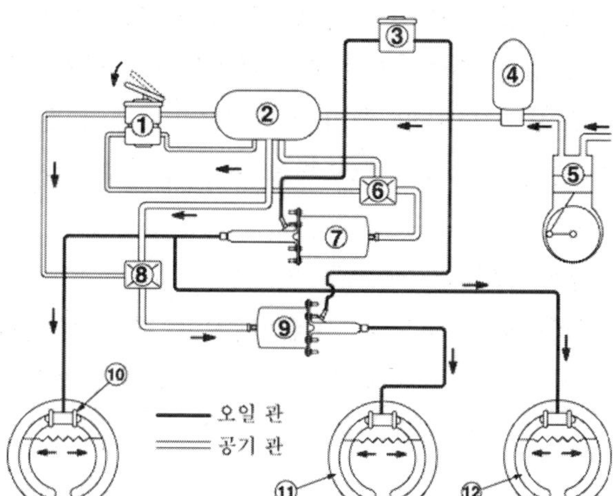

제동기 유압/공압 계통도

1.제동기 벨브
2.공기탱크
3.오일저장기
4.공기건조기
5.공기압축기
6.릴레이 벨브

7.에어 마스터[장축]
8.릴레이 벨브
9.에어 마스터[단축]
10.휠 실린더
11.제동기 드럼
12.제동기 슈

(2) 에어마스터

(가) 에어 마스터는 공기 실린더 및 유압실린더로 이루어지며 공기탱크에 연결되어진 압축공기가 공기실린더로 보내진다.
(나) 에어 마스터와 유압 실린더의 운동이 일치되고 오일이 유압 실린더로부터 연결라인을 거쳐 휠 실린더로 공급된다. 따라서 제동기 슈가 확장되어 제동력 발생

(3) 주차 제동기

(가) 주차제동기 노브를 밀면 공기탱크로부터 릴리스 벨브를 거쳐 챔버로 공기가 압송되어 복귀 스프링을 수축함으로써 케이블을 느슨하게 하여 주차 제동기 해제
(나) 주차제동기 노브를 당기면 공기탱크로부터 릴레이 벨브를 거쳐 챔버로 가는 공기를 차단하여 챔버내의 복귀 스프링을 확장,푸시로드를 당겨 주차제동기 작동

(4) 주차제동기 강제 해제

24mm 렌치로 릴리스로드 너트부 시계방향으로 부하를 받을때까지 돌리면 챔버내의 스프링이 수축되면서 주차제동이 해제됨(차량 후방쪽을 바라보면서 시계방향으로 돌림)

(5)주차제동기 작동

견인 작업이 끝나고 차량 정비가 완료되면 24mm 렌치를 사용하여 릴리로드 너트부를 반 시계방향으로 돌리면 챔 버내의 스프링이 이완되면서 주차제동이 작동된다.(릴리스 로드에서 핀과의 거리 191mm)

Chapter 4

제거/설치

제 1 절 부대정비

4.1.1 개 요

3장에서는 부대정비사항에 대한 주요항목 고장배제 절차와 야전정비 항목에 대한 제거설치 요령에 대해 기술해 보도록 한다.

4.1.2 부대정비사항 고장배제

분 야	정 비 항 목	
엔 진	1. 연료펌프 검사 및 교환절차	
	2. 수온조절기 교환	
	3. 방열기 교환	
새 시	4. 유압클러치 계통 공기배출	8. 휠실린더/라이닝 및 패드 교환
	5. 유압제동기 계통 공기배출	9. 조향너클 방수고무 교환
	6. 추진축 교환 및 정비	10.타이어 교환 및 튜브 수리
	7. 조향핸들 유격 측정 및 조정	
전 기	11.축전지 교환	14.배전기 및 단속기 교환
	12.시동전동기 교환	15.점화플러그 교환
	13.발전기 교환	
	16. 전조등 및 복합등 교환	전조등 유니트 교환절차
		전조등 결합체 교환절차
		앞·뒤복합등 전구 교환절차
		앞·뒤복합등 결합체 교환절차
	17.각종 계기류, 스위치 및 부수장치 교환	전기적 계기류 교환절차
		기계적 계기류 교환절차
		라이트스위치 교환절차
		복합스위치 교환절차
		정지등 스위치 교환절차
		와이퍼 전동기 교환절차

가. 주요 항목별 고장배제 절차

(1) 연료펌프 검사 및 교환

(가) 소요 물자 : 연료펌프, 가스켓, 수입포

(나) 공구 : 차량 및 일반장비 부대정비 공구셋

(다) 안전 사항

1) 평탄한 지역에 차량을 주차하고 바퀴에 고임목을 고인다.
2) 변속기 기어를 중립에 위치시키고 주차제동기를 채운다.
3) 축전지 접지선(−)을 제거하여 고장배제 작업간 시동을 방지한다.

(라) 차종별 검사 및 교환 절차

1) K−511, 711차량 연료펌프 교환

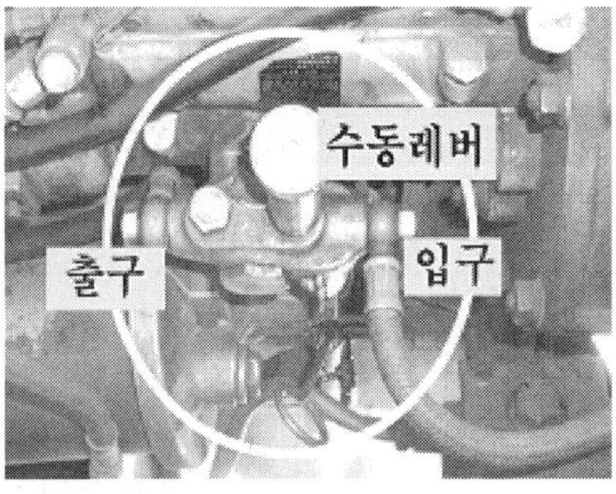

▶ 제거

① 오픈/복스렌치를 이용하여 연료펌프 입구 및 출구의 연료호스 연결용 유니언

볼트(19㎜)를 풀고 연료호스를 분리한다.

② 연료펌프 하부 유리컵 및 여과망을 분리한다.

③ 오픈/복스 렌치를 이용 3개의 장치볼트(10㎜)를 제거하고 연료펌프를 분사 펌프로부터 제거한다.

▶ 설치

① 신품 "O" 링 가스켓을 연료펌프설치 축에 끼운다.

② 오픈/복스렌치를 이용 3개의 장치볼트(10㎜)로 분사펌프에 설치한다.

③ 여과망 및 유리컵을 설치한다.

④ 입구 및 출구에 연료호스를 유니언볼트(19㎜)로 연결한다.

⑤ 수동으로 연료펌프를 작동시켜 연료계통 공기빼기 작업을 실시한다.

⑥ 주변을 수입포로 깨끗이 닦아준다.

⑦ 축전지 접지선(-)을 연결하고 엔진을 시동하여 이상 유무를 확인한다.

> **〈주(註)〉**
> K-311차량은 분사펌프내부에 연료펌프가 마련되어있으며 수동식 연료펌프는 연료여과기와 일체형으로 반년 정비 시 교환 한다.

(2) 수온조절기 교환

(가) 소요 물자 : 수온조절기, 가스켓, 접착제

(나) 공구 : 차량 및 일반장비 부대정비 공구셋

(다) 안전사항

1) 차량을 평탄한 지역에 주차시킨 후 고임목을 고인다.

2) 변속기 기어를 중립에 위치시키고 주차제동기를 채운다.

3) 냉각수가 식을 때까지 기다린다.

(라) 차종별 교환절차

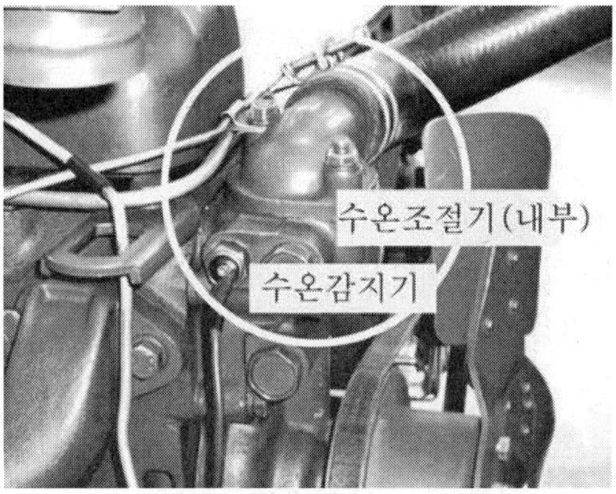

1) K-311차량

▶ 제거

① (+)자 드라이브를 이용하여 상부호스 조임쇠를 풀고 호스를 분리한다.

② 오픈/복스렌치를 이용하여 2개의 볼트(12㎜)를 풀고 하우징 덮개를 분리하고 가스켓을 제거한다.

③ 수온조절기를 제거한다.

▶ 설치

① 신품 수온조절기를 하우징에 설치한다.

② 새로운 가스켓을 설치하고 2개의 볼트(12㎜)로 하우징 덮개를 결합한다.

③ 상부호수를 끼우고 (+)자 드라이브를 이용하여 조임쇠로 조인다.

④ 냉각수를 보충하고 엔진을 시동하여 이상 유무를 확인한다.

2) K-511, 711차량

▶ 제거

① (-)자 드라이브로 3개의 연결호스 조임쇠를 풀고 호스를 분리한다.

② 수온조절기를 제거한다.

▶ 설치

① 제거의 역순으로 수온조절기를 설치한다.

② 냉각수를 보충하고 엔진을 시동하여 이상유무를 확인한다.

(3) 방열기 교환

(가) 소요 물자 : 방열기, 완충고무, 부동액(동계), 짜개핀(K-711)

(나) 공구 : 차량 및 일반장비 부대정비 공구셋

(다) 안전사항

1) 차량을 평탄한 지역에 주차시킨 후 고임목을 고인다.

2) 변속기 기어를 중립에 위치시키고 주차제동기를 채운다.

3) 냉각수가 식을때까지 기다려 냉각수 배출간 화상사고를 예방한다.

4) 승강대를 준비하여 앞 범퍼로부터 낙상사고를 방지한다.

(라) 차종별 방열기 교환 절차

1) K-311 차량

▶ 제거

① 오픈/복스렌치로 4개의 고정볼트(12㎜)를 풀고 방열기 상부 덮개판을 제거한다.

② 상,하 방열기 호스와 오버 플로우 호스를 분리시킨다.

③ 5개의 고정볼트(12㎜)를 풀고 공기 유도관(슈라우드)를 분리시킨다.

④ 6개의 고정볼트(12㎜)를 풀고 방열기를 지지대로부터 제거한다.

▶ 설치

① 제거의 역순으로 방열기 및 호스, 냉풍 유도덮개, 상부 덮개판을 치한다.

2) K-511 차량

▶ 제거

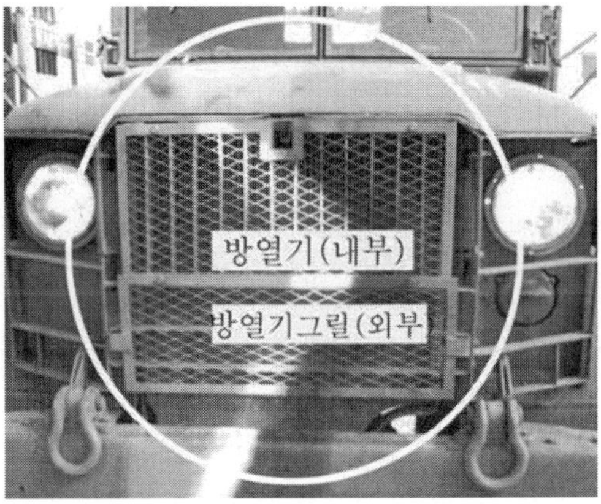

① 오픈/복스렌치로 고정볼트(17㎜) 4개와 고정볼트(12㎜) 2개를 풀고 방열기 그릴을 제거한다.

② 상·하 방열기 호스를 분리시킨다.

③ 2개의 방열기 하부 고정너트(17㎜)를 풀고 완충스프링을 제거하고 방열기를 앞으로 약간 기울여 냉풍 유도덮개가 냉각팬과 부딪히지 않도록 주의하면서 방열기를 받침대로 부터 제거한다.

▶ 설치

① 제거의 역순으로 신품 방열기를 설치한다.

3) K-711 차량

▶ 제거

① 복스렌치로 4개의 고정볼트(19㎜)를 풀고 방열기 커버를 제거한다.

② 상·하 방열기 호스를 분리시킨다.

③ 복스렌치로 2개의 고정볼트(14㎜)를 풀고 상부 버팀대로부터 방열기를 분리한다.

④ 짜개핀을 분리 후 2개의 방열기 하부 고정너트(19㎜)를 제거한다.

⑤ 방열기를 하부 받침대로부터 제거한다.

▶ 설치

① 제거의 역순으로 신품 방열기를 설치한다.

〈 주(註) 〉

K-511, 711차량의 방열기 하부 완충고무 고착시 신품으로 교환한다.

(4) 유압 클러치 계통 공기배출(K-131, 311 차량)

(가) 소요 물자 : 제동유, 수입포, 배출유 회수용 호스 및 투명용기

(나) 공구 : 차량 및 일반장비 부대정비 공구셋

(다) 안전사항

1) 차량을 평탄한 지역에 주차시킨 후 고임목을 고인다.

2) 변속기 기어를 중립에 위치시키고 주차제동기를 채운다.

(라) 공기 배출절차

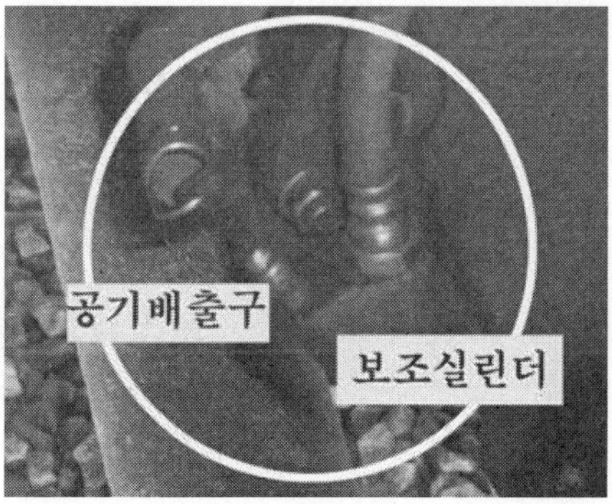

1) 2인 1조가 되어 작업을 실시한다.
2) 주 실린더 유압유 저장통에 제동유를 충만 시킨다.
3) 한명은 운전석에 앉아 클러치페달을 밟는다.
4) 한명은 보조실린더 공기 배출구에 호스를 끼우고 호스끝을 투명용기에 담는다.
5) 상호 신호에 의해 한 명은 운전석에서 페달에 압력이 차도록 수회 작동한 후 페달을 꽉 밟는다.
6) 다른 한명은 복스렌치로 보조실린더 공기배출구 나사(8㎜)를 풀어 공기를 배출 시킨 후 꽉 조인다. (K-311 : 8 mm, K-511(711) : 11mm)
7) 공기가 완전히 배출되도록 위와 같이 수회 반복하여 실시한다.
8) 공기 배출작업 완료후 헝겊으로 주변을 깨끗이 닦는다.
9) 회수된 제동유는 폐유 처리하여 환경오염을 방지한다.

(5) 유압 제동기계통 공기빼기

(가) 소요 물자 : 제동유, 수입포, 배출유 회수용 호스 및 투명용기

(나) 공구 : 차량 및 일반장비 부대정비 공구셋

(다) 안전사항

1) 차량을 평탄한 지역에 주차시킨 후 고임목을 고인다.
2) 변속기 기어를 중립에 위치시키고 주차제동기를 채운다.
3) 안전모를 착용하여 차량 하부 출입시 두부손상을 방지한다.

(라) 공기 빼기절차(공통)

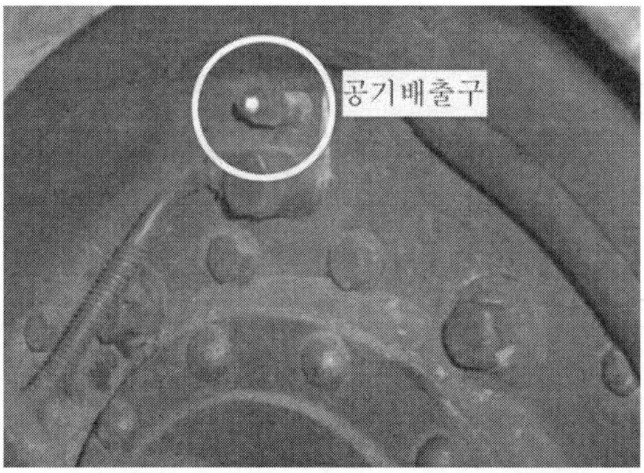

1) 2인 1조가 되어 작업을 실시한다.
2) 주 실린더 제동유 저장통에 제동유를 충만 시킨다.
3) 한명은 운전석에 앉아 제동페달을 밟는다.
4) 한명은 휠 실린더 공기배출구 마개를 제거하고 배출구에 호스를 끼우고 호스 끝을 투명용기에 담는다.
5) 상호 신호에 의해 한 명은 운전석에서 페달에 압력이 차도록 수회 작동한 후 페달을 꽉 밟는다.
6) 다른 한 명은 복스렌치로 휠실린더 공기배출구 나사를 풀어 공기를 배출시킨 후 꽉 조인다.(K-311 : 8 ㎜, K-511·711 : 11 ㎜)
7) 운전석으로부터 가장 먼 바퀴부터 공기 빼기작업을 실시한다.
8) 공기가 완전히 빠지도록 위와 같이 반복하여 실시한다.
9) 공기 빼기작업 완료후 헝겊으로 주변을 깨끗이 닦는다.
10) 회수된 제동유는 폐유 처리하여 환경오염을 방지한다.

〈 주(註) 〉
•K-511 차량은 유압 배력장치(하이드로릭 백)부터 공기 배출을 실시한 후 휠실린더 공기배출을 실시한다.
•K-711 차량은 주 실린더와 유압 배력장치 공기 배출을 먼저 실시한 후 휠실린더의 공기 배출을 실시한다.

(6) 추진축 교환 및 정비

(가) 소요 물자 : 추진축, 자재이음 베어링, 추진축 고정볼트,

(나) 공구 : 차량 및 일반장비 부대정비 공구셋

(다) 안전사항

1) 차량을 평탄한 지역에 주차시킨 후 고임목을 고인다.
2) 변속기 기어를 중립에 위치시키고 주차제동기를 채운다.
3) 안전모를 착용하여 차량하부 출입시 두부 손상을 방지한다.
4) 추진축 제거 및 설치시 추진축을 잭으로 받쳐 부상을 방지한다.

(라) 추진축 결합체 교환절차(공통)

1) 제거

• 복스 및 소켓 렌치로 좌, 우측 연결부 4개(K-711 8개)씩의 플랜지 고정 볼트

및 너트를 푼다.(K-131 : 14 mm, K-311 : 14mm, K-511 : 19mm, K-711 : 14 mm)

- 추진축 결합체를 제거한다.

2) 설치

- 신품 추진축 결합체를 연결부에 위치시킨다.
- 슬립 요크가 변속기 방향으로 향하게 하고 추진축을 차축 방향으로 한다.
- 플랜지 고정 볼트 및 너트로 추진축 결합체를 연결시킨다.

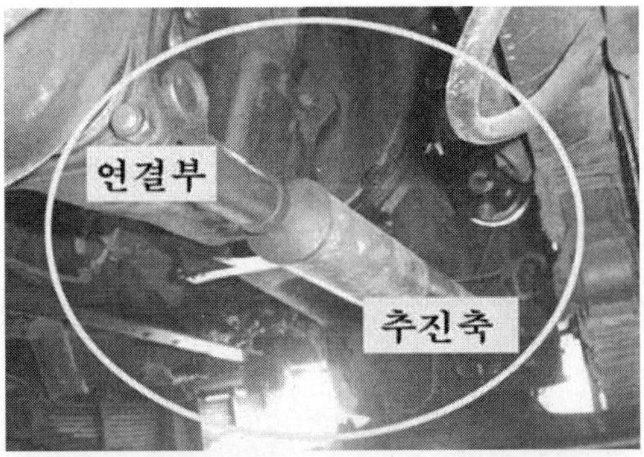

〈 주(註) 〉

추진축 고정 볼트는 와셔형 너트로 체결하며 와셔형 너트가 아닐 경우 반드시 와셔를 끼워야하며 와셔도 없을 경우 너트를 이중으로 체결하여 이완을 방지한다(조임 우력 : 4.6 ~ 6.0 kg·m).

(마) 자재이음 베어링교환

1) 스냅링 형태 (K-311차량, K-511 앞 추진축)

▶ 제거

① 추진축을 분리시킨다.

② 주유 니플을 제거한다.

③ 키 플라이어로 스냅링을 찝어 제거한다.

④ 햄머로 요크 언저리를 가볍게 두드려 니들 베어링과 레이스가 빠져나오게 하여 제거.

⑤ 십자축을 제거한다.

▶ 설치

① 제거의 역순으로 신품 베어링을 설치한다.

② 레이스 압입시 바이스와 펀치를 이용한다.

③ 스냅링이 홈에 꼭 끼도록 삽입한다.

2) 베어링 캡 형태(중형 차량)

▶ 제거

① 추진축을 분리시킨다.

② 구리스 주유 니플을 제거한다.

③ 복스렌치로 베어링 덮개 고정볼트(14㎜)를 제거한다.

④ 햄머로 요크 언저리를 가볍게 두드려 베어링 덮개와 니들베어링을 제거한다.

⑤ 십자축을 제거한다.

▶ 설치

① 제거의 역순으로 신품 베어링을 설치한다.

3) 요크 정렬

추진축 제거시 플랜지와 슬립요크, 추진축에 맞춤 표시를 하여 결합을 용이하게 하고 추진축의 요동을 방지한다.

(7) 조향핸들 유격 측정 및 조정

(가) 소요 물자 : 유압유, 수입포

(나) 공구 : 차량 및 일반장비 부대정비 공구셋

(다) 안전사항

1) 차량을 평탄한 지역에 주차시킨 후 고임목을 고인다.

2) 변속기 기어를 중립에 위치시키고 주차제동기를 채운다.

(라) 유격 측정

1) 앞차축의 바퀴가 지면에서 이격되도록 잭이나 리프트로 들어올린다.

2) 조향핸들을 어느 한 쪽으로 완전히 돌린후 반대방향으로 회전수를 세며 끝까지 돌린다.

3) 다시 반대방향으로 회전수의 $\frac{1}{2}$을 돌려 바퀴를 중앙에 오도록 한다.

4) 바퀴를 지면에 내린다.

5) 조향핸들을 좌·우로 돌려 바퀴가 움직이지 않고 회전한 거리를 자로 측정한다.

6) 차종별 정상 유격

단위 : mm

차 종	K-131	K311	K-511	K-711
정상유격	30	2~30	20~40	20~40

(마) 유격 조정

1) 기계식 환향장치

• 환향기어 박스에 있는 조정 스크류로 조정한다.

① K-311 : 엔진실 좌측 앞부분 조향 기어 박스 상부 중앙에 조정 스크류가 있다.

② K-511 : 엔진실 좌측 앞 부분 조향 기어 박스 측면중앙에 조정 스크류가 있다.

• 오픈 / 복스렌치로 고정너트를 풀고 "-"자 드라이버로 조정 스크류를 시계방향으로 돌리면 유격이 적어지고 반시계 방향으로 돌리면 유격이 커진다.

• 조정이 끝나면 "-"자 드라이버로 조정스크류를 움직이지 않게 잡아주며 고정너트로 꽉 조인다.

2) 동력식 조향장치

• 엔진을 시동시킨다.

• 조향핸들을 좌·우로 끝까지 돌려 공기를 배출시킨다(저장탱크 내부로 배출).
• 조향 기어박스에 있는 조정스크류로 조정한다.
① K-131 : 엔진실 좌측 앞부분 조향기어 박스 상부중앙에 조정 스크류가 있다.
② K-711 : 좌측 앞바퀴 흙받이 하단 차대에 장착된 조향기어 박스 보호덮개 를 제거후 조정한다.

(8) 휠 실린더/라이닝 및 패드 교환

(가) 소요 물자 : 휠 실린더, 라이닝, 제동유, 수입포

(나) 공구 : 차량 및 일반장비 부대정비 공구셋, 안전잭

(다) 안전사항

1) 차량을 평탄한 지역에 주차시킨 후 고임목을 고인다.
2) 변속기 기어를 중립에 위치시키고 주차제동기를 채운다.
3) 작업간 차축을 안전잭으로 받친다.
4) 바퀴제거 및 부착시 부수기재를 사용하여 안전사고 예방 및 허브축 나사부 비정상 마모를 방지한다.

(라) 휠실린더 교환절차

1) 제거

- 플랜지 스터드 볼트(K1-311 : 14㎜, K-131 : 14㎜, K-511, 711 : 19㎜)를 이완 시킨후 잭으로 차축을 들어올려 바퀴를 지면과 이격시키고 안전 잭으로 차축을 받친다.
- 플랜지 스터드 볼트를 제거하고 플랜지 및 차축 축을 제거후 허브렌치로 허브 너트 및 허브 베어링을 제거하고 허브 드럼이 부착된 상태로 바퀴를 차축에서 탈거한다.
- 라이닝 가위로 리턴 스프링을 분리시키고 가이드 핀을 제거후 제동슈 / 라이닝을 제거한다.
- 오픈렌치로 휠 실린더 제동 유압관 연결나사(K-131 : 10㎜, K-511, 711 : 11㎜)를 풀어 분리한다.
- 2개의 휠실린더 설치볼트(K-131 : 10㎜, K-311 : 12㎜, K-511, 711 : 14㎜)를 풀고 장치판에서 휠실린더를 제거한다.

〈 주(註) 〉
• 휠 실린더 제거시 제동유가 라이닝표면에 묻지 않도록 주의한다. • 제동드럼과 라이닝에 묻은 가루를 깨끗이 제거한다.

2) 설치

- 제거의 역순으로 설치한다.
- 설치가 끝나면 제동유 보충과 제동계통 공기빼기를 실시한다.
- 시그니스 게이지를 이용 라이닝 간극을 측정하고 조정한다.
- 주변을 수입포로 깨끗이 닦아준다.

(마) 라이닝 교환절차

1) 제거

- 위항과 같이 바퀴를 차축에서 탈거한다.
- 라이닝 가위로 제동 슈 복귀스프링을 제거한다.
- 가이드 핀을 제거한다.
- 제동 슈/라이닝을 앵커 핀과 휠 실린더에서 제거한다.

2) 설치

• 제거의 역순으로 신품 제동 슈/라이닝을 설치한다.

• 바퀴를 부착하고 라이닝 간극을 측정 및 조정한다.

• 시운전을 하면서 제동 작용 상태를 확인한다.

(바) 디스크 패드 교환절차(K-131 앞바퀴)

1) 제거

• 5개의 휠너트(21㎜)를 풀고 앞바퀴 조립체를 제거한다.

• 2개의 캘리퍼 조립체 고정볼트(13㎜)를 제거한다.

• 브레이크 호스를 분리시키지 않고 호스의 손상을 방지하기 위하여 캘리퍼 조립체가 떨어지지 않도록 끈으로 메단다.

• 좌우측 디스크 패드를 제거한다.

〈 주(註) 〉

• 디스크 패드에 부착된 마모 지시기가 디스크 플레이트와 접촉하고 있을 경우 반드시 디스크 패드를 교환한다.

• 디스크 패드 두께 : 11㎜(한계치 : 2㎜)

2) 설치

• 디스크 제동기 확장공구를 사용하여 휠 실린더 피스톤을 안쪽으로 민다.

• 캘리퍼 조립체 좌·우에 신품 디스크 패드를 장착한다.

• 캘리퍼 조립체를 디스크 플레이트에 위치시킨 후 2개의 볼트로 고정한다(우력 : 2.2~3.5kg·m).

- 앞바퀴 조립체를 장착한다.
- 제동기 페달을 2~3회 밟아준다.
- 바퀴를 돌리면서 제동기의 끌림 여부를 점검한다.
- 시운전을 하여 제동 작용 상태를 확인한다.

(9) 조향 넉클 방수고무 교환

(가) 소요 물자 : 방수고무, 고정 테, 수입포

(나) 공구 : 차량 및 일반장비 부대정비 공구 셋, 안전 잭

(다) 안전사항

1) 차량을 평탄한 지역에 주차시킨 후 고임목을 고인다.
2) 변속기 기어를 중립에 위치시키고 주차제동기를 채운다.
3) 작업 간 차축을 안전 잭으로 받친다.
4) 안전모를 착용하여 작업 간 머리손상을 방지한다.

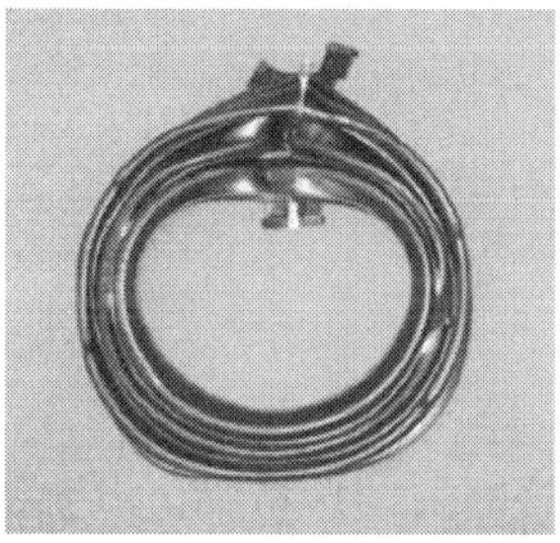

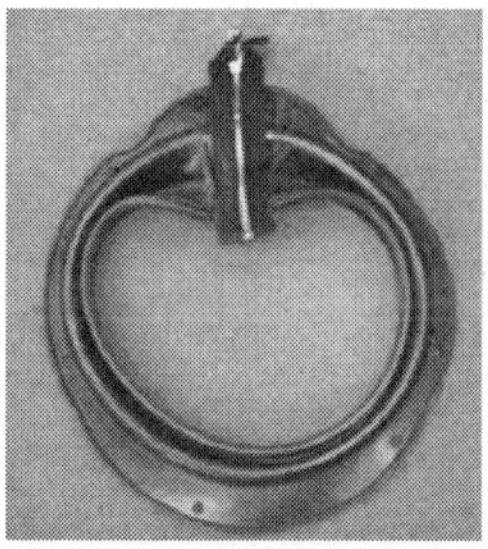

(라) 교환 절차

1) K-511 차량

▶ 제거

① 앞바퀴 휠너트를 이완시킨 후 잭으로 차축을 들어 올려 바퀴를 지면과 이격시키고 안전잭으로 받친다.

② 휠너트를 제거하고 바퀴를 차축에서 탈거한다.

③ 두개의 고정볼트(21㎜)를 풀고 보호 덮개를 제거한다.

④ 방수고무 바깥쪽 고정테(링)를 먼저 풀고 안쪽 고정테를 풀어 방수고무를 제거한다.

▶ 설치

① 설치전 넉클 부위를 수입포로 깨끗이 닦는다.

② 제거의 역순으로 설치한다.

2) K-711 차량

▶ 제거

① 앞바퀴 휠너트를 이완 시킨후 잭으로 차축을 들어 올려 바퀴를 지면과 이격 시키고 안전 잭으로 받친다.

② 휠너트를 제거하고 바퀴를 차축에서 탈거한다.

③ 두개의 고정볼트(24㎜)를 풀고 보호덮개를 제거한다.

④ (-) 드라이버로 12개의 나사를 풀고 방수고무 바깥쪽 고정 테(평판)를 제거 후 안쪽 고정테를 풀고 방수고무를 제거한다.

▶ 설치

① 설치전 넉클 부위를 수입포로 깨끗이 닦는다.

② 제거의 역순으로 설치한다.

3) 기타차량

▶ K-131 차량

① 구동축에 밴드로 고무를 고정한다. 일반적으로 구동축 조립체를 교환하는 것이 좋다.

② 작업간 바이스로 구동축 고정시 보호편을 사용하여 고정한다.

▶ K-311 차량

① 8개의 고정 볼트(14㎜)를 풀고 고정테를 제거 후 고무 가스켓을 교환한다.

> 〈 주(註) 〉
> 숙달되면 바퀴가 부착된 상태에서 교환하기도 하지만 바퀴를 탈거 후 작업하는 것이 안전하고 깨끗이 할 수 있다.

(10) 타이어 교환 및 튜브수리

(가) 소요 물자

타이어, 튜브, 풀 패치(덧붙임 고무), 수입 포, 공기 밸브

(나) 공구

차량 및 부대정비 공구 셋, 안전 잭, 물통, 타이어 탈착기, 타이어 수리 킷

(다) 안전사항

1) 차량을 평탄한 지역에 주차 시킨 후 고임목을 고인다.
2) 변속기 기어를 중립에 위치시키고 주차제동기를 채운다.
3) 작업 간 차축을 안전 잭으로 받친다.

(라) 타이어 교환절차

1) 타이어 분리

- 바퀴를 차축에서 탈거한다.
- 공기밸브를 제거하여 공기를 배출시킨다.
- K-311이상 차량은 타이어 레버, 또는 탈착기를 이용하여 사이드 링을 제거한다.
- 휠 과 타이어를 분리한다.
- 타이어와 튜브를 분리한다.

> 〈 주(註) 〉
> • 타이어 분리시 일반적으로 곡괭이를 많이 사용하지만 곡괭이는 타이어를 손상시키는 경우가 많아 부득이한 경우 외에는 사용을 지양해야 한다.
> • 휠과 분리 및 결합시 공기주입구가 손상되지 않도록 주의한다.

2) 타이어 결합

- 타이어 분리의 역순으로 신품 타이어를 결합한다.
- 타이어 공기 주입시 규정압력으로 주입한다.

(마) 튜브 수리

1) 분리된 타이어에서 튜브를 빼어낸다.
2) 튜브에 공기밸브를 끼우고 공기를 주입한다
3) 공기가 주입된 튜브를 물통에 집어넣어 공기가 새는 부위를 확인한다.
4) 공기를 배출시킨후 새는 부위의 물을 닦아내고 철솔 등으로 문질러준다.
5) 튜브 수리용 풀팻치를 붙인후 소프트 망치로 가볍게 두드려 튜브와 밀착되게 한다.
6) 튜브에 다시 공기를 주입한 후 물통에 담아 누설여부를 확인한다.
7) 이상이 없을시 공기를 배출 시키고 타이어에 삽입하여 결합 시킨다.

(바) 튜브리스(노 튜브) 타이어 수리(K-131 차량)

1) 타이어 탈착기를 이용하여 휠 과 타이어를 분리한다.
2) 타이어 수리 키트와 수리용 심을 사용하여 타이어에 박힌 못 등을 제거 하고 구멍 난 부위를 수리한다.
3) 타이어와 휠을 결합하고 공기를 규정압력으로 주입한다.

※ 휠밸런스 시험기를 이용하여 바퀴의 평형을 검사하고 불평형 시 평형추를 끼워 조정한다(휠밸런스 시험기 보유부대 한정).

(11) 축전지 교환

(가) 소요 물자 : 축전지, 증류수, 터미널, 케이블

(나) 공구 : 차량 및 일반장비 부대정비 공구 셋

(다) 안전사항

1) 차량을 평탄한 지역에 주차 및 기어 중립 후 고임목을 고인다.
2) 작업 간 축전지 액이 피부나 옷에 묻지 않도록 주의한다.
3) 운반 시 축전지 운반용 수레를 이용한다.
4) 축전지 도선 제거 시 (-)도선부터 제거하고 설치 시 (+)도선부터 연결한다.

(라) 교환절차

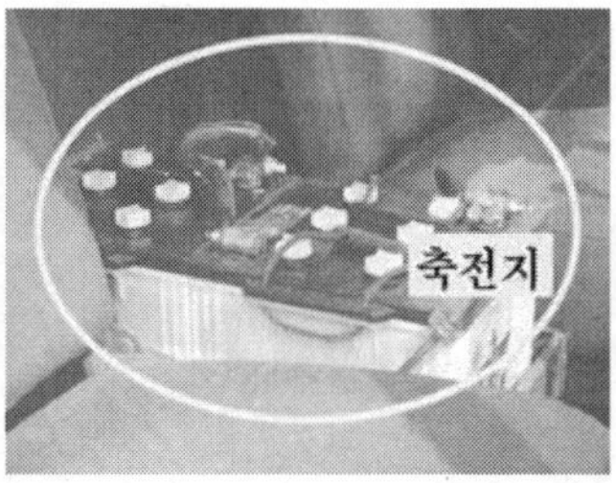

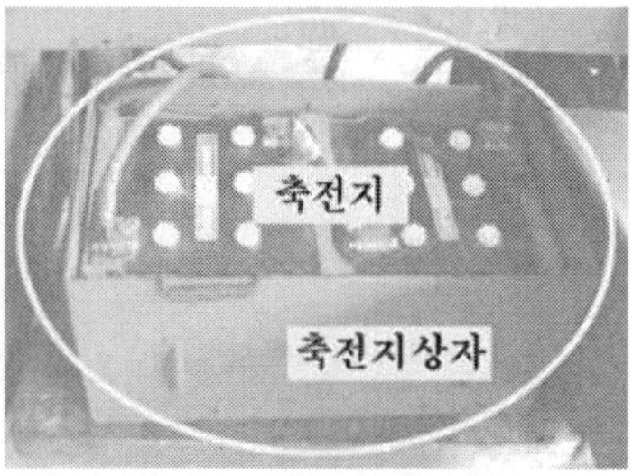

1) 제거

- 축전지 도선을 터미널에서 분리시킨다.
- 축전지 저장 상자를 차량으로부터 탈거한다.(K-511, 711)
- 축전지 터미널을 제거한다.
- 축전지 결박 볼트 및 너트를 푼다.
- 상부 축전지 보존구를 제거한다.
- 축전지를 상자로부터 제거한다.

2) 설치

- 제거의 역순으로 신품 축전지를 설치한다.
- 불량 터미널 및 케이블을 교환한다.
- 설치 후 시동키를 돌려 축전지용량을 짐검하고 시동상태를 확인한다.
- 필요시 보충 전을 실시한다.

> **〈 주(註) 〉**
> 축전지액은 반드시 직접지원 정비부대에 의뢰하여 주입한다.

(12) 시동전동기 교환

(가) 소요 물자 : 시동 전동기, 케이블

(나) 공구 : 차량 및 일반장비 부대정비 공구셋

(다) 안전사항

1) 차량을 평탄한 지역에 주차 시킨 후 고임목을 고인다.

2) 변속기 기어를 중립에 위치시키고 주차제동기를 채운다.
3) 축전지 접지도선(-)을 분리시켜 차체에 전류흐름을 방지한다.
4) 시동전동기 제거 시 떨어뜨리지 않도록 주의한다.

(라) 교환절차

1) 제거

- 연결 배선을 분리시킨다.
- 오픈 / 복스렌치로 3개의 시동전동기 장치볼트(K-131 : 14㎜, K-311 : 19㎜, K-511,711 : 17㎜)를 풀어 제거한다.
- 시동전동기를 링기어로부터 분리 제거한다.

2) 설치

- 제거의 역순으로 신품 시동전동기를 설치한다.
- 설치 후 축전지 접지도선(-)을 차체에 연결하고 시동상태를 점검한다.

(13) 발전기 교환

(가) 소요 물자 : 발전기,

(나) 공구 : 차량 및 일반장비 부대정비 공구셋

(다) 안전사항

1) 차량을 평탄한 지역에 주차시킨 후 고임목을 고인다.
2) 축전지 접지도선(-)을 분리시켜 차체에 전류흐름을 방지한다.
3) 발전기 제거시 떨어뜨리지 않도록 주의한다.

(라) 교환절차

1) 제거

• 연결 배선을 분리한다.

• 구동 벨트 긴도 조정용 볼트(K-131 : 12mm, K-311 : 21mm, K-511, 711 : 14 mm)를 풀어 제거하고 구동벨트를 제거한다.

• 장치대 고정 볼트(K-131 : 14mm, K-311 : 21mm, K-511, 711 : 16mm)를 풀고 발전기를 엔진에서 제거한다.

2) 설치

• 제거의 역순으로 신품 발전기를 설치한다.

• 구동벨트 장력을 조정한다.

• 축전지 접지도선(-)을 차체에 연결시킨다.

• 엔진을 시동하여 발전기 충전상태를 확인한다.

(마) K-131 차량 점화플러그 교환절차

1) 제거

• 3개의 고정볼트(12mm)를 풀고 주변 호스를 분리시켜 엔진 상부 흡입관을 제거한다.

• 6개의 고정볼트(10mm)를 풀고 중심덮개를 제거한다.

• 2개의 점화코일을 제거한다.

• 점화플러그 렌치를 이용하여 점화플러그를 연소실에서 제거한다.

2) 설치

• 제거의 역순으로 점화플러그를 설치한다.

• 설치 후 엔진을 시동하여 점화상태를 확인한다.

※ 상부 덮개 조임시 과도한 힘 사용으로 파손주의

(16) 전조등 및 복합등 교환

(가) 소요 물자 : 전조 등, 복합 등, 전구, 배선테이프, 수입포

(나) 공구 : 차량 및 일반장비 부대정비 공구셋, 멀티 테스터

(다) 안전사항

1) 차량을 평탄한 지역에 주차시킨 후 고임목을 고인다.

2) 변속기 기어를 중립에 위치시키고 주차제동기를 채운다.

3) 라이트 스위를 "OFF"시켜 작업 간 쇼트를 방지한다.

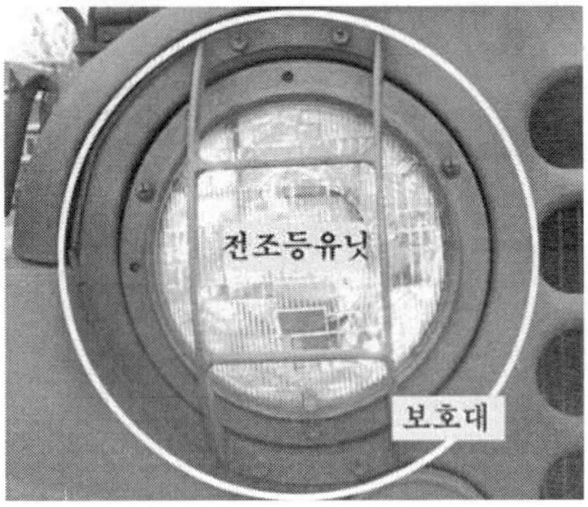

(라) 전조등 유니트 교환절차

1) 제거

• 4개의 고정나사를 "+자" 드라이버나 복스 렌치로 풀고 보호대를 제거.(K-111, 311)

• 3개의 고정나사를 (-)자 드라이버로 풀고 전조등 유니트 고정덮개를 제거한다.

• 3개의 연결 도선을 분리하고 전조등 유니트를 제거한다.

2) 설치

• 제거의 역순으로 신품 전조등 유니트를 설치한다.

(마) 전조등 결합체 교환절차

1) 제거

• 4개의 고정나사를 "+자" 드라이버나 복스렌치로 풀고 보호대를 제거한다(K-311).
• 전조등 뒤쪽의 3개의 연결 도선을 분리시킨다.
• 전조등 조립체를 충격완화 장치판에 장착시키는 고정너트(10㎜)를 제거한다.
• 전조등 조립체를 제거한다.

> **〈 주(註) 〉**
> K-311차량은 전조등 유니트 고정덮개를 제거 후 초점조정나사를 풀어 유니트 받침판을 분리 후 고정너트를 제거한다.

2) 설치
• 제거의 역순으로 신품 전조등 조립체를 설치한다.
• 설치 후 전조등 작동상태를 확인하고 초점을 조정한다.

(바) 앞·뒤 복합등 전구 교환절차

1) 앞 복합등 전구교환
• 5개의 나사를 (-)자 드라이버로 풀고 도어를 제거한다.
• 결함 전구를 손가락으로 눌러 반시계 방향으로 돌려서 전구 설치구에서 제거한다.
• 신품 전구를 손가락으로 눌러 시계방향으로 돌려서 갈아 끼운다.
• 등 작동상태를 확인후 앞 복합등 도어를 결합한다.

2) 뒤 복합등 전구교환
• 6개의 나사를 (-)자 드라이버로 풀고 도어를 제거한다.

• 앞 복합등 전구교환 요령과 동일하게 교환한다.
• 등 작동상태를 확인 후 뒤 복합등 도어를 결합한다.

(사) 앞·뒤 복합등 조립체 교환

1) 앞 복합등 조립체 교환

▶ 제거

① 복합등 조립체 뒤쪽 3개의 연결 도선을 분리한다.
② 복합등 조립체를 장치대에 장착시키는 2개의 고정볼트(17㎜)를 제거한다.
③ 복합등 조립체를 제거한다.

▶ 설치

① 제거의 역순으로 신품 복합등을 설치한다.
② 설치 후 복합등 작동상태를 확인한다.

2) 뒤 복합등 조립체 교환

• 앞 복합등 조립체 교환요령과 동일하다.

(17) 각종 계기류, 스위치 및 부수장치 교환

(가) 소요 물자 : 각종 계기 및 감지유닛, 배선테이프, 수입포

(나) 공구 : 차량 및 일반장비 부대정비 공구셋, 멀티 테스터

(다) 안전사항

1) 차량을 평탄한 지역에 주차시킨후 고임목을 고인다.
2) 변속기 기어를 중립에 위치시키고 주차제동기를 채운다.
3) 축전지 접지도선을 분리하여 차체에 전류흐름을 방지한다.

(라) 전기적 계기류 교환절차

1) 종류 : 전류계, 연료계, 오일압력계, 온도계
2) 교환절차

▶ 제거

① 4개의 고정나사를 (+)자 드라이버(K-111, 311)나 (-)자 드라이버(K-511, 711)를 이용하여 풀고 계기판을 분리한다.
② 교환하려는 계기에서 전선을 분리한다.
③ 계기를 고정하는 2개의 고정너트를 풀고 계기를 제거한다.

▶ 설치
① 제거의 역순으로 신품 계기를 설치한다.
② 설치후 축전지 접지도선을 연결하여 계기작동 상태를 확인한다.

〈 주(註) 〉
- 연료계, 오일압력계, 온도계는 감지 유니트와 연관하여 고장상태를 점검하여야 한다.
- 감지 유니트 설치장소
  - 연료량 감지유니트 → 연료탱크 상부
  - 오일압력 감지유니트 → 오일여과기 통로
  - 온도 감지유니트 → 실린더 헤드 냉각수 통로

(마) 기계적 계기류 교환절차

1) 종류 : 속도계, 회전 속도계, 공기 압력계
2) 교환절차

▶ 속도계

① 계기판을 분리시킨다.

② 변속와 연결된 속도계 케이블을 분리시킨다.

③ 2개의 고정너트를 풀고 계기를 제거한다.

④ 신품계기를 위 절차의 역순으로 설치한다.

⑤ 설치 후 차량을 시운전하며 계기작동 상태를 확인한다.

〈 주(註) 〉

속도계 케이블을 분리하여 연결부 마모 상태와 그리스 주유상태를 점검하여 불량 시 케이블 교환 및 그리스를 주유한다.

▶ 회전속도계

① 속도계 교환절차와 동일하며 타이밍기어 축과 연결된 케이블을 점검한다.

② 계기교환후 엔진을 시동하여 계기작동 상태를 확인한다.

▶ 공기압력계

① 계기판을 분리시킨다.

② 계기와 연결된 공기호스를 분리시킨다.

③ 2개의 고정너트를 풀고 계기를 제거한다.

④ 신품 계기를 위 절차의 역순으로 설치한다.

⑤ 설치 후 엔진을 시동시켜 계기작동 상태를 확인한다.

(바) 점등 스위치 교환절차

1) K-311 차량

▶ 제거

① (+)자 드라이버로 고정나사를 풀고 선택 손잡이를 제거한다.

② 복스렌치로 스위치 장착 너트(17㎜)를 풀고 스위치 축을 안쪽으로 밀어 장치판에서 분리 한다.

③ 연결배선을 표시후 분리하고 스위치를 제거한다.

▶ 설치

① 제거의 역순으로 신품 스위치를 설치한다.

② 설치후 스위치 작동상태를 확인한다.

2) K-511, 711 차량

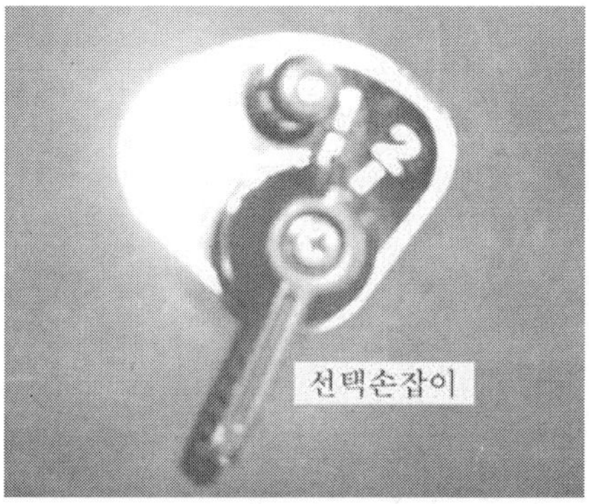

▶ 제거

① (+)자 드라이버로 3개의 고정 나사를 풀고 3개의 선택 손잡이를 제거한다.

② (+)자 드라이버로 4개의 고정나사를 풀고 스위치를 장치판에서 분리한다.

③ 배선연결 접속기를 반시계 방향으로 돌려 스위치와 분리하고 스위치를 제거.

▶ 설치

① 제거의 역순으로 신품 스위치를 설치한다.

② 설치 후 스위치 작동상태를 확인한다.

(사) 복합 스위치 교환 절차

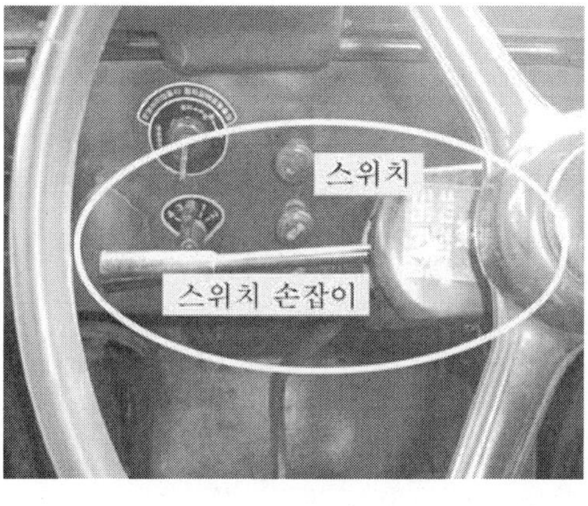

1) K-311 차량

▶ 제거

① 조향축 관의 배선 클램프를 제거하고 2개의 배선 접속기를 분리한다.

② (+)자 드라이버로 스위치 고정 클램프를 분리하여 조향축에서 스위치를 제거한다.

▶ 설치

① 제거의 역순으로 신품 스위치를 설치한다.

② 설치 후 스위치 작동상태를 확인한다.

2) K-511, 711 차량

▶ 제거

① 스위치 하단의 배선 접속기를 반시계 방향으로 돌려 분리한다.

② (-) 드라이버로 스위치 고정 클램프를 분리하여 조향 축에서 스위치를 제거한다.

▶ 설치

① 제거의 역순으로 신품 스위치를 설치한다.

② 설치 후 스위치 작동 상태를 확인한다.

(아) 정지등 스위치 교환절차

1) K-311 차량

▶ 제거

① 제동기 페달 상단부에 있는 스위치 연결잭에서 2개의 배선을 분리한다.

② 오픈렌치로 고정너트(17㎜)를 풀고 스위치를 장치대에서 제거한다.

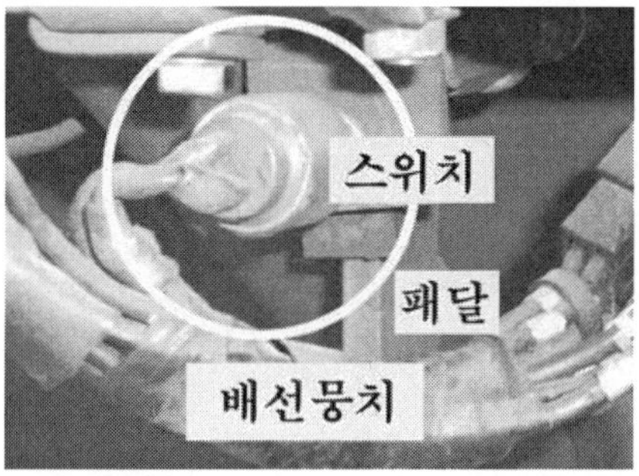

▶ 설치

① 제거의 역순으로 신품 스위치를 설치한다.

② 설치 후 스위치 작동 상태를 확인한다.

2) K-511 차량

▶ 제거

① 공기유압 배력기 끝단에 설치된 스위치 단자에서 2개의 도선을 분리한다.

② 오픈렌치(24㎜)나 조정렌치로 스위치를 공기유압 배력에서 제거한다.

▶ 설치

① 제거의 역순으로 신품 스위치를 설치한다.

② 설치 후 스위치 작동상태를 확인한다.

3) K-711 차량

▶ 제거

① 공기유압 배력기 상단 차대 안쪽에 설치 되어 있는 스위치에서 2개의 연결 도선을 분리 한다.

② 오픈렌치(5/8 ")로 공기관 연결기와 엘보를 스위치에서 제거한다.

③ 소켓렌치로 2개의 고정볼트(7/16 ")를 풀고 스위치를 프레임에서 제거한다.

▶ 설치

① 제거의 역순으로 신품 스위치를 설치한다.

② 설치 후 스위치 작동상태를 확인한다.

〈 주(註) 〉
공기관 연결 시 압축공기의 누설을 방지하기 위해 연결부에 나사 테이프를 새로 감은 후 연결한다.

2) K-311 차량

▶ 제거

① (+)드라이버로 6개의 고정나사를 풀고 윈도 상단 중앙의 와이퍼 전동기덮개를 제거한다.

② 배선 접속기를 분리시킨다.

③ 아래쪽에서 오픈 렌치로 고정 너트(10㎜)를 풀고 와이퍼 연결대를 분리시키고

와이퍼 전동기를 장치대에서 제거한다.

▶ 설치

① 제거의 역순으로 신품 와이퍼 전동기를 설치한다.

② 설치 후 와이퍼 작동상태를 확인한다.

〈 주(註) 〉

와이퍼 연결대 교환시는 연결대 덮개판을 제거 후 교환한다.

제 2 절 야전정비

2절에서는 야전정비사항중 K-111, K-131, K-311, K-511 제거설치에 대하여 기술하고자 한다.

4.2.1 제거 설치목적

엔진이 그 수명을 다하였을 때 또는 엔진 내부 부품의 고장 등으로 엔진을 차체에서 분리해야 할 경우 엔진을 차체로부터 제거해야 한다

▶ 엔진 출력 부족과 소음 발생시
▶ 압축압력 저하 또는 엔진 베어링 마모로 인한 소음 발생시
▶ 엔진 내부 비정상 마모시

가. 준비물

(1) 정비용 공구 및 장비

·오픈렌치 셋	·A후렘 및 체인블럭
·복스렌치 셋	·인양 슬링, 망치
·조합렌치 셋	·깔판, 지렛대, 엔진 거치대, 안전책
·"+" "-" 자 드라이버	·배수 및 배유용기, 고임목
·보충용 냉각수 및 엔진오일	·절연 테이프, 수리부속, 세척유

(2) 제거설치 시 주의사항

(가) 작업전 작업계획 수립
(나) 규정된 교범 공구사용/정리정돈
(다) 인화물질 사용금지/화기엄금/소화기 배치
(라) 차량에 고임목 설치
(마) 해당 착신구 착용

(바) 냉각수 배출시 바닥에 흐르지 않도록 주의

(사) 해제 실린더 제거 후 클러치 페달을 밟지 않도록 주의

(아) 엔진 인양 시 인양 고리 및 인양슬링의 이상 유무 파악

(자) 제거 시 항상 클러치 압력판, 디스크, 릴리스베어링 이상 유무 점검

(차) 설치 시 항상 엔진의 이상 유무 점검 및 엔진을 깨끗이 한다.

(카) 설치 후 엔진을 가동하고 오일의 누유, 냉각수의 누수 상태확인

(타) 엔진 정상 가온 후 엔진을 정지시키고 필요시 엔진오일 및 부동액을 보충

4.2.2 K-131 엔진 제거 설치

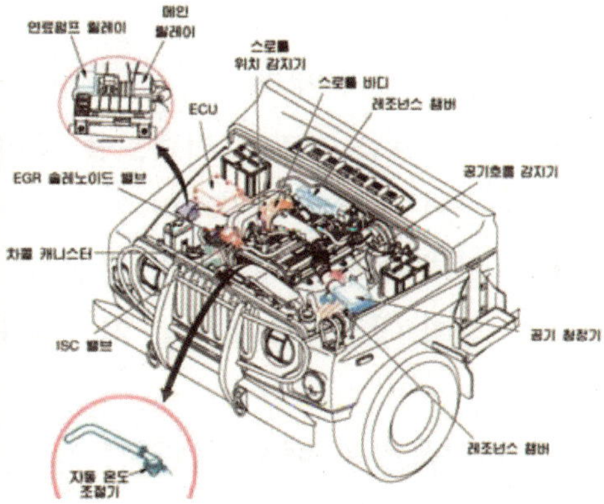

가. 제거 설치

(1) 연료 압력을 제거하기 위해 엔진을 가동시켰다 연료펌프 릴레이를 분리하여 엔진을 정지시킨다.

(2) 축전지 "−" 단자를 제거한다.

(3) 온도 조절기팬 제거(10mm 너트 제거 4 개)

(4) 방열기 제거

(가) 냉각수를 보충시킨다.

(나) 상부 하부 방열기 호스 제거(10mm 볼트 이완)

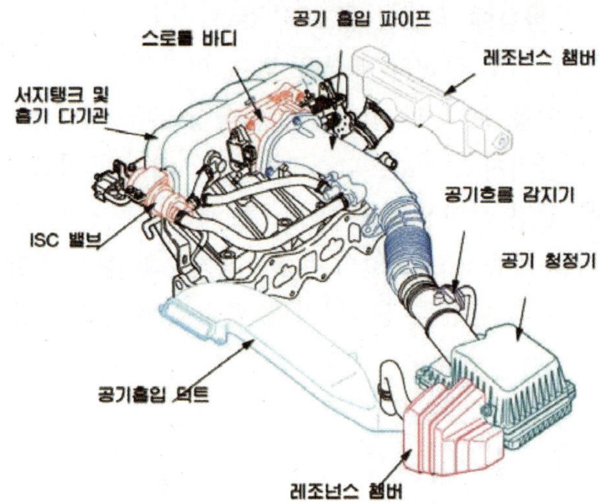

(5) 공기 청정기 제거

(가) 공기흐름 감지기 커넥트를 분리한다.

(나) 공기 청정기 흡입닥터와 두 개의 스페이스를 제거한다.

(다) 공기 청정기 레조넌스 첌버 와 첌버 호스를 제거한다(10mm볼트4개).

(라) 공기 청정기 조립체를 제거한다(12mm 2개의 너트, 볼트).

(6) 엔진오일을 배출 시킨다.

(7) 교류 발전기에서 B단자와 커넥트를 분리한다.

(8) EGR 솔레노이드 배선 커넥트 분리 / 솔레노이드 배선 및 배선뭉치를 고정하는 조임쇠 볼트를 제거한다.

(9) 연료 여과기 고정너트를 풀고 연료 여과기를 분리한 다음 분배 파이프에서 두 개의 연료 호스를 분리한다.

(10) 서지탱크에서 13mm 접지 단자판을 제거하고 배선뭉치 고정

(11) 흡기 다기관 지지 브라킷을 제거 후 세 개의 볼트를 풀고 시동전동기를 제거한다.

(12) 동력조향 오일펌프를 14mm렌치로 상부 스테이 볼트와 하부 브라킷 볼트를 제거 후 한쪽으로 제쳐 놓는다.

(13) 엔진후방 냉각수 우회 파이프에서 두 개의 히타 호스를 분리한다.

(14) 배기 다기관에서 전방 배기파이프를 분리한다.

(15) 17mm 렌치로 시동전동기를 분리한 다음 변속기 하우징의 열세개의 장착 볼트를 제거한다.

(16) 스로틀 바디에서 가속 케이블을 분리한다. 마스터 백에서 서지탱크 진공호스 분리

(17) 전, 후방 엔진 헹거에 인양체인을 설치한 다음 인양기에 고정 시킨다.

(18) 좌, 우 엔진장착 대에서 14mm 렌치로 각각 세 개의 장착볼트를 제거한다. 이때 게셋 플라이트와 접지선이 자동으로 분리된다.

(19) 인양기로 엔진을 들어 올려 제거한다.

나. 설치 및 시동작업

(1) 설치는 제거의 역순

(2) 시동작업

(가) 전기배선 및 커넥터 연결 상태 확인

(나) 시동 후 엔진 작동상태 확인

(다) 엔진오일 및 부동액 누유, 누수가 없는지를 확인 한다.

(라) 엔진정상 가온 후에는 수동 또는 자동으로 ECU 검출 상태를 입력한다. 수동으로 시동시 가속페달을 밟지 않고 엔진 정상가온 시킨후 각종 전기장치 및 엔진의 조건상태를 5초 단위로 작동시켜 입력시킨다. 자동으로는 엔진 정상가온후 K-J1으로 ECU를 초기화 또는 자동입력을 시킨다.

(마) 작업 완료 후에는 반드시 시운전을 하여 작동상태를 반드시 확인한다.

4.2.3 K-311 엔진 제거 설치

가. 준비작업

(1) 본네트(후드) 제거(14mm볼트 좌, 우2개)

(2) 냉각수 배수(방열기 배수콕크 제거)

(3) 엔진오일 배출(배유콕크 19mm볼트 제거)

(4) 축전지 “-” 단자 제거

나. 전방작업

(1) 방열기 상부 카바 제거(12mm볼트 4개)

(2) 방열기 상부 하부 고무호스 제거(10mm 클램프 볼트)

(3) 시라우드 제거(12mm볼트 6개)

(4) 방열기 차체에서 제거

다. 우측작업

(1) 히타 상부 하부 호스 분리(10mm클램프 볼트 이완)

(2) 발전기 배선분리

(가) 커낵터 분리(3번, 890번,7번)

(나) 시동스위치와 발전기간 배선분리(8A)

(다) 온도계 배선분리(33번)

(라) 발전기와 진공부스타 간 진동호스 분리(10mm클램프 볼트 이완)

(마) 배기다기관 분할핀 제거 / 배기 파이프 제거(14mm너트 4개)

(바) 엔진 지지대 (마운트) 너트 제거(14mm볼트 2개)

라. 좌측작업

(1) 공기 청정기 (12mm볼트 4개) 및 선축호스 제거

(2) 배선분리

(가) 분사펌프 솔레노이드 배선분리 (271번)

(나) 오일압력계 배선분리 (36번)

(다) 시동전동기 배선분리 (17mm너트)

1) B단자 : 6번 (굵은선), 601번, 2번

2) 9번, 분리 (9mm너트)

3) 예열플러그 배선 분리

(3) 분사펌프에서 가속케이블 분리(8mm너트2개)

(4) 엔진지지 볼트 분리(14mm볼트 2개)

(5) 노즐과 연료탱크간 연료 복귀호스 분리(8mm볼트 1개)

(6) 연료탱크와 연료여과기 간 연료흡입 호스(8mm 볼트 1개)

마. 운전실 내부 작업

(1) 변속기 시프트 카바제거(10mm 볼트 12개)

(2) 변속기 하우징 볼트 제거(14mm 볼트 2개)

(3) 시동전동기 제거(19mm 볼트 3개)

바. 하부작업

(1) 클러치 해제실린더 스프링 및 해제실린더 제거(12mm볼트 2개)

(2) 변속기 하우징 볼트제거(14mm.17mm볼트 10개)

사. 인양 작업

엔진 헤드 고리에 인양슬링을 걸은 다음 변속기 쟉기로 변속기가 쳐지지 않도록 받쳐둔다. 엔진을 서서히 인양하면서 분리 상태 확인 후 엔진 거치대에 내려놓는다.

아. 설치 및 시동작업

(1) 전기배선 연결상태 확인

(2) 연료장치 공기빼기 작업실시

(3) 시동후 엔진작동 상태확인

(4) 엔진오일 및 부동액의 누유, 누수가 없는지 확인한다. 부족 시에는 보충한다.

(5) 작업 후에는 반드시 시운전을 하여 제2의 작업 소요가 발생하지 않도록 주의한다.

4.2.4 K-511엔진 제거 설치

가. 준비작업

(1) 필요공구 및 장비확인 안전을 위해 고임목 설치, 본네트(후드) 개방

(2) 축전지 "–" 단자 제거

(3) 냉각수 배출

(가) 방열기 하부 배수콕크 이완

(나) 엔진 실린더 블록 드레인콕크 이완

(4) 엔진오일 배유(10mm육각렌치)

나. 엔진룸 작업

(1) 방열기 그릴 제거 (12,14,,17,mm볼트 너트 10개)

(2) 방열기 상부 하부 호스제거 (10mm클램프 볼트)

(3) 엔진정지 케이블 분리

(4) 온도센서, 오일압력 호스제거

(5) 히타호스 분리(10mm클램프 볼트)

(6) 시동전동기 B단자, 접지단자, IG단자 제거

(7) 공기 압축기와 탱크간 호스분리

(8) 예열플러그 배선 분리

(9) 연료호스 및 연료복귀 호스분리

(10) 엔진회전 속도계 분리

(11) 스로틀 케이블 분리

(12) 발전기 배선 분리

(13) 배기파이프 분리

(14) 히타 호스 오일 냉각기에서 분리

(15) 차체와 엔진간의 접지선 분리한후 운전실 내부작업 실시

(16) 변속기 시프트 카바제거(11mm볼트)

(17) 변속기 레버제거

라. 하부작업

(1) 클러치연결 요크 핀 제거

(2) 엔진 전후방 고정 볼트 제거(22mm볼트 너트4개)

(3) 변속기와 중간변속기 간의 추진축 분리(19mm볼트 너트8개)

마. 인양작업

(1) 인양슬링을 엔진에 연결

(엔진과 변속기를 같이 내림으로 무게중심을 잘 맞추어야 한다. 앞쪽이 15~20각도로 들리게 하는 것이 가장 편리하다)

(2) 엔진을 서서히 들면서 모든 배선 및 파이프, 호스, 케이블의 분리여 부를 확인 후 안전하게 들어 올린 후 엔진 거치대에 안전하게 설치

바. 설치작업

(1) 설치는 제거의 역순으로 한다

(2) 설치된 모든 부품 및 결합체의 손질 이상 유무를 확인하고 개스캣 및 짜개 핀은 신품으로 교환한다.

사. 주의사항

(1) 제거 시 모든 부품은 정리정돈

(2) 각 배선은 분리 전 위치에 견고히 연결

(3) 볼트, 너트는 동일 위치에 체결

(4) 중량물 낙하 등 안전사고에 유의

4.2.5 K-311A1 엔진 제거 설치

가. 기본구성요건

(1) 일반공구

▶ 일반정비 공용 공구세트 : 플라이어(5120-00-223-7397)

▶ 차량 및 일반장비 부대정비 보충 공구세트

• 소켓렌치(8,10,14m17mm)

• 스패너 (8.9.12.14mm)

▶ 차량 야전정비 보충 공구세트 : 변속기 잭 (4910-00-585-3622)

▶ 엔진 인양용 체인

▶인양기 (5통용량)

(2) 물자 및 부분품

▶ 엔진 오일(K9(3)-2320-503-LO참조)

▶ 부동액(6830-00-181-7933)

▶ 조향 유압유(ATF DEXRON Ⅱ또는 상당오일)

(3) 소요인원 :3명

(4)소요인시: 6.00

나. 준비작업

(1) 축전지 음극 케이블을 분리한다.

(2) 방열기 상부 패널을 제거한다.

(3) 방열기를 제거한다.

(4) 공기정화기를 제거한다.

(5) 변속기 서비스 덮개를 제거한다.

(6) 엔진 전선 조립체를 제거한다.

다. 제거

– 오일 저장기

(1) ① 우측 하단에서 17mm 렌치를 사용하여 오일배출마개 ② 및 개스킷 ③을 풀고 엔진 오일을 배출한다.

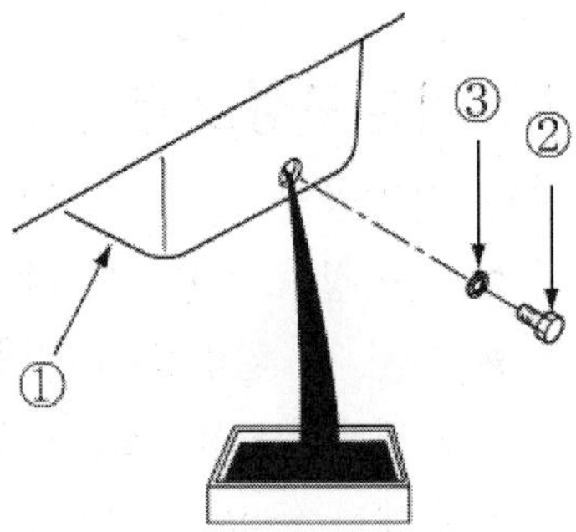

(2) 10mm렌치를 사용하여 클램프⑥를 풀고 동력조향 펌프④에서 흡입호스⑤를 분리한 다음 17mm렌치를 사용하여 6각 너트 ⑨및 스프링 와셔⑧를 풀고 호스 조립체⑦를 분리한다.

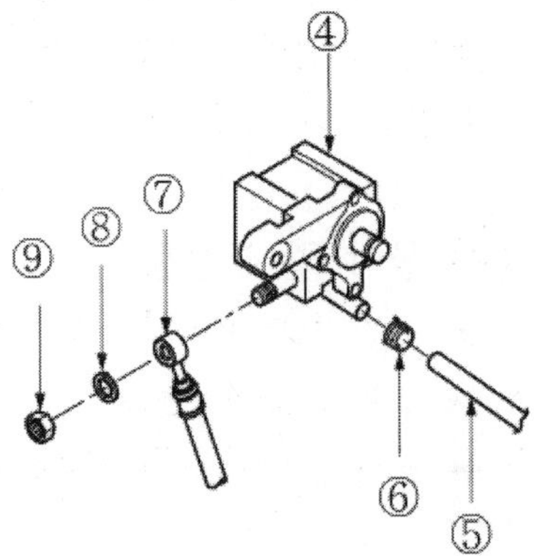

(3) 10mm 스패너를 사용하여 호스 클램프 ⑩를 풀고 중간냉각기 출구 호스⑪를 분리한다.

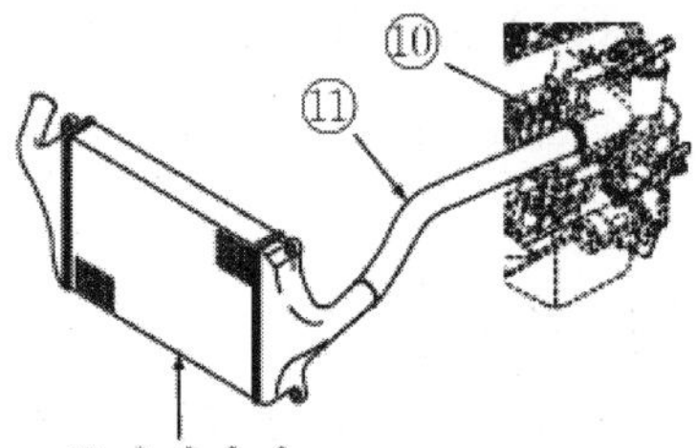

(4) 교류발전기⑫에서 17mm렌치를 사용하여 와셔⑭, 스프링와셔⑮및 너트⑯를풀고 B단자⑬를 제거한 다음 배선 커넥터⑰를 분리한다.

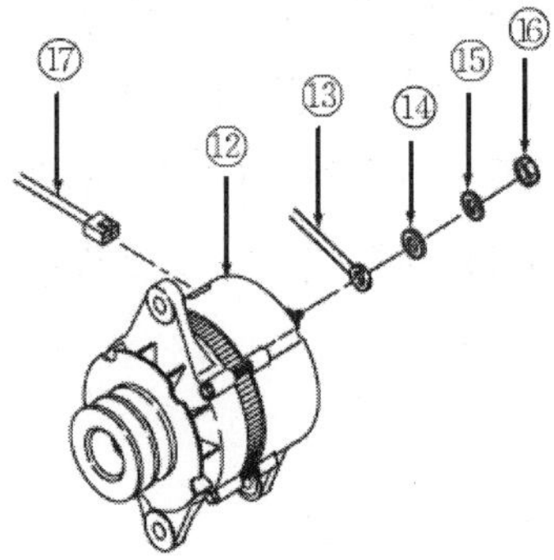

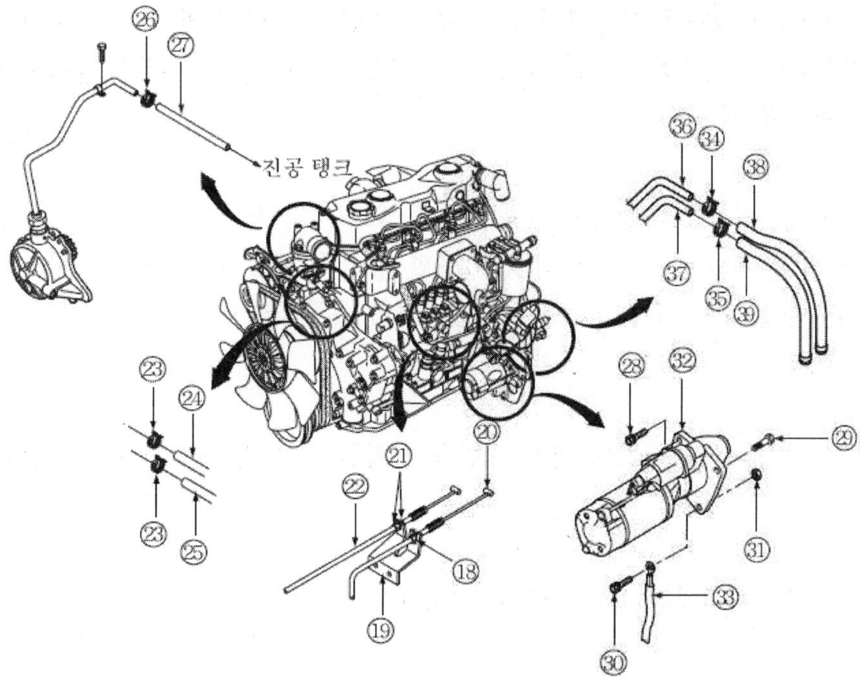

(5) 12mm 스패너를 사용하여 2개의 너트⑯를 풀고 브래킷 (19)에서 가속기 케이블⑳를 분리한 다음 분사 펌프에서 가속기 케이블⑳을 제거한다.

(6) 12mm 스패너를 사용하여 2개의 너트㉑를 풀고 브래킷⑲에서 엔진정지 케이블㉒을 분리한 다음 분사펌프에서 엔진㉒을 제거한다.

(7) 플라이어를 사용하여 2개의 호스 클램프㉓를 풀고 입·출구 히터㉔㉕를 자동온도조절기에서 분리한다.

(8) 플라이어를 사용하여 호스클램프㉖를 풀고 진공호스㉗를 분리한다.

(9) 17mm 렌치를 사용하여 볼트㉘를 푼 다음 17mm렌치를 사용하여 볼트㉚ 및 너트㉛를 풀고 시동전동기 ㉜ 접지케이블㉝를 분리한다.

(10) 8mm렌치를 사용하여 2개의 클램프㉞㉟를 풀고 분사 펌프 연료 튜브㊱㊲에서 연료 호스㊳㊴를 분리한다.

(11) 14mm스패너를 사용하여 오일 호스 조립체㊵ 및 클러치 오일 파이프㊸를 분리한 다음14mm렌치를 사용하여2개의 볼트 ㊶를 풀고 클러치 릴리이스 실린더 조립체㊷를 제거한다.

(12) 14mm렌치를 사용하여 플랜지 너트㊹, 2개의 플랜지 볼트㊺ 및 플랜지 너트㊻를 풀고 과급기㊼에서 개스킷㊾, 1번 파이프 조립체㊽를 분리한다. 또한 과급기 흡입공기 호스를 10mm랜치를 사용하여 클램프를 제거한 후 흡입공기 호스를 분리한다.

(13) 전·후방 엔진 행거에 인양 체인을 설치한 다음 인양기로 엔진 조립체㊿를 고정 시킨다.

(14) 변속기하부에 변속기 잭으로 지지한다.

(15) 14mm 랜치로 8개의 플랜지폴트 1개의 플랜지볼트 스프링와셔 너트를 풀고 17mm 렌치를 사용하여 2개의 플랜지 볼트를풀고 엔진 조립체㊿를 변속기로부터 서서히 분리한다. 기교k9(3)-2320-503-30
(2006.11.30)

(16) 엔진좌·우측에서 17mm렌치를 사용하여 2개의 6각 너츠55 스프링 와셔54 및 평와셔53 및 평와셔53를 제거한다.

(17) 인양기로 엔진 조립체㊿를 들어올려 분리한 다음 내려놓는다.
※주의 엔진조립체를 인양하면서 다른 부품들과 접촉되지 않도록 주의한다.

(18) 14mm렌치를 사용하여 엔진좌·우에서 8개의 플랜지 볼트57를 풀고 엔진 장착 브랫킷56을 제거한다.

(19) 17mm렌치를 사용하여 2개의 잠금 너트51를 풀고 전방 절연체뭉치52를 제거한다.

라. 설치

(1) 전방 절연체뭉치㉜를 프레임 좌우측에 위치시키고 17mm 렌치를 사용하여 2개의 잠금 너트㊶를 설치한다.

(2) 14mm 랜치를 사용하여 엔진 좌우에 8개의 플랜지 볼트㊼로 엔진장착 브래킷㊻을 설치한다.

(3) 엔진에 인양체인을 설치한 다음 인양기로 엔진 조립체㊿를 들어 올려 전방 절연체뭉치52에 내려놓는다.

(4) 엔진 좌우측에서 17mm 렌치를 사용하여 2개의 6각 너트55 스프링와셔54 및 평와셔53로 엔진 조립체㊿를 고정한다.

(5) 14mm 렌치로 8개의 플랜지볼트, 1개의 플랜지볼트, 스프링 와셔 ,너트, 17mm 렌치를 사용하여 2개의 볼트로 엔진 조립체㊿와 변속기를 결합한다.

(6) 전·후방 엔진 행거에서 인양 체인을 엔진 조립체㊿에서 제거한다.

(7) 흡입공기 호스를 10mm랜치를 사용하여 클램프로 과급기에 고정한 다음 14mm렌치를 사용하여 플랜지 너트㊹ 2개의 플랜지볼트㊺ 및 플랜지 너트㊻로 과급기㊼에개스킷㊾ 1번 파이프 조립체㊽를 연결한다.

(8) 14mm 렌치를 사용하여 2개의 볼트㊶로 클러치 릴리이스 실린더 조립체㊷를 설치한 다음14mm 스패너를 사용하여 오일 호스 조립체㊵ 및 클러치 오일 파이프㊸를 연결한다.

(9) 8mm 렌치를 사용하여 분사펌프 연료 튜브㊱㊲를 2개의 클램프㉟㊱로 연결한다.

(10) 시동전동기㉜ 접지 케이블㉝을 위치시키고 17mm 렌치를 사용하여 볼트㉝ 및 너트㉛로 조이고17mm 렌치를 사용하여 볼트㉗㉘로 설치한다.

(11) 플라이어를 사용하여 호스 클램프㉖로 진공 호스㉗를 연결한다.

(12) 플라이어를 사용하여 2개의 호스 클램프㉓로 입·풀구 히터 호스 ㉔㉕를 자동 온도조절기에 연결한다.

(13) 17mm 렌치를 사용하여 와셔⑭ 스프링와셔⑮ 및 너트⑯로 B단자⑬를 고정한 다음 교류발전기⑫에 배선커넥터⑰를 연결한다.

(15) 17mm 렌치를 사용하여 배출마개를 조이고 엔진오일 주입구를 열고 엔진 오일을 주입한다(오일량:9.0ℓ).

(16) 10mm 스패너를 사용하여 호스 클램프 ⑩로 중간냉각기 흡입 호스⑪를 연결한다.

(17) 17mm렌치를 사용하여 6각 너트 ⑨및 스프링와셔⑧로 호스 조립체⑦를 연결한 다음 10mm 렌치를 사용하여 클램프⑥로 동력조향 펌프④에 흡입호스⑤를 연결한다.

4.2.6 K-511A1 엔진 제거 설치

가. 기본구성요건

(1) 일반공구

(가) 차량 야전정비 기본 공구세트

렌치(8.10.12.14.17.19.21.32mm) (+)드라이버, 플라이어

(나) 차량 야전정비 보충 공구세트 (부록6 참조8)

엔진 거치대 토크렌치(3.7~14.0kgf·m)

(다) 렌치(22.27mm)

(라) 인양기(5톤용량)
(마) 체인블록
(바) 나무블록

(2) 물자 및 부분품
(가) 엔진오일 (K9(3)-2320-504-LO참조)
(나) 부동액(KS M 2142,2종)
(다) 조향유압유 (ATF DEXRON Ⅱ또는 상당오일)

(3)소요인원: 4명
(4)소요인시: 8.00

나. 준비작업

(가)축전지 접지 케이블을 분리한다.
(나)측면 덮개판 조립체를 제거한다.
(다)공기 정화기 조립체를 제거한다.
(라)방열기 조립체를 제거한다.
(마)변속기 조정 레버 조립체를 제거한다.
(사)구동 추진축을 제거한다.

다. 제거

(1) 엔진오일을 배출한다.

(2) 자동온도조절기에서2개의 전선 커넥터를 분리한다.

(3) 17MM렌치를 이용하여 교류 발전기에서 B단자와 전선 커넥터를 분리한다.

(4) 오일여과기에서 전방 전선 조립체로 연결되는 2개의 전선 커넥터를 분리한다.

(5) 14MM렌치를 이용하여 3개의 볼트를 풀어, 배기 다기관에서 전방 배기 파이프를 제거한다.

(6) 플라이어를 이용하여 히터에서 자동 온도조절기와 물 펌프로 가는 2개의 호스를 분리한다.

(7) 플라이어를 및12,14mm 렌치를 이용하여 연료분사 펌프에서 스로틀 케이블과 엔진정지 케이블을 분리하고, 스로틀 케이블 브래킷을 제거한다.

(8) 27,32mm렌치를 이용하여 공기 압축기에서 공기 건조기로 연결되는 호스를 분리한다.

(9) 12mm렌치를 이용하여 플라이 휠 하우징에서 2개의 플랜지 볼트를 풀어 예열 릴레이를 조립체로 분리하고, 8.10mm 렌치로 예열 플러그와 흡기 공기 가열기에서 전선을 제거한다.

(10) 14. 17mm 렌치를 이용하여 시동 전동기에서 B단자와 접지 케이블 및 전선 커넥터를 분리한다.

(11) (+)드라이버를 이용하여 연료분사 펌프에서 연료 탱크로 연결되는 호스를 분리한다.

(12) (+)드라이버를 이용하여 프라이밍 펌프에서 연료탱크로 연결되는 호스를 분리한다.

(13) (+)드라이버를 이용하여 조향오일 저장통에서 조향펌프로 연결되는 호스를 분리한다.

(14) 22mm렌치로 조향기어 저장통에서 조향펌프로 연결되는 파이프를 분리한다.

(15) 17mm렌치를 이용하여 배기 제동기 실린더 조립체①에서 파이프②를 분리한다.

(16) 엔진 인양 시 간섭을 피하기 위해 전방 범퍼 뒤에 있는 크로스 멤버를 14mm렌치로 4개의 볼트, 너트 및 와셔를 풀어 제거한다.

(17) 변속기가 움직이지 않도록 앞 창문을 열고, 긴 파이프와 체인블록 및 체인으로 변속기를 지지한다(엔진 조립체만 제거 시 적용).

(18) 인양기와 체인을 이용하여 엔진을 들어 올릴 수 있도록 고정한다.

(19) 운전실 안쪽에서 변속기 조립체의 중립 감지기와 후진 감지기에서 전선 커넥터를 분리시킨다.

(20) 동력 인출장치 추진축을 제거한다(윈치 유 차량만 적용).

(21) 클러치 부스터 조립체의 푸시로드와 클러치 작동레버의 연결부에서 플라이어를 이용하여 핀③, 평와셔④ 및 분할핀⑤을 제거한다.

(22) 14.21mm렌치를 이용하여 볼트⑦,⑩와 스프링 와셔⑧,⑪를 풀어 변속기 조립체에서 클러치 부스터 조립체⑥를 분리시킨다.

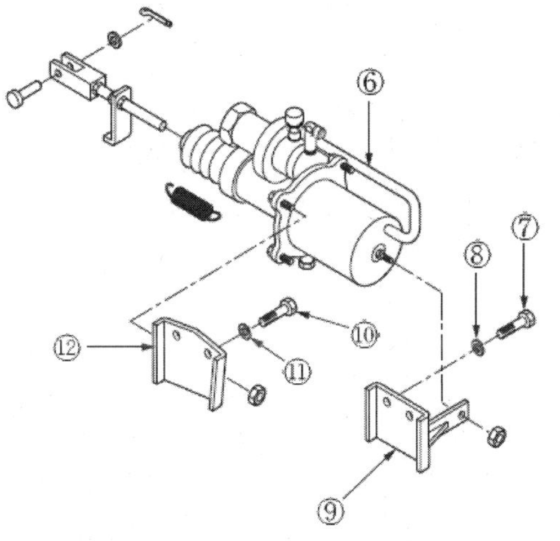

⑥ 클러치 부스터 조립체
⑦ 볼트
⑧ 스프링 와셔
⑨ 브래킷
⑩ 볼트
⑪ 스프링 와셔
⑫ 브래킷

(23) 14mm렌치를 이용하여 변속기와 연결되는 12개의 장착볼트와 스프링 와셔 및 와셔를 제거한다(엔진 조립체만 제거 시 적용).

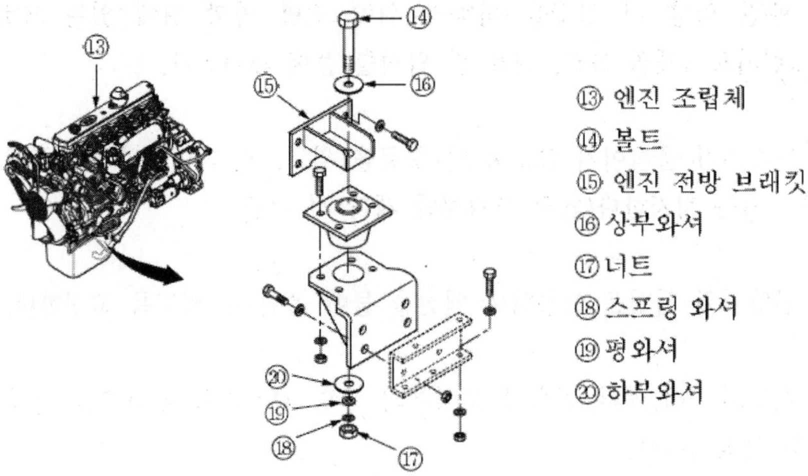

(24) 22mm렌치를 이용하여 엔진 전방 브래킷 ⑮ 볼트⑭, 너트⑰ 및 평와셔⑲, 스프링 와셔⑱, 상·하부 와셔⑯⑳를 제거한다.

(25) 19mm렌치를 이용하여 엔진후방브래킷㉚에서 볼트㉕㉖ 너트㉒㉓와 평와셔㉔, ㉗를 제거한다.

(26) 22mm렌치를 이용하여 후방 브래킷⑩에서 볼트㉘ 너트㉛와 상부와셔 ㉙하부와셔㉔ 및 평와셔㉝스프링 와셔㉜를 제거한다.

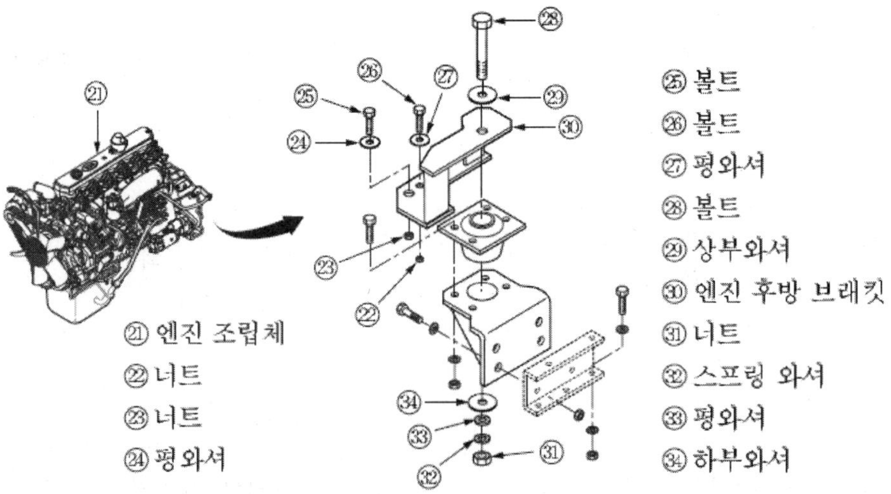

(27) 변속기 입력 축에서 엔진이 빠지도록 하여 엔진을 들어 올려 제거한다(엔진 조립체만 제거 시 적용).
※주(註) 엔진을 인양하면서 타 부품들과 접촉하지 않도록 주의한다.

(28) 엔진을 인양하여 엔진 거치대에 거치시킨다.

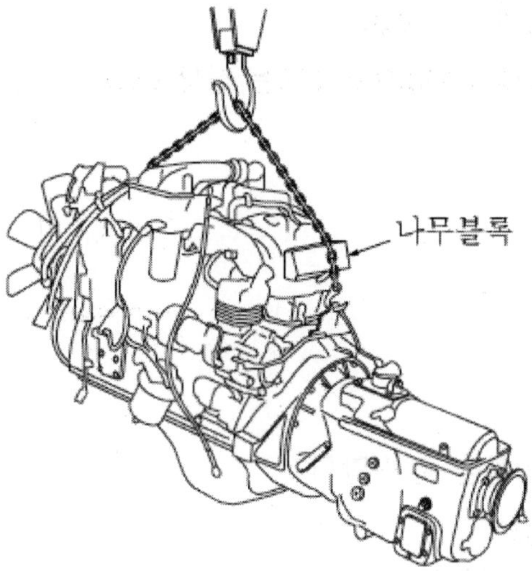

(29) 제거된 엔진 조립체에서 14mm 렌치를 이용하여 변속기 조립체와 연결되는 12개의 장착볼트와 스프링 와셔 및 와셔를 풀어 변속기 조립체를 제거한다.

4.2.7 K-711A1 엔진 제거 설치

가. 기본구성요건

(1)일반공구

(가) 차량 야전정비 기본 공구세트(부록6, 참조6)

렌치(10.12.14.17.19mm) (+)드라이버, 플라이어, 조정렌치

(나) 차량 야전정비 보충 공구세트 (부록6 참조7)

토크렌치(3.7~14.0kgf·m)

(다) 변속기 인양기 유닛 또는 지지대 및 체인블록

(라) 인양기 (5톤 용량)

(마) 엔진거치대

(2) 물자 및 부분품

(가) 엔진오일 (K9(3)-2320-504-LO참조)

(나) 부동액(KS M 2142,2종)

(다) 조향유압유 (ATF DEXRON Ⅱ또는 상당오일)

(3)소요인원 : 4명

(4)소요인시 : 2.5

나. 준비작업

(1)축전지 음극 케이블을 분리한다.

(2)후드를 위로 올린다

(3)방열기 가드를 제거한다.

(4)방열기 조립체를 제거한다.

다. 제거

(1) 12mm 렌치를 사용하여 3개의 볼트① 및 너트⑬, 와셔②,⑫, 1개의 너트⑩를 제거한다.

(2) 12mm 렌치를 사용하여 2개의 볼트⑤,⑦ 및 너트⑥ 를 풀고 지지대④를 제거한다.

(3) 12mm 렌치를 사용하여 볼트⑨ 및 너트⑪, 와셔⑧ 를 풀고 브래킷③을 제거한다.

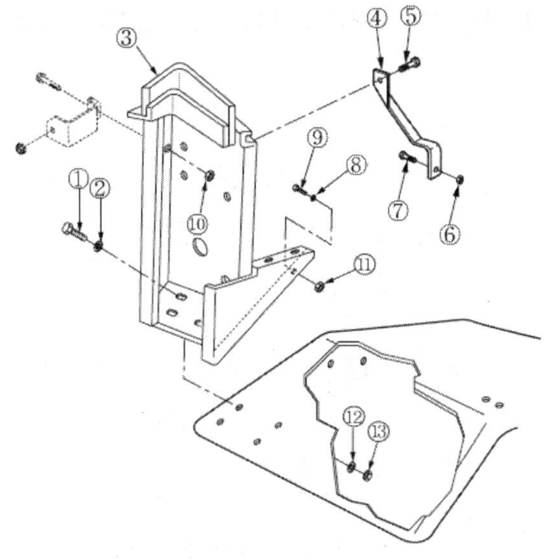

(4) 17mm 스패너를 사용하여 너트⑰를 풀고 와셔⑮,⑯와 전선⑭을 분리한다.

(5) 전선 커넥터 (18)를 분리한다.

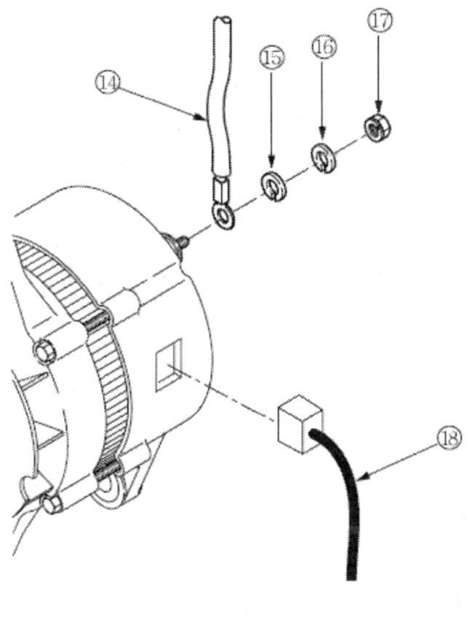

(6) 드라이버(+)를 사용하여 2개의 조임쇠㉗,㉙를 풀고 호스(28)를 제거한다.

(7) 10mm 렌치를 사용하여 4개의 볼트(25),(30)및 너트(19),(23), 와셔를 풀고 측면 판넬㉖을 분리한다.

(8) 드라이버(+)를 사용하여 2개의 조임쇠㉑,㉒를 풀고 호스(20)을 제거한다.

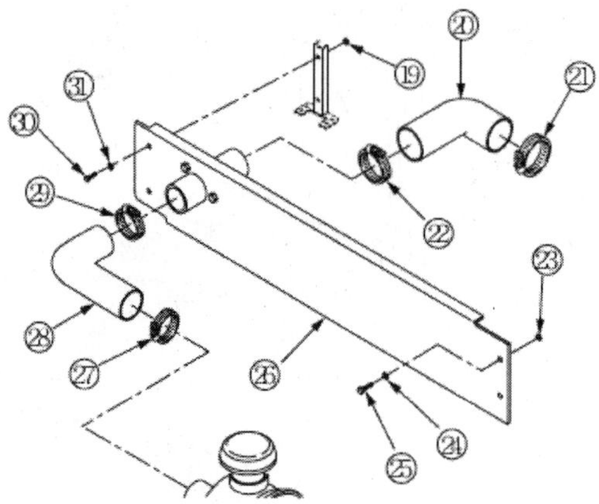

공기청정기 흡입호스 분리

(9) 14mm 스패너를 사용하여 공기파이프㉜를 흡기소음기㉝에서 분리한다.

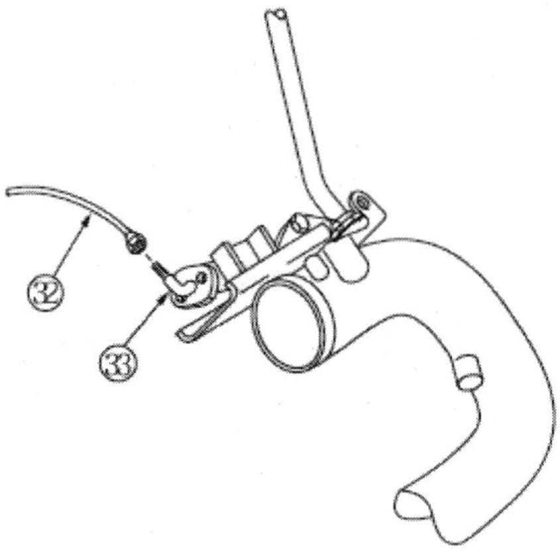

흡기소음기 공기호스 분리

(10) 14, 17mm 스패너를 사용하여 파이프㊲끝부분 나사부를 푸고 파이프㊲를 제거한다.

(11) 17mm 렌치를 사용하여 4개의 볼트㊵ 및 너트㊸를 풀고 와셔㊴와 스페이서㊳를 제거한다.

(12) 캐스킷㉟㊷ 및 배기제동기㊱를 파이프㉞㊶에서 제거한다.

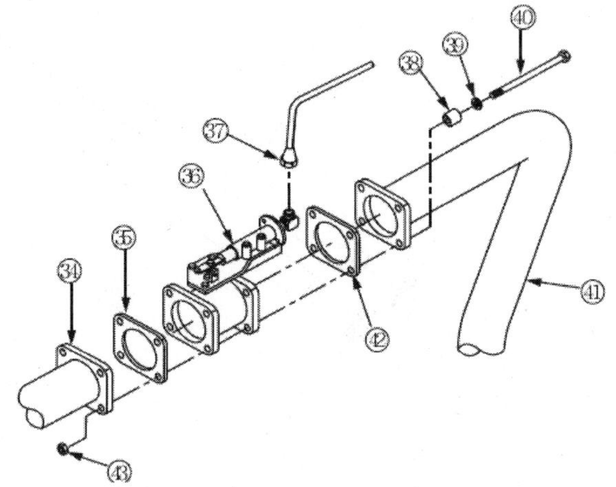

배기 제동기 분리

(13) 플라이어를 사용하여 조임쇠㊻를 풀고 조향오일을 배출한다.

(14) 플라이어를 사용하여 조임쇠㊾ 및 17mm 렌치를 사용하여 볼트㊽를 풀고 파이프㊼를 분리한다.

(15) 24mm 스패너를 사용하여 파이프㊺의 연결 커넥터㊹를 풀고 파이프㊺ 한쪽을 분리한다.

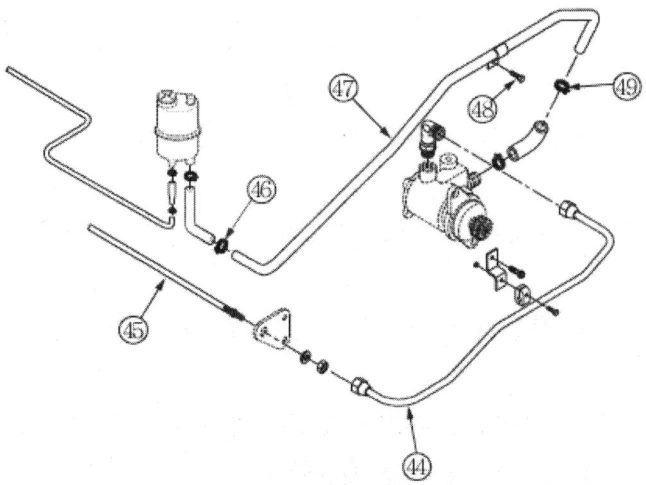

조향 오일 파이프 분리

(16) 드라이버(+)를 사용하여 2개의 조임쇠㊿53를 풀고 호스51,52를 분리한다(마른 헝겊으로 흘러내리는 냉각수를 닦아낸다).

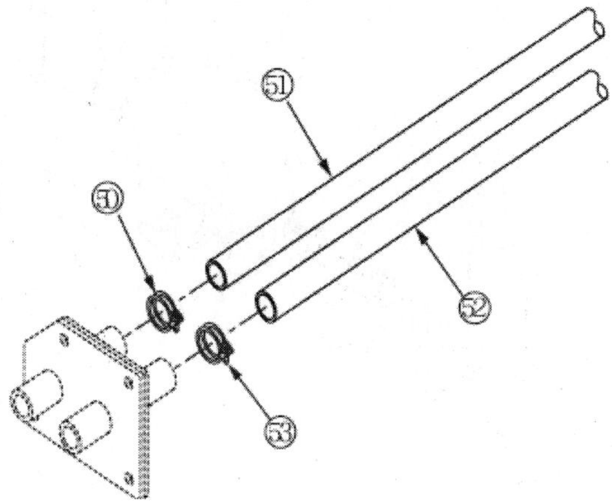

히터호스 분리

(17) 밴드54를 제거하고 조정렌치를 사용하여 너트56를 풀고 엔진정지 케이블55을 분리한다.

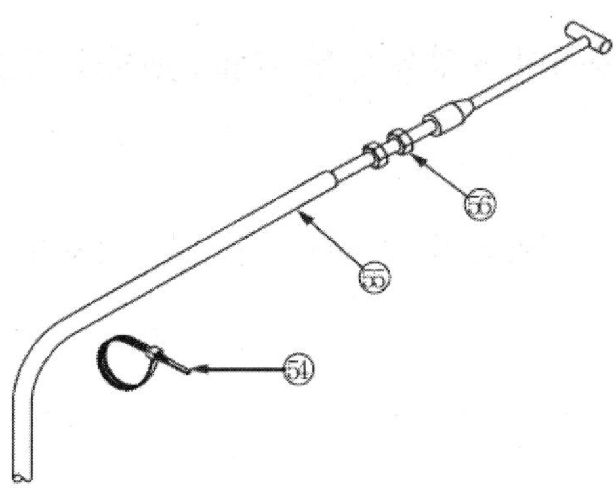

엔진 정지 케이블 분리

(18) 12mm 렌치를 사용하여 볼트57 및 너트59을 풀고 클립58을 제거한다.

(19) 14mm 렌치를 사용하여 볼트61를 풀고 클립62을 제거한다.

(20) 플라이어를 사용하여 분할핀65 및 핀64을 분리하고, 12mm 스패너를 사용하여 너트63를 풀고 가속케이블60을 제거한다.

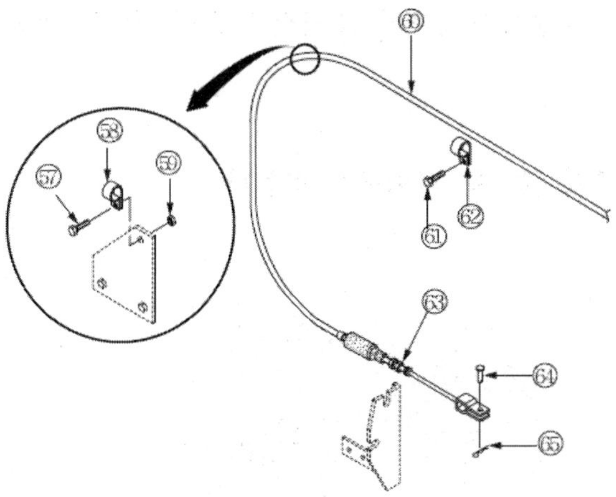

가속 케이블 분리

(21) 공기압축기에서 공기건조기로 가는 공기 파이프를 차체 하부 쪽에서 분리한 다(3장 10절 2항 참조).

(22) 17mm 렌치를 사용하여 너트⑪ 및 와셔⑫를 풀고 접지케이블⑬을 분리한다.

(23) 8, 17mm 렌치를 사용하여 2개의 너트㊻,㊽를 풀고 2개의 ㊺㊼을 분리한다.

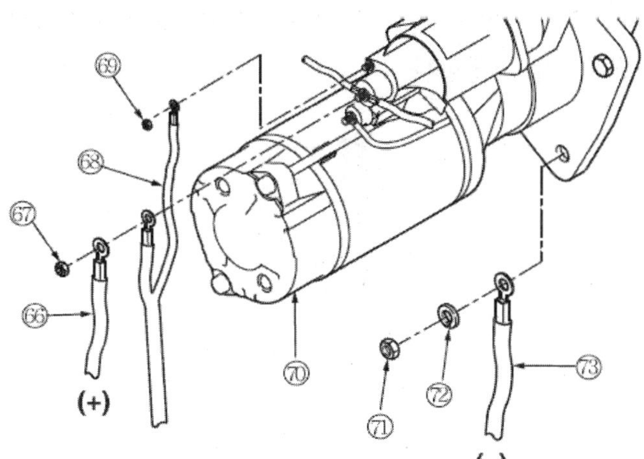

시동전동기 전선 분리

(24) 플라이어를 사용하여 2개의 조임쇠⑭,⑰를 풀고 2개의 연료호스⑮,⑯를 분리한다.

(25) 연료가 흐르지 않도록 파이프를 막는다.

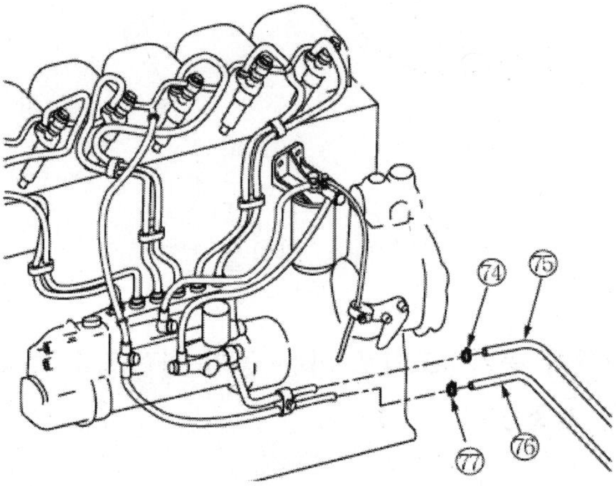

연료호스 분리

(26) 오일 압력감지기⑱에서 2개의 조임나사⑲를 풀고 2개의 전선⑳을 분리한다.

(27) 12mm 렌치를 사용하여 볼트㉝ 및 너트㉛를 풀고 오일압력 감지기 조립체⑱를 분리하여 엔진쪽에 고정한다.

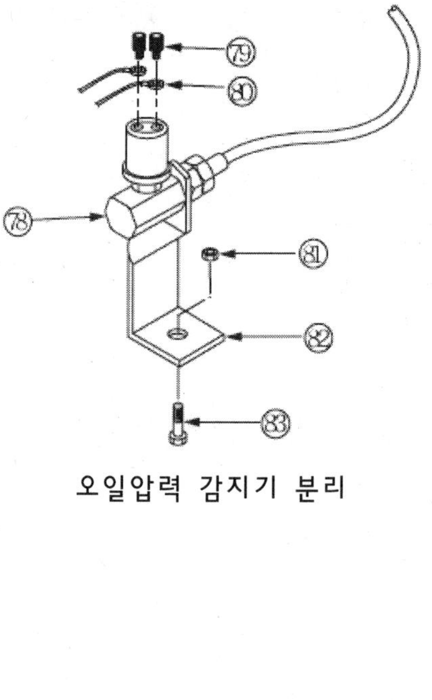

오일압력 감지기 분리

(28) 전방전선(85)에서 엔진전선(84)을 분리한다.

※ 주) 공기탱크에서 운전실내로 연결되는 공기파이프가 간섭이 되면 공기파이프를 제거한다.

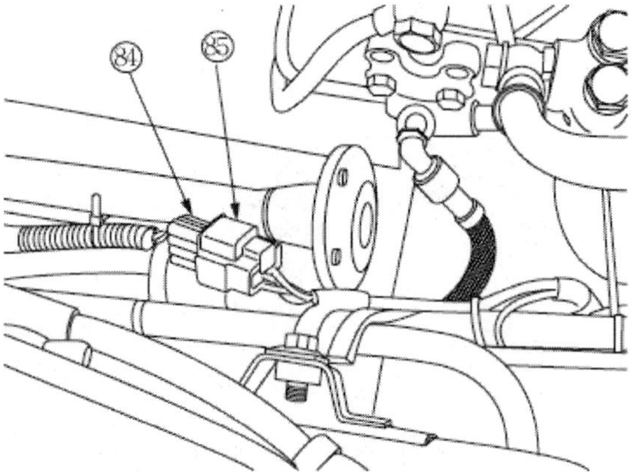

엔진 조립체 분리

(29) 엔진 인양용체인(부록6, 품목18)을 후방 고리에 걸고 엔진 로커암 케이스⑱가 손상되지 않도록 지지목㊱을 고인다.

※ 주) 체인이 설치된 부분에 지지목을 고여도 로커암커버㊲와 간섭이 될 경우 1번, 6번 로커암 커머㊲를 분리한다.

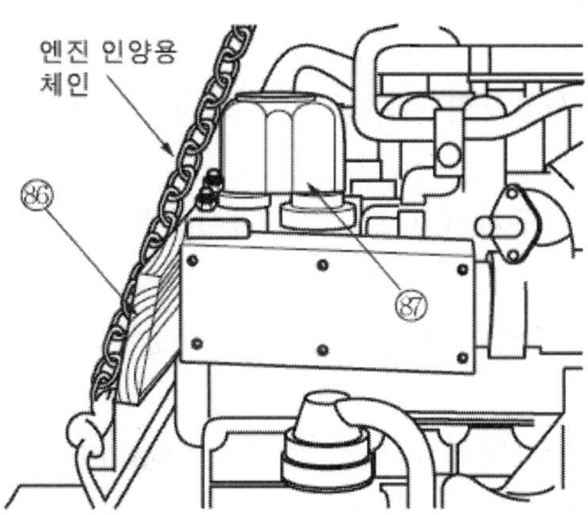

엔진 후방고리에 체인설치

(30) 엔진 인양용체인⑱(부록6, 품목18)을 전방 인양고리⑲에 설치한다.
※ 주) 엔진 제거. 설치 시 필요에 따라 변속기와 결합된 상태로 제거/설치가 가능하다.

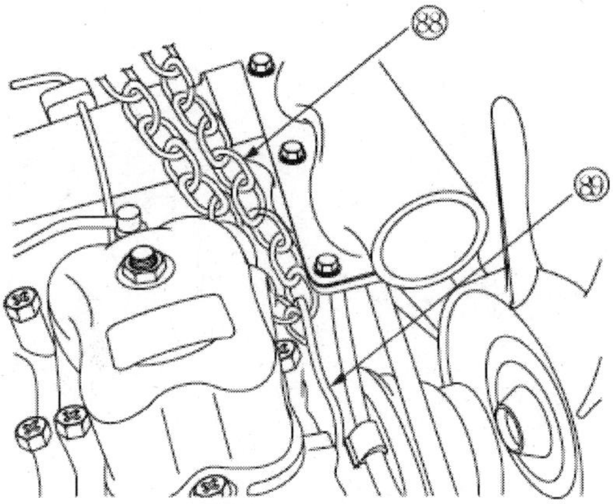

엔진 전방고리에 체인설치

(31) 인양기에 엔진 인양용체인(부록6, 품목18)을 걸고 엔진을 고정한다.
※ 주) 엔진만 제거시는 변속기 낙하하지 않도록 운전실 내부에서 변속기인양기 유닛(또는 지지대 및 체인블록)을 사용하여 지지한다.

(32) 14mm 렌치를 사용하여 엔진과 변소기를 결합하는 12개의 볼트를 제거한다(3장 6절 1항 참조).

(33) 12mm 렌치를 사용하여 볼트③ 및 너트⑥, 와셔④,⑤를 제거한다.

(34) 24mm 렌치를 사용하여 너트① 및 와셔⑳를 제거한다.

(35) 24mm 렌치를 사용하여 너트① 및 와셔②를 제거한다.

(36) 24mm 렌치를 사용하여 너트⑭ 및 와셔⑬를 제거한다.

(37) 인양기를 약간올려 엔진을 약간 올린다.

(38) 19mm 렌치를 사용하여 2개의 볼트⑮ 너트㉑ 와셔⑳를 풀고⑫ 및 4개의 인슐레이터⑯,⑲를 분리한다.

(39) 17mm 렌치를 사용하여 4개의 볼트⑰ 및 와셔⑱를 풀고 브래킷⑪을 앞쪽으로 분리한다.

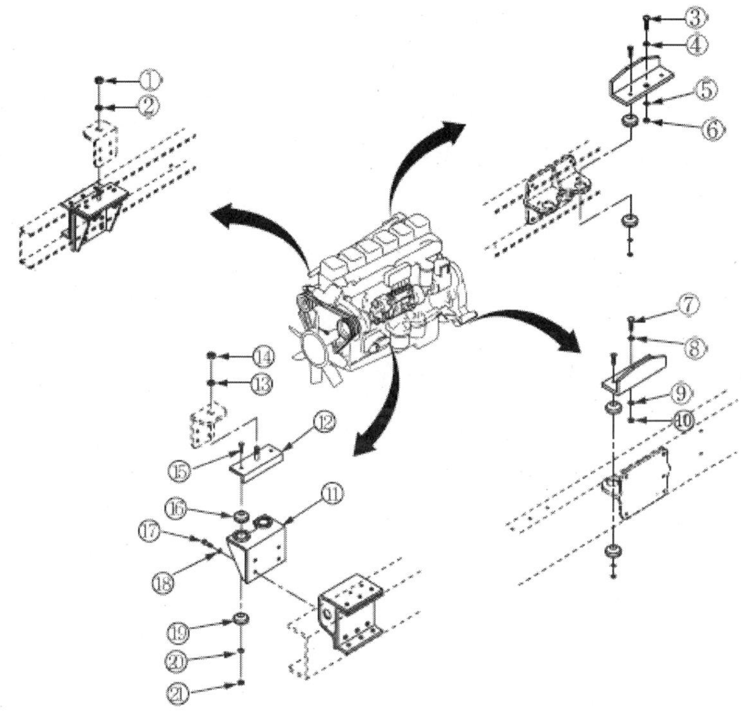

① 볼트	⑦ 볼트	⑬ 와셔	⑲ 인슐레이터
② 와셔	⑧ 와셔	⑭ 너트	⑳ 와셔
③ 볼트	⑨ 와셔	⑮ 와셔	㉑ 너트
④ 와셔	⑩ 너트	⑯ 인슐레이터	
⑤ 와셔	⑪ 브래킷	⑰ 와셔	
⑥ 너트	⑫ 너트	⑱ 와셔	

엔진 제거

(40) 인양기를 천천히 올리면서 변속기 입력축에서 엔진이 빠지도록 흔들면서 엔진을 들어올린다.

(41) 엔진 거치대에 엔진을 거치 시킨다.

Chapter 5

분해결합

제 1 절 발생장치

이 절에서는 K-131, K-311차량의 분해결합 과정에 대해 기술하고자 한다.

5.1.1 기관분해 조립 시기 및 주의사항

기관의 수명 연장, 경비 절감, 고장 발생 시 수리를 목적으로 분해, 점검, 정비, 조립을 거쳐 성능을 회복 및 향상 시키게 하는 작업이 필요하다.

가. 분해 정비 시기의 판단

(1) 압축압력(kg/㎠) : 규정압력 70% 이하, 각 실린더 압력차가 10% 이상 일 때

(2) 연료 소비율(km/L) : 표준 연료 소비율 60% 이상

(3) 윤활유 소비율(km/L) : 표준 윤활유 소비율 50% 이상

나. 엔진 분해 시 준비사항

(1) 축전지 단자 리드선 분리 : 접지쪽(-)부터 푼다.

(2) 기관 오일, 기타 오일, 냉각수를 제거.

(3) 기관의 좌, 우, 앞, 뒤 부착물부터 탈거한다.

(4) 전기 부품은 기름이 묻지 않도록 타 부품과 분리 보관.

(5) 장갑은 끼지 않는다.

(6) 분해 순서는 정확히 지킨다.

(7) 무리한 힘은 삼가 한다.

(8) 안전을 항상 생각한다.

다. 헤드볼트 죔 순서

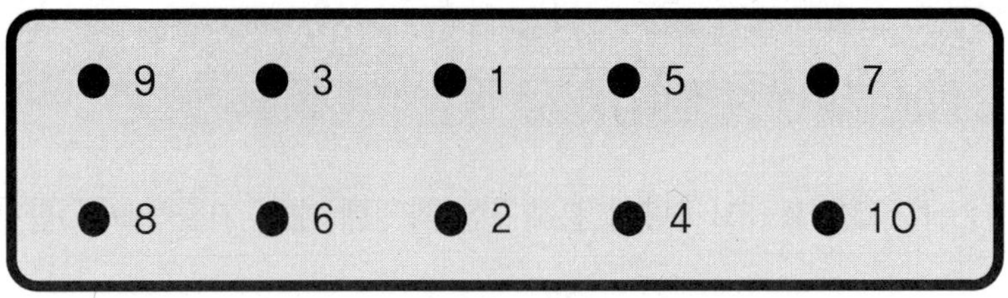

(1) 조임 토크

(가) 실린더 헤드

- K-111 : 9.2-9.8m-kg, K-311 : 11m-kg
- K-511,711 :18m-kg, k-131 :8.1 - 8.8m-kg

(2) K-131 주요부 조임력

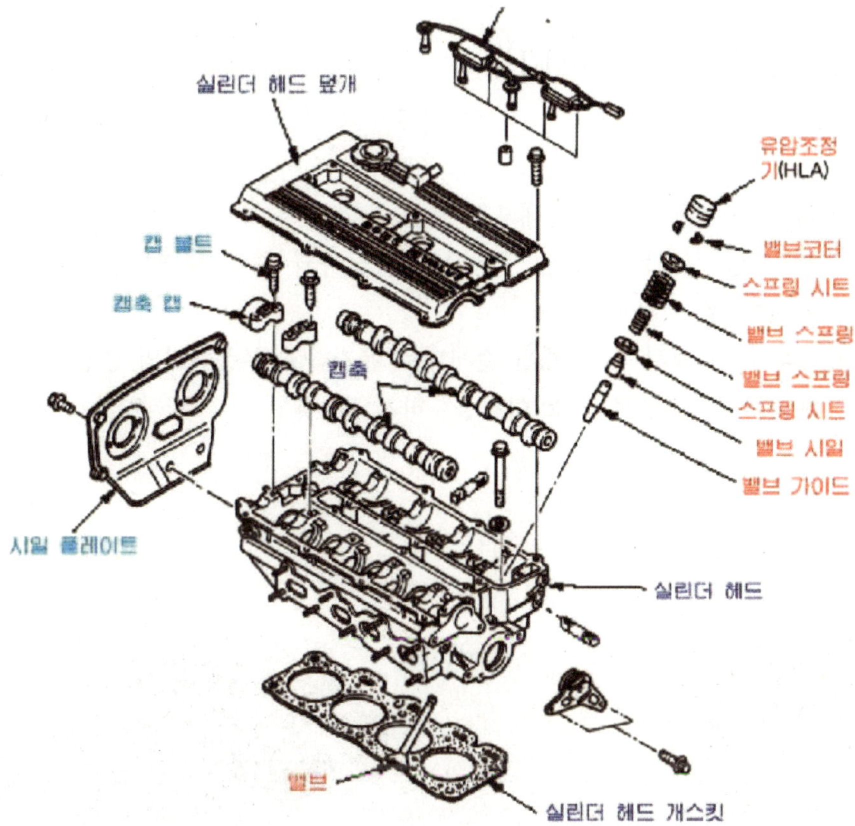

(3) 기타 엔진 주요부 조임 토크(kg·m)

부 위	K - 131	K - 311	K - 511, 711
콘로드 캡 볼트		7.6 ~ 8.3	17.0
메인베어링 캡 볼트	8.4 ~ 9.0	11.0 ~ 11.7	22.0
플라이휠 설치 볼트	9.8 ~ 10.5	13.0 ~ 14.0	14.0
크랭크축 설치 볼트		38.0 ~ 44.0	—

5.1.2 군용 차량별 엔진 분해 결합

가. 1/4톤 표준차(K-131엔진)

(1) 분해 시 주의 사항

(가) 분해 전에 각종공구와 분해후의 부품 교환을 위해 부품 선반을 준비할 것

(나) 분해 조립 시에는 깨끗한 맨손으로 작업하되 주위 환경오염을 예방하고 청결히 유지할 것

(다) 분해후 부품 보관 시 분해된 순서대로 유지하고 부품끼리의 충돌을 방지할 것

(라) 분해 시에는 가급적 장소 이동을 하지 말 것

(2) 분해 준비 작업(엔진행거설치)

(가) 배기 매니폴드를 분리하고 엔진 스탠드와 행거에 엔진 설치

(나) 렌치 12미리로 5개의 볼트를 분리 후 보호 판을 분리한다.

(다) 배기 매니폴드에서 E, G, R파이프를 분리 후 14미리 소켓렌치로 9개의 너트를 분리하고 배기 매니폴드와 개스킷 분리

(라) 렌치 14미리로 4개의 볼트를 분리 후 엔진장착 브라깃을 분리

(마) 엔진 스탠드와 행거를 이용 엔진을 장착 한다.

(3) 엔진 주변 부품제거

(가) 파워 스테어링 오일펌프 브래킷을 제거한다.

(나) 렌치12미리로 4개의 리어인양 고리볼트를 분리하고 렌치14미리로 1개의 전면 인양 볼트를 분리한 다음 엔진 인양 고리를 분리한다.

(다) 냉각수 우회파이프를 제거한다.

(라) 냉각수 흡입 파이프를 제거한다.

(마) 발전기를 분리한다.

(바) 오일필터 렌치로 오일필터를 제거 한다

(사) 오일 쿨러를 분리한다.

(아) 오일 압력 스위치를 분리한다.

(자) 스타터를 분리한다.

(차) 오일 레벨 게이지를 분리한다.

(카) 파워 스티어링 펌프와 브래킷을 분리한다.

(타) 이그니션 코일 및 하이텐션 코드를 분리한다.

(파) 서모 스타트 커버, 개스킷, 서모 스타트를 분리한다.

(하) 서지 탱크 브래킷을 분리 및 인테이크 매니폴드 어셈블리를 분리한다.

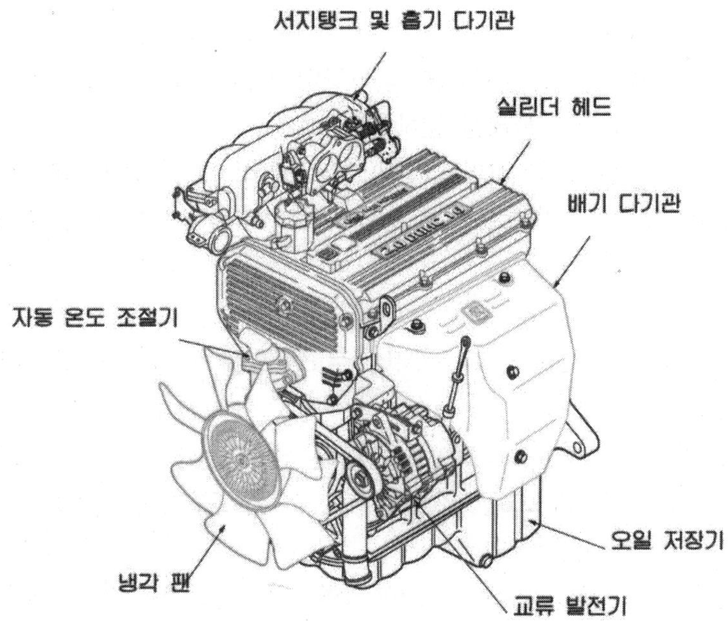

(4) 엔진 타이밍 벨트 제거

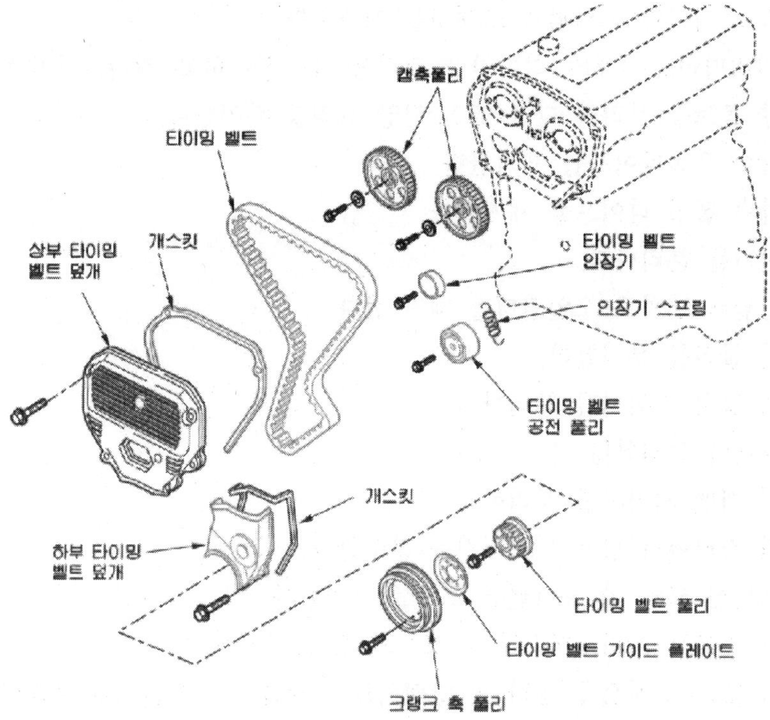

(가) 크랭크 샤프트

1) 플라이휠에 링기어 브레이크를 장착하여 10mm 소켓으로 6개의 볼트를 분리한 후 크랭크샤프트 풀리를 분해한다.
2) 6개의 볼트를 분리 후 어퍼 타이밍 벨트 커버와 개스킷을 분리한다.
3) 2개의 볼트를 분리 후 로우어 타이밍 벨트 커버와 개스킷을 분리한다.

(나) 타이밍 벨트

1) 렌치(14mm)로 타이밍 벨트 텐셔너 로크볼트를 느슨하게 풀고서 텐셔너 스프링을 분해한다.
2) 타이밍 벨트 풀리에 크랭크샤프트 로크 인스톨러를 4개의 볼트로 고정하고 커플링 플랜지 홀더를 크랭크샤프트 로크 인스톨러에 설치한 다음 렌치(21mm)로 로크 볼트를 분리한다.
3) 재사용할 경우 분필 등으로 벨트의 정회전 방향을 화살표로 표시하여 놓는다.
4) 타이밍 벨트를 분해한다.

※ 벨트에 오일, 그리스 등이 묻지 않도록 주의한다.

(다) 캠 샤프트 풀리

1) 렌치(14mm)로 아이들 로크 볼트를 분리 후 아이들 풀리를 분리한다.

2) 캠 샤프트가 돌지 않도록 (-)드라이버를 사용하여 고정한 후 렌치(17mm)로 풀리 로크 볼트 및 와셔를 분리 후 캠 샤프트 풀리를 분리한다.

3) 렌치(10mm)로 6개의 볼트를 분리 후 시일 플레이트를 분리한다.

(라) 실린더 헤드

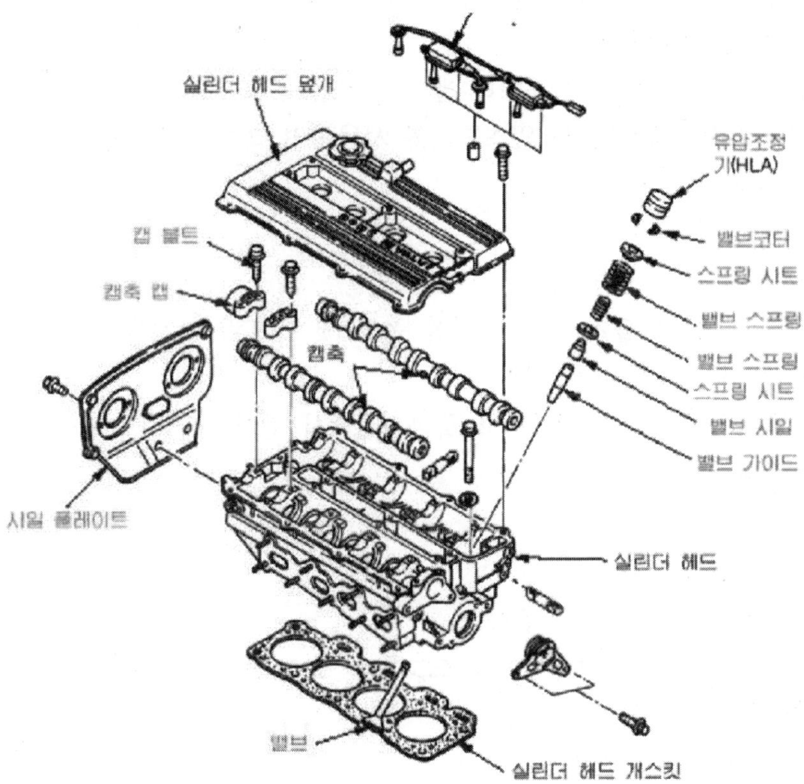

1)캠 샤프트

- 렌치(12mm)로 2개의 볼트를 분리 후 페이저 센서를 분리한다.
- 15개의 볼트를 분리 후 실린더 헤드 커버와 개스킷을 분리한다.
- 렌치(12mm)로 6개의 볼트를 분리 후 시일 플레이트를 분리한다.
- 캠 샤프트를 분해하기 전에 베어링과 저널을 깨끗하게 닦고서 다음 포인트를 측정한다.
- 캠 샤프트 엔드 플레이

• 캠 샤프트 저널 오일 간극
• 렌치(12mm)로 각기 10개의 볼트를 분리한 후 흡·배기 캠샤프트를 분리
• 하이드로릭 래쉬 어저스터(HLA) 실린더 헤드에서 HLA를 분해한다.

※ 분해한 HLA는 조립시 제 위치에 조립할 수 있도록 각 HLA에 마크에 위치.

(마) 밸 브

1) 밸브 스프링 피벗 및 밸브 스프링 리프트 암을 이용하여 실린더 헤드에서 밸브, 밸브 코터, 어퍼 스프링 시트, 아우터 및 인너 밸브 스프링, 로우어 스프링 시트를 분해한다.

2) 밸브 시일 리무버를 사용하여 밸브 시일을 분리한다.

3) 밸브 가이드 리무버 및 인스톨러를 사용하여 밸브 가이드를 분리한다.

(5) 실린더 블록 I

(가) 클러치 커버 / 플라이 휠

(나) 렌치(14mm)로 클러치 커버 장착 볼트 및 스프링 와셔를 풀고 클러치 커버와 클러치 디스크를 분해 한다.

(다) 링기어 브레이크를 제거하고 플라이휠에서 렌치(17mm)로 8개의 장착 볼트를 풀고 플라이휠을 분해한다.

(6) 오일 팬

(가) 오일 팬 마운팅 볼트를 푼다.

(나) 오일팬과 실린더 블록 사이에 스크래퍼 또는 적당한 공구를 넣어 분리한다.

(다) 오일팬을 분해한다.

※분리시 오일팬을 구부리지 않는다.

오일펌프 또는 리어 커버등 알루미늄 부품을 손상시키거나 긁히지 않도록 한다.

(7) 오일펌프

(가) 엔진오일을 배출한다.

(나) 오일 팬 및 패킹을 분리한다.

(다) 타이밍 벨트 풀러 로크 볼트를 풀고 타이밍 볼트 풀리를 분리한다.

(라) 렌치(12mm)로 3개의 볼트를 풀고 렌치(14mm)로 1개의 볼트를 분리한 다음 오일펌프를 분리한다.

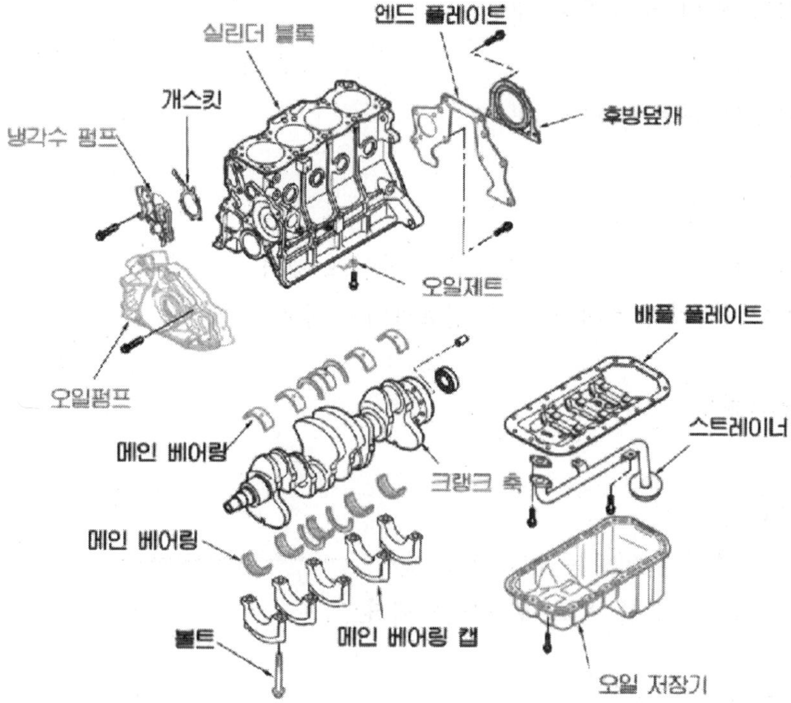

(8) 기 타

(가) 크랭크축 front 및 rear 오일실 은 분해시 필히 교환

(나) 개스킷은 엔진 분해시마다 전부 교환할 것

(다) 분해순서에 의해 정리정돈

(라) 조립순서는 분해 순서의 역순으로 행한다.

(마) 접촉면을 바닥으로 향하지 않도록 한다.

다. 1¼톤 표준차(K311 엔진)

(1) 엔진오일 배유

(2) 클러치 릴리스 실린더 제거

(3) 시동전동기 제거

(4) 엔진에서 변속기 제거

(가) 클러치 하우징의 볼트와 너트를 푼다

(나) 변속기 제거

(5) 엔진 마운팅 브라켓을 제거

(6) 팬벨트와 교류 발전기 제거

(7) 연료 파이프 제거
(가) 분사펌프와 분사노즐의 연료복귀 파이프 제거
(나) 연료 여과기와 분사펌프 간 연료파이프 제거

(8) 연료여과기 제거

(9) 분사노즐 제거
(가) 분사노즐간의 연료복귀 파이프 제거
(나) 노즐 고정너트를 풀고 분사노즐 제거

(10) 흡기·배기 다기관 제거

(11) 냉각팬 및 풀리 제거

(12) 물펌프 제거

(13) 수온조절기를 물자켓과 함께 제거

(14) 록커암 커버를 제거
(가) 브리더 가스 파이프 제거
(나) 고제너트를 풀고 록커암 커버를 제거

(15) 실린더 헤드 결합체 분해
(가) 록커암 축의 2개 스터드 볼트의 너트를 푼다.
(나) 실린더 헤드 볼트를 푼다.
(다) 록커암 결합체 제거
(라) 푸시로드를 들어 올려 뽑고 실린더 헤드를 제거한다.

(16) 엔진오일 여과기를 제거한다.

(17) 크랭크축 풀리를 공구(풀러)를 사용하여 제거한다.

(가) 크랭크축 고제볼트 제거

(나) 풀러 공구를 크랭크축 풀리에 설치

(다) 크랭크축 풀리가 2~3㎜ 나올때 까지 풀러의 볼트 머리를 두들긴 다음 풀러를 제거한다.

(라) 풀러와 테이퍼링을 제거한다.

(18) 타이밍 기어 커버를 분리한다.

(19) 타이밍 기어를 분리

(가) 분사펌프 기어의 잠금 너트를 푼다.

(나) 아이들(공전)기어와 스러스트 플레이트 제거

(다) 기어풀러를 사용하여 분사펌프 기어를 제거

(라) 크랭크축 기어를 제거

(20) 클러치 결합체 제거

(21) 플라이휠을 제거

(22) 볼트를 풀고 뒤쪽 엔드커버를 제거

(23) 오일팬 제거

(가) 엔진을 아래가 위로 향하도록 뒤집고,

(나) 오일팬을 설치한 볼트, 너트를 풀고 브리더 파이프 설치 볼트를 푼다.

(24) 오일파이프, 오일 스트레이너를 제거한다.

(25) 캠축과 기어를 함께 제거

(26) 타이밍기어 케이스와 분사펌프 제거

(27) 크랭크축 뒤끝에서 오일실 하우징 제거

(28) 커넥팅 로드의 베어링 캡을 제거

(29) 메인 베어링 캡을 제거(1번 메인 베어링 함께 오일펌프 제거)

(30) 피스톤과 커넥팅로드 결합체를 제거한다.

(31) 밸브 리프터를 분리한다.

(32) 피스톤 핀 제거

(가) 피스톤 핀 링을 분리

(나) 피스톤 핀을 제거

(33) 밸브 스프링 제거

(가) 스프링 압축기를 사용 밸브스프링을 눌러주고,

(나) 리테이너룩, 리테이너, 스프링, 밸브 순서로 분해하고 정돈시킨다.

(34) 엔진 결합은 분해의 역순으로 한다.

5.1.3 냉각 계통 주요 구성품 제거 및 분해 결합

가. 냉각 계통 작업 간 주의사항

(1) 물 펌프 작업 간

(가) 물 펌프에 조립된 일체형의 실 유닛은 분해하지 말고, 사용된 것은 가능한 새 것으로 교환해 준다.

(나) 물 펌프를 정비할 경우에는 지정된 특수 공구를 사용하여 부품이 손상되지 않도록 한다.

(다) 물 펌프를 정비한 후 기관을 작동시키기 위해서는 사전에 라디에이터의 냉각수를 반드시 채운다.

(2) 라디에이터 작업 간

(가) 기관이 운전된 직후에 라디에이터를 정비해야 할 경우에는 고온의 냉각수가 분출할 위험성이 높으므로 주의해야 한다.

(나) 기관을 작동시키기 위해서는 반드시 라디에이터에 냉각수를 채운다.

(다) 라디에이터의 리저버 탱크에는 냉각수 레벨이 H 와 L 사이에 위치할 때 까지 냉각수를 채운다.

(3) 수온조절기 작업 간

(가) 기관이 정지된 직후에 라디에이터 캡을 급하게 열면 수증기가 분출하면서 화상을 입게 되므로 두꺼운 헝겊이나 장갑을 사용하여 캡을 싸서 서서히 돌린 후 고온의 수증기를 배출시킨 다음 라디에이터 캡을 연다.

(나) 알코올램프나 전열기를 사용할 때는 인화되지 않도록 특히 주의해야 한다.

나. 점검 및 조정(K-131차량)

(1)냉각수 및 냉각수량

(가) 냉각수가 라디에이터 주입구 부근까지 있는지 점검한다.

(나) 냉각수가 리저브 탱크 내 게이지의 FULL과 LOW 사이에 있는지 점검하고 필요시 보충한다.

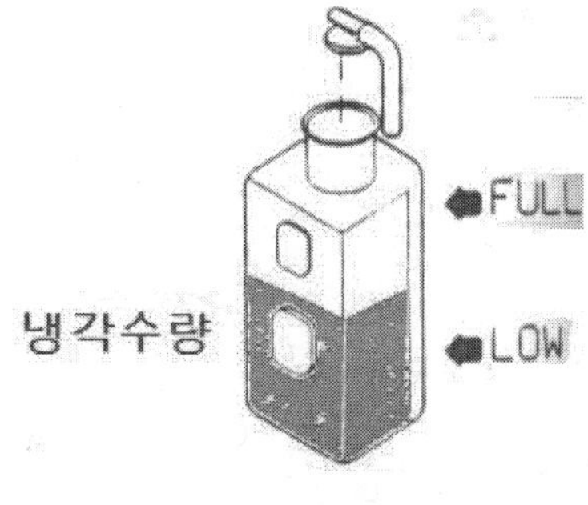

(2)냉각수 상태

(가) 라디에이터 캡과 라디에이터 목 주위에 녹 또는 물때 등이 쌓여 있는지 점검한다.

(나) 냉각수에 오일이 혼입 되어있는지 점검한다.

(다) 필요시에는 냉각수를 교환한다.

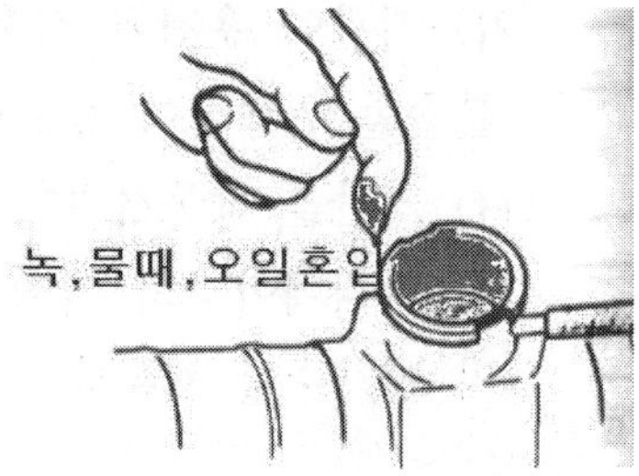

(3)냉각수 누수

(가) 라디에이터 인렛 포트에 테스터를 접속시킨다.

(나) 캡 테스터로 1.05kg/cm2까지 가압한다.

(다) 테스터의 지침이 하강하는지 여부를 확인한다. 지침이 내려 갈 경우에는 누수가 있는 것으로 생각하여 누수 개소를 점검한다.

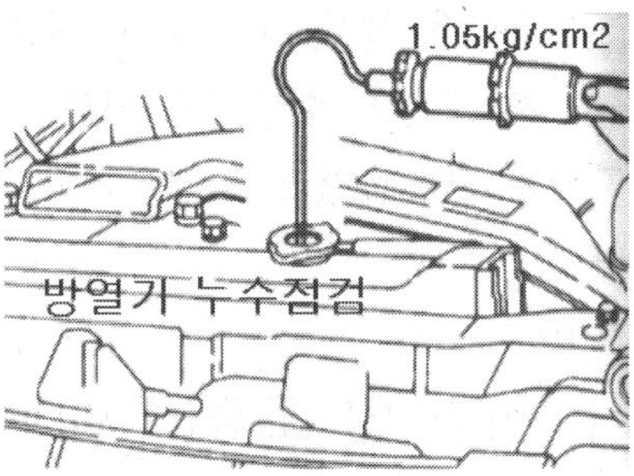

※ 알콜과 메타놀계 냉각수는 사용하지 말 것
부동액 혼합시에는 연수를 사용할 것
냉각수는 반드시 가득 채운 후 실시한다.

(4)냉각수 교환

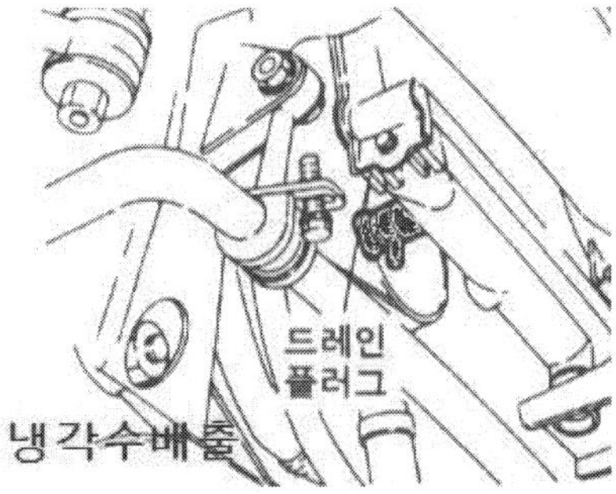

사용조건	부동액	냉각수	20℃에서 비중
−16℃	65%	35%	1.054
−26℃	55%	45%	1.006
−40℃	45%	55%	1.078

(가) 라디에이터 캡을 분리하고 드레인 플러그를 푼다.
(나) 적당한 용기에 냉각수를 담근다.
(다) 드레인 플러그를 잠근다.
(라) 에틸렌 그리콜계의 냉각수를 상기 도표를 참조하여 정량 채워 넣은후 서모 미터나 하이드로 미터로 온도와 비중을 측정한다.
(마) 라디에이터 캡이 없는 상태로 어퍼 라디에이터 호스가 뜨거울 때까지 엔진을 시동시킨다.
(바) 엔진을 아이들링 시키면서 라디에이터 주입구의 목까지 냉각수를 주입 한다.
(사) 라디에이터 캡을 잠근다.
(아) 드레그 플러그 부에서 누수가 없는지 확인한다.

(5)라디에이터 캡

(가)육안점검

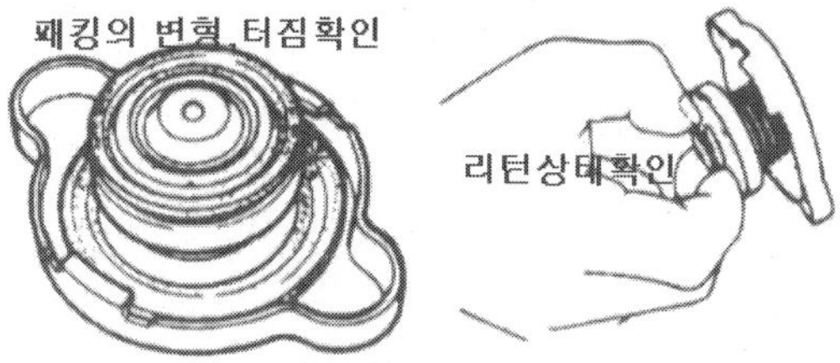

1) 부압 밸브를 당겨서 열어 놓았을 때 확실히 닫히는지 확인한다. 또한 맞닿은 면의 손상, 균열에 대해서 눈으로 점검하고 이상이 있으면 교환한다.
2) 실 패킹의 균열, 변형에 대해서도 점검하고 이상이 있으면 교환한다.

(나)개변압력의 점검

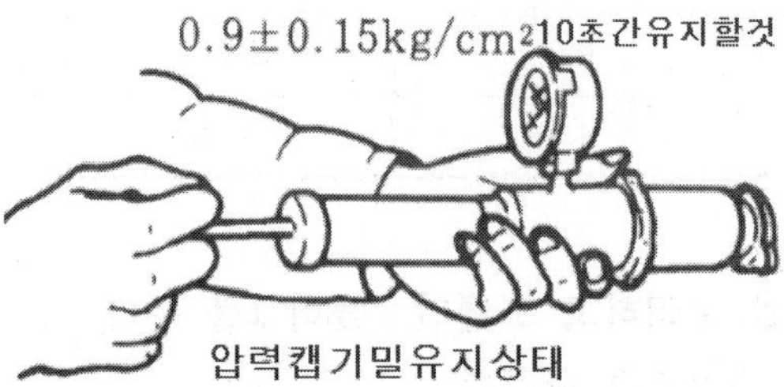

1) 라디에이터 캡의 밸브와 밸브장착면사이의 물때 등 이물질을 제거한다.

2) 캡 테스터에 라디에이터 캡을 장착하고 서서히 가압하여 0.9±0.15kg/cm^2 의범위에서 압력이 일정하게 되는가를 확인 한다.

3) 그 상태로 약 10초간 방치하여 압력이 내려가지 않는지 확인한다. 약 10초간 압력이 0.9±0.15kg/cm^2을 유지하면 캡은 정상이다.

(6)방열기 제거 및 설치

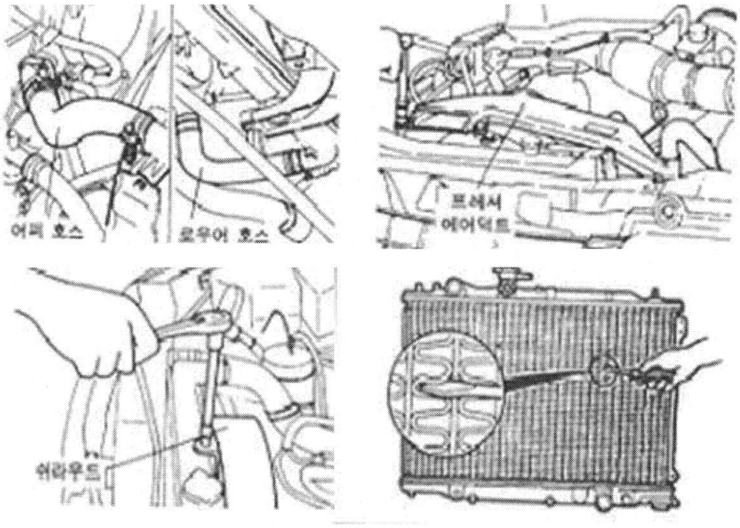

(가) 제 거

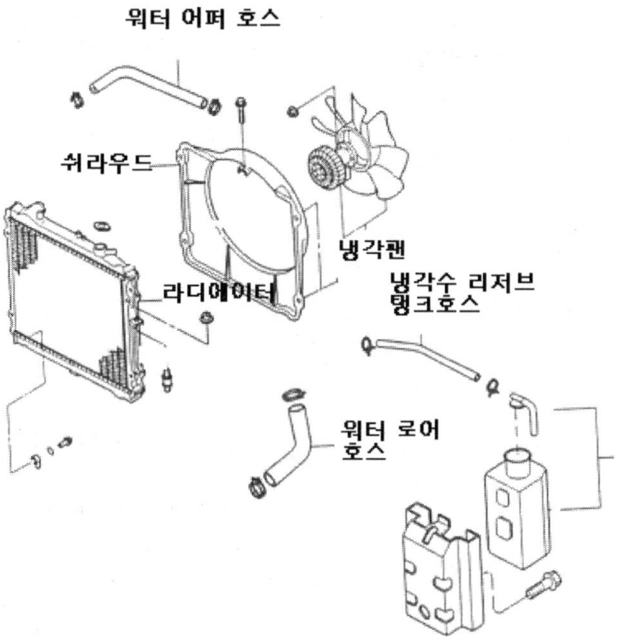

1) 언더 커버를 분리한다.
2) 라디에이터 드레인 플러그 및 라디에이터 캡을 열고 냉각수를 빼낸다.
3) 워터 어퍼 호스 및 워터 로우어 호스 를 분리한다.
4) 냉각수 리저브 탱크 호스를 분리한다.
5) 프레셔 에어덕트를 분리한다.
6) 쉬라우드를 분리한다.
7) 라디에이터 지지볼트를 풀고서 라디에이터를 들어낸다.

※ 라디에이터를 분리 시에는 핀이 손상되지 않도록 한다.

(나) 설 치

1) 설치는 분리의 역순으로 실시하고 냉각수를 주입한 후 누수 되는지 확인한다.

※ 라디에이터 설치시에는 핀이 손상되지 않도록 한다.

클램프 장착 후 클램프를 꼭 조인다.

(7) 물 펌프 분리

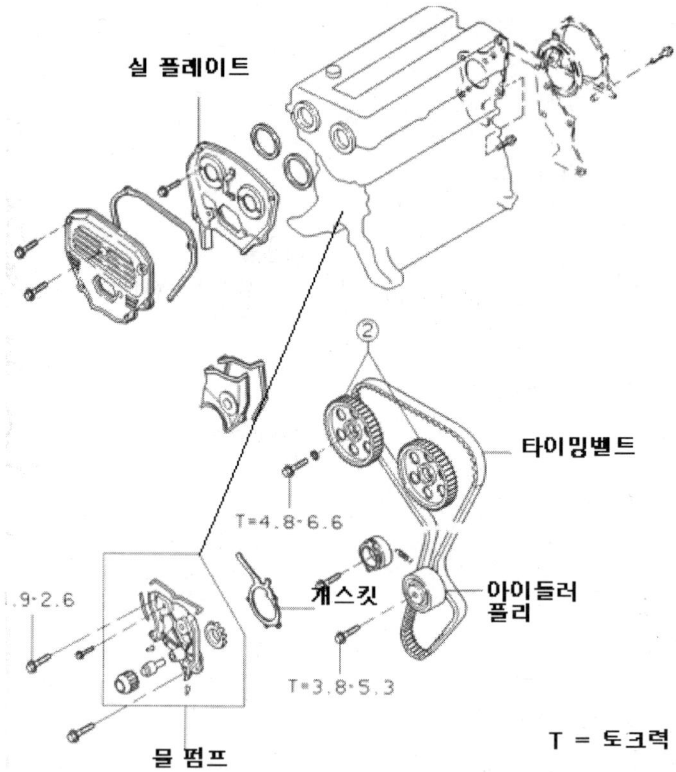

(가) 분해 순서

1) 라디에이터를 분리한다.

2) 알터네이터 마운팅 볼트와 어저스팅 볼트를 느슨하게 풀고서 4-립 벨트를 분리한다.

3) 서모 모듈레이터 팬 마운팅 볼트를 풀고서 서모 모듈레이터 팬을 분리한다.

4) 크랭크 샤프트를 회전시켜1번 실린더를 TDC 에 맞춘다.

5) 베어링 고착, 가스켓 누유등을 점검하고 필요시 물 펌프 분리

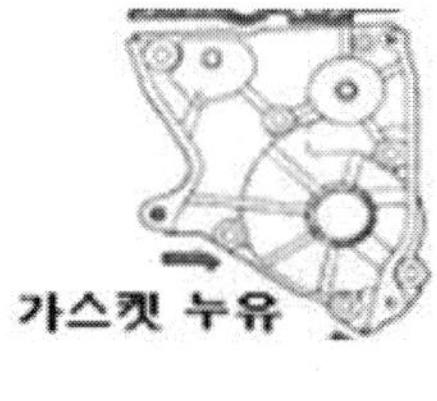

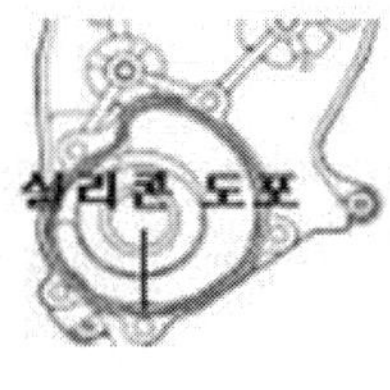

6) 결합은 분해의 역순으로 실시한다.(체결 토오크 1.9~2.6kg-m)

(8) 서모 스테트

(가) 분해

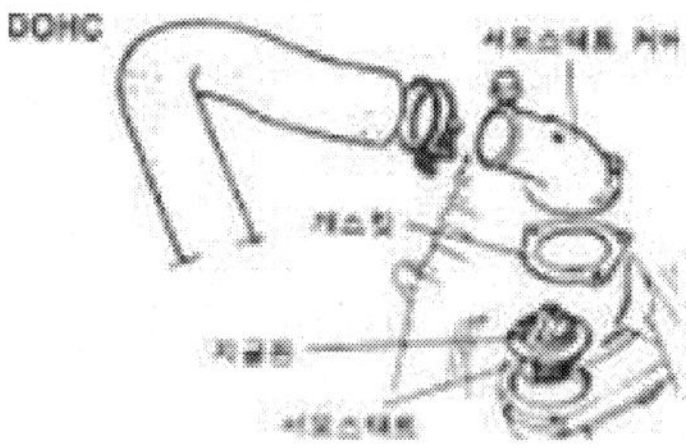

1) 라디에이터 드레인 플러그 및 라디에이터 캡을 열고 냉각수를 빼낸다.
2) 워터 어퍼 호스를 분리한다.
3) 서모 스테트 커버를 분리한다
4) 서모 스테트를 분리한다.

(나) 결합

1) 서모 스테트를 점검하고 필요시 교환한다.
2) 서모 스테트 지글 핀이 엔진의 상단에 향하도록 하여 실린더 헤드에 장착 한다.

모델 \ 항목	DOHC
개시온도	서브밸브 : 83.5 ~ 86.5℃ 메인밸브 : 86.5 ~ 89.5℃
전개온도	100℃
전개시 리프트량	서브밸브 : 1.5mm 메인밸브 : 8.0mm

3) 신품의 개스킷을 서모 스테트 측에 향하도록 장착한다.
4) 서모 스테트 커버를 장착하고 너트를 규정 토오크로 체결한다(규정 토오크 1.9~3.1kg-m).
5) 워터 어퍼 호스를 서모 스테트 커버에 장착하고 호스 클램프를 원 위치에 체결시킨다.
6) 냉각수를 주입시킨다.
7) 엔진을 시동시키고 서모스테트 커버 장착부 및 워터 어퍼 호스 장착부에서 누수가 없는지 점검한다.

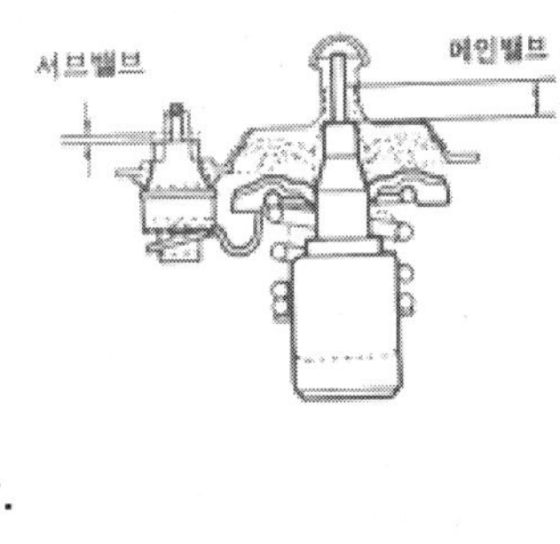

5.1.4 윤활 계통 주요 구성품 제거 및 분해 결합

가. 윤활 계통 작업 간 주의사항

(1) 일반사항

(가) 윤활장치를 정비할 때에는 윤활유를 완전히 빼내어 작업 중 오일이 새어 나오지 않도록 할 것.

(나) 윤활유를 새 기관에 주입할 때에는 기관에 적합한 오일을 사용할 것.

(다) 분해 또는 조립할 때에는 항상 부품의 치수, 규격에 맞는 공구를 사용하며, 조립할 때에는 규정 토오크로 조일 것.

(2) 오일 여과기

(가) 오일 여과기는 일반적으로 좁은 공간에 설치되어 있으므로 작업 시 손을 다치지 않도록 할 것.

(나) 오일 여과기는 윤활유 교환시 일정 기간마다 교환하도록 할 것.

나. 점검 및 조정(K-131차량점검내용)

(1)엔진오일 점검

(가) 차량을 수평상태로 놓는다.

(나) 엔진을 충분히 난기 시킨다.

(다) 엔진을 끄고 5분정도 기다린다(윤활유가 오일팬으로 내려가는 시간 고려).

(라) 오일레벨게이지를 뽑아 오일 량 및 상태를 점검.

(마) 필요시에는 교환 또는 보충한다.

(2)엔진오일 압력 측정

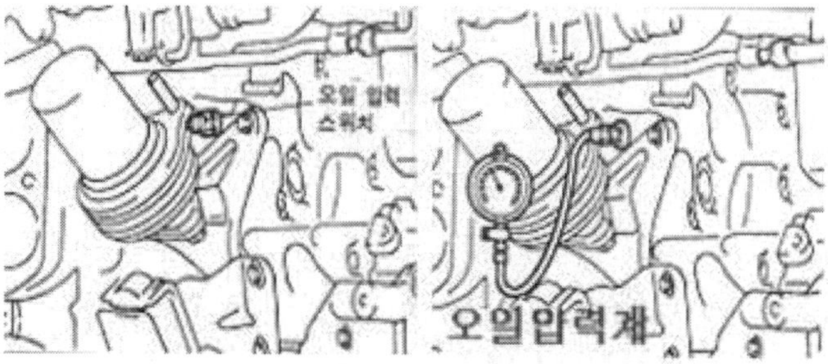

(가) 오일압력 스위치를 분리한다.
(나) 오일압력 스위치를 분리한 구멍에 오일압력 게이지를 설치한다.
(다) 엔진을 충분히 난기 시킨다.
(라) 엔진을 3000rpm 까지 상승시켜 게이지를 읽는다.
(마) 오일압력 : 3.5 - 4.5 kg/㎠
(바) 압력 불량 시에는 원인을 점검하고 수리한다.

(3) 엔진오일 교환
(가) 엔진을 충분히 난기 시킨 후 정지 시킨다(점도를 묽게 하기위한 방법임).
(나) 오일 필터 캡과 오일팬 드레인 플러그를 분리한다.
(다) 적당한 용기에 오일을 뽑아낸다.
※오일 배출 시는 오일의 온도가 높기 때문에 주의한다.
(라) 드레인 플러그와 신품 가스켓을 조립한다.
(마) 오일 채운다.
(바) 오일 필러캡을 조인다.
(사) 엔진을 회전시킨후 정지상태에서 5분후 오일량을 게이지로 점검한다.

(4) 오일필터교환

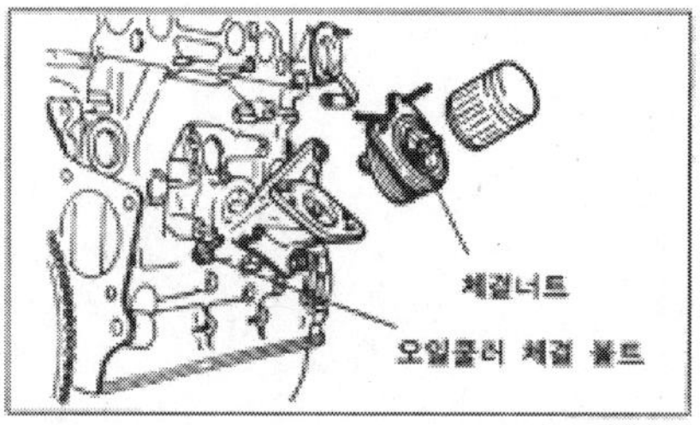

(가) 오일필터 렌치를 이용하여 오일필터를 분리한다.
(나) 엔진 접촉면을 깨끗이 닦는다.
(다) 신품필터의 고무 실무위에 엔진오일을 조금 도포한다.
※ 엔진과 사용 중인 필터는 뜨겁기 때문에 조심한다.
(라) 고무 실이 접촉 할 때까지 돌리고 렌치를 사용하여 1과 1/6회전시켜 조립한다.
※ K-131차량 오일필터 용량은 0.2ℓ 이다

(5) 오일쿨러 분해 및 결합
(가) 물호스를 2개소 클립을 확장 후 제거.
(나) 오일 휠터를 렌치를 이용제거.
(다) 오일쿨러 체결 너트를 제거.
(라) 오일쿨러를 제거한다.
(마) 결합은 역순으로 실시.
(바) 너트 체결력 : 3 -4 kg-m
(사) 오일쿨러 체결력 : 0.8 -1 kg-m

(6) 오일쿨러 정비
(가) 오일 냉각기는 오일팬과 함께 년 1회 세척해야 한다
(나) 오일 냉각기를 떼어내서 분해하여 냉각파이프 는 90℃정도의 세척용액에 30분 동안 담궈 놓은 다음 냉각파이프를 꺼내어 물로 헹구고 최고 120℃ 온도로 건조시킨다.
(다) 점검방법은 수압시험에 의해서 오일의 누유를 확인한다.

(7)오일 팬 분리 작업

(가) 배터리 -단자를 제거한다.

(나) 엔진 오일을 완전히 배출한다.

(다) 프론트 액슬 하우징 볼트를 푼다.

1) 체결력 ; 5.0 - 8.2kg-m

2) 오일 팬을 분리할 수 있도록 프론트 액슬을 안전하게 걸쳐 놓는다

(라) 거셋 플레이트를 분리한다.

1) 체결력 : 3.8 - 5.3kg-m

(마) 오일 팬 장착볼트를 제거한다.

(바) 실린더 블록과 오일 팬 사이에 드라이버 또는 적절한 공구를 사용 오일 팬을 분리한다.

1)오일 팬 분리시 오일 팬을 굴곡지게 하지 않는다.

2)오일펌프 또는 리어 커버등 알루미늄 부품을 손상시키거나 긁지 않는다.

(사) 오일 스트레이너를 분리한다.

(아) 오일 배플 플레이트를 분리한다.

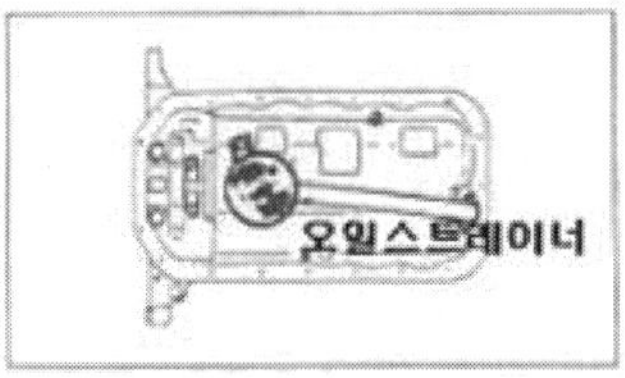

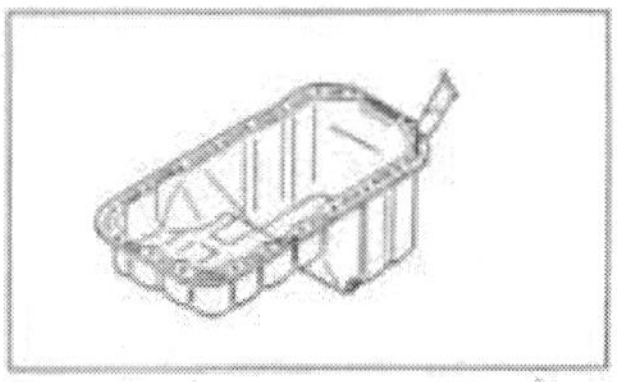

(자)결합은 분해의 역순으로 실시한다.

※ 점검은 균열, 변형, 드레인 플러그 나사산의 손상을 점검

(8) 오일 펌프 분리

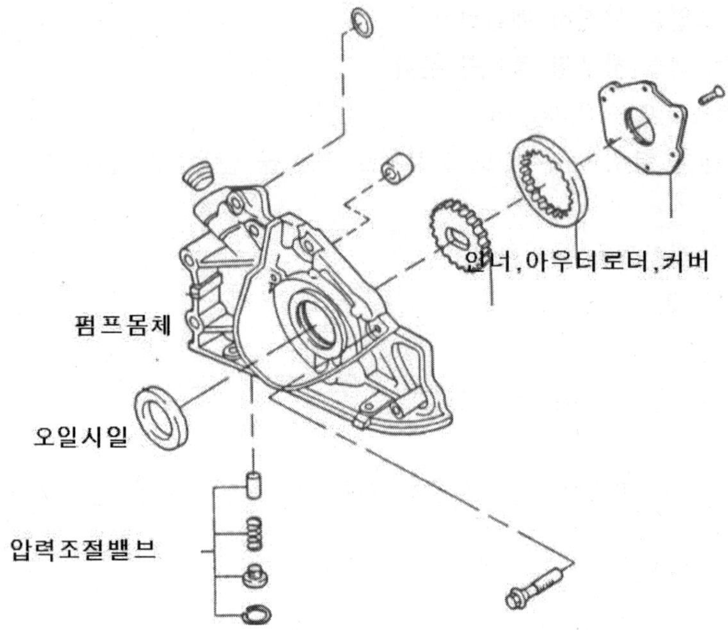

(가) 배터리 - 단자를 제거.

(나) 엔진 오일을 제거.

(다) 타이밍 벨트 제거 순서에 의해 타이밍 벨트 제거.

(라) 오일 팬을 제거한다.

(마) 오일펌프 결합체를 제거 한다.
(체결력 : 1.9 - 2.6kg-m)

(바) 인너 및 아우터 로터, 덮개를 제거 한다.

(9) 오일펌프 분해 및 결합

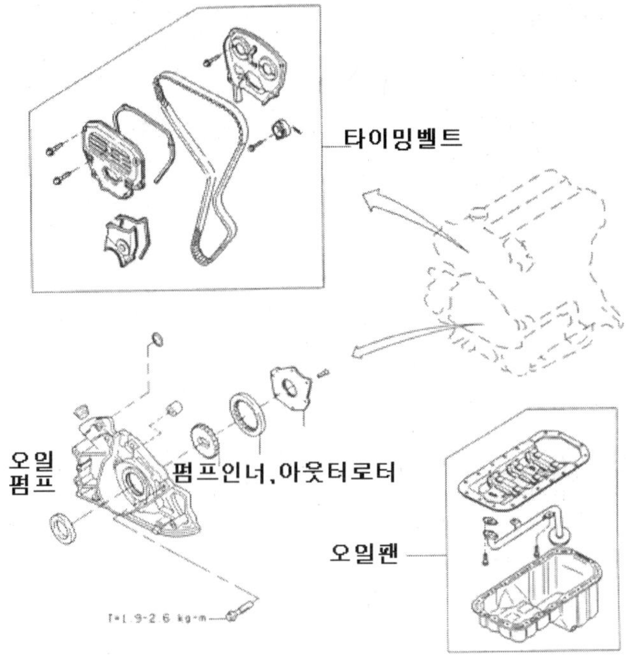

(가) 펌프 로터 커버를 분리한다.
(나) 외측, 내측 로우터를 분해한다.
(다) 압력조절 밸브를 분리한다.
(라) 오일시일을 제거한다.
(마) 오일펌프 바디를 분리한다.

다. 기어식 펌프 분해 및 결합
(K-511, K-711, K-912차량에 적용)

(1) 오일펌프 분해

(가) 오일펌프 구동기어 설치 너트이 고정 플레이트를 풀고 설치너트를 풀어 준다.
(나) 스크류 드라이버 2개를 이용하여 구동기어를 떼어낸다.
(다) 오일펌프 커버의 스프리이 스톱 너트를 풀어 오일펌프 커버를 떼어낸다. 오일펌프 커버는 2개의 위치 고정용 핀에 의해 펌프 몸체에 고정된다.
(라) 구동기어와 피동기어를 떼어내어 분리한다.

(2) 오일펌프 결합은 분해의 역순으로 실시한다.

5.1.5 연료 계통 주요 구성품 제거 및 분해 결합

가. 작업 간 안전 및 주의사항

(1) 연료 펌프와 여과기

(가) 연료펌프와 여과기에는 가솔린이 남아 있을 수 있으므로 특히 인화되지 않도록 주의한다.

(나) 정비 시에는 항상 신품 가스켓을 사용하여 연료의 누설이나 공기혼입이 되지 않도록 할 것.

(다) 모든 부품은 정밀 부품이므로 깨끗이 세척하고 손상되지 않도록 할 것.

(라) 연료 장치 회로의 파이프나 호스를 제거 시 연료가 기관 위로 흐르지 않도록 한다.

(마) 가솔린은 인화되기 쉬우므로, 전기불꽃 등이 일어나지 않도록 한다.

(2) 배기장치

(가) 배기장치를 분해 하기전에 충분히 냉각되었는지 확인 후 작업 실시한다.

(나) 배기장치의 각 부품을 조립할 때에는 배기가스 누출이 없도록 주의한다.

(다) 분해 한 후 조립할 때에는 새 가스켓을 사용한다.

(라) 조립한 후 기관을 작동시킬 때 배기 파이프가 프레임과 접촉 되었는지 여부를 점검한다.

(마) 진공 호스를 분리할 때에는 조립시의 혼돈을 피할 수 있도록 식별 표지를 하여 원래 위치에 정확하게 장착할 수 있도록 한다.

(바) 촉매 방식의 점화 장치가 장착된 차량은 반드시 무연 휘발유를 사용해야 한다. 유연 휘발유를 사용하게 되면 촉매 장치가 손상된다.

(사) 차량을 정상적으로 사용하면 촉매 변환 장치는 정비할 필요가 없으나, 기관을 적절히 작동하지 않으면 촉매 변환 장치가 과열되어 손상될 수 있다.

(아) 배기가스 측정기는 주위 온도가 5~40℃이고, 습도 변화가 작은 곳에 설치하여 사용한다.

(자) 배기가스 측정기는 경사진 곳, 진동이 있는 곳, 먼지가 많은 곳, 시너등 유기 용제나 기름이 있는 곳, 배기가스나 햇빛에 노출되는 곳 등에 설치해서는 안 된다.

(차) 배기가스 측정기의 여과 엘리먼트가 오손되지 않았고, 호스 등에 물이 괴어 있지 않은가를 확인한 후에 사용하여야 한다.

(카) 배기가스 측정기의 호스는 특수 재질의 것을 사용하고 있으므로 함부로 호스를 교환해서는 안 된다.

(타) 사용 중에 배기가스 측정기의 프로브나 호스를 밟지 않도록 한다. 측정기를 사용하지 않을 때에는 커버를 씌워 먼지가 들어가지 않게 보관 하여야 한다.

(파) 측정하고자 하는 자동차는 받침목으로 고정하여 놓고 측정하여야 한다.

나. 점검 및 조정

(1) 블로 바이가스 환원장치(PCV장치)

(가)점검

1) 엔진을 난기시켜 정상 작동 온도로 올려놓고 공회전 시킨다.
2) 실린더 헤드 덮개에서 환기호스와 함께 PCV 밸브를 분리한다.
3) PCV 밸브의 입구를 막는다.
4) 진공 상태가 느껴지는지 확인한다.
5) PCV 밸브를 분리한다.
6) A 부분에 바람을 불어 넣어 B 부분으로 바람이 나오는지 확인한다.
7) B 부분에서 바람을 불어 넣을 때 A 부분으로 바람이 나오지 않는지 확인한다.
8) 필요하면 PCV밸브를 교환한다.

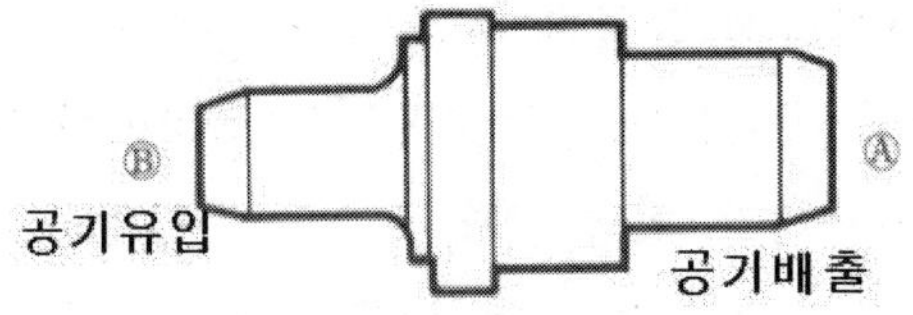

P.C.V 밸브점검

5.1.6 디젤계통 주요 구성품 제거 및 분해 결합

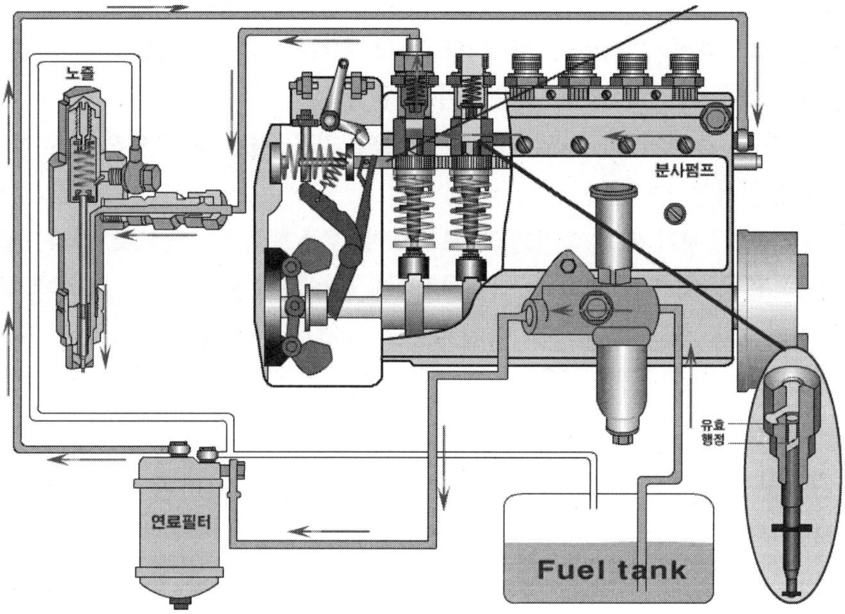

가. 디젤연료분사장치 점검 전 주의사항

(1)연료분사노즐

(가) 분사 노즐을 취급하는 작업장은 먼지 등이 없는 깨끗한 곳이어야 한다.

(나) 분사 노즐은 정밀 가공 부품이므로, 노즐을 노즐 홀더에 조립할 때와 기관에 설치한 때는 노즐이 손상되지 않도록 주의하여 작업해야 한다.

(다) 노즐 시험기로 분사 개시 압력을 시험할 때, 분무된 경유는 압력이 높아 피부에 닿으면 상처를 입게 되고, 독성이 있으므로 주의해야 한다.

(라) 분사할 때, 분무된 경유는 착화점이 낮으므로 인화에 특히 조심해야 한다. 노즐 구멍을 청소할 때는 특수 공구 이외의 철사 등을 사용해서는 안 된다.

(2) 연료분사 펌프 정비하기

(가) 모든 작업에는 항상 규격에 맞는 공구를 사용하여야 한다.

(나) 분사 펌프는 고도로 정밀하게 제작된 것이므로 작업 중에 분사 펌프나 연료 파이프 등에 먼지와 같은 이물질이 들어가지 않도록 주의한다.

(다) 분사 펌프를 떼어 내기 전에 연료가 누설된 흔적이나 분사 시기를 점검한 다음 떼어 내야 한다.

(라) 파이프 접속부 유니언의 나사산을 꼭 맞추어 조여야 하고, 맞지 않는 상태에서 조이면 공기의 흡입이나 연료의 누설 원인이 된다.

나. K-511연료장치 주요정비 및 점검

(1) 연료 계통의 공기빼기

(가) 두개 여과기에서 각 공기빼기 나사를 1-2회 돌려 푼 다음 기포가 보이지 않을 때 까지 연료 공급펌프의 프라이밍 펌프를 작동시켜 공기빼기를 한다.

(나) 기포가 없는 연료가 나올때에 나사를 다시 조심스럽게 잠근다.

(다) 분사펌프의 흡입실 에선 작동 중에 오버플로우 밸브가 계속 공기빼기 작용을 한다.

(라) 흡입실에 연료가 전혀 없는 경우, 예를 들면 분사펌프를 새로 부착 했을 때는 연료 공급펌프의 프라이밍 펌프를 작동하여 공기빼기를 한다.

(마) 연료 분사 파이프의 공기빼기는 엔진이 최대 분사로 작동할 때 공기빼기 나사를 점차적으로 풀어 연료 분사펌프에서 기포가 없어 질 때 다시 잠근다.

다. 연료 여과기

(1) 제 거

(가)연료 공급 호스(여과기-분사펌프)와 (연료공급펌프-여과기)를 떼어낸다.

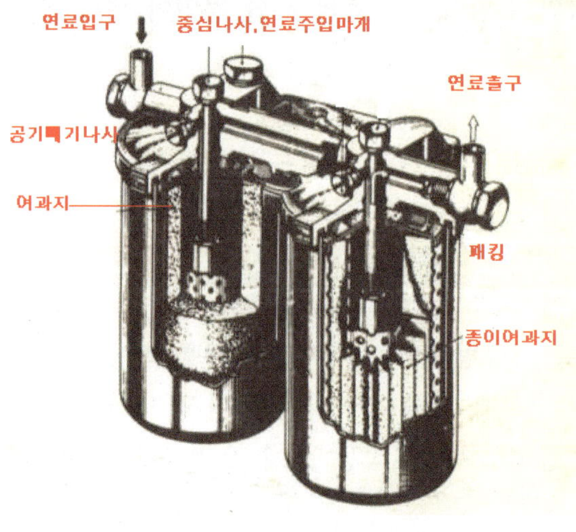

(나)연료 여과기 체결 볼트를 풀어 연료 여과기를 떼어낸다.

(2) 세척 및 교환 시기

(가) 2차 연료 여과기의 여과지는 세척이 불가능하므로 오일 교환시기마다 교환 한다.

(나) 1차연료 여과기의 여과 필터는 5,000km마다 세척해야 한다

(다) 3차 세척후 필터를 교환한다.

(3) 1차 및 2차 세척 후 연료 여과기에 여과망을 끼운 후에는 연료공급 펌프에 있는 프라이밍 공기빼기 작업을 한다. 이때 각 공기빼기 나사에서 연료중의 기포가 없어질 때까지 공기를 뺀 다음 다시 공기빼기 나사를 조심스럽게 잠근다.

라. 분사펌프

(1) 제거

(가) 연료 회송 파이프를 떼어낸다.

(나) 연료 공급호-스를 떼어낸다.

(다) 고압의 연료 분사 파이프를 떼어낸다.

(라) 볼트를 풀어 타이밍 기어 케이스 앞부분 커버를 떼어낸다.

(마) 7개의 분사펌프 플렌지 설치 볼트를 풀어 분사펌프를 조심스럽게 뒤쪽으로 잡아 당겨 빼내어 준다.

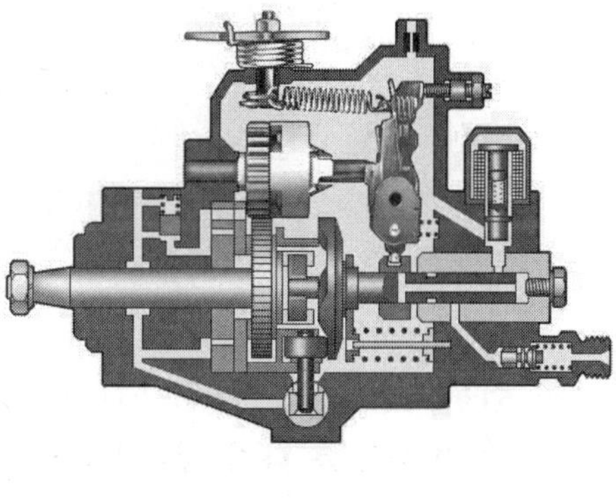

(2) 설치

(가) 엔진을 손으로 돌려서 1번 실린더의 피스톤이 상사점에서 머물도록 한다. 즉 냉각수 펌프 측 6번 실린더의 밸브는 완전히 열리도록 하고 플라이휠 하우징의 점검 커버표시점이 플라이휠 상의 상사점 각인과 일치하도록 한다.

(나) 타이밍 기어 케이스 플렌지 상의 가이드 핀이 "B"와 "3"으로 각인된 기어 사이에 오도록 분사펌프의 구동기어를 맞춘다.

(다) 취부 플렌지를 7개의 6각 볼트로 단단히 조인다음 타이밍 기어 케이스 커버와 연료 파이프를 다시 부착한다.

(라) 최종적으로 분사펌프를 부착한 다음에는 분사시기를 다시 한 번 조정한다.

마. 분사시기 조정

크랭크축을 회전시켜 1번 실린더의 피스톤이 상사점에 오도록 한다. 다음에 크랭크축을 다시 크랭크 각 60° 정도 뒤로 돌린다.

분사펌프와 1번 실린더의 분사노즐을 연결하는 연로 분사 파이프를 떼어낸다. 조임쇠를 풀고 파이프 연결부를 빼낸 다음 공급 밸브 와 스프링을 함께 빼낸다. 파이프 연결부를 다시 끼우고 "U" 형 파이프(낡은 연료 분사파이프의 끝을 경사지게 절단 한 후 구부려서 사용할 수 있음)를 연결한다. 속도 조절 레버를 최대 속도의 위치로 고정시킨다.

연료펌프상의 플라이밍 펌프를 작동시키고 "U" 형 파이프로부터 연료가 매6-8초마다 한 방울 씩 떨어질 때까지 크랭크축을 손으로 서서히 돌린다. 이때 플라이휠상에 각인된 규정된 분사시기 각도와 일치되어야 한다.

분사시기 각도의 조정은 분사펌프 기어에서 6개의 고정용 나사를 풀고 조정렌치로 회전시켜 조정한다. 분사펌프 구동기어를 플라이휠 하우징 상의 한 눈금 회전 시킬 때마다 크랭크 각으로는 6° 의 분사시기 각도가 달라지게 된다.

+(플러스) 방향으로 조절하면 조기 분사가 되고, -(마이너스)방향으로 조절하면 분사가 지연된다. 끝으로 분사펌프 구동기어의 고정용 나사를 조이고, 분사시기를 재차 점검 한 후 분리해낸 모든 부품을 재조정 조립한다.

분사펌프의 파이프 연결부를 조이는데는 3kg.m의 우력으로 2회 번갈아 조였다가, 다시 풀어준 다음 최종적으로 3.5kg.m로 단단히 조인다. 기타 공급밸브 교체시기마다 연결부와 밸브 사이의 와셔도 교환해야한다.

바. 분사노즐 홀더 및 노즐

(1) 제 거

(가) 노즐 홀더에 연결된 연료 분사 파이프를 떼어낸다.

(나) 리크 오프 파이프를 떼어낸다.

(다) 노즐 홀더 잠금 너트를 풀어 실린더 헤드로부터 노즐 홀더를 들어낸다.

(2) 점검

(가) 노즐 홀더를 점검하고 결함이 있으면 교환한다.

(나) 노즐 스프링의 장력이 약화, 부식 및 파손 여부를 점검하고 결함이 있으면 교환 한다.

(다) 나사 부를 점검하고 새 개스킷으로 교환한다.

(라) 노즐 분무상태를 점검한다. 연료의 분무는 퍼지지 않고 직선적으로 분사 되어야 한다.

(3) 분사 노즐 분해 및 세척

(가) 캡 너트를 풀고 노즐 니들과 노즐을 함께 떼어낸다.

(나) 노즐 내부는 휘발유 또는 디젤유로 세척하고, 노즐 니들은 깨끗한 헝겊으로 닦아준다.

(다) 노즐 니들에 탄소 찌꺼기가 붙어 있는 경우에는 바이스에 물린 다음 오일에 담갔던 나무 조각으로 닦아준다.

(4) 분사 노즐 조립

(가) 노즐 니들은 노즐 홀더에 끼운채 캡너트에 고정하고 6-8kg.m 우력으로 조인다. 노즐 시험기로 노즐 구멍이 열릴 때의 압력을 시험하여 필요시 조정한다. 분사 개시 압력은 조정나사를 돌려 조정한다.

(5) 설치 및 시험

(가) 실린더 헤드의 노즐 홀더 자리를 청소한다.

(나) 노즐 홀더에 새 패킹 링을 끼우고 노즐 홀더 및 노즐 니들에 과대장력이 작용하지 않도록 8kg.m의 우력으로 조인 후 연료 분사 파이프와 복귀파이프를 연결한다.

(다) 분사노즐에 이상이 있으면 배기량이 과대해지거나 또는 엔진의 작동상태가 불규칙해진다.

(마) 한 실린더의 노즐 시험 중 엔진 회전수가 저하하면 이 노즐의 상태는 양호함을 나타낸다.

(바) 엔진 회전수의 변화가 없으면 이 노즐은 이상이 있으므로 조정해야 한다.

(사) 조정 작업 중 엔진의 회전수는 다소 높은 공전속도를 일정하게 유지시켜 주어야 한다.

Chapter 6
고장배제 및 검사정비

제 1 절 고장배제

6.1.1 엔진 주요부

현 상	원 인	대 책
엔진 회전이 되지 않음	1. 시동전동기 점검 2. 엔진 부품의 기계적 결함 3. 오일 점도 부적당	가. 시동장치 점검 나. 오일검사 교환
엔진 회전은 되나 시동이 안 됨	1. 연소실 내 연료 과다 2. 점화 플러그에 전기가 공급되지 않음 3. 축전지 연결부 결함 4. 연로장치 결함 5. 점화시기 부적절	가. 쵸크 밸브 완전 개방 과도연료 제거 나. 점화 장치 점검 수리 다. 축전지 전압시험 필요시 교환 또는 단자 시험 라. 연료 펌프 압력 시험 마. 점화시기 조정
시동은 되나 작용이 지속 되지 않음	1. 공회전 속도가 낮음 2. 쵸크의 부적절한 작용 3. 기화기 사용 4. 배전기에 접점조정 불량 5. 연료 펌프 결함 6. 점화 플러그 결함	가. 공회전 조정 나. 쵸크밸브 및 개폐기구 점검 다. 수리 또는 교환 라. 압력 점검, 필요시 수리 또는 교환 마. 단속 시 점검치 장력측정 바. 점검하고 필요시 교환
회전이 균일 하지 않음	1. 배전기 결함 2. 부적당한 쵸크작용 3. 연료 펌프 결함 4. 기화기 결함	가. 점검수리 나. 쵸크밸브 및 개폐기구 점검 수리 다. 펌프 압력 점검 필요시 수리교환 라. 점검 수리 또는 교환

현 상	원 인	대 책
공회전이 되지 않는다.	1. 기회기 조정 불량 2. 흡입다기관으로 공기가 샘 3. 점화장치 결함 4. 이완 또는 부식된 배설	가. 기화기 공회전 조정 나. 흡입 다기관의 가스 누출 개소정비 다. 점검 및 수리 라. 케이블 또는 단자의 부식 여부 점검 필요시 교환
출력 부족	1. 엔진과열 2. 쵸크밸브 불완전 개방 3. 연료장치 고장 4. 부적절한 밸브 조정 5. 밸브의 고착	가. 냉각장치 점검수리 나. 쵸크밸브 및 개폐기구 점검수리 다. 연료장치 점검수리 라. 밸브간극 조정 및 밸브 점검
노크되거나 "펑" 소리가 남 (가속 시나 중부하 시 날카로운 금속성음)	1. 점화시기가 빠름 2. 엔진 과열 3. 배전기 점화 진각장치 고장 4. 부적절한 점화플러그	가. 점화시기 조정 나. 냉각장치 점검 및 정비 다. 배전기 수리 또는 교환 라. 점화 플러그 교환
밸브 소음	1. 부적절한 밸브 간극 2. 파손된 밸브 스프링 3. 마모된 밸브 스템이나 태핏 4. 태핏에 윤활유 없음	가. 밸브간극 조정 나. 밸브 및 개폐기구 점검 및 수리 또는 교환 다. 주유 개통 점검 정비

6.1.2 냉각장치

현 상	원 인	대 책
엔진 과열	1. 냉각수 부족 2. 이완 또는 마모된 벨트 3. 냉각장치의 막힘 4. 수온조절기 계속 폐쇄 5. 냉각수 유출 6. 방열기에 공기 흡입 장해 7. 부적당한 점화시기 8. 배기장치 막힘 9. 물펌프 결함	가. 냉각수 보충 나. 벨트 장력 조정 다. 세척 라. 수온조절기 교환 마. 냉각수 누출 여부 점검 수리(특히 호수 부분) 바. 점화시기 조정 사. 배기장치의 수리(굽음이나 움푹 들어간 곳) 아. 성능 시험 필요시 수리 또는 교환
엔진 과냉	1. 방열기 캡·결함 2. 수온조절기 결함	가. 기능 점검 필요시 교환 나. 점검 필요시 교환
냉각수 비등손실	1. 냉각수 수준과다 2. 과도하게 가온되었을 때 급히 정지 3. 저질 부동액 4. 헤드 가스킷 결함 5. 물 재킷의 누출	가. 냉각수 수준을 규정 수준까지 감소 나. 정지하기 전 엔진을 공회전시킴 다. 부동액 보충 또는 교환 라. 헤드 가스켓 교환 마. 점검수리 혹은 교환
냉각수가 실린더나 크랭크 케이스로 누출	1. 헤드 가스킷 결함 2. 실린더 헤드나 블록에 금이 감	가. 헤드 가스킷 교환 나. 엔진 교환
냉각장치의 소음	1. 냉각팬이 시리우드나 방열기에 접촉 2. 구동벨트 건조 3. 구동벨트가 느슨함 4. 펌프 베어링 마모	가. 접촉부 수리 나. 벨트 교환 또는 긴도 조정 다. 베어링 펌프 교환

6.1.3 윤활장치

현 상	원 인	대 책
오일 누출	1. 연료 펌프 가스킷 파손 2. 로커아암 카바가스킷 파손 3. 오일 여과기 가시킷 파손 4. 크랭크축 오일씰 파손	가. 가스킷 교환 나. 오일씰 교환
과도한 오일 소모	1. 오일수준 과다 2. 오일점도가 낮다. 3. 밸브 스템 오일씰 파손 4. 밸브 스템이나 가이드 마모 5. 피스톤 링이나 실린더벽 파손 마모 6. 피스톤링 정열 부적절	가. 규정대로 주유 나. 오일펌프 점검 교환 다. 오일씰 교환 라. 가이드 또는 밸브 수리 또는 교환
오일 압력이 낮음	1. 오일 수준 저하 2. 오일 펌프 기능 장해 3. 오일 통로 막힘 4. 유압 조절기 또는 밸브 고장 5. 오일희석 또는 점도가 낮음 6. 과도한 메인 또는 캠축 베어링 간극	가. 오일 보충 나. 오일 펌프 점검 교환 다. 유압조절기 또는 밸브 점검 및 수리 라. 오일 교환
오일압력이 높음	1. 오일 점도 과다 2. 유압 조절기 또는 밸브 고장	가. 오일 교환 나. 유압조절기 또는 밸브 점검 및 수리
메인 베어링 소음과다	1. 불충분한 오일 공급 2. 메인 베어링 간극 과다 3. 크랭크축 엔드플레이 과다 4. 댐퍼가 헐겁거나 손상	가. 오일공급 계통 수리

6.1.4 가솔린 연료 공급장치

현 상	원 인	대 책
엔진 착화가 안됨	1. 배기계통 과열 2. 점화장치 결함 3. 공기 연료 혼합비 불량 4. 기화기에 연료공급 불량 5. 밸브 개폐시기 부적절	가. 점화장치 점검수리 나. 연료공급 계통 점검수리 다. 타이밍 정열
출력 부족	1. 밸브조정 불량 2. 압축 불량 3. 점화장치 불량 4. 기화기내 오물 5. 연료계통 막힘 6. 연료펌프 고장 7. 공기흡입계통 막힘	가. 밸브간극 조정 나. 점화장치 점검수리 다. 연료공급 계통 점검수리 라. 펌프 압력 시험 마. 흡기계통 점검 수입
시동은 되나 공회전이 불안정	1. 공회전 조정불량 2. 부자수준 조정 불량 3. 흡기 다기관으로 공기가 샘 4. 밸브 불량	가. 공회전 조정 나. 부자수준 점검 다. 밸브 점검 수리
연료 부족	1. 기화기내에 오물이나 물 2. 연료탱크에 오물 3. 연료펌프 작동이 원활치 않음	가. 기화기수입 나. 연료펌프 수입 다. 펌프 압력 시험 필요시 수리 또는 교환
팍팍 토하는 소리 및 폭음과 이상폭발	1. 흡기다기관 과열 2. 빈약한 연료 혼합가스 3. 기화기에 오물 4. 기화기에 제한된 공기 공급 5. 흡입다기관 가스킷 누출	가. 연료계통 점검수리 나. 기화기 수입 다. 흡입계통 점검 수입

현 상	원 인	대 책
엔진이 가속 되지 않음	1. 가속펌프 제트 막힘 2. 펌프 고착 3. 가속 통로의 막힘 4. 펌프 스프링 약화	가. 펌프점검수리
과도하게 희박한 혼합비	1. 연료펌프 송출 압력 저하 2. 연료입구 막힘 3. 부자 수준 과대 저하 4. 공기 통풍구의 막힘 5. 고속노즐 통로 이완	가. 펌프 압력 시험 필요시 수리 또는 교환 나. 부자수준 조정 다. 제트기능 시험 라. 압축공기로 청소
과대하게 농후한 혼합비	1. 부자수준 과대 상승 2. 미터링 로드나 제트 결함 3. 고속노즐 마모	가. 부자수준 조정 나. 미터링 로드나 제트기능 시험
연료의 넘침	1. 연료펌프 결함 2. 부자수준 과대 상승 3. 가스켓 누출 등으로 공기 조정 불능 4. 니들 밸브 결함 5. 니들밸브 시트 불량	가. 펌프 압력 시험 나. 부자수준 조정 다. 니들밸브 조정

6.1.5 디젤 연료 공급 장치

현 상	원 인	대 책
엔진을 회전 시켜도 시동 되지 않음	1. 연료공급이 안됨 2. 공기 혼입 3. 분사펌프 기능 불량 4. 노즐 작동불량 5. 예비가열 장치 불량	가. 공급계통 점검수리 나. 공기배출 다. 분사시기 조정 라. 노즐 기능 시험
시동은 되나 불균일한 회전 또는 청색 연기	1. 실린더내 착화 불량 2. 분사펌프 결함 3. 연료나 물, 오물 혼입 4. 공기 흡입계통 막힘	가. 연료공급 및 분사계통 점검수리 나. 흡입계통 점검수입
출력이 부족 하고 검은 연기	1. 공기 흡입계통 막힘 2. 분사펌프 결함 3. 배기장치 막힘 4. 연료공급 펌프 결함 5. 밸브 또는 밸브간극 조정 불량	가. 흡입계통 점검수리 나. 배기장치 점검 수입 다. 밸브 간극 조정 라. 분사펌프 교환
불규칙한 회전	1. 연료여과기 막힘 2. 분사파이프 이완 파손 3. 노즐 불량	가. 연료여과기 점검 수입 나. 견고히 고제 다. 노즐 기능 시험
저속 시 엔진 정지	1. 공회전이 낮다. 2. 분사계통내 공기 혼입 3. 분사펌프 기능 불량 4. 분사시기 불량 5. 조속기 불량	가. 공회전 조정 나. 공기 배출 다. 분사시기 조정
노킹 현상	1. 실린더 과열 2. 분사시기 불량 3. 분사펌프 불량 4. 노즐 불량 5. 타이밍 기어 조정 불량	가. 분사시기 조정 나. 노즐 기능 시험

현 상	원 인	대 책
연료 소비량이 과다	1. 분사시기 불량 2. 공기 흡입계통 막힘 3. 노즐 불량 4. 분사 펌프 불량 5. 연료 누출 6. 기타(압축압력, 브레이크, 클러치 등)	가. 분사시기 조정 나. 흡입 계통 점검 수입 다. 노즐 기능 시험
배기가스가 흑색 또는 농회색	1. 분사시기가 빠름 2. 분사량 과다 3. 노즐 불량 4. 공기 흡입계통 막힘	가. 분사시기 조정 나. 노즐 기능 시험 다. 흡입계통 점검 수입
연료 공급량 제어가 잘안됨	1. 조속기 제어레버 복귀 스프링 파손 2. 제어 래크나 피니언 파손	가. 분사펌프 교환
팍팍 토하는 소리 및 폭음	1. 분사파이프 이완 또는 파손 2. 노즐 불량 3. 분사량 빈약 4. 연료공급 불량 5. 분사펌프가 더러울 때	가. 노즐 기능 시험 나. 연료공급계통 점검 수리
배기가스가 백색 또는 청색	1. 분사시기 늦음 2. 윤활유 과다 3. 압축 불량	가. 분사시기 조정 나. 윤활유 적정 수준 보충

제 2 절 고장진단 요령

6.2.1 엔진 시동 불가

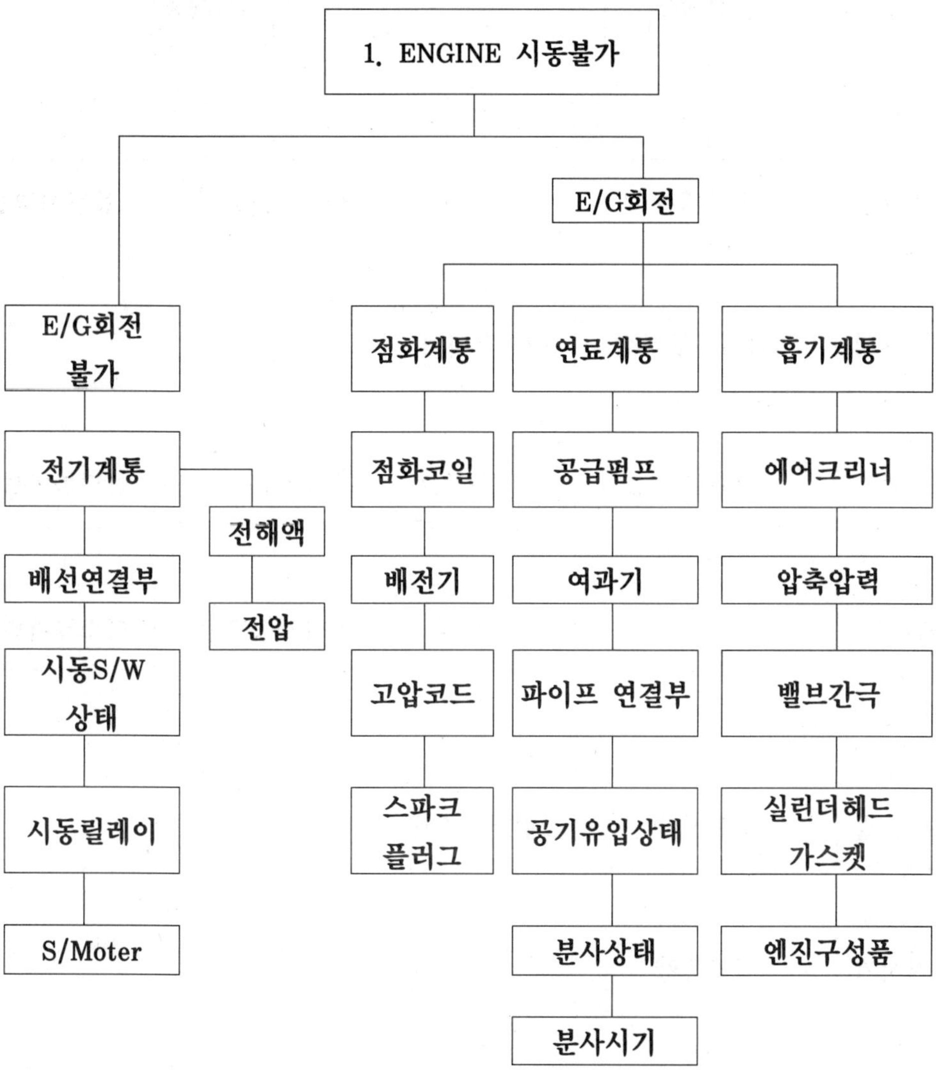

6.2.2 출력 부족

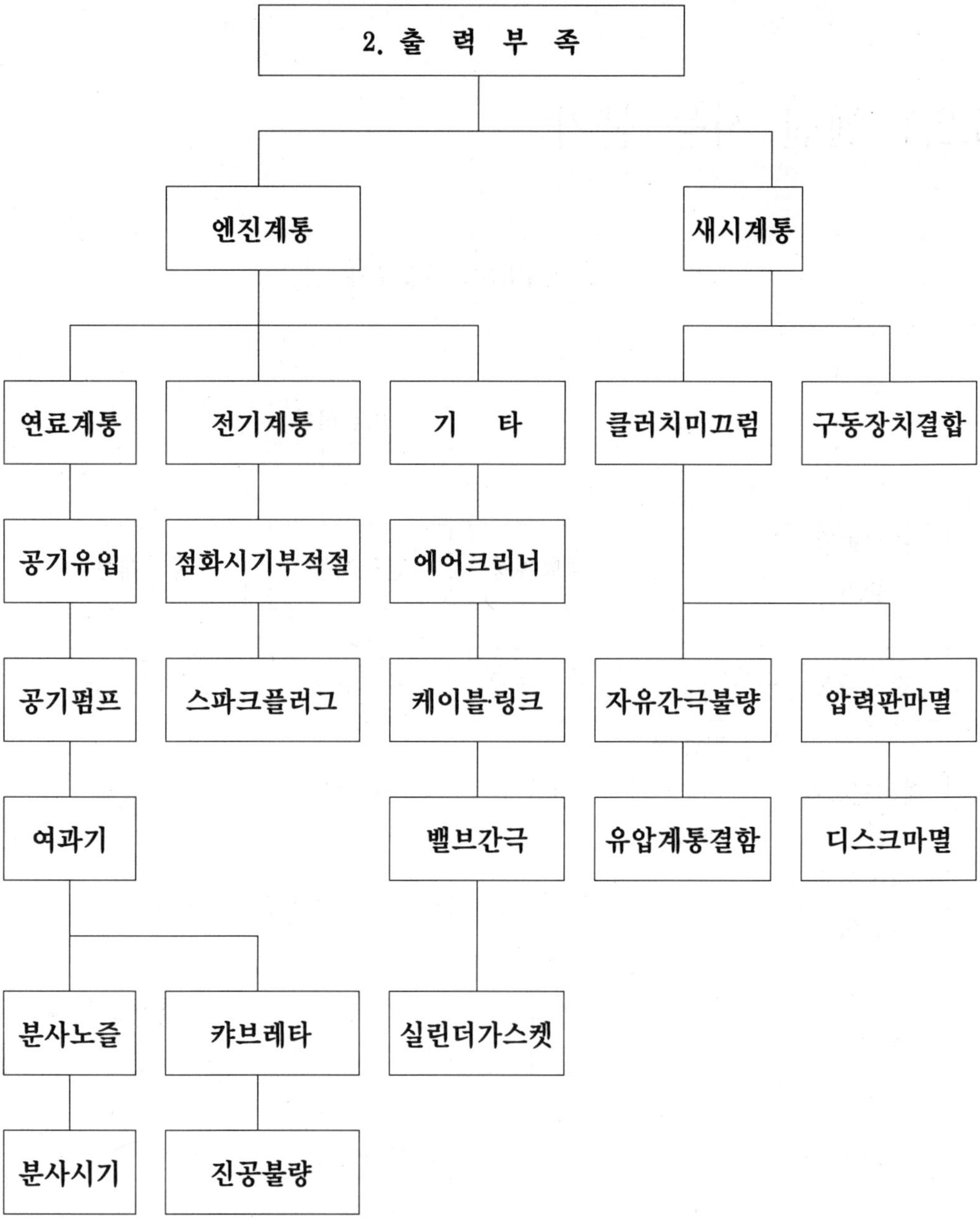
2. 출 력 부 족
엔진계통
새시계통
연료계통
전기계통
기 타
클러치미끄럼
구동장치결합
공기유입
점화시기부적절
에어크리너
공기펌프
스파크플러그
케이블링크
자유간극불량
압력판마멸
여과기
밸브간극
유압계통결함
디스크마멸
분사노즐
캬브레타
실린더가스켓
분사시기
진공불량

6.2.3 엔진 과열

3. 엔 진 과 열
냉 각 계 통
냉각수 부족
휀벨트 장력 불량
방열기캡 불량
수온조절기 불량
방열기 막힘
냉각수 오염
물펌프 불량
연 수 계 통
불 량 연 료
점화기시 부적
노 즐 결 함
연료과잉 공급
윤 활 계 통
엔진오일 오염
오일펌프 결함
오일냉각기 결함
오 일 부 족
사 용 상
과 적 운 행
부적절기어변속
저속기어로계속운행

6.2.4 연료 소모 과다

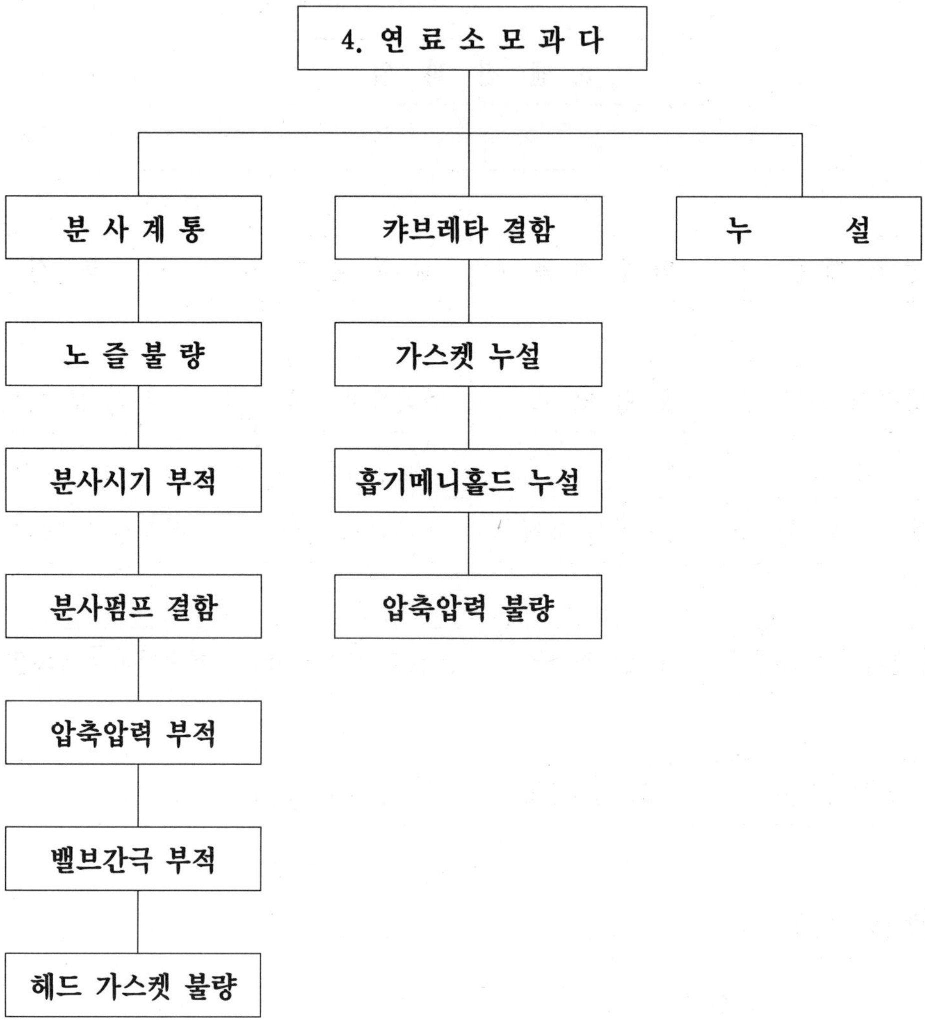
4. 연 료 소 모 과 다
분 사 계 통
노 즐 불 량
분사시기 부적
분사펌프 결함
압축압력 부적
밸브간극 부적
헤드 가스켓 불량
캬브레타 결함
가스켓 누설
흡기메니홀드 누설
압축압력 불량
누 설

6.2.5 유압 저하 및 오일 소모

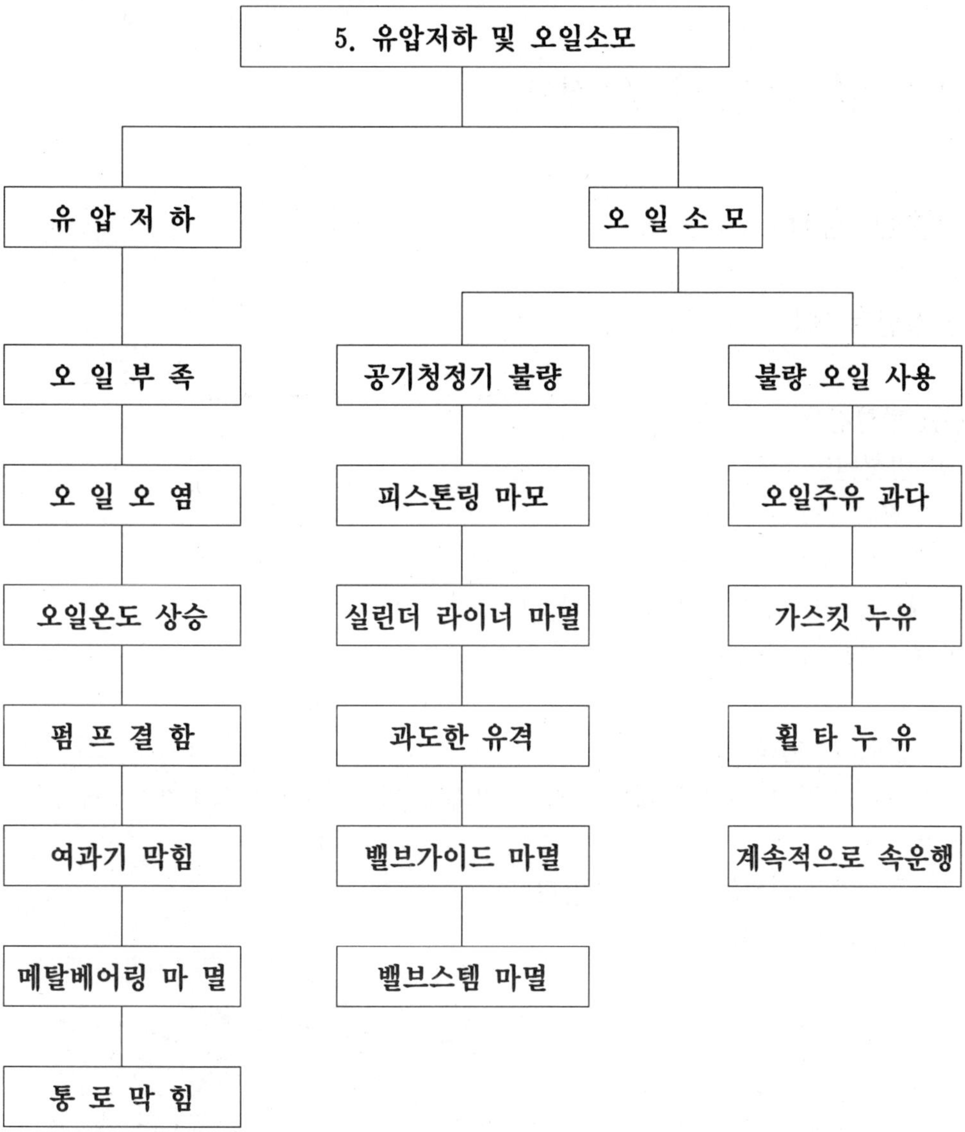

제 3 절 엔진 검사 정비

6.3.1 엔진 검사 / 정비

가. 엔진 검사

(1) 실린더 헤드

(가) 변형검사

1) 변형원인

- 엔진의 과열로 인한 열팽창
- 냉각수 동결로 인한 변형
- 헤드볼트의 풀고 조임 순서의 틀림
- 헤드볼트 고제 우력 불균형

2) 변형 시 현상

- 실린더 블록과 실린더 헤드 사이의 가스켓 밀착불량으로 압축가스, 냉각수, 오일누설

3) 측정공구 : 직선자, 간극게이지

4) 측정개소 및 요령

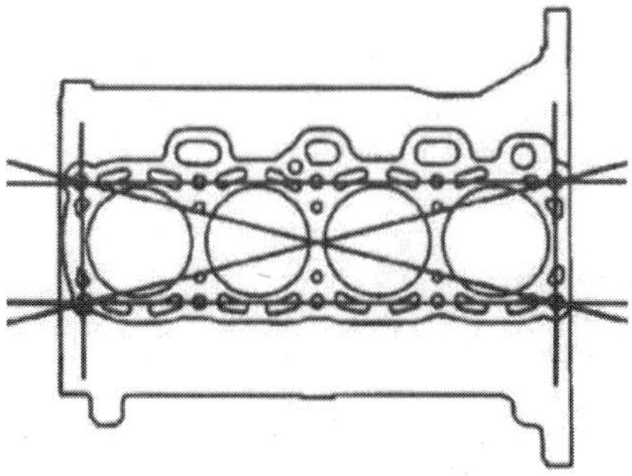

5) 정비기준 : 변형한도 0.15mm, 정비한도 −0.20mm

6) 수리

- 정반에 광명단을 바르고 실린더 헤드를 비빈 다음 광명단이 묻은 곳만 스크레이퍼로 평면 작업
- 정도가 심한 것은 평면 연삭기로 연삭
- 정비한도 이상시 실린더 헤드 교환

(나) 균열 검사

1) 균열 원인

- 과격한 열적 변화
- 동절기 냉각수 동결

2) 균열시 현상

- 냉각수 누수
- 윤활유 누유
- 압축가스 누설

3) 균열 점검법

- 육안 검사
- 염색 탐상법
- 자기 탐상법

4) 수정

- 저온 용접 및 용사
- 수리 불가시 교환

(다) 헤드볼트 풀기 및 조이는 순서

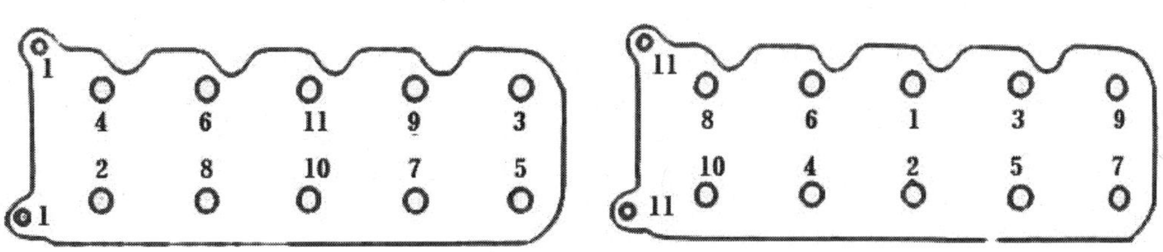

※ 차종별 헤드 볼트 조임 토크(단위 : kg·m)

차 종	K131	K311	K511, 711
조임 토크	8.2 ~ 8.8	11.0 ~ 11.7	18

(2) 캠축

(가) 휨 측정

캠축에 휨이 있으면 베어링 사이에 무리가 생기고 저어널 베어링 양쪽의 마모를 재촉한다.

1) 측정요령

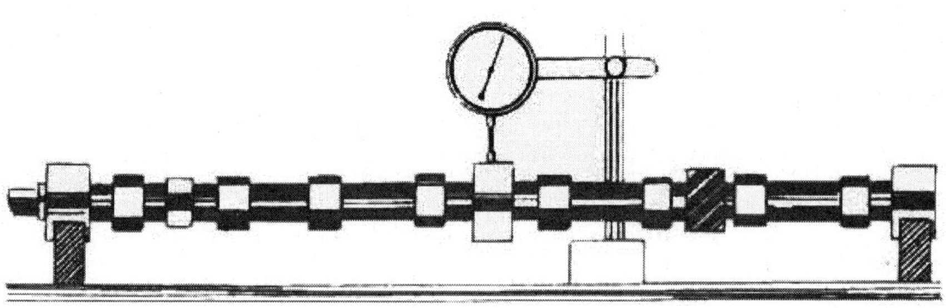

2) 차종별 굽음 한도(단위 : mm)

차 종	K311	K511	K711
굽음 한도	0.08	0.02이하	0.02이하

3) 판정 및 수정

- 다이얼 게이지 지침의 움직인 값의 1/2이 휨 값이다.
- 굽음 한도를 초과시 프레스 또는 저어널 축 연마기로 수정한다.

(나) 캠 높이

캠의 높이에서 기초원을 빼고 남은 것을 캠 양정 또는 리프트(lift)라 한다.
캠 리프트가 마모되면 밸브의 열림이 적어져 흡/배기 효율이 저하되어 출력이 떨어진다.

1) 측정요령

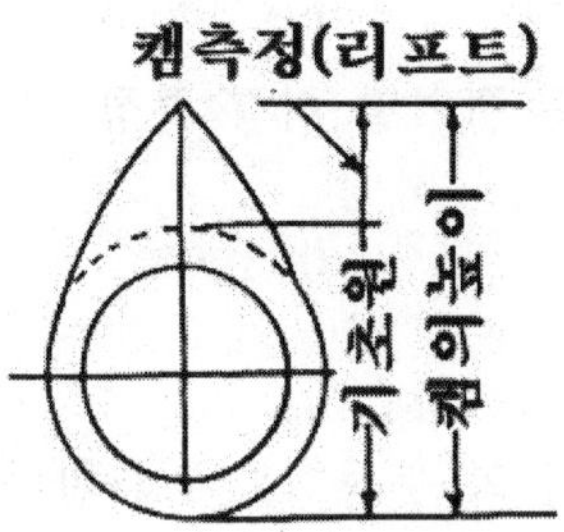

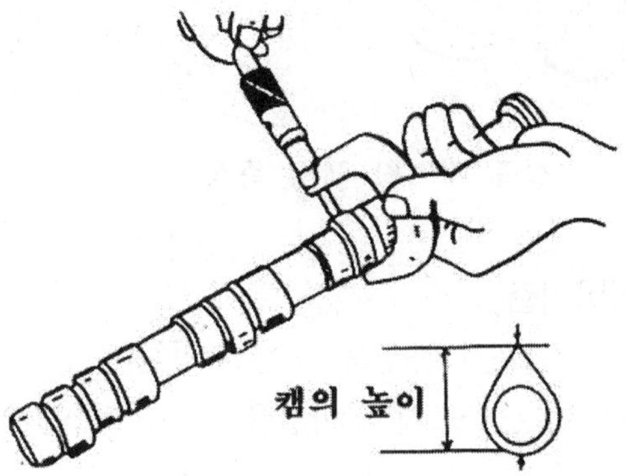

2) 차종별 캠의 높이(단위 : mm)

차　　종	K311	K511(양정)
흡　　입	43,437	8.75
배　　기	43,437	8.75

3) 정비기준(교환시기)

• 흡입 / 배기 - 0.2mm

(다) 캠축 저어널 마모(오일간극)

캠축 저어널은 편마모에 의하여 베어링 간극이 커지고 운전중 노킹음이 발생하고 밸브도 정상 작용하지 못한다.

1) 측정요령

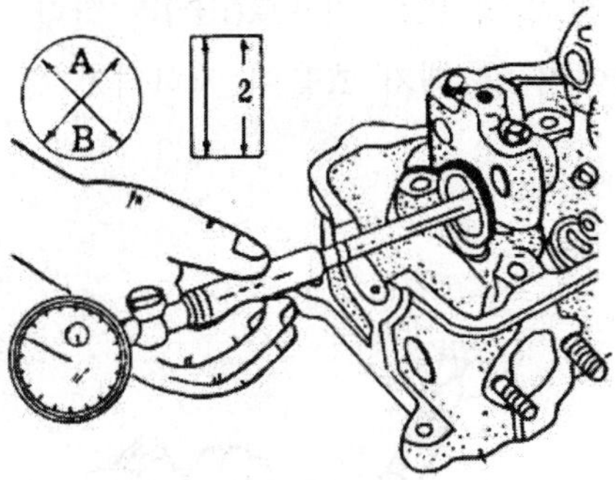

캠축 베어링 내경 측정

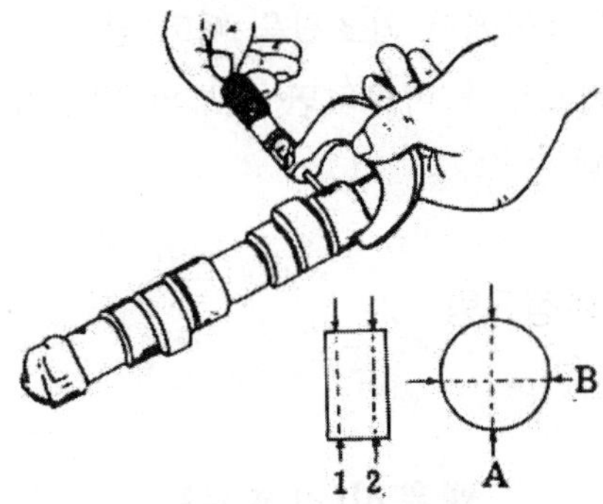

캠축 저어널 직경 측정

2) 정비기준

- 0.1mm 넘을시 붓싱을 교환 수정한다.
- 저어널이 편마모시 저어널을 삭정하고 언더 사이즈의 붓싱으로 교환한다.

(라) 타이밍 기어 백래쉬

백래쉬가 커지면 밸브 개폐시기, 점화시기가 틀리게 되고 소음발생의 원인이 된다.

1) 측정요령(측정공구 : 간극게이지, 다이얼 게이지, 플라스틱 게이지)

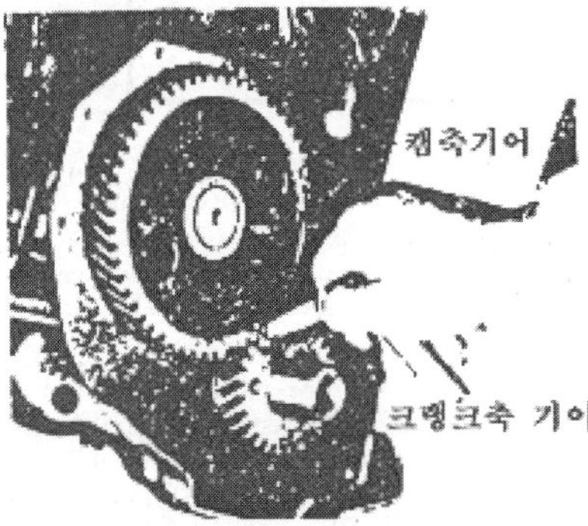

디크니스 게이지로 타이밍 백래쉬 측정

다이얼 게이지로 백래쉬 측정

2) 수정

백래쉬가 0.2mm 이상시 캠축 기어와 크랭크축 기어를 교환한다.

(마) 타이밍 체인 장력

타이밍 체인의 장력이 헐거우면 기어 구동식의 기어 백래쉬가 커진 것과 같이 밸브개폐시기, 점화시기가 틀리게 되고 소음 발생이 원인이 된다. 체인을 장시간 사용하면 체인 각 링크의 접촉부가 마멸되어 체인이 헐겁게 된다.

1) 측정요령

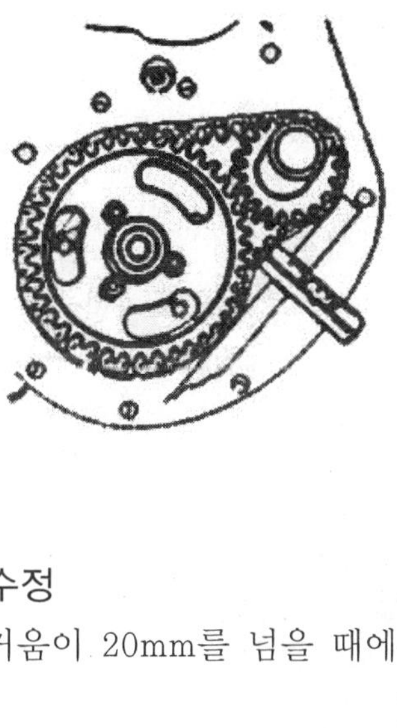

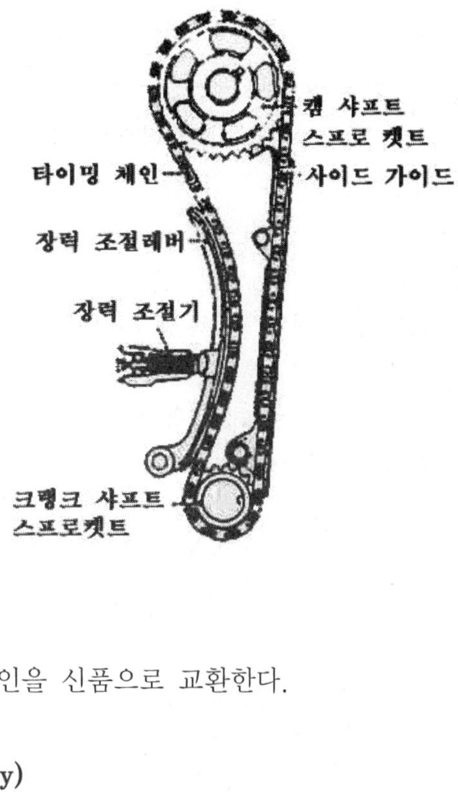

2) 수정

헐거움이 20mm를 넘을 때에는 체인을 신품으로 교환한다.

(바) 캠축 축방향 유격 측정(end play)

캠축 축방향 유격이 크면 캠축이 축 방향으로 움직여 밸브 개폐시기 및 점화시기가 틀리게 되고 소음이 난다.

1) 측정요령

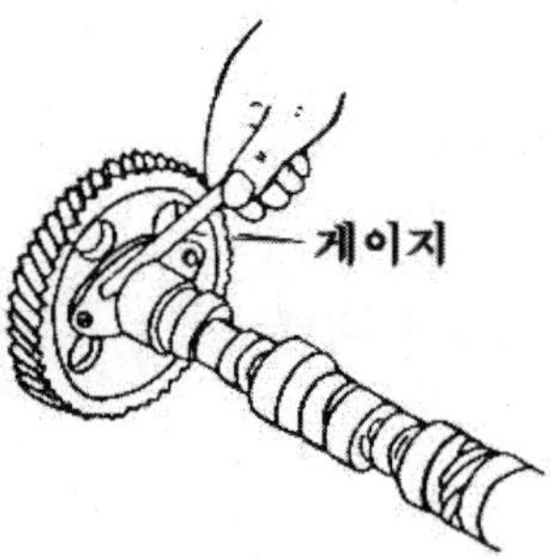

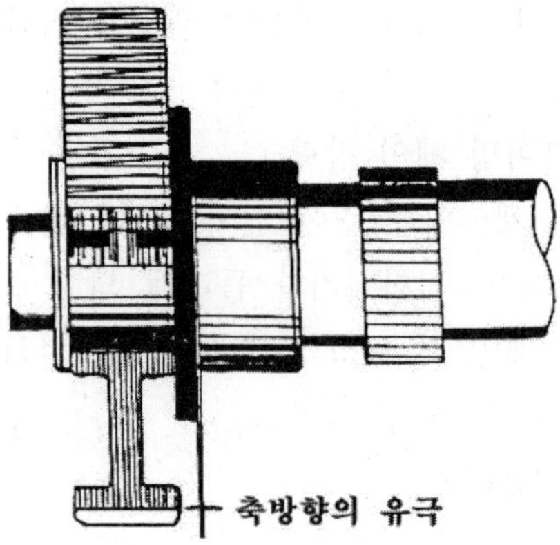

2) 판정 및 수정

간극이 0.2mm 이상 시 트러스트판의 두께를 늘려 0.02~0.18mm 이하가 되도록 한다.

(3) 밸브기구

(가) 록커암과 록커암 축 측정

록커암 베어링 내경을 탤레스코우핑 게이지와 마이크로미터로 측정하고 록커암 축 외경을 마이크로미터로 측정하여 차이가 0.1mm를 넘으면 록커암 축이나 베어링(붓싱)을 교환한다.

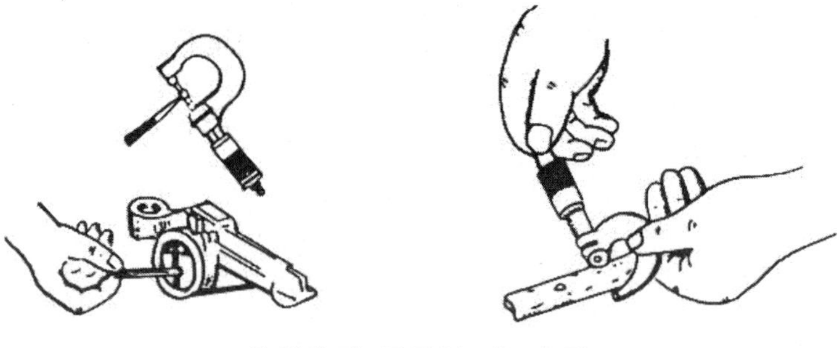

록커암과 록커암 축 측정

※ 록커암과 붓싱간격(단위 : mm)

구 분	K311	K511	K711
간 극	0.016~0.141	0.040~0.113	0.040~0.113

(나) 태핏 점검

태핏의 캠과 접촉면은 특히 마멸, 손상되기 쉽다. 마모가 클 때는 소음이 나고 밸브간극에 영향을 미쳐 기관이 정상 조정되지 않는다.

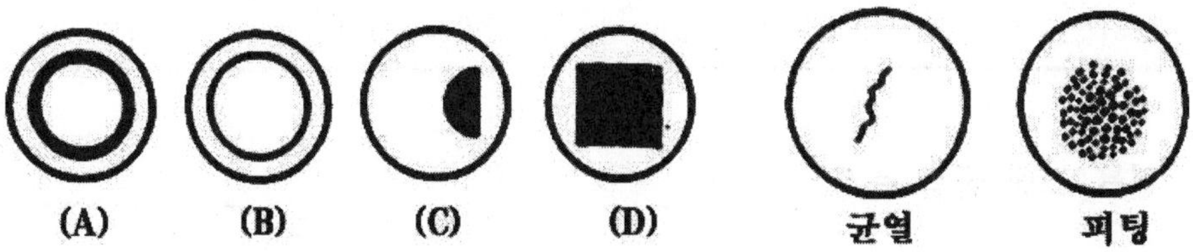

1) 마모상태 : A – 정상, B – 캠의 마모, C / D – 태핏 회전 불량
2) 균열상태 : 균열, 피팅

(다) 밸브 스템과 가이드와의 간극 측정

밸브와 가이드의 간극은 열팽창을 고려하여 두는데 간극이 너무 크면 소음을 내고 반대로 너무 좁으면 작동 불량, 카아본 부착 등의 결함인 생긴다.

1) 측정요령

가이드 내경을 텔레 스코우핑 게이지와 마이크로미터로 측정하고 스템의 외경은 마이크로미터로 측정하는 방법과 다이얼 게이지로 측정하는 방법이 있다.

다이얼 게이지로 측정 시 선단의 흔들림이 0.2mm 흔들리면 간극을 0.1mm로 판단한다.

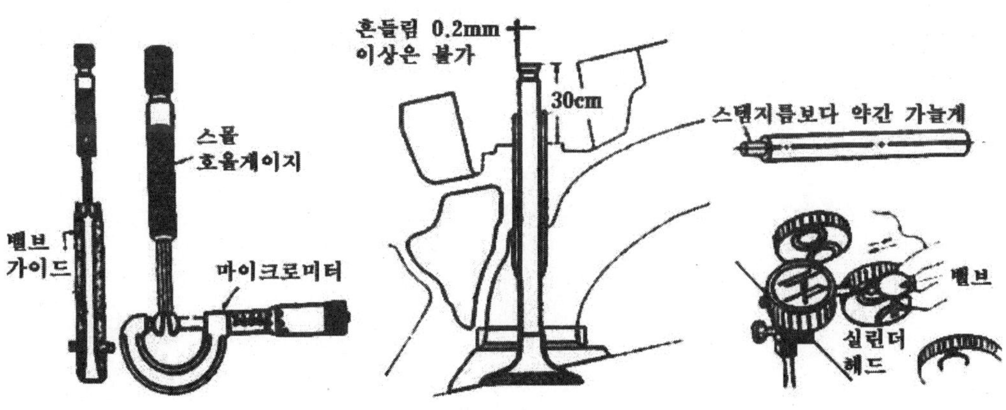

2) 밸브 가이드 간격(단위 : mm)

구 분	K-111	K-311	정 비 기 준
흡 입 밸 브	0.025~0.095	0.046~0.096	0.2
배 기 밸 브	0.050~0.095	0.059~0.109	0.2

(라) 밸브 스템 굽음 측정

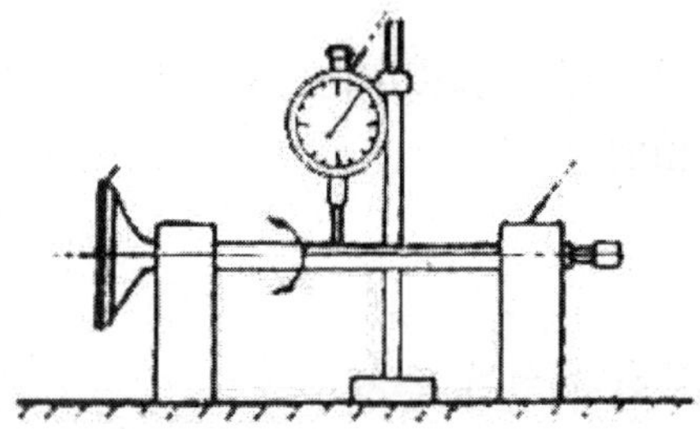

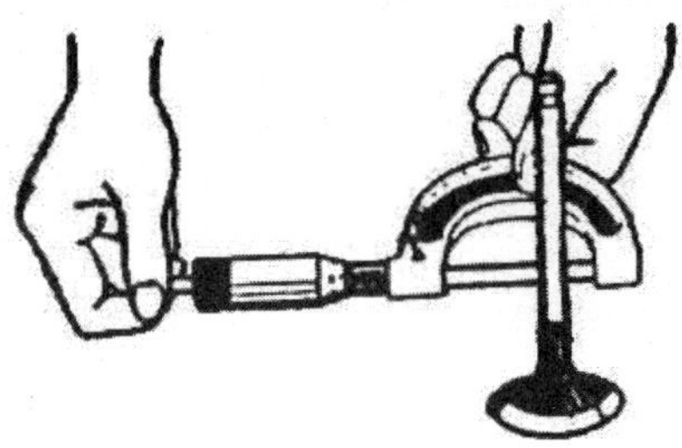

(마) 밸브 시이트 점검

밸브 시이트는 밸브와의 접촉상태, 손상, 접촉 폭, 시이트의 침하 등을 검사한다. 접촉면은 수정 전, 수정 후에 조사하는데 이때 밸브 스템, 밸브 가이드 등이 정상인 상태에서 검사하여야 한다.

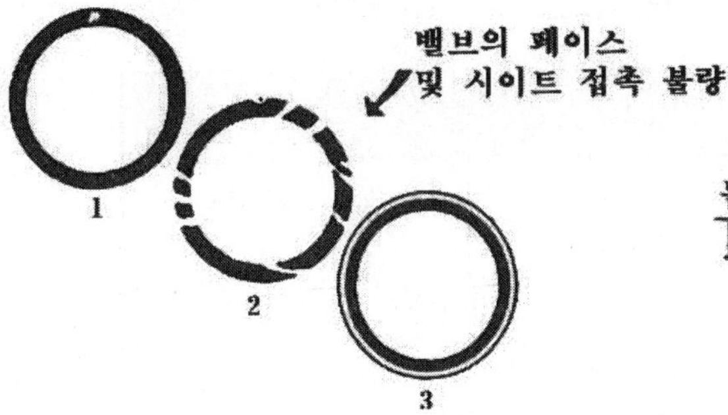

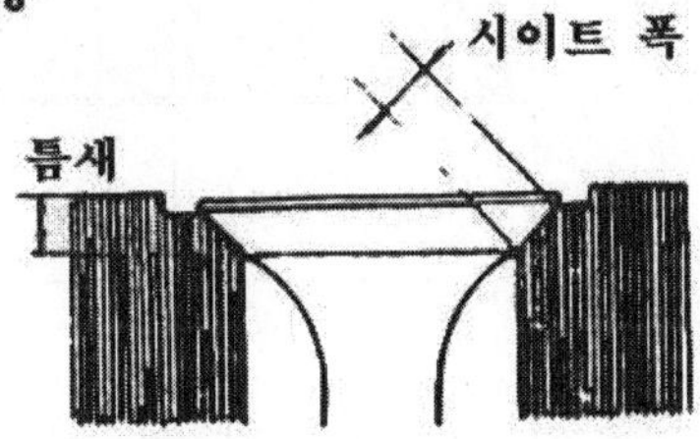

(바) 밸브 스프링

밸브 스프링은 직각도, 자유고, 설치고 및 장력 상태를 검사하여야 한다.

1) 직각도 : 자유고 100mm에 3mm이상시 밸브 스프링 교환

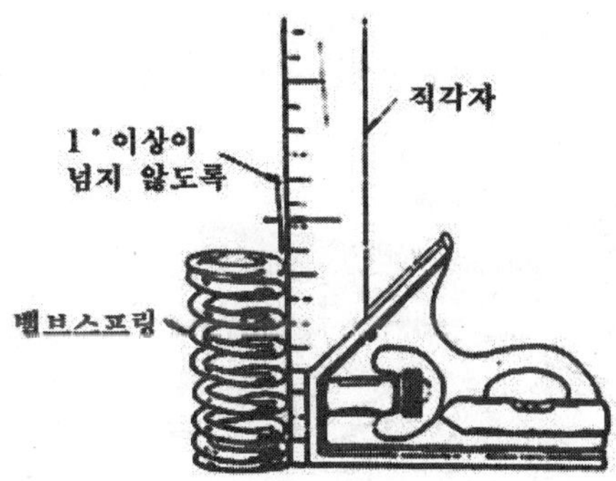

2) 자유고, 설치고 및 장력

- 자유고 : 표준수치보다 3%이상 감소 시 교환
- 장 력 : 설치고에서 표준 장력보다 15% 이상 감소 시 교환

3) 밸브 스프링 표준 규격

구 분	K311	K511
자유고 (mm)	내 : 44.1 외 : 45.9	흡 : 64.34 배 : 71
설치고장 력 (kg/mm)	흡 기 (내)	
	12.7 ± 0.6/42	66.5 + 7/41
	배 기 (외)	
	18 ± 0.9/40.3	67.2 + 7/41

(4) 실린더 블록

(가) 변형검사

실린더 블록의 변형검사 및 수리는 실린더 헤드의 변형검사 요령과 동일하게 한다.

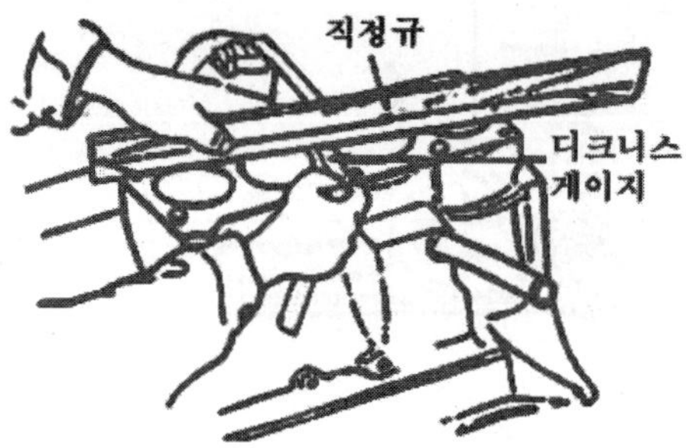

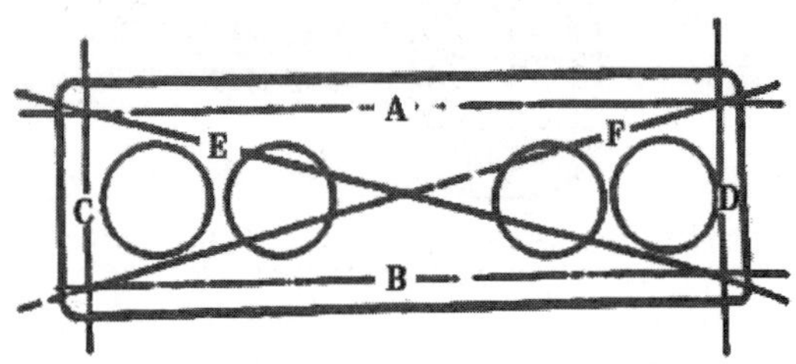

(나) 실린더 내경 측정

실린더는 피스톤 링이 작동하는 곳인 상사점 부근에서 턱이 생기고 크랭크축의 설치 방향보다는 회전 방향의 마멸이 크게 생긴다.

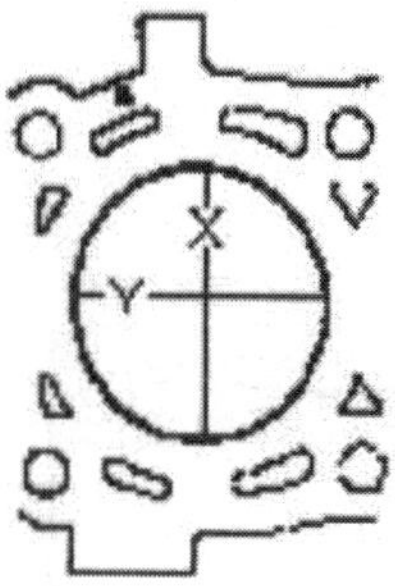

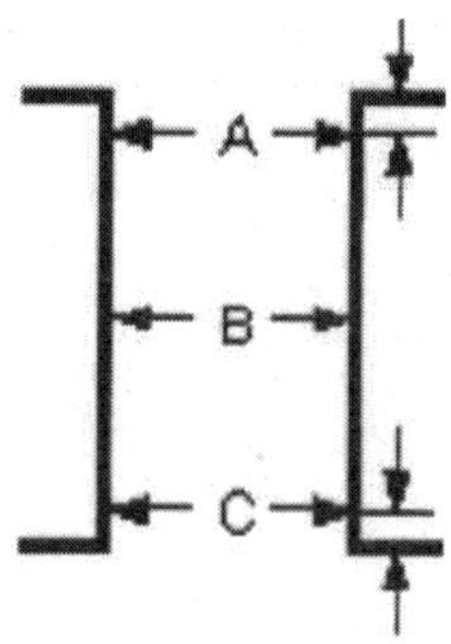

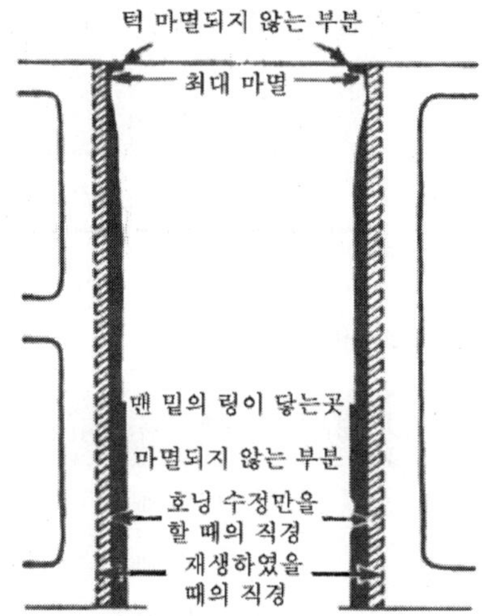

1) 측정 방법

• 실린더 게이지에 의한 방법

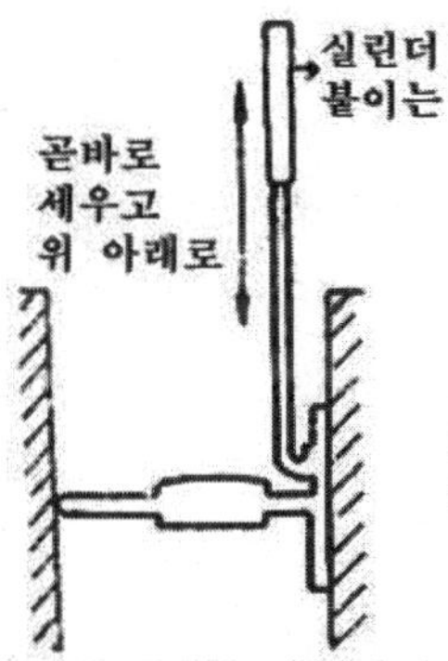

(a) 게이지의 바른자세

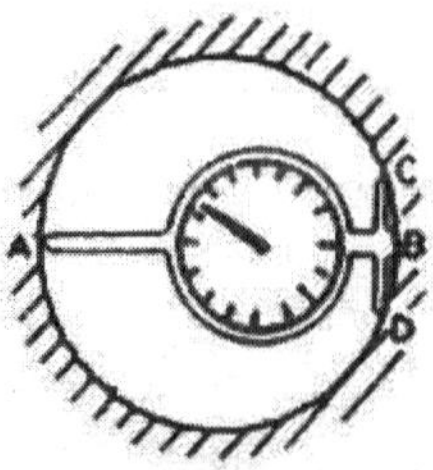

(b) A,B,C,D 가
실린더벽에 접하도록

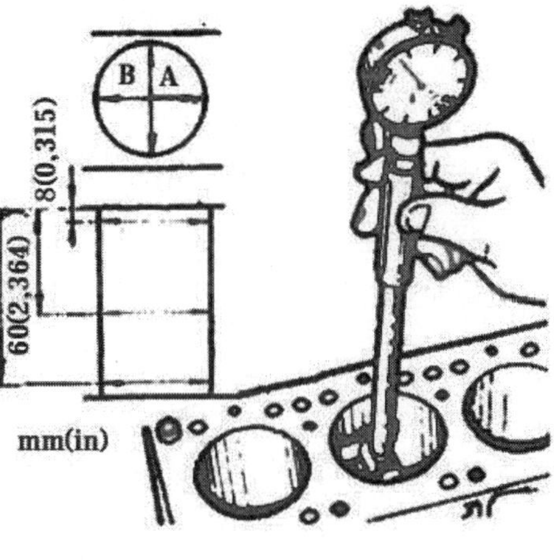

2) 측정값과 판정

실린더의 수정을 필요로 하는 치수는 각 차 마다 정해져 있다. 이를 마멸 한도라 하며 마멸량이 정해진 마멸한도를 넘을 때 보오링 한다.

※ 실린더 마멸량 = 실린더 최대치수 – 실린더 최소치수

3) 실린더 수정

실린더의 수정은 보오링으로 하며 실린더 벽을 절삭하여 공업 규격이나 정비 규격에 정해진 크기의 오우버 사이즈의 진원으로 한다.

※ 차종별 실린더 내경(mm) × 행정 길이(mm)

차 종	K311	K511	K711
내경 × 행정	92×101.6	108×132	121×150

※ 오우버 사이즈

S T D(표준 Standard)	S. A. E
0.25㎜ 0.50㎜	0.020"
0.75㎜ 1.00㎜	0.040"
1.25㎜ 1.50㎜	0.060"

수정 값은 최대 마멸이 있는 실린더의 측정값을 기준으로 계산한다. 실린더 마멸량을 없애고 편심을 바로 잡아 진원으로 만들려면 직경방향으로 0.2㎜절삭하여야 한다. 수정 값은 측정 최대값 + 수정절삭두께 0.2㎜를 더하면 78.45㎜가 된다. 이 78.45㎜보다 크면서 가장 가까운 수정 값을 구한다.

이때 표준 값은 78㎜이고, O/S값은 78.50㎜이다. 수정 값이 표준 값보다 커지므로 오우버 사이즈 (Over Size)라 부르고 각 O/S에 맞는 피스톤, 피스톤링이 제작되어 있다.

※ 오우버 사이즈 값

실 린 더 직 경	오우버 사이즈 한계
70㎜ 이상	1.5 ㎜
70㎜ 이하	1.25 ㎜

(5) 피스톤 및 피스톤 링

(가) 피스톤 간극 측정

실린더 내경과 피스톤의 최대 외경과의 차이가 피스톤 간극이라 하며 이 간극이 좁으면 실린더와 피스톤 사이의 유막이 파괴되어 소손이 일어나고 간극이 크면 피스톤의 슬랩을 일으키고 압축누설, 윤활유가 연소실내에 올라오게 된다.

1) 마이크로미터에 의한 법

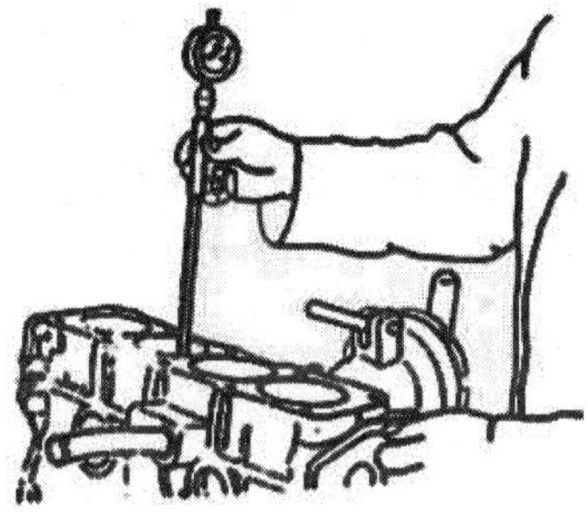

실린더 내경측정

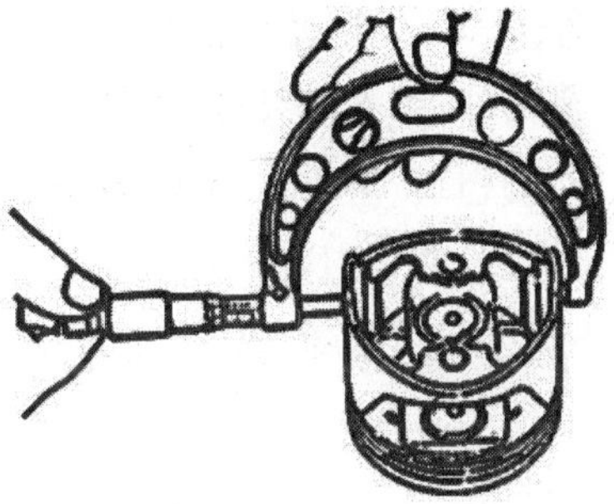

피스톤 외경측정

(나) 피스톤 핀, 구멍 점검

1) 피스톤 핀과 보스의 간극 측정

핀과 보스의 간극은 핀 구멍을 텔레 스코우핑 게이지로 측정하고 핀의 외경을 마이크로미터로 측정하여 내경과 외경과의 차이가 간극이다. 이 간극이 0.025㎜ 이상일 때 O/S 피스톤으로 교환한다.

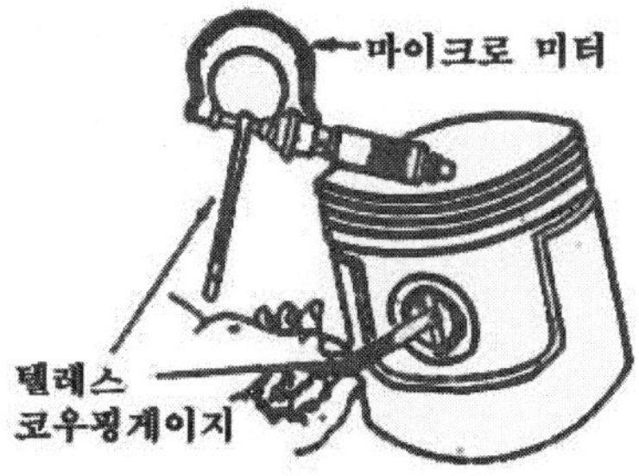

피스톤핀과 보스의 간극 측정

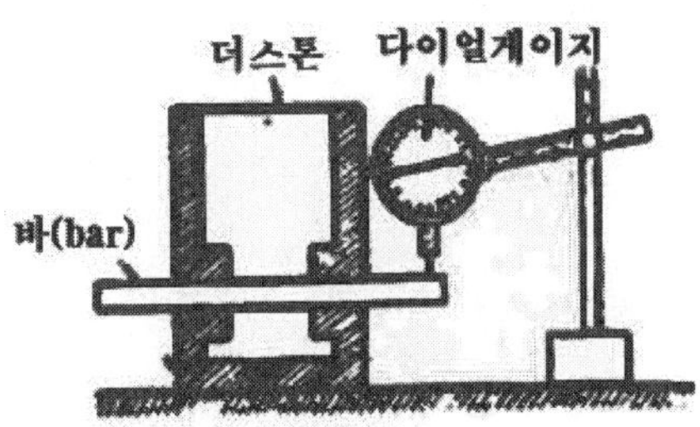

피스톤 구멍 평행측정

(다) 피스톤 중량 측정

피스톤 중량에 차이가 크면 엔진 회전 밸런스가 나빠진다. 피스톤 중량차는 7g이상 되어서는 안되며 피스톤과 커넥팅 로드를 결합한 중량치는 30g이내 이어야 한다. 피스톤 중량은 비교 저울이나 개별 측정하여 중량을 비교하는 방법이 있다.

(라) 피스톤링과 홈 사이의 간극 측정

이 간극을 피스톤 링사이드 간극이라 부르며, 피스톤링이 피스톤에 고착하지 않는 범위에서 작을수록 좋다.

1) 링 홈을 깨끗이 청소한다.
2) 링 홈속에 피스톤링을 끼우고
3) 링의 윗면과 홈과의 사이에 시그니스 게이지를 홈 바닥까지 밀어 넣어 규정의 간극인가 측정한다.
4) 피스톤 바깥 둘레 몇 군데에서 측정하여 본다.

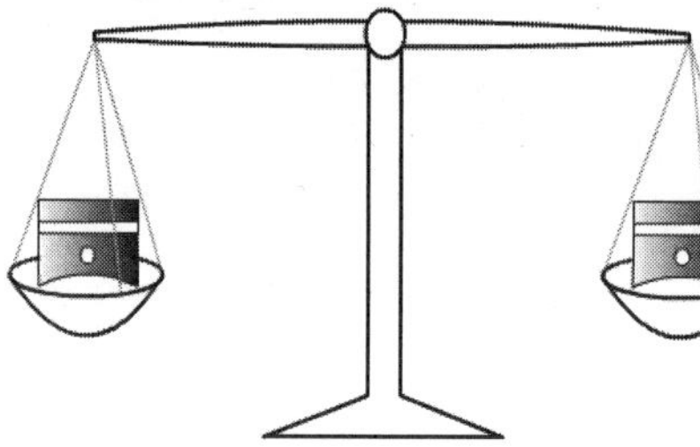

피스톤 중량차 측정

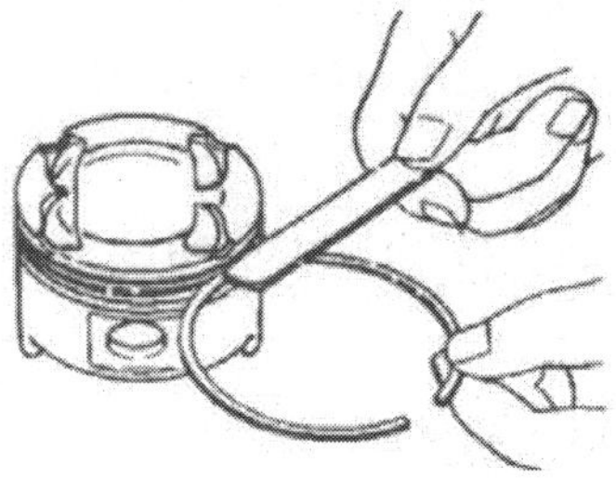

피스톤과 홈사이드 간극 측정

(마) 피스톤링 이음간극 측정

피스톤링 이음 간극이 크면 가스가 누설되고 링 간극이 작으면 열팽창시 링이 실린더 내경보다 커져서 실린더 벽의 마모를 촉진시킨다. 링 이음 간극은 1링이 가장 크고 차례로 적어지는 것이 보통이다.

1) 측정방법

- 피스톤링을 실린더에 넣는다.
- 피스톤링을 거꾸로 헤드로 링을 밀어 넣는다.
- 링 절개구에 시그니스 게이지를 넣는다.

• 이 간극은 실린더 내경 최소부에서 측정하여야 한다.

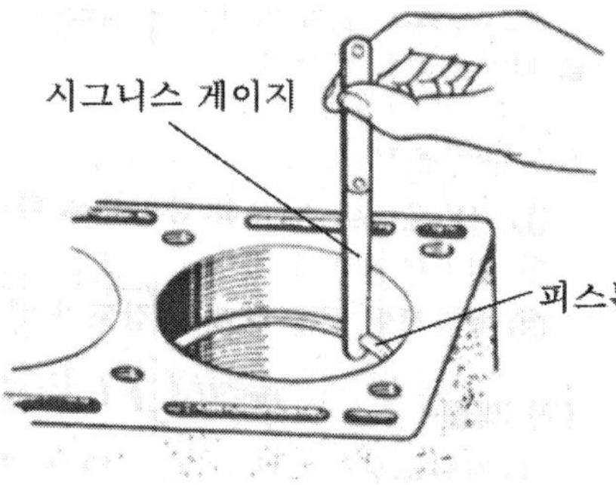

피스톤 링 절개구 간극 측정

※ 실린더 내경에 대한 링 절개구 간극 치수

실린더 내경	링 절개구 간극	
70~85㎜	0.15~0.25㎜	
85~100㎜	0.25~0.30㎜	
100~125㎜	0.30~0.40㎜	
피스톤 링 No.	피스톤 링, 절개구 간극	
	표 준 차	사 용 한 도
제 1 링 (압축링)	0.2~0.4㎜	1.5㎜
제 2, 3 링 (압축링)	0.1~0.3㎜	1.5㎜
제 4, 5 링 (오일링)	0.1~0.3㎜	1.0㎜

(바) 피스톤링의 장력 측정

피스톤 링의 장력이 약하면 실린더와의 마찰이 부적당해 압축누설의 원인이 된다. 이 측정은 피스톤 링 게이지와 스프링 저울을 사용하는 방법인 있다.

1) 피스톤 링 게이지에 의한 측정

이 측정기는 피스톤링을 밴드로 죄어 그의 장력을 지침에 나타내게 하는 구조인데 다음 순서로 측정한다.

• 링을 게이지의 벨트 또는 밴드에 끼운다.

• 핸들을 오른쪽으로 돌려 링의 절개구가 닫힐 때까지 죄인다.

• 피스톤 링 실린더 내경 최소부에서 측정한다. 보오링을 하지 않는 경우는 보통 실린더 하부가 간극이 작다. 실린더 내경차가 클 때 내경 최대부에서 측정하면 최소부에서의 간극이 너무 작아 링이나 실린더에 손상을 미칠 수도 있다.

2) 스프링 저울에 의한 측정

• 그림과 같은 방법으로 래크를 돌려 피스톤 링 게이지와 같은 방법으로 스프링 저울의 눈금을 읽는다. 피스톤링의 장력은 각 차종에 따라 그 값이 다르며, 각 차마다 표준치 한도가 정해져 있다. 일반적으로 압축링, 오일링 모두 1.1~2.0kg 범위의 것이 많다.

피스톤링 게이지

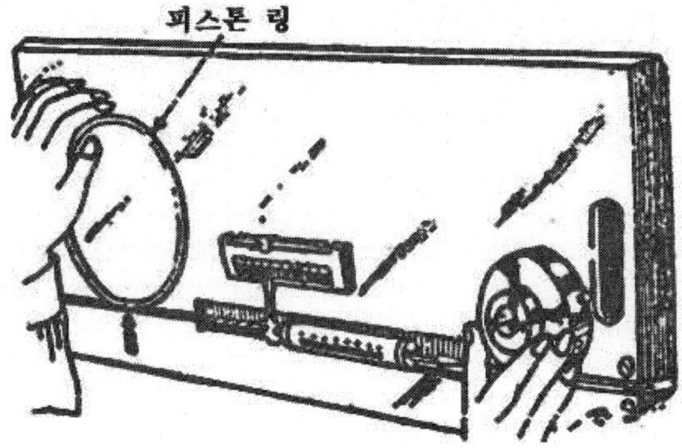

피스톤링의 장력 검사

(사) 피스톤 링의 조립 방향

링을 끼울 때 링의 절개구 방향이 일직선으로 되면 압축폭발 때 가스가 빠져나가기 쉬우므로 절개구가 일직선이 되지 않도록 180°, 120° 로 절개구의 위치를 바꾼다. 또한 이들의 절개구가 피스톤의 압축방향과 일치하지 않도록 주의하고 피스톤 링은 제일 아래쪽에 있는 링부터 차례로 끼운다.

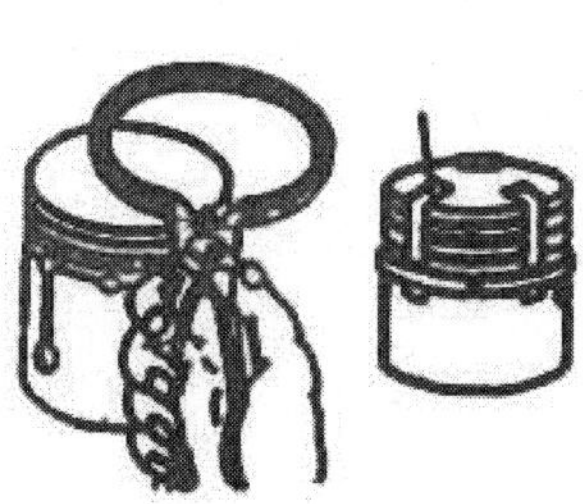

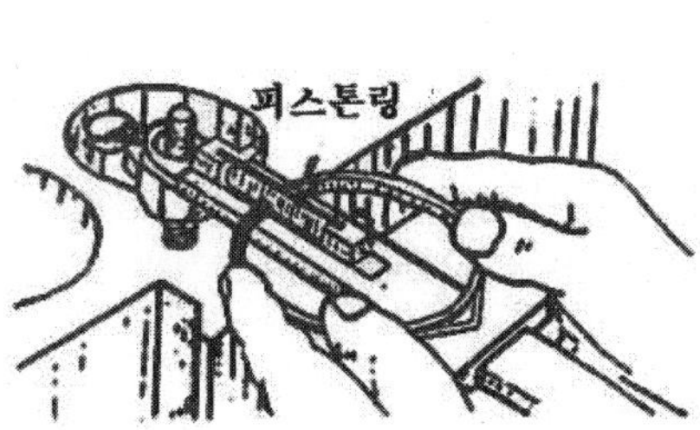

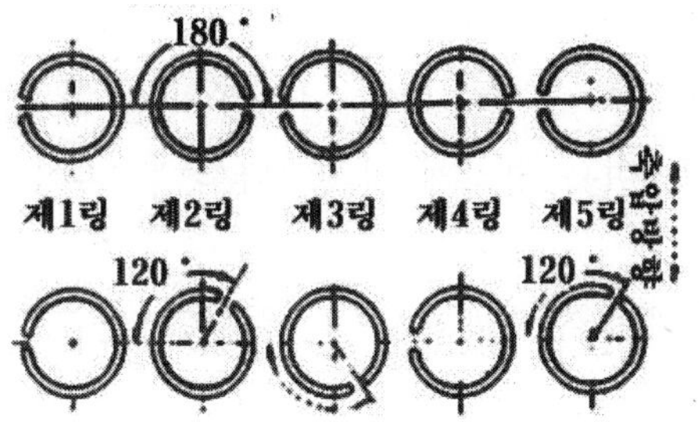

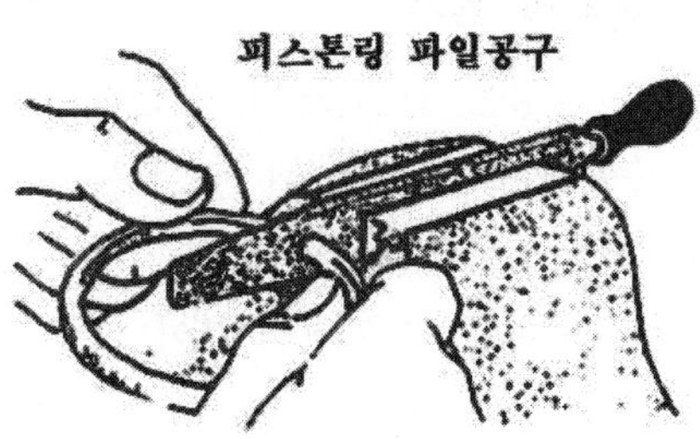

(아) 피스톤 링의 수정

피스톤링 절개구는 규정의 치수가 되도록 연마하여야 한다. 링 절개구연마 공구에는 여러 종류가 있으나 가장 일반적인 것은 피스톤링 파일링 공구이다. 또한 눈이 가는 세목줄을 사용해도 수정할 수 있다.

피스톤링 절개구 연마 그림은 수정작업을 보이는 것인데 줄을 바이스에 물려 링의 절개구 사이에 줄을 넣고 피스톤 링의 양측에서 힘을 주어 링을 전후로 움직인다. 이때 주의할 것은 링이 휘지 않게 수평으로 유지하면서 갈도록 한다.

링의 사이드 면에 요철부가 생기면 피스톤링 홈에 틈이 생겨 가스가 누설된다.

(6) 커넥팅 로드

커넥팅 로드의 휨이나 비틀림이 있으며 피스톤 핀과 크랭크핀의 평행이 틀려져 실린더, 베어링 등에 편마모 및 압축누설, 사이드 노크 등의 현상이 일어난다.

(가) 휨 측정

휨의 측정은 커넥팅 로드에 핀을 끼우고 대단부를 얼라이너 하부 장착 측에 고정한다. 피스톤 핀위에 얼라이너 게이지를 올려놓고 게이지의 2개의 핀이 상하가 되도록 한다. 이 때 핀을 접촉되도록 했을 때 상하 두 핀이 모두 접촉 되면 커넥팅 로드에 휨이 없는 것이다.

만약 한 핀이 접촉면에서 떨어져 있으면 커넥팅 로드는 휘어져 있는 것이고 그 정도는 시그니스 게이지를 삽입하여 측정한다. 휨의 수정은 굽은 부분을 프레스 또는 바이스를 이용하여 압력을 가하여 수정한다. 수정이 끝나면 다시 휨을 측정하여 정상임을 확인한다.

(나) 비틀림 측정

비틀림 측정은 휨 측정과 마찬가지로 게이지를 피스톤 위에 설치한 다음 게이지의 핀을 수평으로 좌우가 될 수 있는 쪽을 측정 면을 향하게 한 후 좌우 두 핀이 접촉면에 각각 접촉하는지의 여부를 조사한다.

그런데 커넥팅 로드의 얼라이너는 피스톤 핀의 붓싱과의 간극 커넥팅 로드 베어링의 상태가 좋은 것은 전체로 측정하므로, 사전에 이들 부분에 대한 충분한 검사가 있어야 한다.

휨과 비틀림의 한계는 0.05㎜이다. 비틀림의 수정은 커넥팅 로드의 중앙을 바이스로 물려 파이프 렌치로 비틀림의 반대 방향에서 되돌릴 수 있도록 돌리면 된다. 작업후의 확인은 휨 때와 마찬가지이다. 이러한 수정은 커넥팅로드 얼라이너에 부착되어 있는 특수 공구로도 할 수 있다.

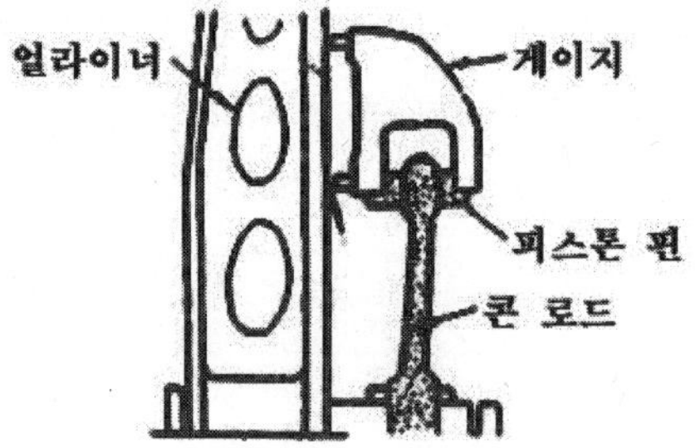

뒤틀림 측정

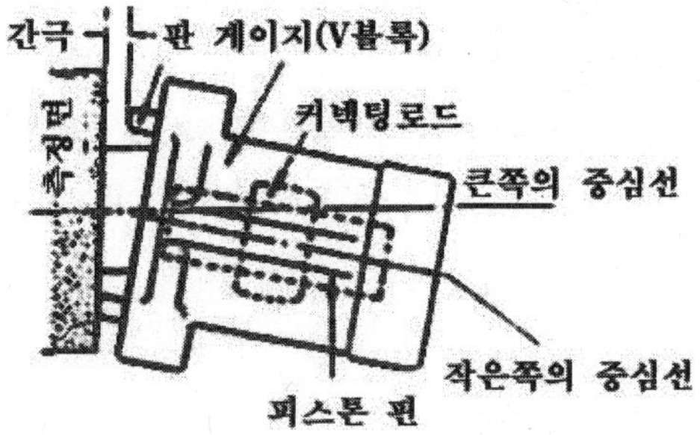

커넥팅로드 비틀림

(다) 클러시 높이 측정

베어링을 갈아 끼울 때 문제가 되는 것은 클러시의 높이 때문이다. 클러시의 특징은 일반으로 베어링 캡에 메탈을 밀어 넣고 일정한 압력을 작용시켜 베어링 캡 끝면 으로부터의 돌출량을 측정한다. 또한 전용 게이지로 측정하는 방법도 있다. 이 값은 보통 0~0.02mm이다.

측정시의 압력은 각 메이커에 따라 다르지만 일반의 자동차용 기관에서는 500~300㎏ 정도이다. 또한 간이 측정법으로서 커넥팅로드를 조립한 후 커넥팅 볼트를 가볍게 조인 후 시그니스 게이지로 측정하기도 한다.

※ 베어링 클러시

베어링 바깥 둘레와 하우징 둘레와의 차이를 베어링 클러시라 하며 이것은 베어링이 설치되었을 때 베어링 하우징 안에서 움직이지 않게 하고 또 하우징이 압착되어 베어링의 열이 잘 전도되게 한기 위해 둔 것이다.
클러시가 지나치게 작으면 베어링이 움직이게 되고 또 열전도가 잘 안되어 과열로 베어링이 소결을 일으키게 된다. 또 지나치게 크면 베어링 안쪽 면이 찌그러져 접촉 불량으로 역시 소결을 일으킨다.

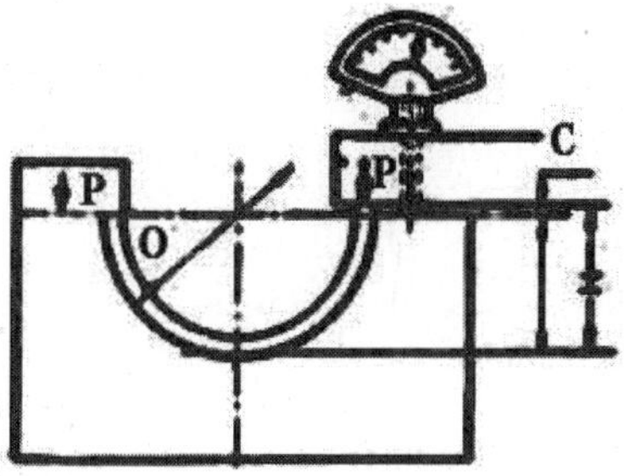

클러시 높이 측정

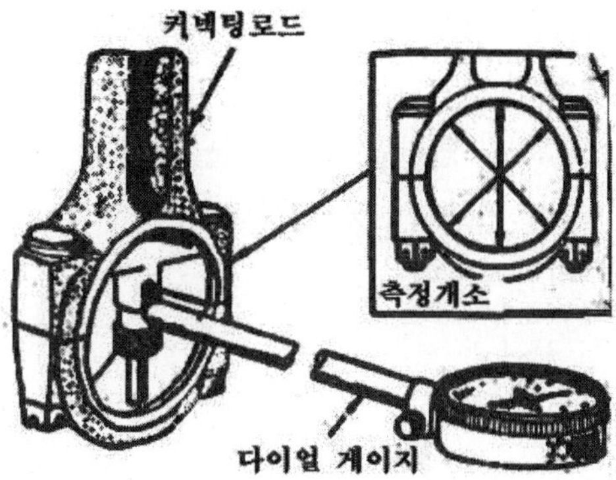

커넥팅로드 베어링 마모량 측정

(라) 베어링 마모량 측정

커넥팅로드 메탈의 진원도 즉 편마모는 내측 마이크로미터 또는 다이얼 게이지로 측정한다. 그림과 같이 다이얼 게이지를 사용하여 각 방향의 내경을 측정하여 그 차이에서 진원도의 부동(不同)을 알 수 있다. 이 진원도의 차는 0.05mm이내이다.

(7) 크랭크 축 정비

(가) 크랭크 축 휨 측정

크랭크축의 휨은 다이얼 게이지로 다음 순서에 의하여 측정한다.

- 정반위에 V 블록을 놓고 크랭크 축 양끝의 저어널을 지지한다.
- 크랭크 축 중앙부의 저어널에 다이얼 게이지의 측정자가 닿을 수 있도록 다이얼 게이지의 베이스 및 마그네트의 베이스를 설치한다. 이때 저어널의 오일 구멍에 게이지의 측정자가 들어가지 않도록 오일 구멍을 피한다.
- 크랭크 축을 조용히 1회전시켜 다이얼.게이지의 눈금을 읽는다. 휨 양은 이 눈금의 1/2이며, 휨의 한도는 크랭크축의 길이 500mm 이상인 것은 0.05,

500mm 이하인 것은 0.03mm이다.

※ 크랭크 저어널 : 저어널 베어링이 마모하면 크랭크 핀에 걸리는 폭발압력에 의하여 크랭크축이 휘어진다.

(나) 수 정

크랭크축 휨이 심할 때는 크랭크축을 바꾸어야 하나 경미한 휨은 크랭크축 연마기로 연삭 수정한다.

크랭크축을 연마할 때 저어널 및 핀 양측의 R부는 특히 주의하여 다듬질 한다. R부가 작으면 턱이 생겨 집중 응력이 작용하여 축이 절손될 염려가 있다. 2.5Rmm가 가장 일반적이다.

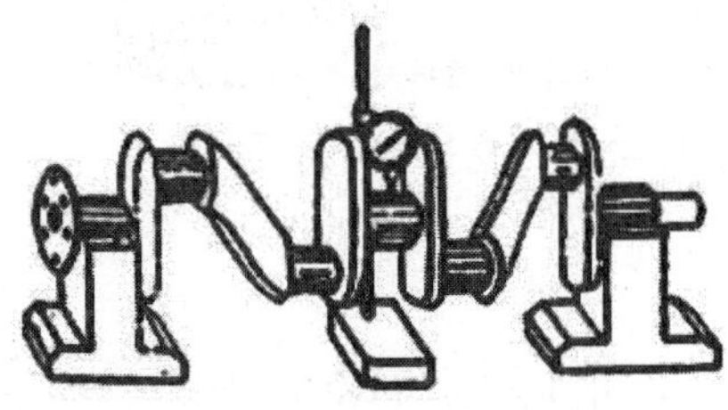

크랭크축 굽음 측정

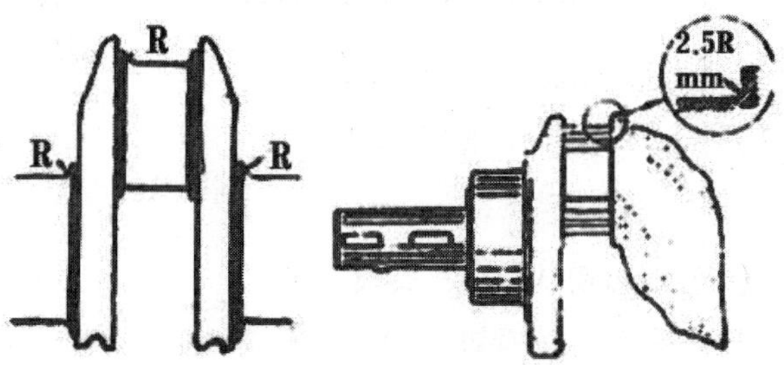

핀 및 저어널

(다) 크랭크 축 마모 측정

크랭크 축 마모를 측정할 때는 크랭크 축 측정용의 특수 다이얼 게이지를 사용하면 편리하지만 일반적으로 외측 마이크로미터를 사용한다. 저어널 및 핀의 측정은 각 축에 대하여 적어도 축 방향에서 3~4개소, 이들 측정 개소마다 최대 마모 방향과 최소 마모 방향의 2방향에서 측정한다.

이러한 측정으로 편마모 및 최대 마모량을 알 수 있다. 각 저어널의 편마모는 0.04mm 이상 테이퍼 마모는 0.025mm 이상일 때는 수정한다.

주입식과 쉼으로 조정하는 기관에서는 주축베어링 저어널이 0.075mm이상 마모되었을 때 수정한다. 크랭크축의 수정한도는 저어널 또는 핀 직경이 50mm 이상인 것으로 1.5mm, 50mm이하의 것은 1.0mm이다.

※ 저어널(Jounal) : 베어링에 받쳐지는 축 지름

※ 크랭크축 저어널과 핀 직경(단위 : mm)

차 종	K311	K511	K711
저어널 직경	69.813 ~69.825	83.966 ~83.988	95.966 ~95.988
핀 직 경	51.112 ~51.125	70.971 ~70.990	82.966 ~82.988

(라) 크랭크축 축방향의 유격 측정

크랭크축 방향의 유격이 커지면 커넥팅로드의 휨, 커넥팅로드의 베어링이나 크랭크 핀의 편마모, 피스톤과 실린더의 마모 등을 촉진시킨다.

크랭크 축 축방향의 유격을 엔드플라이(end play) 또는 드러스트 간극이라고도 하며, 이 측정은 피일러 게이지 또는 다이얼 게이지로 한다. 유격은 TM러스트 베어링이 있는 곳에서 측정하여야 하므로 스크루우 드라이브(screw drive)같은 것으로 크랭크축을 한쪽(앞으로나 뒤쪽)에 밀어붙이고 스러스트 베어링과 크랭크암 사이에 게이지를 끼워서 측정한다.

제1베어링의 드러스트면에서 추력(thrust)을 받는 것은 크랭크축을 앞으로 밀어붙여 스러스트 컬러와 베어링 사이를 측정하고 중앙 또는 뒤쪽 베어링 TM러스트 면에서 추력을 받는 렀은 크랭크축을 전방 또는 후방으로 밀어서 베어링과 크랭크 암과의 간극을 측정한다.

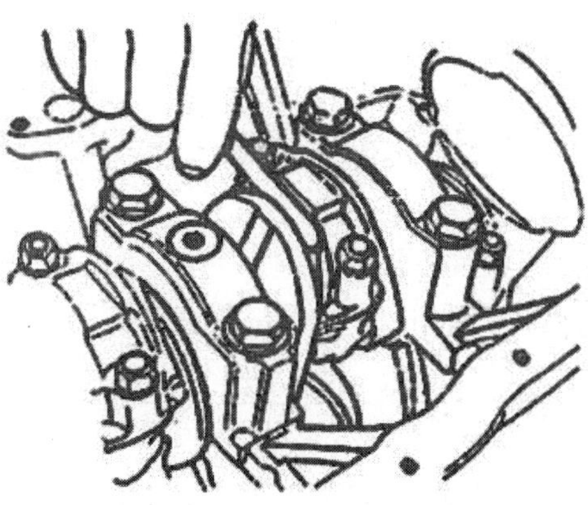

크랭크축 유극 측정(필러 게이지에 의한)

※ 차종별 크랭크축 축방향 유격(단위 ; mm)

차 종	K311	K511	K711
축방향 유격	0.14~0.39	0.15~0.224	0.15~0.225
유 격 한 도	0.4	0.5	0.5

(마) 커넥팅로드 대단부와 크랭크 축 핀의 오일 간극 측정

1) 마이크로미터에 의한 측정

- 베어링을 각각 커넥팅로드에 끼운 다음 켑(cap)을 규정된 토오크로 죄인다. 이때 베어링과 커넥팅로드는 깨끗이 청소하여 정확하게 맞춘다.
- 내측 마이크로미터로 내경 몇 개소를 측정하여 최대치를 찾는다.
- 외측 마이크로미터를 사용하여 크랭크 핀 외경 몇 개소를 측정한다.
- 베어링 내경에서 핀 외경을 빼고 남은 치수가 오일간극이다.

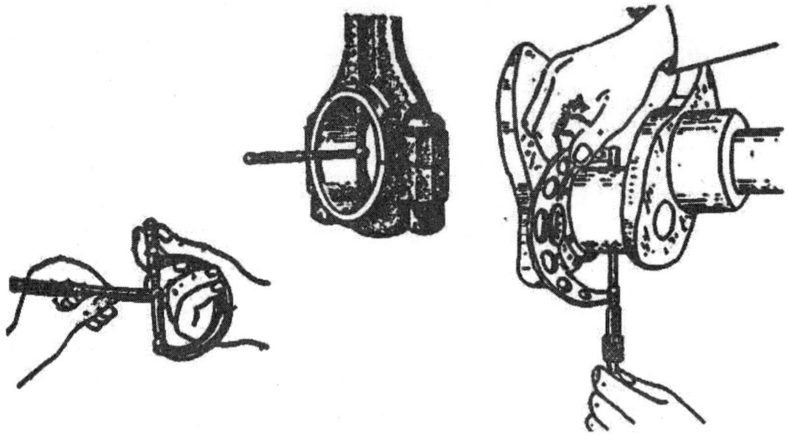

베어링 내경 측정 및 크랭크 핀 외경 측정

2) 플라스틱 게이지에 의한 측정

플라스틱의 가는 철사 모양의 게이지를 사용하는 방법인데 마이크로미터를 사용하는 것보다 더욱 간단히 간극을 측정 할 수 있으므로 널리 사용되고 있다.

※ 크랭크축 저어널 베어링

차 종	K311	K511	K711
오일간극	0.059 ~ 0.091	0.068 ~ 0.136	0.080 ~ 0.148
언더사이즈 치수	0.25, 0.50, 0.75	0.25, 0.50, 0.75	0.25, 0.50, 0.75
오일간극한계	0.12	0.25	0.25

3) 오일 간극 조정

오일 간극이 규정치보다 크면 소음을 내고 유압도 떨어져 다른 부분의 윤활에 지장을 주게 되므로 이 경우에는 규정치의 언더 사이즈(under size) 베어링과 교환하여 정확한 오일 간극을 만든다. 만약 적합한 오일 간극을 얻을 수 없을 때는 핀을 소정의 언더 사이즈로 맞추어 크랭크 축 연마기(crank shaft grinder)로 맞춘다.

정확한 간극을 얻어 위하여 재래식 방법으로 쉼(shim)을 넣거나 캡이나 베어링 면을 절삭하여 조정하는 방법인 되므로 피한다. 오일간극은 보통 크랭크축 축경의 1/1,000 정도로 보고 있으나 확실한 것은 메이커의 지시에 따른다.

(8) 플라이휠 검사 및 정비

플라이휠 고장은 클러치 마찰면의 마모, 열로인한 손상, 링 기어의 톱니 마모 등이 있다.

(가) 마찰면 검사

마찰면이 마모로 인하여 요부, 또는 균열이 생기는 수가 있으며 그의 깊이가 마모가 없는 표면에서 1mm이내인 경우에는 선반 또는 표면 연마기로 마찰면을 연마 다듬질할 수 있으나 연마량이 1.2~1.5mm를 넘을 때는 클러치 조정이 곤란해지므로 플라이휠을 신품과 교환한다.

또한 마찰면은 플라이휠을 크랭크축에 설치하여 다이얼 게이지로 측정 하고 흔들림이 1mm이하가 되야 하고 앞면과 후면(마찰면)이 평행이 아니면 회전이 평형을 유지할 수 없다.

(나) 플라이 휠 런아웃트 측정

플라이 휠의 런아웃트가 0.1~0.2mm(0.004~0.008″)를 넘을 때는 교환한다.

(다) 플라이 휠의 링기어 검사

링기어 이의 1/5이상 마모가 되었는지, 치면의 챔퍼가 심하게 손상되어 있으면 링기어를 돌려 끼우든가 교환한다.

플라이휠의 마찰면 검사

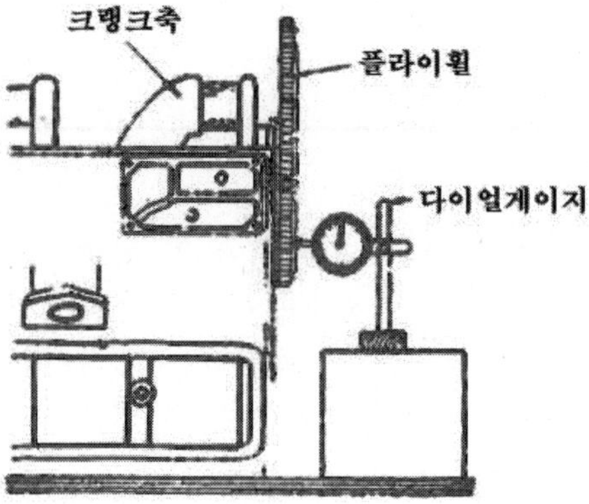

플라이휠 런아웃 측정

(라) 링기어 탈착과 조립

1) 토오치 램프나 용접 토오치를 사용하여 링기어를 120~150℃가 되도록 고르게 가열한다.
2) 이가 상하지 않도록 가볍게 해머로 쳐서 뺀다.
3) 식기 전에 위치를 바꾸어 교환한다.
※ 새 링기어로 교환 시 200℃의 열로 가열하여 끼운다.

링기어의 마멸 상태

6.3.2 윤활장치 정비

가. 엔진 오일의 점검

(1) 오일의 압력 점검

(가) 엔진을 기동하여 오일을 순환시킨 다음 엔진을 정지시킨다.

(나) 유면 표시기를 빼고 묻어있는 오일을 닦은 다음 다시 끼운다.

(다) 유면 표시기를 빼고 오일이 묻은 곳을 확인한다. 이때 오일이 묻은 선이 F 와 L선 사이에 있으면 정상이다.

(2) 오일 질의 점검

사용 중인 엔진오일의 질은 알칼리성 확산성 카아본의 양 등에 대한시험을 하여 점검하고 일반적으로 다음의 순서에 따라 점검을 실시한다.

(가) 오일의 색을 살핀다. 오일은 새 오일의 색과 가까울수록 좋다.

① 검은색 ····················· 심하게 오염
② 붉은색 ····················· 가솔린 유입
③ 회　색 ····················· 4에틸 납 연소 생성물 유입
④ 우유색 ····················· 냉각수 혼합

(나) 오일의 점도를 살핀다. 오일을 손으로 만져 보았을 때 살랑살랑 하면 점도가 낮아진 것이며 이때에는 교환한다.

(3) 엔진 오일 교환

오일의 양이 부족할 때에는 보충하고 열화 되었을 때에는 교환한다.

(가) 엔진오일의 교환 시기는 엔진의 상태, 운전 조건, 도로 상황, 오일 여과기, 공기 청정기, 기후연료 및 오일의 성질 등에 관계되어 일정하지는 않으나 대략 다음과 같다.

조 건	주 행 거 리
보 통	1,500~3,000km
차가운 날씨에 단거리 운행 또는 먼지 길에 운행할때	800km
포장거리에서 장거리 운행	3,000~6,000km

나. 급유 계통의 고장원인 / 결과

<table>
<tr><th>원 인</th><th>상 태</th><th>결 과</th></tr>
<tr><td>·피스톤, 피스톤링 누설
·실린더 마모 또는 상처</td><td>압축압력 부족</td><td rowspan="2">오일 소비량이 많다</td></tr>
<tr><td>·밸브 가이드와 밸브 스템 마모
·밸브 가이드 시일 파손
·오일링 불량
·외부에 누설</td><td>압축압력 정상</td></tr>
<tr><td>·오일 점도가 낮다
·오일량 부족</td><td>유량, 유질 부적당</td><td rowspan="3">유압이 낮다</td></tr>
<tr><td>·스프링의 변형
·조정불량</td><td rowspan="2">유량, 유질 적당</td></tr>
<tr><td>·오일스트레이너 막힘
·오일펌프 불량
·오일파이프 접속부 누설
·윤활유 마모</td></tr>
<tr><td>·오일 점도가 높다</td><td>유질의 부적당</td><td rowspan="3">유압이 높다</td></tr>
<tr><td>·스프링이 강함 - 유압조정 불량</td><td rowspan="2">유질은 적당</td></tr>
<tr><td>·유로가 막힘 - 유압조정 양호</td></tr>
</table>

6.3.3 연료장치의 정비

가. 연료탱크

연료 탱크는 운전석 밑 또는 차체에 부착되어 있다.

(1) 검사

(가) 연료탱크의 누출 여부를 점검한다.

※ 연료누출 원인 : 탱크의 균열, 손상, 부식, 파이프 손상, 설치불량

(나) 연료공급 호스의 연결부분이 누출이 없나를 확인한다.

(다) 연료계 유닛 부착부분에서 연료의 누출이 없나를 점검한다.

(2) 정비

(가) 연료 탱크의 누출이 작을 때는 보통 납땜하여 수정한다.

※ 이때 연료 탱크내의 연료를 완전히 배출하지 않으면 납땜 작업시폭발의 위험이 있다.

나. 연료 여과기

연료 여과기는 캐트리지 형으로 매 5,000km 주행후 검사하여 손상, 오염 및 수분이 쌓여 있을 때는 교환한다.

다. 연료 펌프

(1) 분해

(가) 위 보디지지 스크루우를 빼고, 위 보디에서 아래 보디를 떼어낸다.

(나) 밸브 리테이너 지지 스크루우를 빼고 리테이너, 밸브 및 패킹을 떼어낸다.

(다) 펌프 커버 설치 스크루우를 뺀 다음, 펌프 커버와 가스킷을 위 보디에서 떼어낸다.

(라) 막을 아래 보디에서 떼어낸다.

(마) 막 스프링, 오일시일 스프링 리테이너, 오일시일 패킹 및 오일시일패킹 리테

이너를 떼어낸다.

(바) 로커아암 핀을 빼낸 다음, 로커아암 링크 및 스프링을 떼어낸다(핀을 빼어낼 때는 펀치를 사용하여 방향에 유의하여 빼낸다).

(2) 결합 : (분해의 역순)

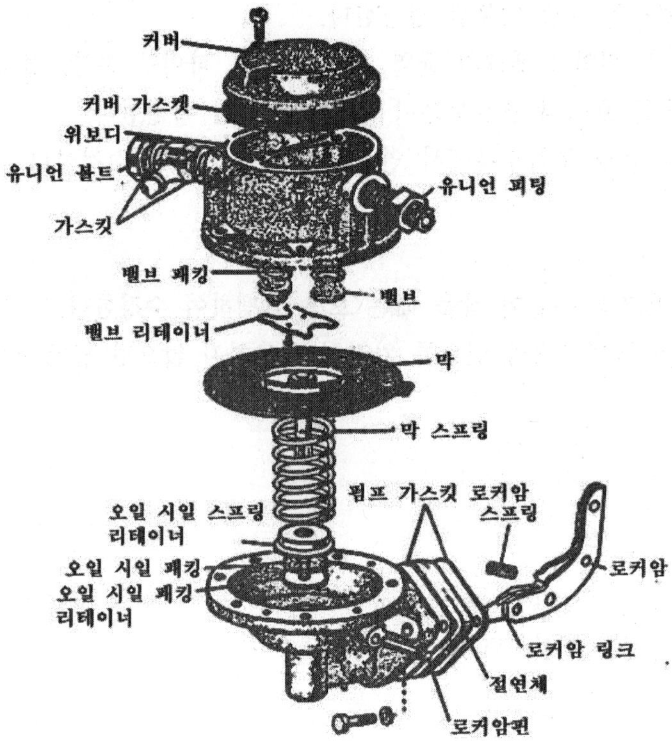

6.3.4 점검 및 정비

가. 밸브간극조정

엔진 작동시 밸스스템은 고온열에 의해 팽창한다. 따라서 밸브 스템과 로커암과 사이에 간극을 두어 스템이 팽창하여도 밸브가 시트에 밀착되게 해준다.

밸브간극 조정은 밸브가 완전히 닫힌 상태에서 하며 양 밸브를 동시에 조정하려면 압축말에서 한다. 측정 및 조정순서는 다음과 같다.

(1) 엔진을 시동시켜 엔진온도가 정상이 되게 한다.

(2) 실린더 헤드 볼트 및 로커암축 지지볼트를 규정우력으로 조인다.

(3) 측정하려는 실린더 압축말 행정을 맞춘다.

(4) 간극게이지를 밸브스템과 로커암 사이에 삽입해 간극을 측정한다.

(5) 맞지 않을 때는 조정 스크류를 돌려 조정한다.

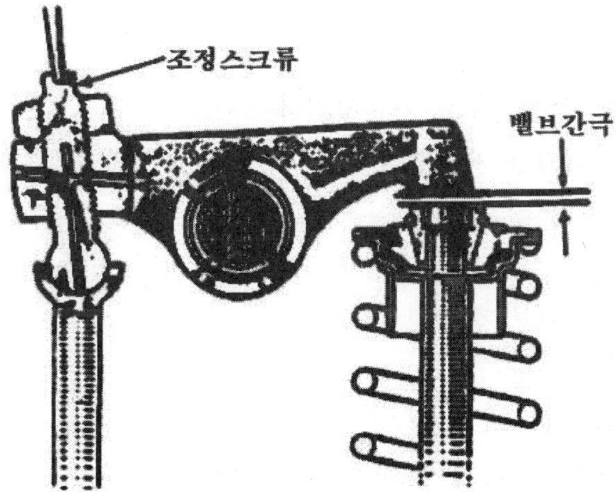

나. 엔진의 압축압력 측정

(1) 압축압력 측정시기

(가) 엔진에 이상 발생시

(나) 성능 저하 시

(다) 분해수리 여부결정

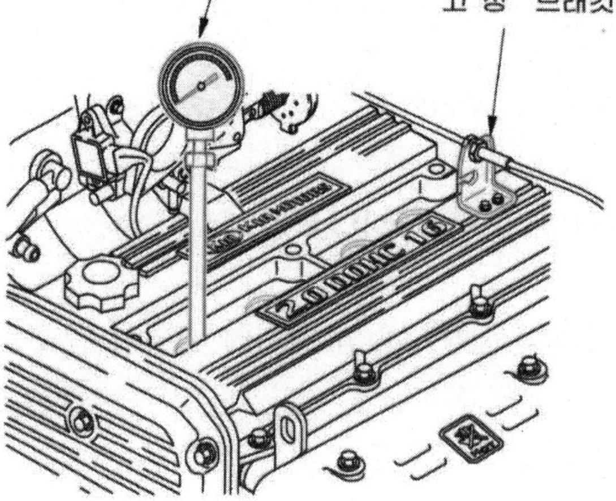

(2) 가솔린 엔진

(가) 엔진을 시동 정상온도로 가온시킨다.

(나) 모든 점화플러그를 제거한다.

(다) 연료 공급 차단

(라) 공기가 최대한 실린더에 흡입되도록 공기 청정기 제거

(마) 쵸크, 드로틀 밸브 전개

(바) 1차 점화회로 차단

(사) 압축계 설치

(아) 엔진을 크랭킹, 4~6회 압축 행정 시킨다.

(자) 최대치를 읽는다.

(3) 디젤 엔진

(가) 엔진 정상 가온

(나) 모든 분사노즐 제거

(다) 엔진 정지레버를 당긴다.

(라) 공기 청정기와 흡기 다기관의 공기 호스 제거

(마) 4~6행정 상사점이 되도록 엔진 크래킹

(바) 계기 최대치 판독

※ 정상 압력 미만 시 습식 측정

① 미달 실린더의 피스톤 상부에 오일을 10cc 주유

② 2~3분 기다려 유막을 형성할 수 있도록 한 다음

③ 건식 요령과 동일 방법으로 측정

(4) 정상 압축 압력

차 종	K311	K511	K711
압축 압력	30kg/㎠	28kg/㎠	25kg/㎠

(5) 결과 판정

(가) 정상 : 압력이 빨리 올라가고 각 실린더가 고루 규정값이다(각 실린더 차이 10% 이내).

(나) 실린더 벽 또는 불량 : 처음 행정시 낮고 서서히 상승하나 규정값에 미달하다가 습식 측정 시 상승한다.

(다) 밸브 불량 : 처음과 계속 행정에도 변함이 없고 습식 측정에도 변함 없다.

(라) 헤드 가스켓 누출 : 밸브 불량과 같으나 인접 2개의 실린더에 나타날 때

(마) 연소실내 카아본 부착 : 규정 압력보다 높다.

다. 팬벨트 긴도 조정

(1) 벨트 긴도 점검

(가) 물 펌프 풀리와 발전기 풀리위에 직선자를 설치한다.

(나) 풀리의 중간을 10kg의 힘으로 누른다.

(다) 벨트가 늘어지는 부분을 측정자로 잰다.

(라) 일반적으로 10~15㎜가 되어야 한다.

(2) 벨트 긴도 조정

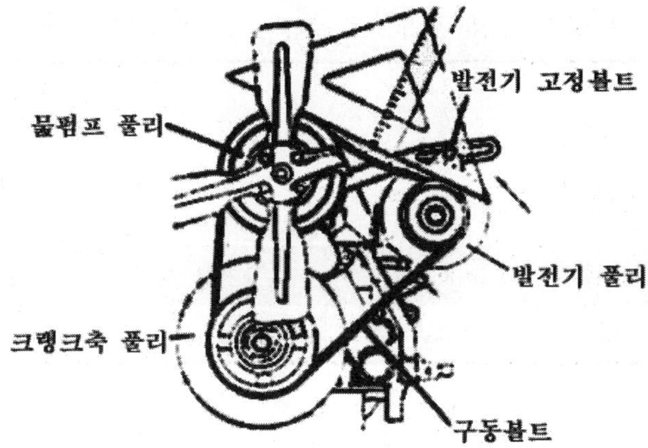

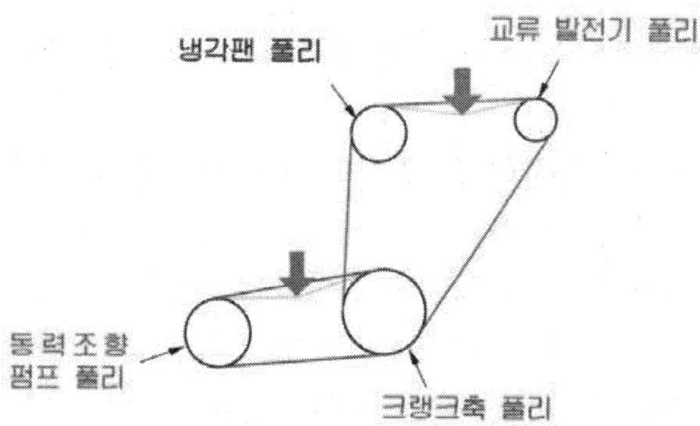

(가) 발전기 조정바 고정볼트를 늦춘다.

(나) 발전기를 움직여 조정후 고정볼트를 꼭 조인다.

(다) 차종별 팬벨트 정상 장력

1) K111 : 10~13㎜

2) K511 : 10~15㎜

3) K311 : 10~13㎜

4) K711 : 10~15㎜

라. 점화시기 조정

(1) 시동 전 점화시기 조정

(가) 1번실린더 압축말 행정

(나) 크랭크축을 반시계 방향으로 회전하여 점화마크와 타이밍 표지마크와 일치

(다) 배전기 하우징을 좌/우로 조정하여 포인트가 열리기 시작하는 순간 고정

(라) 이때 로라가 가리키는 방향에 제1번 고압선 연결

(마) 이후 점화순서대로(1-3-4-2) 고압선 연결.

(2) 시동 후 점화시기 조정

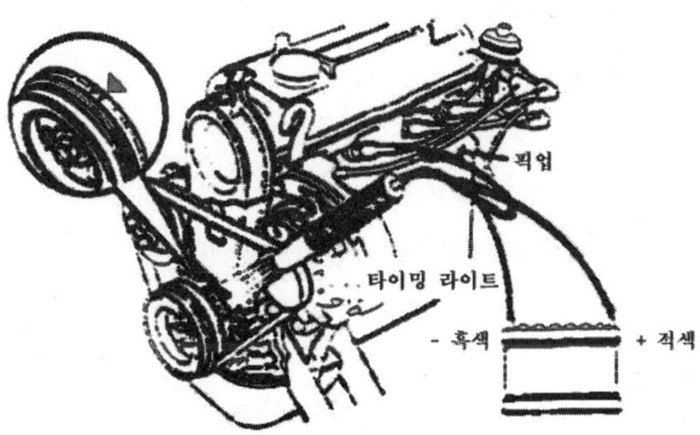

(가) 타이밍 라이트 설치

1) 적색 : 축전지+단자

2) 흑색 : -단자 또는 접지

3) 픽업 : 1번 고압단자

(나) 공회전 속도계 설치

(다) 엔진 시동

(라) 공회전 속도 조정 : 공전속도 조정나사

(마) 타이밍 마크 확인

(바) 불일치 시 조정

1) 빠를 때 : 배전기 하우징을 회전자의 회전방향을 돌리고

2) 늦을 때 : 회전자의 반회전 방향으로 돌리고 고정너트를 꼭 조인다.

※ 타이밍 라이트는 12V에 연결 사용하여야 한다.

마. 엔진 공회전 속도 조정

엔진의 공전 속도는 연료계통 및 흡기계통 작용에 증감을 하지 않는 상태의 시동 상태를 말한다.

(1) 엔진을 시동하여 정상온도로 가온한 다음 정지시킨다.

(2) 기화기 고제볼트와 흡기다기관의 고제볼트를 조인다.

(3) 흡기 다기관에 진공계 설치

(4) 공회전 속도계 설치

(5) 엔진을 시동

(6) 공전속도 확인 : 700±50R. P. M

(7) 진공도 확인 : 43~53CmHg

(8) 불일치 시 조정

(가) 공전속도 : 속도 조정나사(드로틀 밸브 개폐)

(나) 진공도 : 혼합비 조정나사(공전 연료구멍 개폐)

(다) 공전속도 및 진공도를 병행 반복 조정하여 기준치와 일치 조정

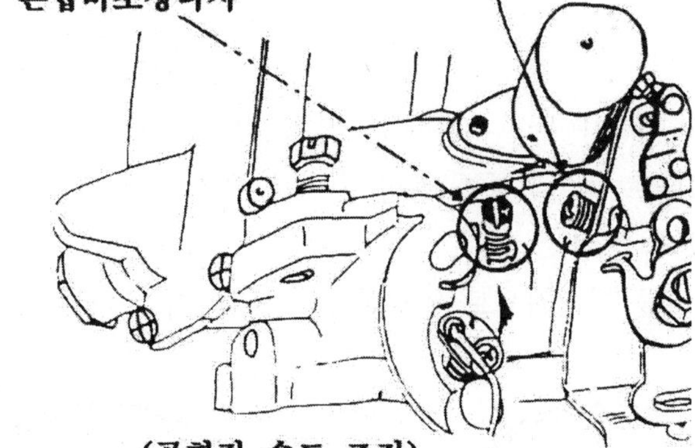

(공회전 속도 조정)

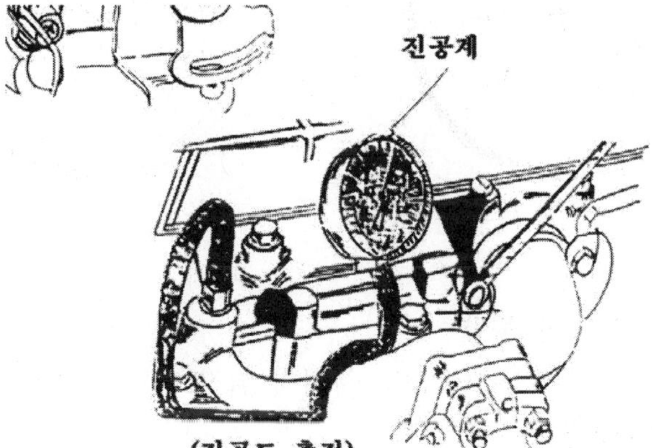

(진공도 측정)

바. 엔진 진공도 측정 및 판정

(1) 진공계 설치

(가) 엔진 시동, 정상 가온후 엔진 정지

(나) 기화기, 흡입 다기관 고제볼트 조임

(다) 흡입 다기관에 진공계 설치

(라) 공회전 속도계 설치

(마) 엔진 시동

(바) 엔진 공전속도 조정

(사) 진공계 눈금확인

(2) 판정

(가) 정상

지침이 43~53CmHg 사이를 유지함. 드로틀밸브를 급히 열면 7~10CmHg 내려가고 닫으면 60CmHg로 높아졌다가 정상 수치를 유지

(나) 헤드 가스켓의 누설

13~45CmHg 사이를 대체적으로 일정하게 움직이게 된다.

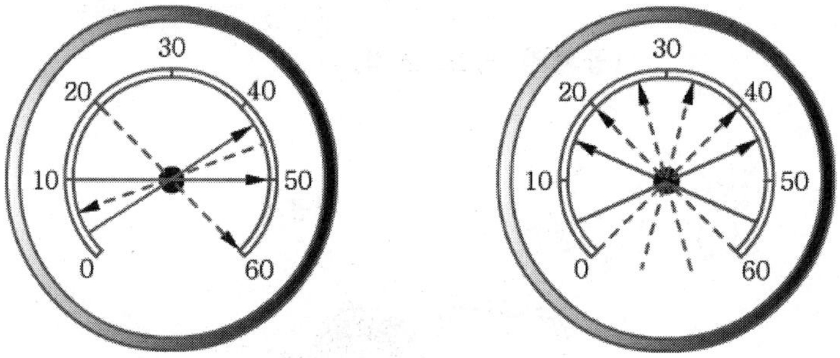

(다) 공회전 혼합기 조정 불량

대개 정상 값에 가까운 33~45CmHg 사이의 일정 구역을 조용히 움직인다.

(라) 점화장치 관련계통의 이상

지침이 심하게 떨면서 30~35~40CmHg사이를 유동한다(떠는 정도는 5~7CmHg이다).

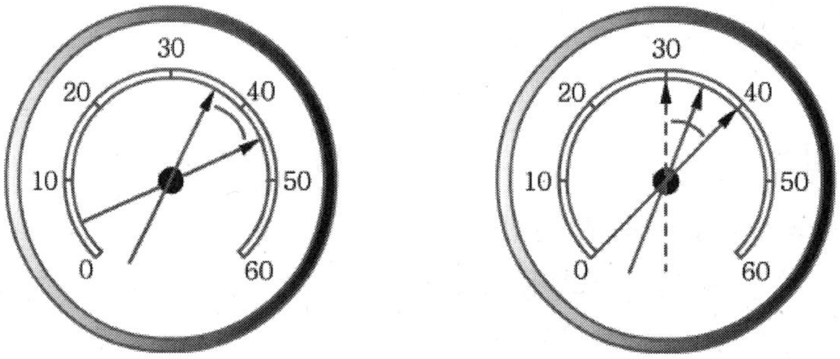

사. 노즐시험 및 조정

(1) 분사개시 압력시험

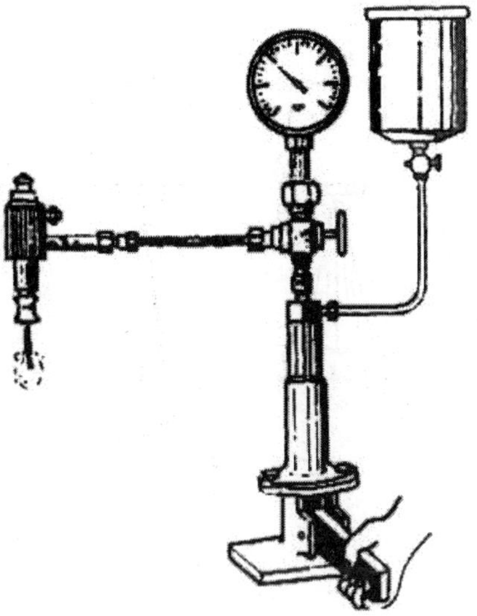

노즐분사 개시압력 및 분사상태 시험

(가) 노즐 홀더를 노즐 시험기의 고압 파이프에 연결한다.

(나) 펌프의 핸들을 예리한 행정으로 몇 번 움직여 노즐에 묻어 있는 카아본, 먼지 등 이물질을 떼어낸다.

(다) 펌프를 조용히 작동시키며(1행정 2초의 속도) 분사압력이 규정내에 있는가를 살핀다.

※ 분사압력에 이르면 순간적으로 지침이 내려가므로, 하강 직전에 보이는 최고 압력이 분사개시 압력이다.

(라) 드로틀형은 분사압력이 규정내에 있지 않으면 캡너트를 빼내고, 고정 너트를 헐겁게 푼 다음 조정 스크루우를 돌려 조정한다. 구멍형은 조정 시임 으로 한다.

(마) 분사노즐 분사개시 압력

구 분	구 멍 형	드로틀형
분사개시 압력	175±8kg/㎠	135kg/㎠

(2) 분사상태 점검(부문)

분사개시 압력을 조정한 다음 분사 상태를 점검하는데 시험기 핸들을 급격히 작동시킬 때 분무가 균일하고 무화가 잘되어야 한다.

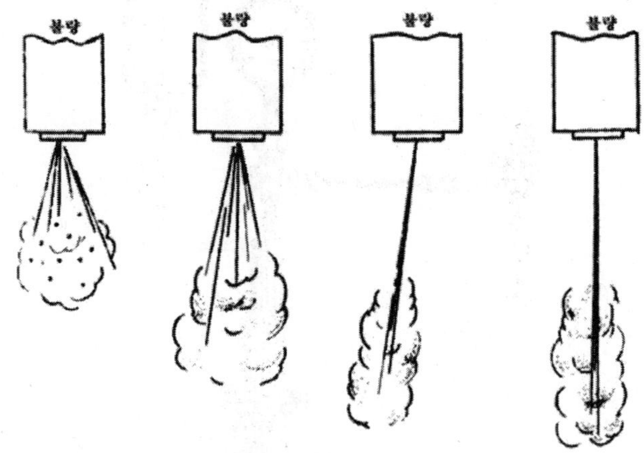

(3) 밸브 시트의 유밀점검

규정 분사 압력보다 20kg/㎠ 낮은 압력으로 조정하여 후적 여부를 점검한다.

아. 공기빼기 작업

(1) 공기빼기 작업시기

(가) 연료계통내 공기 유입시

(나) 연료장치 구성품 교환시

(다) 장기간 시동하지 않았을 시

(2) 1차 작업개소

(가) 연료 여과기 상단의 공기빼기 나사 이완

(나) 플라이밍 펌프를 작동

(다) 공기빼기 나사에서 공기가 완전히 빠지고 연료가 유출되면 잠근다.

(3) 2차 작업개소

(가) 각 노즐 선단의 잠금너트를 푼다

(나) 속도조절 레버를 최대 위치로 놓는다.

(다) 엔진을 크랭킹하여 분사 파이프내의 공기를 완전히 배출 후

(라) 잠금 너트를 꼭 조인다.

자. 디젤 분사시기 조정

(1) 점검 요령

(가) 타이밍 기어 정열

(나) 1번 실린더 압축말 행정 시 플라이 휠 상의 OT점 확인

(다) 엔진을 반회전 방향으로 60° 회전

(라) 1번 분사 파이프 제거

(마) 송유밸브 호울더를 풀고 송유밸브, 스프링, 밸브시이트 제거

(바) U형 파이프를 송유밸브 호울더에 설치

(사) 속도조절 레버를 최대 위치에 고정

(아) 연료공급 펌프의 플라이밍 펌프를 작동하면서 엔진을 회전방향으로 돌리면서

(자) U형 파이프에서 연료가 6~8초마다 1방울씩 떨어질 때 엔진을 정지

(차) 플라이 휠 상의 눈금 확인

(카) 정상 제원 : 27±1°

(2) 시험 요령(디이젤 타이밍 회전속도 시험기)

(가) 시험기 설치

1) 전원공급케이블 ; 적색(+단자), 흑색(−단자)

2) 전원코드, 센서, 타이밍 라이트선 연결(시험기 뒷면)

(나) 센서를 1번 실린더 연료 공급파이프에 연결

(다) 엔진 시동

(라) 타이밍 라이트 스위치 ON하고 플라이휠상 타이밍 마크 확인

(마) 불일치 시 Aduance 스위치를 작동시켜 타이밍 마크 정열

(바) DEG 표시기의 각도를 확인

(3) 조정 요령

(가) 분사 펌프의 구동기어 카바 제거

(나) 분사 펌프의 구동기어 볼트 이완

(다) 빠를 때 : 구동기어를 반회전 방향으로 돌리고

(라) 늦을 때 : 구동기어를 회전 방향으로 돌린다.

(마) 구동기어 카바의 1눈금 변동시 플라이휠 상의 6° 변화

(바) 반복하여 확인 후 고정시킨다.

Chapter 7

KJ - 1 소개

제 1 절 KJ-1 사용법

7.1.1 개 요

엔진시험기 하이스캔 프로는 10톤 트럭에 탑재된 엔진(파워택 엔진), 변속제어시스템 및 제동제어 시스템의 고장진단을 위해서 운전석 왼쪽 밑에 있는 고장진단 커넥터에 엔진시험기와 구성 부품인 연결케이블을 설치하여 엔진제어유닛(ECU), 변속제어 유닛 및 제동제어 유닛으로부터 정보를 공급 받고 모니터에 표시함으로서 엔진, 변속기, 제동기의 전자제어 장치에 대한 결함발생 여부를 확인 고장개소를 정비하는데 사용한다.

엔진시험기 하이스캔 프로는 1/4톤 트럭 K131(4X4)에 탑재된 엔진(DOHC EGI엔진)의 고장진단을 위해서 엔진 룸에 있는 고장진단 커넥터에 엔진시험기와 구성 부품인 연결케이블을 설치하여 엔신제어유닛(ECU), 변속제어 유닛 및 제동제어 유닛으로부터 정보를 공급 받고 모니터에 표시함으로서 엔진, 변속기, 제동기의 전자제어 장치에 대한 결함발생 여부를 확인 고장개소를 정비하는데 사용한다.

가. 약어 목록

약 어	원어 및 해설
A	암페어(Ampere)
AC	교류(altering current)
A/D	아날로그/디지털(Analog/Digital)
AFS	공기 흐름 감지기(Air Flow Sensor)
ATS	흡기 온도 감지기(Air Temperature Sensor)
BPS	대기압 감지기(Barometric Pressure Sensor)
CAS	크랭크각 감지기(Crank Angle Sensor)

CPU	중앙 연산처리 장치(Central Processing Unit)
DC	직류(Direct Current)
DOHC	이중 캠축(Double Over Head Cam-Shaft)
ECU	엔진 제어 유닛(Electronic Control Unit)
EGI	엔진 제어 연료분사(Engine Control Unit)
EGR	배기가스 재순환(Exhaust Gas Recirculation)
GND	접지(Ground)
ISC	공회전 속도 조절(Idle Speed Control)
LCD	액정표시장치(Liquid Crystal Display)
MIL	고장 표시등(Malfunction Indicator Lamp)
MAC	정비할당표(Maintenance Allocation Chart)
MPS	모터위치감지기(Motor Position Sensor)
PCV	블로바이가스환원장치(Positive Crank-case Ventilation)
PTO	동력 인출 장치(Power Take Off)
RAM	램(임의 접근 기억장치 : Random Access Sensor)
S/W	스위치(Switch)
TDCS	상사점 감지기(Top Dead Center Sensor)
TPS	스로틀 위치 감지기(Throttle Position Sensor)
V	볼트(Volt)
WTS	냉각수 온도 감지기(Water Temperature Sensor)

나. 용어 해설

약 어	원어 및 설명
블로바이가스 (Blow-By Gas)	블로바이 가스는 피스톤과 실린더의 간극에서 크랭크 케이스로 누출되는 가스이다. 70~90%가 미연소가스 상태로 탄화수소이고 나머지는 연소가스 및 부분 산화된 혼합가스로 되어 있다. 따라서 유해물질인 탄화수소의 비율이 높으므로 재연소 시킨 후 대기 중에 배출한다.
인젝터 (Injector)	인젝터는 ECU에서 보내오는 분사신호에 의해 연료를 분사하는 솔레노이드가 내장되어 있는 분사노즐이다. 니들밸브는 플런저와 일체로 되어 있어 인젝터에 분사신호가 전달되면 전자석에 의해 플런저와 함께 당겨져 분사공이 열리므로 연료가 분사된다. 연료의 분사량은 니들 밸브의 개방시간 즉, 솔레노이드 코일의 통전시간에 의해 결정된다.
공회전 속도 조절 서보 (Idle Speed Control Servo)	공회전 속도 조절서보는 ECU의 신호에 의해 ISC 모터가 회전하여 스로틀 밸브의 열림량을 조절하여 공회전 속도를 제어한다. ISC 모터, 웜기어, 웜휠, 모터위치감지기, 공회전 스위치로 구성되어 엔진시동 후 워밍업, 전기 부하 시 ECU가 ISC 모터를 회전시키면 플런저가 상하 직선운동을 하여 ISC 레버를 밀어 엔진의 회전속도를 약간 상승시킨다.
전자 제어유닛 (Electronic Control Unit)	ECU는 각종 감지기로부터 정보를 받아서 각종 회로와 장치 등을 가동하도록 짜인 반도체 장치로서 소형 컴퓨터이다. 사람의 두뇌와 같은 기능을 갖도록 IC등의 전자회로를 결합한 장치로 엔진제어, 정속주행, 제동기 계통 등에 사용된다.

7.1.2 장비 설명 및 제원

가. 장비의 특성, 기능 및 형태

(1) 하이스캔 프로는 차량의 전자제어장치의 결함발생 여부를 파악하고, 그 결함을 정비하기 위한 각 부위의 정보를 차량에 탑재된 전자제어유닛(ECU : Electronic Control Unit)으로부터 공급받아 모니터로 표시하여 주는 장비이다.

(2) 하이스캔 프로는 12V의 사용전원을 차량의 축전지에서 공급받으며 고장진단 단자에 케이블을 설치하여 결함코드와 감지기 값 등을 얻을 수 있다.

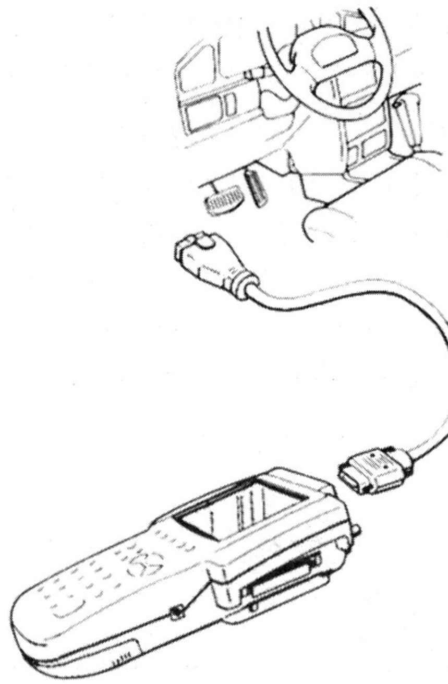

하이스캔 프로 연결도

나. 주요 구성품

(1) 하이스캔 프로 본체

하이스캔 프로의 본체는 아래 그림과 같다.

하이스캔 프로 본체

(2) 고무 부츠

고무 부츠는 그림과 같으며 사용 중 하이스캔 프로를 충격으로부터 보호한다.

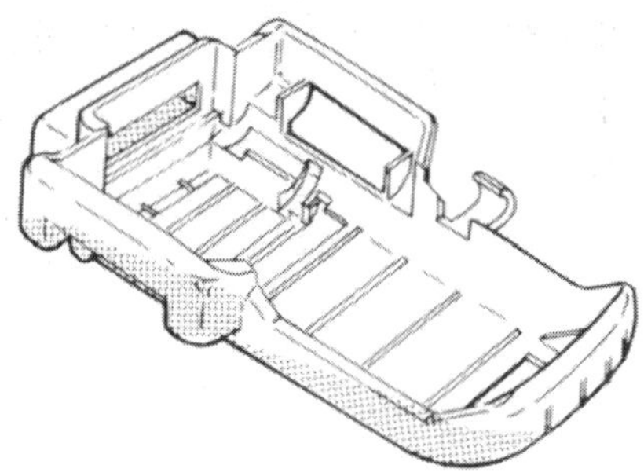

고무 부츠

(3) 진단 케이블16

진단 케이블은 그림과 같으며 16핀 진단 터미널이 장착된 자동차와 하이스캔 프로 본체를 연결하는데 사용한다.

16핀 진단 케이블

(4) 시가 라이터 전원 케이블

시가 라이터 전원케이블은 그림과 같으며 하이스캔 프로 전원을 차량의 시가라이터 소켓에서 공급 받을 때 사용한다.

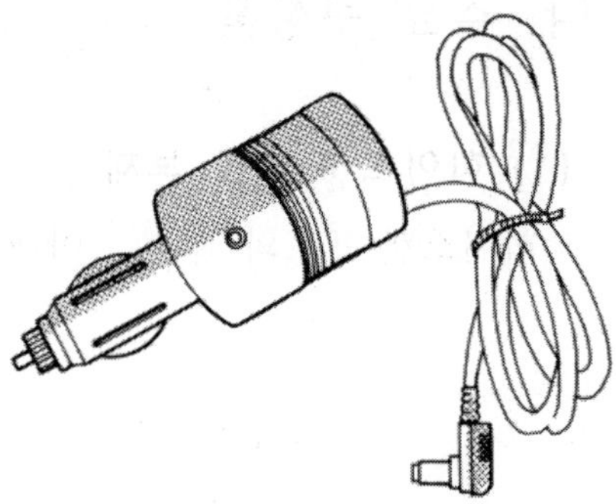

시가라이터 전원 케이블

(5) 축전지 연결용 케이블

축전지 연결용 케이블은 그림과 같으며 하이스캔 프로 전원을 자동차의 축전지에서 직접 공급 받을 때 사용한다.

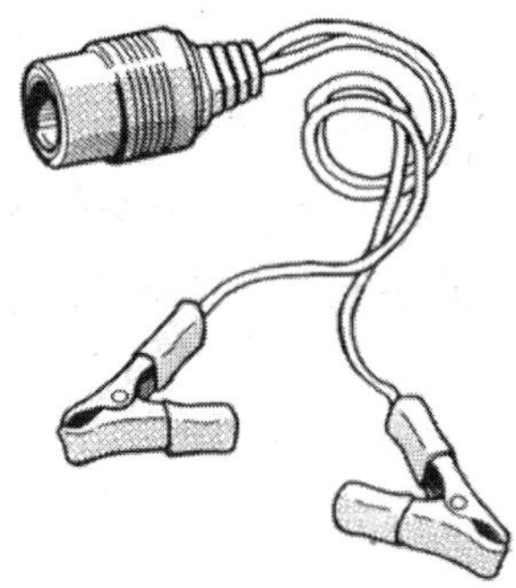

축전지 연결용 케이블

(6) 오실로스코프 프로브 세트

오실로스코프 프로브 세트는 그림과 같으며 오실로스코프 기능이나 멀티미터 기능에서 신호를 측정하고 액츄에이터 구동 기능이나 센서 시뮬레이션 기능에서는 전원을 출력할 때 사용된다.

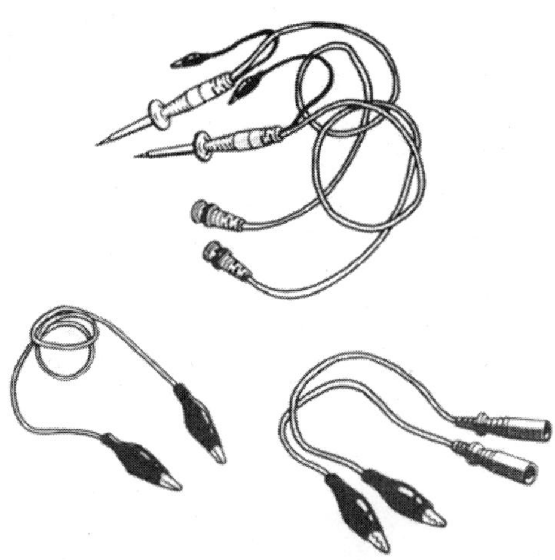

오실로스코프 프로브 세트

(7) 소프트웨어 카드

하이스캔 프로를 작동하는데 필요한 메인 프로그램과 차량의 데이터가 입력되어 있고, 진단 장비를 전체적으로 동작되도록 하는 프로그램이 내장되어 있으며 16MB 용량의 표준 타입 프로그램 카드이다.

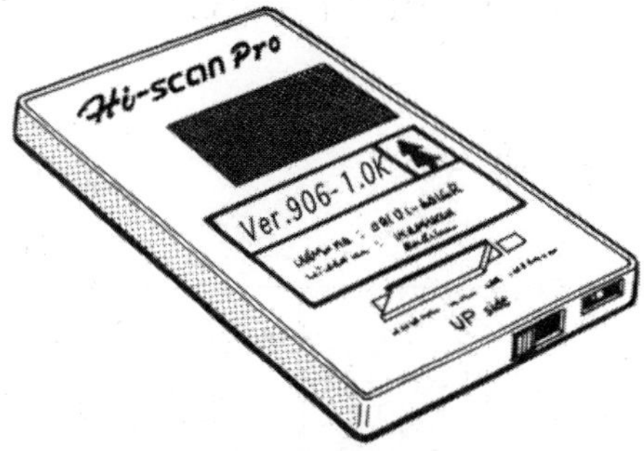

소프트웨어 카드

(8) RS-232C 케이블

프린터를 연결하거나 프로그램 다운로드 등의 기능을 사용하기 위해 사용되는 케이블로서 그림과 같다.

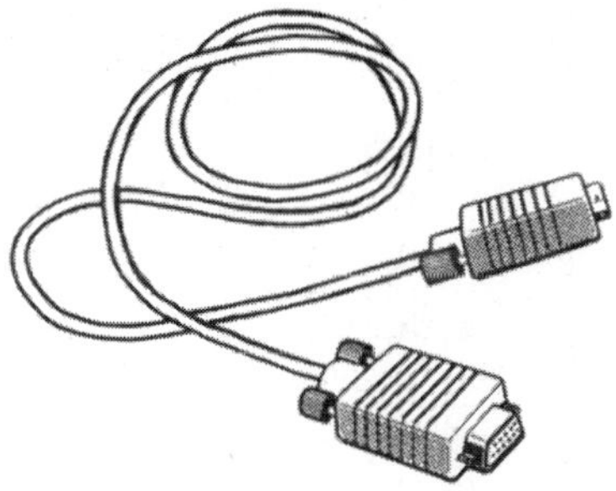

RS-232C 케이블

(9) 휴대용 가방

하이스캔 프로 본체 및 부분품들을 운반하거나, 보관하기 위한 도구로서 그림과 같다.

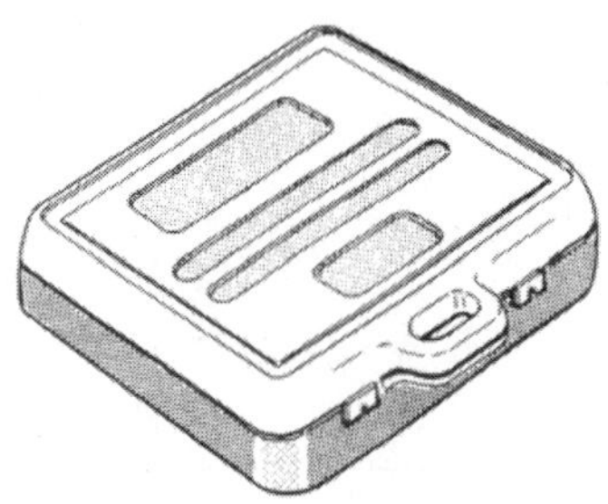

휴대용 가방

7.1.3 하이스캔 프로의 제원

가. 제 원

하이스캔 프로 제원

케이스	진회색 고강도 플라스틱 수지
액정화면	320 X 240 해상도 후면 조명장치 표준문자 출력: 40칸 X 12 줄
키패드	전원 켜기/끄기, 후면조명 켜기/끄기, 가변기능 키 6개, 방향키 4개 고정기능 키 17개 종류: 소프트 터치키 방식
기억용량	프로그램 카드: 최대 64MB(Mega Byte) 확장사용지원 메모리확장카드: 1MB(Mega-Byte)
사용온도	0℃ - 50℃
사용전압	8-24VDC(Direct Current) 입력
자기진단 범위	OBD(On-Board Diagnostic)-II (ISO(International Standard Organization)9141-2) 지원차량 KWP(Key Word Protocol) 2000 OBD(On-Board Diagnostic)-II (SAE(Society of Automotive Engineering)-J1850) 지원차량(외부 어댑터 필요)
오실로스코프	2 채널 /1M 샘플링 측정전압범위 : 최대 500V DC(Direct Current) 허용 오차율 : 1.5% 입력임피던스 : 1 MΩ(Mega Ohm)

센서 시뮬레이션	8 BIT D/A 컨버터 출력전압범위: 0 - 5V DC(Direct Current)
액츄에이터 구동	최대 1 A
내충격 보호	고무 부츠
몸체 크기	폭: 120mm(윗쪽 날개포함: 164mm) 길이: 250mm 두게: 50mm 목부분 무게: 1200g (하이스캔 본체)
전력소모	6 Watt(후면조명 ON시) 3 Watt(후면조명 OFF시)

7.1.4 하이스캔 프로 본체 및 키 패드

하이스캔 프로는 기본적으로 키 패드 입력에 의한 액정화면 출력으로 사용자의 운용이 용이하도록 되어 있다.

액정 화면과 키패드의 기본 구성 요소는 다음의 그림과 같다.

가. 액정 화면 부분

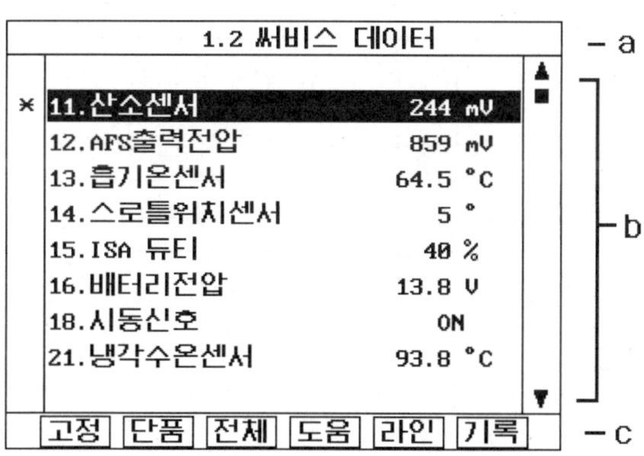

액정화면

하이스캔 프로의 화면은 다음과 같이 3개의 영역으로 나누어진다.

(1) a : 화면 제목부

화면의 제목부를 표시하기 위한 목적으로 할당된 영역으로서 표시 예는 다음과 같다.

[1.2 써비스 데이터] : 현재 화면의 제목을 표시함

(2) b : 화면 내용부

사용자가 실제로 얻고자 하는 정보를 표시해 주는 부분으로서 표시 예는 다음과 같다.

[자기고장진단 점검 결과]
[제어정보검출 점검 결과]
[시스템강제구동 검사 내용]
[주행검사 검색 결과]
:
:

(3) c : 기능키(Function key)표시부

각 운영 화면에서의 활용 가능한 기능키 (FUNCTION KEY)에 대한 용도를 표시해 주는 부분으로서 표시 예는 다음과 같다.

[F1키]	현재 화면에서의 F1 기능키의 용도를 한글 2자 이내로 표시
[F2키]	현재 화면에서의 F2 기능키의 용도를 한글 2자 이내로 표시
[F3키]	현재 화면에서의 F3 기능키의 용도를 한글 2자 이내로 표시
[F4키]	현재 화면에서의 F4 기능키의 용도를 한글 2자 이내로 표시
[F5키]	현재 화면에서의 F5 기능키의 용도를 한글 2자 이내로 표시
[F6키]	현재 화면에서의 F6 기능키의 용도를 한글 2자 이내로 표시

나. 키패드 부분

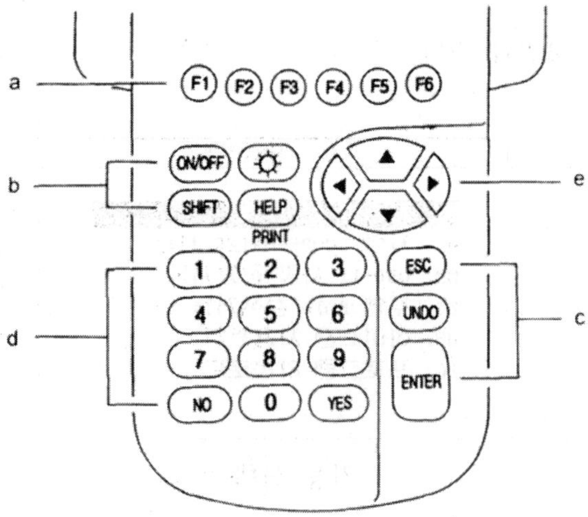

하이스캔 프로 키 패드(KEYPAD)

(1) a : 기능키(FUNCTION KEY)

현재 화면에서 활용 가능한 각종 기능들을 수행하기 위해 사용되는 키들이다.

(2) b.c : 고정 기능키

이 키를 누르면 화면 상태에 관계없이 다음과 같은 고정기능을 수행한다.

(3) d : 숫자키

표시된 숫자를 입력하는 기능을 수행한다.

(4) e : 방향 이동키

화면상에서 커서를 이동하기 위해 사용된다.

7.1.5 메뉴 화면의 구성

메뉴 화면의 예는 그림과 같다.

```
0. 기능선택

01. 차종별 진단기능
02. 차량 SCOPE-METER 기능
03. OBD-II 차량 진단기능
04. 주행 DATA 검색기능
05. 하이스캔 사용환경
06. 프로그램 다운로드
```

기능 선택

한 화면에 최대 8개 줄이 표시될 수 있고 그 이상 연속되는 부분은 ▶ 키를 사용하여 계속 볼 수 있다.

7.1.6 전원 연결 방법

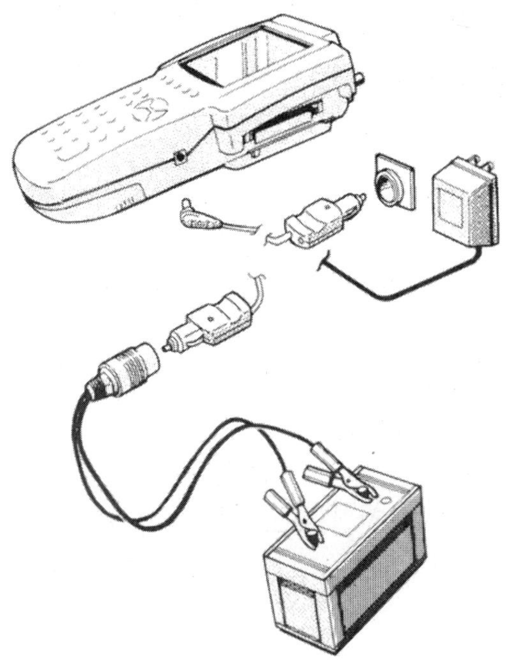

저자와의
협의에 의해
인지 생략

특수차량공학 (발생장치)

5판 1쇄 2020년 3월 2일

저 자 구본영 / 김태일 / 신언호 / 김철규

발행인 송광헌

발행처 복두출판사

주 소 서울특별시 영등포구 경인로82길 3-4
센터플러스 807호
(우) 07371

전 화 02-2164-2580

FAX 02-2164-2584

등 록 1993. 11. 22. 제 10-902 호

정가 : 25,000원

ISBN : 979-11-5906-621-4 93550

한국과학기술출판협회 회원사